“十二五”普通高等教育本科国家级规划教材

环境工程概论

（第五版）

朱蓓丽　程秀莲　黄修长　编著

科学出版社
北京

内 容 简 介

本书在介绍环境基本概念、我国的环境保护政策和可持续发展战略思想的基础上，系统地阐述了环境工程的基本知识，主要内容有水污染与控制、空气污染与控制、土壤污染和退化及其防治、固体废物的处理和利用、噪声污染与控制、其他物理污染与防护、城乡环境综合整治与建设。

本书可作为高等学校非环境专业的工科大学生的环境素质课程教材，也可供相关专业的技术和管理人员参考。

图书在版编目（CIP）数据

环境工程概论 / 朱蓓丽，程秀莲，黄修长编著. —5 版. —北京：科学出版社，2023.6

“十二五”普通高等教育本科国家级规划教材

ISBN 978-7-03-064127-4

Ⅰ. ①环… Ⅱ. ①朱… ②程… ③黄… Ⅲ. ①环境工程学-高等学校-教材 Ⅳ. ①X5

中国版本图书馆 CIP 数据核字（2019）第 296049 号

责任编辑：赵晓霞 / 责任校对：杨 赛
责任印制：师艳茹 / 封面设计：陈 敬

科学出版社 出版
北京东黄城根北街 16 号
邮政编码：100717
http://www.sciencep.com

北京天宇星印刷厂印刷

科学出版社发行 各地新华书店经销

*

2001 年 10 月第 一 版 开本：787 × 1092 1/16
2006 年 2 月第 二 版 印张：20 1/2
2011 年 6 月第 三 版 字数：502 000
2016 年 3 月第 四 版 2023 年 6 月第五版
2024 年 8 月第三十七次印刷

定价：59.00 元

（如有印装质量问题，我社负责调换）

第五版前言

新时代十年来，在习近平生态文明思想指导下，我国环境问题得到了前所未有的关注，生态环境保护方面取得了显著的成就。例如，我国完善了大量与环境保护有关的法律法规与标准规范；蓝天、碧水、净土三大保卫战使我国生态环境质量明显改善，同时污染防治技术水平也有了很大的提高。2020 年我国政府提出的“双碳”目标承诺凸显出我国的大国风范和大国担当，同时也对污染防治技术水平和能源结构等提出了更高的要求。党的二十大报告中第十项专题指出：“推动绿色发展，促进人与自然和谐共生”。人与自然和谐共生不仅是新时代坚持和发展中国特色社会主义的基本方略，也是生态文明建设的最高境界。

在此背景下，编者于 2019 年开始对第四版教材进行全面修订。

本书继承了前四版教材的优良特色。与第四版相比，第五版主要变动如下。

(1) 增加了二维码链接内容。极大地增大了教材的信息容量，为读者补充必备的基础知识和拓宽知识面提供了便利条件。

(2) 重新组织了章节内容。由 9 章缩减至 8 章，使内容更紧凑，重点更突出；紧跟时代发展，体现先进的环保理念和环保技术，对各类污染或更新或完善了相关的法律法规、防治政策、排放标准和治理规划等内容；对各类污染现状、污染预防新进展、污染治理新技术等进行了更新；第 8 章“城乡环境综合整治与建设”以全新的内容呈现给读者；新增的章节有：2.3“地表水污染与防治”、4.4.2“沙漠化土壤及其治理”、4.4.3“盐碱化土壤及其治理”、5.3.5“医疗废物处理处置技术”、5.5.4“餐厨垃圾资源化”等读者十分关注的内容。

本书第 1 章、第 3 章、第 6 章、第 7 章及链接部分由上海交通大学朱蓓丽教授执笔，第 2 章、第 4 章、第 5 章和第 8 章由沈阳理工大学程秀莲教授执笔，上海交通大学黄修长教授为本书收集了大量资料，并制作了电子课件；最后由朱蓓丽教授统稿和定稿。

本书在编写过程中，参阅并引用了大量国内外文献，在此一并向参考文献作者表示感谢！

编者以务实认真的态度对修订稿反复审阅、商讨、修改和补充，增删五次，统稿两遍，历时三年。但由于水平有限，书中疏漏或不妥之处在所难免，敬请兄弟院校有关教师和广大读者批评指正，以利于及时勘正。

编　者

2022 年 10 月

第四版前言

自第三版付梓以来，又经过了 5 年。这 5 年对全国人民来说是不寻常的 5 年，对环境保护工作来说，是全面深化生态环境保护领域改革的 5 年。2014 年，我国开始全面进入大气、水、土壤污染综合治理阶段，已出台了“水十条”和“大气十条”，“土壤十条”也有望在 2016 年出台。2015 年 1 月 1 日起，我国实施“史上最严”的环境保护法；环保的“铁腕执法”要成新常态；5 月初，政府出台了就生态文明建设做出全面专题部署的第一个文件——《关于加快推进生态文明建设的意见》；9 月又出台了我国生态文明领域改革的顶层设计——《生态文明体制改革总体方案》。这一切均向世界表明了中国政府在推进生态文明建设和环境保护方面具有坚强的国家意志，生态文明建设和环境保护正以前所未有的力度加快推进。可以预见，“十三五”规划将是中国第一个通篇贯穿绿色发展理念与举措的五年规划。

然而，绿色的梦想不只是国家的、政府的，更是每个人的。在思想认识上，很少有人会否认环境保护的重要性。但在实际行动上，落实到地区发展、企业竞争和个人生活等具体问题上，保护生态的行动却未能跟上。如何处理好环境保护与经济发展的关系？如何把生态理念转化为生产和生活方式，既要富裕生活又要绿色生活？只有进一步凝聚生态共识，让广泛的“生态共识”转化为积极的“生态行动”，树立起“生态价值观”，才能开创一个生态文明新时代。

基于这样一个美好的愿望，本书再次作了全面的修订。在保持本书以往的内容和编排特色的基础上，力求反映 5 年来我国环境工程方面的新技术、新成就，仔细核实更新了有关数据，并加强了生态文明建设、环境保护法律法规及政策方面的内容。

这次再版的编者实现了老中青三结合，新增的两位编者是沈阳理工大学的程秀莲教授和上海交通大学的黄修长副教授，他们均是活跃在教学第一线的中坚力量。程秀莲教授执笔的新增篇章为：2.2.4 节“超声波废水处理技术”、2.8 节“地下水污染与防治”、2.9 节“海洋污染与防治”、第 5 章“土壤污染与修复”和 8.4.6 节“绿色建筑”等；黄修长副教授为本书收集了大量资料；朱蓓丽教授修订了其余各章。最后由朱蓓丽统编全书并编制了电子课件。

由于本书内容涉及领域广泛，有许多具有创新思想的新理念和新技术还无法编入教材之中，编者把它们编入思考题中作为拓展内容。教师在教学中应加强对学生环境保护和政策法规意识的提升，可根据学校或专业的实际情况，采用灵活的方法，选材施教，主要熟悉本专业相关的污染及防治方法，重在从根本上杜绝或减少污染，以及污染治理原理的掌握。

在编写本书的过程中，参阅并引用了国内外有关文献和资料，在此一并表示感谢。

由于编者水平有限，难免有疏漏和不当之处，敬请广大教师和学生不吝赐教，以求修正、提高和完善。

编　者

2015 年 10 月

第三版前言

从 2006 年到 2010 年这 5 年间，我国相继举办了第 29 届奥林匹克运动会(北京奥运会)和 2010 年上海世界博览会，这两大盛会的兴办大大提升了我国的国际地位。与此同时，在举办盛会期间，全社会的参与使得“绿色生活”、“低碳生活”、“和谐”、“可持续发展”、“环境友好”等理念，从一个耳熟能详的名词变成了一个触手可及的现实，也极大地促进了我国环境保护工作的发展。为了使本书能与时俱进，满足人们不断提高的环境保护意识的需要，特在第二版的基础上进行了比较全面的修订。

这次改版除了在第 3 章增加了一节“室内空气污染及控制”外，还作了以下几方面的修改。

(1) 加强我国的环境保护政策和环境保护新理念的阐述，增添了 5 年来新修改颁布的环境方面的法律、法规和新的环境标准，体现我国政府对污染防治和生态环境保护的新要求。

(2) 数据资料尽可能从国家环境保护部发布的《中国环境状况公报》和《全国城市环境管理与综合整治年度报告》中引用，保持准确性，避免陈旧落后。

(3) 介绍环境工程、环保节能和资源化的最新技术以及综合治理的最新案例，如污泥的低温干化技术、地源热泵系统、可再生能源和替代能源、新能源汽车等，还有在绿色奥运和低碳世博两大盛会中在环境保护和可持续发展方面所取得的成就。

(4) 继续保持启发性和实践性。通过实例分析介绍，引导学生自觉关注国内外的环境形势，提高学生全面考虑、综合分析能力。建议教师根据综合思考题，结合本地案例，采用交流讨论、调研、参观等多种教学手段。

作为高校素质教育的课程，学习对象是非环境专业的工科大学生，他们将是我国未来的复合型建设人才。因此，通过学习使他们能牢固地树立可持续发展的观点和强烈的环境保护意识，掌握基本的环境保护知识并了解最新发展的环境工程技术，学会全面考虑和综合处理问题的方法，是本课程追求的目标。

本书得到广大教师的支持，他们为本书提出了许多宝贵的建议和修改意见，特别是沈阳理工大学的程秀莲老师，在此一并向大家表示感谢，并希望今后能一如既往地得到大家的支持。

由于编者水平有限，本书涉及的领域又广，错误和不当之处在所难免，敬请广大教师和学生提出批评意见。

编　者

2011 年 1 月

第二版前言

本教材第一版于2001年出版。在之后的几年中，保护环境、可持续发展的理念已深入人心，环境保护已成为我国落实科学发展观、构建和谐社会的重要内容，我国在环境保护工作方面正努力进行法制和机制的创新、促进经济结构调整和发展方式的改变、大力发展循环经济、积极构建资源节约型和环境友好型社会。这些新思想、新发展理应在教材中有所反映。这是再版本教材的原因。

这次再版将力求达到以下要求：

(1) 整体框架基本不动，为适应新形势，增加部分内容及章节。

① 为宣传构建资源节约型社会，增加了“节能与节约型社会”和“建设节水型社会”的内容。

② 21世纪将是城市化世纪，2010年上海世界博览会口号是“城市，让生活更美好”，为此本书增加了“城市环境综合整治与生态城市”的内容(第7章)。

(2) 尽量引用最新的数据和资料，以反映环境工程在这几年中的新发展。

① 近年来，我国人民代表大会修订了多部环境保护大法，国家技术监督局也修订或新颁布了各种环境标准。这些内容将尽可能地反映到新修订的教材中。

② 在有关章节中增补环保新技术、新材料和新工艺的内容。

(3) 遵循学以致用原则，结合实际情况补充综合思考题，可供学生们进行课堂讨论或科研活动之用。

由于水平有限，本教材还可能有错误，热忱希望广大读者提出批评和意见。

编　者

2005年12月

第一版前言

环境问题是当今世界上人类面临的最重要的问题之一，已得到世界各国的高度重视。1972年6月5日至16日，联合国在瑞典的斯德哥尔摩召开的第一次人类环境会议上通过了《联合国人类环境会议宣言》，指出：可供人类生存的地球只有一个，如果这个地球遭到了毁坏，不但当代人类要自食其果，而且还将殃及子孙后代。其后确定每年的6月5日为“世界环境日”。1992年在巴西里约热内卢的联合国环境与发展会议上又进一步提出了“可持续发展战略”，并已成为世界各国的共识。

我国政府历来重视环境保护工作。1983年正式把环境保护定为我国的一项基本国策。1994年我国政府制定的《中国21世纪议程》中明确提出了跨世纪人口、经济、社会、环境和资源协调发展的奋斗目的。1996年我国政府对实施可持续发展战略进行了具体部署。在“十五”计划中更强调要促进人口、资源、环境协调发展，把实施可持续发展战略放在更突出的位置。为了人类社会的持续发展，必须在全人类范围内开展环境教育，把可持续发展思想贯彻到整个教育过程之中。在高等学校内把环境教育列为非环境类专业本科生的必修课，是培养21世纪复合型人才、保证可持续发展战略准确实施的重大措施之一。

本教材突出可持续发展的战略思想，系统地阐述了环境工程的基本知识，介绍了环境污染控制的原理和方法以及环境管理方面的有关内容，力求反映出该领域内的最新成果和发展趋势，已被评为上海交通大学“九五”重点教材。全书共分7章三大部分。第一部分即第一章绪论；第二部分包含5章，分别介绍水污染及控制，大气污染及控制，固体废物污染及控制，噪声污染及控制和其他物理污染及防治；第三部分简单介绍环境质量评价及环境监测。

本教材可供非环境专业的工科本科生使用，特别是能源、动力、热能类本科生使用，也可供从事相关专业的技术和管理人员参考。希望通过对本教材的使用和阅读，能使读者具备环境工程的基础知识，并激发出强烈的环境意识，便达到了本教材的目的。

本教材编写过程中，参阅并引用了大量的国内外有关文献和资料，在此向所引用的参考文献的作者致以谢意。陈光冶副教授精心审阅了全书并提出了许多宝贵的修改意见；杨海真教授、刘震炎教授、李道棠教授也给予本书极大的指导和帮助，在此一并表示衷心的感谢。

由于本教材内容涉及领域广泛，编者水平有限，难免有疏漏和错误之处，敬请广大读者不吝指正。

编　者

2001年5月

目　录

第1章 绪　　论

环境保护是我国的一项基本国策，也是实施可持续发展战略的关键环节之一。我国政府在“十二五”期间更明确地强调要“坚持把建设资源节约型、环境友好型社会作为加快转变经济发展方式的重要着力点。深入贯彻节约资源和保护环境基本国策，节约能源，降低温室气体排放强度，发展循环经济，推广低碳技术，积极应对气候变化，促进经济社会发展与人口资源环境相协调，走可持续发展之路”。

21 世纪的环境工作充满了机遇和挑战。因此，大力开展环境教育，增强全体社会成员，特别是领导干部的保护和改善环境的责任感与自觉性，掌握一定的环境污染防护和治理的知识，重视在社会和经济发展中实现人与自然的和谐发展。

1.1　概　　述

1.1.1　环境和环境分类

《中华人民共和国环境保护法》第一章第二条规定：“本法所称环境，是指影响人类生存和发展的各种天然的和经过人工改造的自然因素的总体，包括大气、水、海洋、土地、矿藏、森林、草原、湿地、野生生物、自然遗迹、人文遗迹、自然保护区、风景名胜区、城市和乡村等。”

人类环境是以人类为中心和主体的外部世界，即人类赖以生存和发展的天然的与人工改造过的各种自然因素的综合体。

以人为中心的环境既是人类生存与发展的终极物质来源，又同时承受着人类活动产生的废弃物的各种作用。生活环境的保护与每个人的生活质量息息相关。

环境分类是根据一定的目的、原则和标准，对各种特性和状况的环境进行的分类。环境分类方法很多，图 1-1 就是一种分类法。另外，也可以按照“环境要素”①分为大气环境、土壤环境、海洋环境、陆地水环境、生物环境等；或者按照“人类利用的主导方式”分为农业环境、林业环境、旅游环境、城市环境、居住环境等；也可以按“环境因素的属性”(如物理因素、化学因素、生物因素等)分类，详见链接 1-3“按环境因素的属性分类详解”。

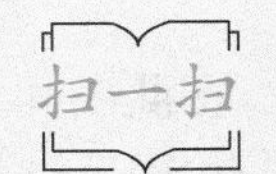

链接 1–1　地球五大圈(1)：大气圈与水圈

链接 1–2　地球五大圈(2)：岩石圈、土壤圈与生物圈

链接 1–3　按环境因素的属性分类详解

---

① “环境要素”是指构成人类环境整体的基本物质组成，各自具有独立性，性质各异，但服从演化规律。有自然环境要素和社会环境要素之分。通常指的是自然环境要素，包括水、大气、生物、阳光、岩石和土壤等。详见链接 1-1 和 1-2“地球五大圈(1)和(2)”。

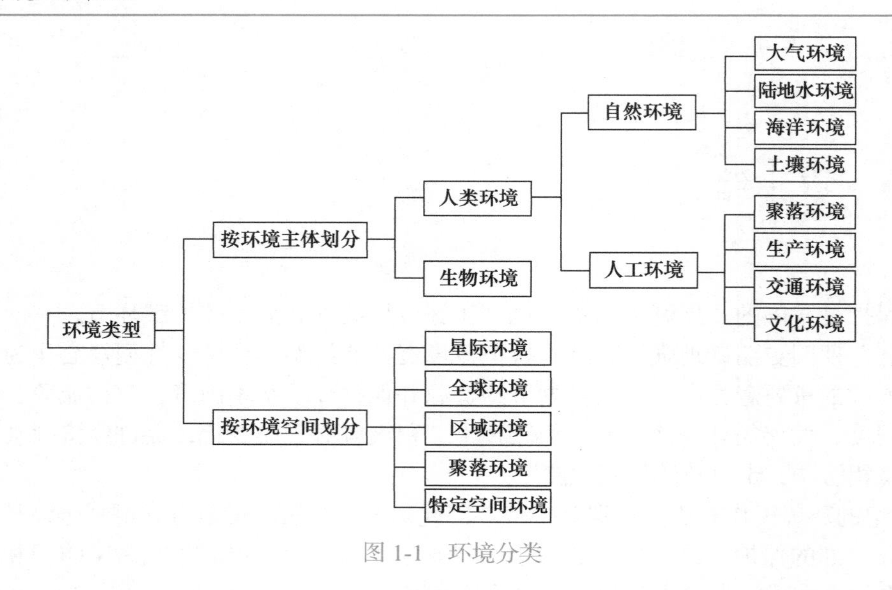

图 1-1 环境分类

1.1.2 环境问题和环境保护

环境科学和环境保护所研究的环境问题不是自然灾害问题(原生或第一环境问题)，而是人为因素所引起的环境问题(次生或第二环境问题)。次生环境问题一般又可细分为环境污染、资源短缺或耗竭和生态破坏 3 种基本类型。

本书所研究的环境问题是指人类不恰当的生产活动引起全球环境或区域环境质量恶化，出现不利于人类生存和发展的问题。

1. 环境问题的发展与人类环境保护意识的觉醒

人类是环境的产物，又是环境的改造者。由于人类认识能力和科学技术水平的限制，人类在改造环境的过程中，往往会造成对环境的污染和破坏。随着人类社会的发展，环境问题大体经历了 4 个阶段。

第一阶段为工业革命以前，是环境问题的萌芽阶段。人类在诞生后的漫长岁月里，只是天然食物的采集者和捕食者，很少有意识地改造环境。在工业革命前虽然也出现了城市化和手工业作坊，但还没有大规模地开发利用自然资源。这一时期人与自然环境之间较为和谐，地球上大部分自然环境都保持着良好的生态。

第二阶段从工业革命开始到 20 世纪 30 年代前，是环境问题的发展恶化阶段。在 18 世纪 60 年代至 19 世纪中叶出现的工业革命是生产发展史的一次伟大的革命，增强了人类利用和改造环境的能力，但也带来了新的环境问题。例如，1873 年 12 月、1880 年 1 月、1882 年 2 月、1891 年 12 月、1892 年 2 月，英国伦敦多次发生可怕的有毒烟雾事件。

第三阶段是 20 世纪 30 年代初到 70 年代末，出现了环境问题的第一次高潮。在此期间，出现了大规模的环境污染[①]，局部地区的严重污染导致震惊世界的公害事件不断出现(详见链接 1-4“国内外严重污染事件”)；同时自然环境遭到破坏，造成资源稀缺甚至枯竭，开始出现区域性生态平衡失调现象。其原因主要有两个：一是人口迅猛增加，城市化速度加快；二是工

① 环境污染指有害物质或因子进入环境系统，并在环境中扩散、迁移、转化，使环境系统结构与功能发生不利于人类及生物正常生存和发展的变化现象。

业不断集中和扩大，能源消耗大增，石油的使用又增加了新的污染。

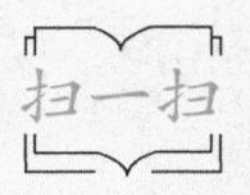

链接 1–4 国内外严重污染事件

1972年6月5日联合国在瑞典首都斯德哥尔摩召开了人类环境会议，会议通过了《联合国人类环境会议宣言》，提出了“只有一个地球”的口号。这次会议成为人类认识环境问题的第一个里程碑。工业发达国家把环境问题摆上了议事日程。同年的第27届联合国大会根据斯德哥尔摩会议的建议，决定成立联合国环境规划署，并确定每年的6月5日为“世界环境日”[①]。

第四阶段从20世纪80年代初至今，是环境问题的第二次高潮。这次高潮伴随着环境污染和大范围生态破坏出现。人们共同关心的、影响范围大和危害严重的环境问题主要有：

(1) 全球性的大气污染。例如，全球变暖、臭氧层破坏和酸雨范围扩大。

(2) 大面积的生态破坏。例如，森林被毁、淡水资源危机、水土流失、草场退化、沙漠化扩展、物种加速灭绝、危险废物扩散、资源能源短缺和垃圾成灾等。

(3) 突发性的严重污染事件迭起。例如，1986年4月26日苏联切尔诺贝利核电站泄漏事件、2007年5～6月我国太湖蓝藻污染事件、2011年3月11日太平洋地震导致日本福岛核电站放射性物质泄漏事件、2019年9月澳大利亚森林大火肆虐近半年等。

与第一次高潮相比，第二次高潮中环境污染的影响范围广，对整个地球环境造成危害；危害后果严重，已威胁全人类的生存和发展，阻碍经济的持续发展；就污染源而言，不仅分布广，而且来源复杂，要靠众多国家以至全人类共同努力才能消除，这就极大地增加了解决问题的难度。

1992年6月3日，在巴西里约热内卢召开的联合国环境与发展会议是人类认识环境的第二个里程碑。会议取得显著成就，发表了《关于环境与发展的里约热内卢宣言》《21世纪议程》两个纲领性的文件及《关于森林问题的原则声明》，签署了《气候变化框架公约》《生物多样性公约》。这些文件充分体现了当今人类社会可持续发展的新思想，反映了关于环境与发展领域合作的全球共识和最高级别的政治承诺。会议让世界各国接受了可持续发展战略方针，是人类发展方式的大转变，可以说开创了人类历史的新纪元。

为了提高大众的环境意识，联合国以及一些国际性的专业组织先后设立了不少与环境有关的节日。详见附录1“环境节日”。

2. 环境保护的提出和内容

由巴巴拉·沃德和雷内·杜博斯执笔的《只有一个地球》一书，为1972年人类环境会议提供了背景材料，提出环境问题不仅是工程技术问题，更主要的是社会经济问题；不是局部问题，而是全球性问题。于是，“环境保护”成为科学技术与社会经济结合的问题。从发展与环境的对立统一关系来看，环境保护不仅是控制污染，更重要的是合理开发利用资源，经

① 自1974年以来，联合国环境规划署会在每年年初确定本年世界环境日主题，并要求联合国机构和世界各国政府、团体在每年6月5日前后举行保护环境、反对公害的各类活动。联合国环境规划署也在这一天发表有关世界环境状况的年度报告。每年世界环境日的主题详见附录2。

济发展不能超出资源环境容许的极限，即不能超出“资源环境承载力”[①]。

因此，环境保护就是采取法律的、行政的、经济的、科学技术的措施，合理地利用自然资源，防止环境污染和破坏，以求保护和发展生态平衡，扩大有用自然资源的再生产，保障人类社会的可持续发展。

世界各国环境保护的内容不尽相同，同一国家在不同时期内容也有变化，但一般地说，大致包括两方面：一是保护和改善环境质量，保护居民的身心健康，防止人体在环境污染影响下产生遗传变异和退化；二是合理开发利用自然资源，减少或消除有害物质进入环境，以及保护自然资源，加强生物多样性保护，维护生物资源的生产能力，使之得以恢复和扩大再生产。

3. 我国的环境问题

20 世纪 80 年代以来，随着国内生产总值(GDP)逐年增长，我国的环境问题也越来越严重，已引起了各级政府和全国人民的高度重视。我国环境问题的特点是既具有与其他发展中国家共有的环境卫生差、生态破坏严重等环境破坏问题，又具有发达国家发展初期先污染后治理以及上百年工业化过程中分阶段出现的各种环境污染问题。这两类环境问题在我国快速发展的 20 世纪 80 年代至 21 世纪初集中体现了出来。例如，工业比较集中的城市，环境污染比较严重；而以农业为主的广大乡村，则主要是生态破坏问题。两类环境问题相互影响和相互作用，彼此重叠发生，形成“复合效应”，这就使我国的环境问题变得更加复杂，危害更加严重。

4. 我国的第一次和第二次全国污染源[②]普查

为贯彻落实科学发展观，加强环境监督管理，了解各类企事业单位与环境有关的基本信息，建立健全各类重点污染源档案和各级污染源信息数据库，为制定经济社会政策提供依据，我国进行了两次全国污染源普查(未包括香港、澳门和台湾)。

第一次全国污染源普查的标准时点为 2007 年 12 月 31 日，时期资料为 2007 年度；第二次全国污染源普查的标准时点为 2017 年 12 月 31 日，时期资料为 2017 年度。下面对两次全国污染源普查的主要污染物全国排放总量的数据作一比较[③]，直接表达的为 2017 年数据，括号内为 2007 年数据。

1) 全国水污染物排放量

全国水污染物排放量：化学需氧量为 2143.98 万 t (3028.96 万 t)；氨氮为 96.34 万 t (172.91 万 t)；总氮为 304.14 万 t (472.89 万 t)；总磷为 31.54 万 t (42.32 万 t)；石油类为 0.77 万 t (78.21 万 t)；

---

① 资源环境承载力(resource environmental bear capacity)，是指在一定的时期和一定的区域范围内，在维持区域资源结构符合持续发展需要、功能仍具有维持其稳态效应能力的条件下，区域资源环境系统所能承受人类各种社会经济活动的能力。因此，资源环境承载力是一个包含了资源、环境要素的综合承载力概念。

② “污染源”是指造成环境污染的污染物发生源，通常指向环境排放有害物质或对环境产生有害影响的场所、设备、装置或人体。按污染物的来源可分为天然污染源和人为污染源；按排放污染的种类可分为有机污染源、无机污染源、热污染源、噪声污染源、放射性污染源和同时排放多种污染物的混合污染源等；按排放污染物的空间分布方式可分为点污染源和面污染源等；按人类社会活动功能分为工业污染源、农业污染源、交通运输污染源和生活污染源；还有固定污染源和流动污染源之分。任何以不适当的浓度、数量、速度、形态和途径进入环境系统并对环境产生污染或破坏的物质或能量统称为“污染物”。

③ 数据摘自《第一次全国污染源普查公报》(2010 年 2 月)“一、总体情况(二)主要污染物全国排放总量”和《第二次全国污染源普查公报》(2020 年 6 月)“一、总体情况(二)污染物排放量”。

重金属铅、汞、镉、铬和类金属砷为 182.54t (900t)；动植物油为 30.97 万 t (无数据)；挥发酚为 244.10t (无数据)；氰化物为 54.73t (无数据)。

七大流域(长江、黄河、珠江、松花江、淮河、海河、辽河)水污染物排放量：化学需氧量为 1957.48 万 t，氨氮为 85.64 万 t，总氮为 272.27 万 t，总磷为 28.49 万 t，动植物油为 28.00 万 t，石油类为 0.69 万 t，挥发酚为 203.55t，氰化物为 46.84t，重金属为 154.94t。

2) 全国大气污染物排放量

全国大气污染物排放量：二氧化硫为 696.32 万 t (2320.00 万 t)；氮氧化物为 1785.22 万 t (1797.70 万 t)；颗粒物为 1684.05 万 t (烟尘为 1166.64 万 t)；第二次全国污染源普查对部分行业和领域挥发性有机化合物(VOCs①)进行了尝试性调查，其排放量为 1017.45 万 t。

1.1.3 我国环境保护的方针和法规体系

1. 基本方针

1) 环境保护的“32 字方针”

1973 年 8 月，国务院召开的第一次全国环境保护会议确定了“全面规划、合理布局、综合利用、化害为利、依靠群众、大家动手、保护环境、造福人民”的环境保护“32 字方针”。至此，我国环境保护事业开始起步。

2) 环境保护是我国的基本国策

1983 年 12 月，国务院召开第二次全国环境保护会议，进一步制定了我国环境规划与管理的大政方针：①明确提出“环境保护是我国的一项基本国策”，确立了环境保护在经济和社会发展中的重要地位；2014 年出台的被誉为史上最严的新《中华人民共和国环境保护法》中增加规定“保护环境是国家的基本国策”(第 4 条)，在法律层面上将其确定下来。②制定了“经济建设、城乡建设与环境建设同步规划、同步实施、同步发展，实现经济效益、社会效益和环境效益的统一”的“三同步、三统一”战略方针；这项方针后来成为我国“八项环境管理制度”的基础。③确定了符合国情的三大环境政策，即“预防为主，防治结合，综合治理”“谁污染，谁治理”“强化环境管理”。这三条后来发展成为我国的“三大环境管理基本政策”②。

3) 可持续发展战略方针

1992 年联合国环境与发展大会之后，我国在世界上率先提出了“环境与发展十大对策”，第一次明确提出转变传统发展模式，走可持续发展道路。随后又制定了《中国 21 世纪议程——中国 21 世纪人口、环境与发展白皮书》《中国环境保护行动计划》等纲领性文件，确定了实施可持续发展的政策框架、行动目标和实施方案，指出“走可持续发展之路，是中国在未来和下一世纪发展的自身需要和必然选择”。至此，可持续发展战略已成为我国经济和社会发展的基本指导思想。

2. 我国的环境法规体系

我国的环境立法体系见图 1-2。

1) 《中华人民共和国宪法》

《中华人民共和国宪法》简称《宪法》，是我国环境保护法的立法基础。《宪法》第二十

① 参见 3.1.3 节“可吸入颗粒”部分关于 VOCs 的脚注。

② 我国环境规划与管理方针的第②条和第③条详见本书第 36 页 1.7.2 节中“三大环境管理基本政策”和“八项环境管理制度”。

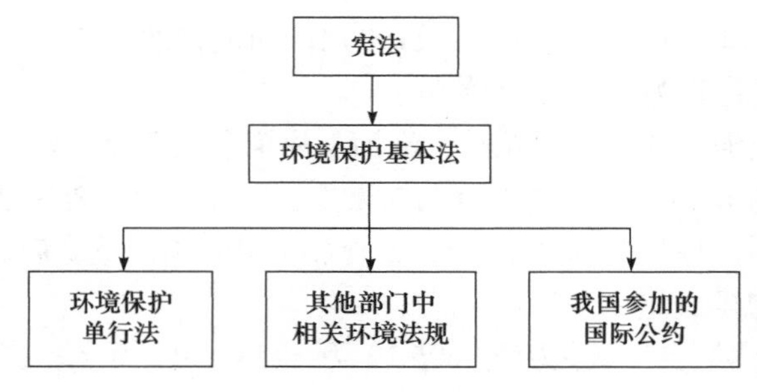

图 1-2　环境立法体系

六条规定："国家保护和改善生活环境和生态环境，防治污染和其他公害。"《宪法》第九条、第十条、第二十二条对自然资源和一些重要的环境要素的所有权及其保护也做出了相应规定。《宪法》的这些规定，明确了国家的环境保护职责和任务，构成了环境保护立法的宪法基础。

2) 基本法——《中华人民共和国环境保护法》

《中华人民共和国环境保护法》简称《环境保护法》，被定位为环境领域的基础性、综合性法律，是各种环境保护单行法、行政法规和规章、地方性法规和规章立法的基本依据。

《环境保护法》制定于 1989 年。经过 25 年的实践和不断完善，并历经四审，国家于 2014 年出台了更为完善和严格的法律(以下简称为"新法")，在基本理念创新、健全政府责任、提高违法成本、推动公众参与等方面有了很多突破和创新。

(1) 在创新理念方面，将"推进生态文明建设，促进经济社会可持续发展"列入立法目的，提出了促进人与自然和谐的理念及保护优先①的基本原则，明确要求经济社会发展与环境保护相协调。

(2) 在完善制度方面，要求建立资源环境承载力监测预警机制，实行环保目标责任制和考核评价制度，制定经济政策须充分考虑对环境的影响，建立跨区联合防治协调机制(第二十条)，划定生态保护红线，建立环境与健康风险评估制度，实行总量控制和排污许可管理制度(第二十条)，建立环境污染公共监测预警机制(第四十七条)。

(3) 在保障措施方面，注重运用市场手段和经济政策，明确提出财政、税收、价格、生态补偿、环境保护税、环境污染责任保险、重污染企业退出激励机制，以及作为绿色信贷基础的企业环保诚信制度。同时在多元共治方面，不仅强化政府的环境责任，还新增专章规定信息公开和公众参与②，赋予公民环境知情权、参与权和监督权(第五章)。在强化执法方面，首次明确"环境监察机构"的法律地位，授予环保部门许多新的监管权力③。

---

① 2014 年出台的新法第五条规定"环境保护坚持保护优先、预防为主、综合治理、公众参与、损害担责的原则"，这是第一次将环境保护置于优先位置。环境保护由 20 世纪 70 年代的末端治理，到 80 年代的防治结合，到 90 年代的过程控制，再到现在的保护优先，是环保理念的一次又一次升华。

② 作为新修订的《环境保护法》配套细则，2015 年 7 月 13 日环境保护部发出部令第 35 号文件《环境保护公众参与办法》。文件明确了保障公众获取环境信息、参与环境保护的权利，并于 2015 年 9 月 1 日起正式施行。

③ 近年来国家环境立法数量不少，但环境质量越来越差，一个很重要的原因就是违法成本太低。加大企业污染惩罚成本，将倒逼企业加大环保技术与设备的投入，不仅有利于执法，还为环境保护产业的长期快速发展奠定基础。新法加大了惩治力度，按日惩罚是新法的重点之一。第五十九条规定，"企业事业单位和其他生产经营者违法排放污染物，受到罚款处罚，被责令改正，拒不改正的，依法作出处罚决定的行政机关可以自责令改正之日的次日起，按照原处罚数额按日连续处罚。"

链接 1-5 我国的环境保护法律和重要的政策法规

3) 单行法

环境保护单行法是针对某一特定的环境要素或特定的环境社会关系进行调整的专门性法律法规，是环境法的主体部分。对保护对象分别做出的具体法律规定，是进行环境法制管理的直接依据。

4) 其他部门中相关环境法规

地方性环境法规是地方政府根据当地的具体情况和实际需要，在不与国家环境法规相抵触的前提下制定的环境法规，如《浙江省环境污染监督管理办法》等。

其他部门法中的环境保护相关法律规范，如民法、刑法、经济法、劳动法、行政法中，也包含不少与环境保护相关的法律规范，这些也是环境保护法体系的重要组成部分，如《中华人民共和国职业病防治法》等。

5) 我国缔结或参与的有关环境资源保护的国际条约、国际公约

我国积极开展环境外交，参与各项重大的国际环境事务，在全球、区域和双边环境合作中不断取得进展，在国际环境与发展领域发挥越来越大的作用。国际环境公约是为防止国际社会对环境造成破坏而制定的约定，一般包括气候变化、臭氧层保护、生物多样性保护、海洋环境保护和危险废物的控制五方面。1980 年以来，我国政府已签署并批准了 37 个国际环境保护公约，如《联合国气候变化框架公约》《联合国防治荒漠化公约》《南极条约》《生物多样性公约》《国际捕鲸管制公约》《巴塞尔公约》《核安全公约》，以及《关于特别是作为水禽栖息地的国际重要湿地公约》(简称《湿地公约》)等。

1.1.4 环境科学

环境科学是研究人类环境质量及其保护和改善的科学。它是在环境问题日益严重的情况下逐渐发展起来的一门多学科、跨学科的综合性新兴学科。

1. 环境科学的任务

自然环境本身具有发生和发展规律，而人类却要利用自然改造环境，因此两者之间存在矛盾。“人类与环境”系统就是人类与环境构成的对立统一体，是一个以人类为中心的生态系统。环境科学就是以“人类与环境”系统为其特定的研究对象，主要任务如下。

(1) 探索全球范围内环境演化的规律。环境总是不断地演化，环境变异也随时随地发生。为使环境向有利于人类的方向发展，避免向不利于人类的方向发展，就必须了解环境的基本特性、环境结构的形式和演化机理等。

(2) 揭示人类活动同自然生态之间的关系。环境为人类提供发展经济的各种物质资源。人类通过生产和消费活动，不断影响环境的质量。人类生产和消费系统中物质与能量的迁移、转化过程是异常复杂的，但必须使物质和能量的输入与输出之间保持相对平衡。

(3) 探索环境变化对人类生存的影响。必须研究污染物在环境中的物理、化学的变化过程，在生态系统中迁移转化的机理，以及进入人体后发生的各种作用，包括致畸作用、致突变作用和致癌作用。同时，必须研究环境退化与物质循环之间的关系。这些研究可为保护人类生

存环境、制定各项环境标准、控制污染物的排放量提供依据。

(4) 研究区域环境污染综合防治的技术措施和管理措施。引起环境问题的因素很多，需要综合运用多种工程技术措施和管理手段，从区域环境的整体出发，调节并控制人类和环境之间的相互关系，利用系统分析和系统工程的方法寻找解决环境问题的最优方案。

2. 环境科学的分类

环境科学是介于社会科学、技术科学和自然科学之间的边缘科学，是一个由多学科到跨学科的庞大的学科系统。在 20 世纪 50 年代末，环境问题已成为全球性的重大问题。为解决某一重大环境问题，世界上不同学科的专家对环境问题进行了合作调查和研究，他们发挥各自专业在理论和方法方面的优势，互相渗透、启发和补充，成为学科发展中的新的生长点，出现了一些新的分支学科。到 20 世纪 70 年代，在这些分支学科的基础上产生了环境科学。

环境科学是综合性的新兴学科，当前对环境科学的学科体系尚无定论。图 1-3 为其中一种比较基础的分类法，它是依据环境分别与人文科学、自然科学、工程技术和管理技术相结合而产生的各分支学科。

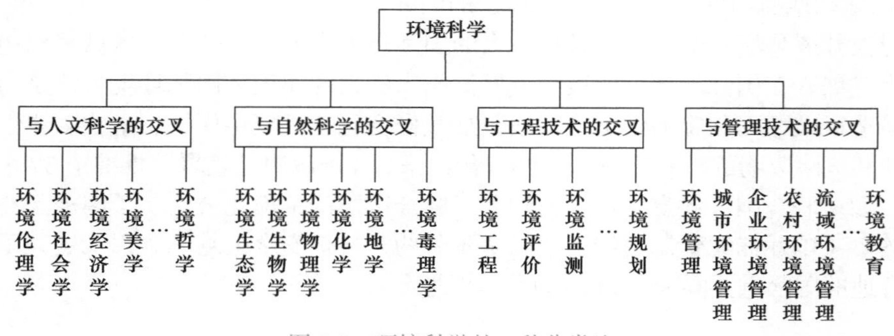

图 1-3 环境科学的一种分类法

环境工程是环境与工程技术交叉的学科之一，是人类在同环境污染作斗争、保护和改善人类生存环境的过程中形成的一门交叉学科。环境工程的任务是：①保护环境，消除人类活动对它的有害影响；②保护人类，消除不良环境对人类身心的损害，使人类得以健康舒适地生存。

本书共分 8 章，遵循“以人为核心”的原则进行安排。第 1 章“绪论”既是总纲，又是基础，站在全人类高度来审视地球的环境问题和相关因素，阐述我国的环境保护基本国策和可持续发展战略，旨在增强读者的环保意识和责任性。第 2 章至第 7 章介绍了环境保护基本知识和相关的法律法规。其中第 2 至第 4 章是按环境要素，分别为“水污染与控制”“空气污染与控制”“土壤污染和退化及其防治”；第 5 章至第 7 章按环境因素的属性分别介绍固体废物和主要的物理性污染物(噪声、放射性、电磁波、光和热)对人与环境的危害及其处理处置和防治方法；城市和乡村是人类的聚集地，第 8 章介绍城乡环境综合整治与建设，属于人类利用的主导方式类，综合运用前几章的知识，建设人民城市、海绵城市、美丽乡村，实现“城市，让生活更美好”[①]和美丽中国梦。参见链接 1-3“按环境因素的属性分类详解”。

---

① “城市，让生活更美好”是 2010 年上海世博会的主题。2010 年 10 月 31 日上海世博会高峰论坛上发布了《上海宣言》的倡议，将 10 月 31 日上海世博会闭幕之日定为“世界城市日”，让上海世博会的理念与实践得以永续，激励人类为城市创新与和谐发展而不懈追求和奋斗。2013 年 12 月 6 日，第 68 届联合国大会第二次委员会决定自 2014 年起将每年的 10 月 31 日设为“世界城市日”。这是中国首次在联合国推动设立的国际日。

1.2 生态系统与环境

工业革命以来，人类对自然资源的过度利用、对自然环境的改造能力不断增强，以及只关注眼前利益而不考虑长期可持续的社会经济发展，导致许多生态系统出现各种生态退化现象，从而引发生态环境问题，如生态环境中生物多样性骤减、水土资源污染严重、乱砍滥伐森林植被、采矿业开采破坏山体景观等。

1.2.1 生态系统

1. 生态系统的概念

生态系统是指在自然界的一定空间内，生物群落与周围环境构成的统一整体。生态系统具有一定的组成、结构和功能，是自然界的基本结构单元。在这单元中，生物与环境之间相互作用、相互制约、不断演变，并在一定时期内处于相对稳定的动态平衡状态。一个沼泽或湖泊、一条河流、一片草原或森林、一个城镇、一个乡村都可以构成一个生态系统。总之，自然界是由各种各样的生态系统组成的。

2. 生态系统的组成

生态系统由4部分组成，即生产者、消费者、分解者和无生命物质。这4部分可分为两大类：一类是生物成分，包括生产者、消费者和分解者；另一类是非生物成分，即无生命物质。

1) 生产者

生产者主要指能进行光合作用制造有机物的绿色植物，也包括光能合成细胞、单细胞的藻类，以及一些能利用化学能把无机物变为有机物的化能自养菌等。生产者利用太阳能或化学能把无机物转化为有机物，把太阳能转化为化学能，不仅供自身发育的需要，而且它本身也是生物类群及人类的食物和能源的供应者。

2) 消费者

消费者指直接或间接利用绿色植物所制造的有机物质作为食物和能量来源的生物，主要指动物，又分为若干等级。草食动物直接以植物为食，称为一级消费者；以草食动物为食的肉食动物，称为二级消费者；以二级消费者为食的动物，称为三级消费者。它们之间形成一个以食物联结起来的连锁关系，称为“食物链”。消费者虽然不是有机物的最初生产者，但在生态系统的物质与能量的转化过程中，也是一个极为重要的环节。

3) 分解者

分解者指各种具有分解能力的微生物，包括各种细菌、真菌和一些微型动物，如鞭毛虫和土壤线虫等。分解者在生态系统中的作用是把动物、植物尸体分解成简单的无机物，重新供给生产者使用。

4) 无生命物质

无生命物质指生态系统中的各种无生命的无机物、有机物和各种自然因素，包括水体、空气和矿物质等。

以上4部分构成一个有机的统一体，相互间沿着一定的循环途径，不断进行着物质循环和能量交换，在一定的条件下，保持着动态平衡。它是一个开放的动态系统。

3. 生态系统的类型

生态系统在自然界中是多种多样的，可大可小。按生态系统的非生物成分和特征，分为陆地生态系统和水域生态系统，而水域生态系统根据地理和物理状态又可分为淡水生态系统和海洋生态系统。按照人类活动及其对生态系统的影响程度，可分为自然生态系统、半自然生态系统和人工生态系统。例如，原始森林为自然生态系统；半自然生态系统如放牧草原、人工森林、养殖湖泊、农田等；人工生态系统如城市、矿区、工厂等。它们都有各自的结构和一定形式的能量流动与物质循环关系。无数小的生态系统的能量流动和物质循环系统，组成整个自然界总的能量流动和物质循环系统。

地球上最大的生态系统是生物圈。生物圈与人类的生存和发展密切相关。

4. 生态系统的功能

生态系统的功能主要表现在生态系统具有一定的能量流动、物质循环和信息联系。

1) 能量流动

地球上一切生物所需的能量来自太阳。生物将太阳能收集和储存起来，并在利用后散逸到空间去，这一过程称为能量流动。这是生态系统中的一个重要机能。绿色植物利用太阳能进行光合作用制造有机物质，把太阳能(光能)转变为化学能储存在这些物质中，这种绿色植物所特有的能量转化过程称为“光合作用”，是能量流动的起点。

能量流动是通过生物食物链和食物网的方式进行的。当某些动物将植物作为食物时，一部分能量用于生命活动，而另一部分则在新的有机化合物(如动物的脂肪等)中以另一种形式的化学能储存起来。当这种动物再被另一种食肉动物捕食后，能量又以类似形式进一步被利用和储存。生产者和消费者死后又被分解者(主要是细菌和真菌)分解，把复杂的分子转变或还原成简单的无机化合物，能量又为分解者所利用和储存。生态系统中的能量流动如图 1-4 所示。

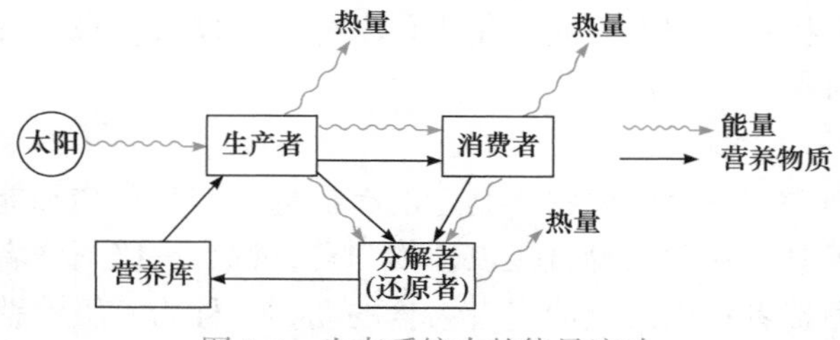

图 1-4 生态系统中的能量流动

2) 物质循环

任何生态系统的各个组成部分之间不断进行着物质循环。生态系统的物质循环是伴随着能量流动进行的。但能量流动是单向性的、不可逆的过程，消耗后变成热量而耗散。而营养物质是不会消失的，可被植物重新利用。与生态环境关系密切的自然环境物质循环主要有水、碳、氮、硫和磷 5 种物质。

(1) 水循环。一切生物有机体大部分是由水组成的。水是生态系统中能量流动和物质流动的介质，任何一个生态系统都离不开水。水循环的动力是太阳辐射。海洋、河流、湖泊中的水不断蒸发而进入大气；植物体的水分通过叶的表面蒸腾作用进入大气。大气中的水分遇冷，形成雨、雪、雹，重返地面。一部分直接落入海洋、河流、湖泊等水域；另一部分经土壤渗入地下，形成地下径流，再供植物根系吸收；还有一部分形成地表径流，流入海洋、河流和湖泊。这就是水的循环，如图 1-5 所示。水循环对地球表面传递各种物质、调节气候、清洗大气、净化环境起着重要的作用。

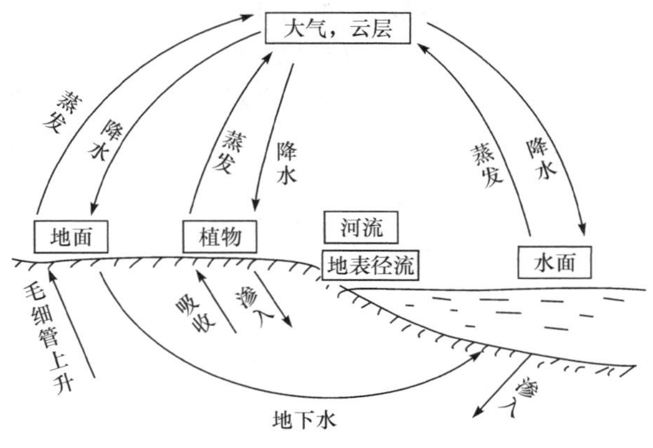

图 1-5 水的循环

(2) 碳循环。碳存在于生物有机体和无机环境中。在生物有机体内，碳是构成生物体的主要元素，约占干物质的 50%。在无机环境中，碳主要以 CO_2 和碳酸盐的形式存在。绿色植物在碳循环中发挥着重要作用。大气中的 CO_2 可被绿色植物转化为有机物的主要元素——碳。生产者和消费者在呼吸过程中又把有机物分解为 CO_2 释放到大气中。生产者和消费者的残体被分解者分解，使得蛋白质、脂肪和糖类中的有机碳转化为 CO_2 而重返大气。动植物残体长期埋藏于地层中，形成化石燃料。这些化石燃料燃烧时生成的 CO_2 又被释放到大气中。另外，海洋中的碳酸钙沉积于海底，形成新的岩石，使一部分碳长期储存于地层中。火山爆发时，可使地层中的这部分碳又回到大气层。碳的循环如图 1-6 所示。

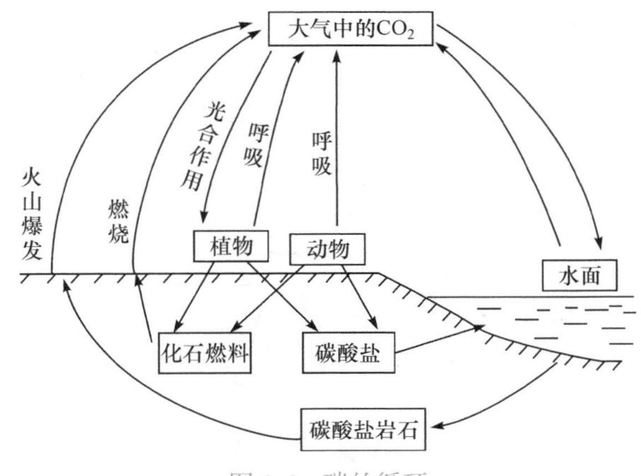

图 1-6 碳的循环

(3) 氮循环。氮存在于生物、大气和矿物质中，它是组成生物有机体的重要元素之一。大气中的氮约占 79%，它不能直接被大多数生物利用，只能被“固定”，即成为一种含氮的化合物后，才能作为生物的营养物。大气中的氮进入生物有机体的途径有 4 种：①生物固氮。例如，生长在豆科植物和其他少数高等植物上的根瘤菌能固定大气中的氮，供植物吸收，某些固氮蓝绿藻也可以固定大气中的氮，使氮进入有机界。②工业固氮。人类通过工业手段，把大气中的氮合成氨或铵盐，供植物利用。③大气固氮。雷雨时通过电离作用，可使大气中的氮氧化成硝酸盐，其随雨水进入土壤，被植物吸收。④岩浆固氮。火山爆发时喷射出来的岩浆也可以固定一部分氮。氮在有机体内的小循环过程为：土壤中的亚硝酸盐、硝酸盐被植物吸收，合成各种氨基酸，继而构成蛋白质；动物直接或间接摄取，从中吸收有机氮作为自身蛋白质的来源；动物的新陈代谢排泄物将一部分蛋白质分解成氨和尿素、尿酸并排入土壤，同时动植物残体在土壤微生物的作用下，分解成氨、水、CO_2进入土壤。氮循环的最终完成是靠土壤中的硝化菌和古菌将氨转换成亚硝酸盐与硝酸盐的，然后反硝化微生物再将硝酸盐分解成游离氮而进入大气，如图 1-7 所示。

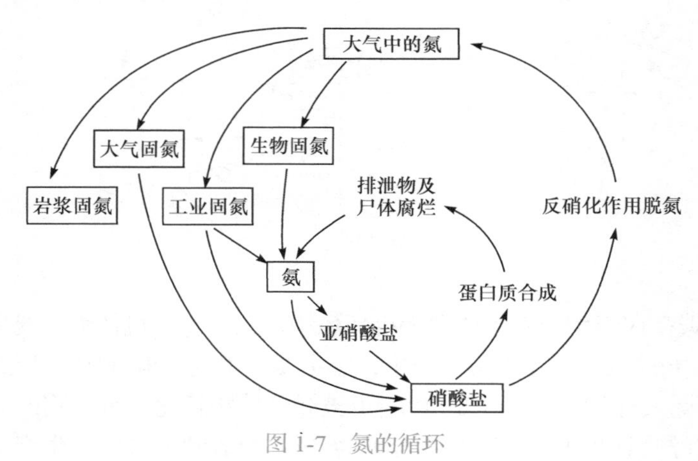

图 1-7　氮的循环

(4) 硫循环。硫是生物有机体蛋白质和氨基酸的基本成分。尽管有机体内的硫量很少，却十分重要，其功能是以硫键的形式把蛋白质分子连接起来，对蛋白质的构造起着重要作用。硫在自然界中的存在形式有元素硫、SO_2、亚硫酸盐、硫酸盐和气态硫化物。大气中的SO_2和H_2S主要来自化石燃料的燃烧、火山喷发、海面散发以及有机物分解过程中的释放。这些硫化物主要通过降水作用形成硫酸和硫酸盐等进入土壤，并被植物吸收、利用而成为氨基酸成分。硫通过食物链进入各级消费者的动物体中，动植物残体被细菌分解并以H_2S和SO_4^{2-}的形式释放出来。这部分硫可进入大气，也可进入土壤、岩石或沉积海底，如图 1-8 所示。

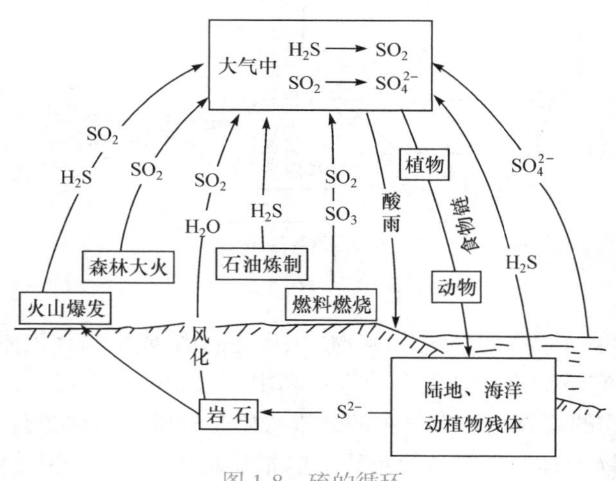

图 1-8　硫的循环

(5) 磷循环。磷循环主要依赖地质运动、矿物风化、水流输运、磷矿开采和海产品的捕捞等过程，磷循环中几乎不存在气体状态。在整个磷循环中，存在两个小循环。①陆地生态系统中的磷循环。岩石的风化向土壤提供了磷。植物通过根系从土壤中吸收磷酸盐，动物以植物为食物而得到磷。动植物死亡后，残体分解，磷回到土壤中进入下一个循环。在未受人为干扰的陆地生态系统中，土壤和有机体之间几乎是一个封闭循环系统，磷的损失是很少的。②水生生态系统中的磷循环。水中的磷首先被藻类和水生植物吸收，然后通过食物链逐级传递，动植物死亡后，残体被微生物分解，磷又进入循环。同时，进入水体中尤其是深海中的磷，有一部分可能直接沉积于深水底泥，从此不参加这一生态循环。除非地质活动使它们暴露于水面，再次参加循环，但这需要若干万年才能完成。磷的循环如图 1-9 所示。

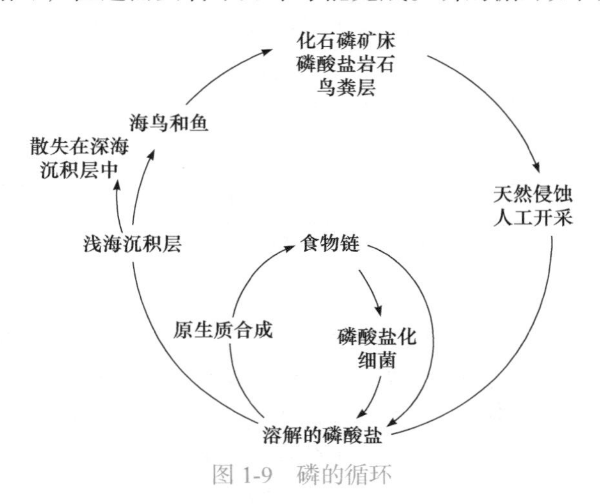

图 1-9 磷的循环

3) 信息联系

生态系统的各组成部分之间及各组成部分的内部存在着各种形式的信息，以这些信息把生态系统联系成一个有机的整体即为生态系统的信息联系。

(1) 营养信息。通过营养交换的形式，把信息从一个种群传到另一个种群，或者从一个个体传递到另一个个体，即为营养信息。食物链就是一个营养信息。

(2) 化学信息。生物在某些特定条件下，或者某个生长发育阶段，分泌出某些特殊的化学物质，这些分泌物对生物不是提供营养，而是在生物的个体或种群之间起着某种信息传递作用，即构成了化学信息。

(3) 物理信息。鸟鸣、兽吼、颜色和光等构成了生态系统的物理信息。

(4) 行为信息。有些动物可以通过各种行为模式向同伴发出识别、威吓、求偶和挑战等信息。

尽管现代科学水平对这些自然界的“对话”之谜尚未完全解开，但这些信息对种群和生态系统调节的重要意义是完全可以肯定的。

1.2.2 生态系统的平衡

任何一个正常的生态系统中，能量流动和物质循环总是不断进行着，并在生产者、消费者和分解者之间保持着相对的平衡状态，也就是说，系统的能量流动和物质循环能较长期地保持稳定，这种平衡状态称为“生态平衡”。生态平衡包括结构上的平衡、功能上的平衡以及能量和物质输入、输出数量上的平衡等。显然，生态平衡是动态平衡。

生态系统之所以能够保持相对的平衡状态，主要是由于生态系统内部具有一定限度的自动调节的能力。当系统的某一部分出现了机能的异常，就可能被其他部分的调节抵消。生态系统的这种自动调节并维持平衡的能力是通过环境中发生物理、化学和生物化学一系列变化而实现的，这个过程称为环境的“自净作用”。例如，大气和河流均具有一定的对污染物的自净能力。系统的组成成分越多样，能量流动和物质循环的途径越复杂，其调节能力就越强。然而，一个生态系统的调节能力再强，也是有一定限度的，超出这一限度，生态平衡就会遭到破坏，也就是出现了环境问题。

科学家经过研究和实践认为，对遭受破坏的生态进行修复，其方式不能一概而论。若是尚未受到严重破坏的生态系统，只要去除现有的压力，就能靠自然界自身的力量进行恢复；而那些已经被严重干扰和破坏的生态系统，必须采取人为措施进行修复，可以为其恢复创造较好的条件，至少能比较快地形成恢复的基础。详见后面的有关章节，如 2.3.3 节“河道治理与修复技术”或 4.3 节“土壤污染治理与修复”等。

生态平衡是一种客观存在。人类必须尊重生态平衡的规律，维护生态平衡，努力改善广阔国土的生态条件，合理开发和利用资源，实现经济可持续发展。

1.2.3 生态学

生态学是研究生物与它所存在的环境之间以及生物与生物之间相互关系的作用规律及其机制的一门学科。这里的生物包括植物、动物和微生物，环境是指各种生物特定的生存环境，包括非生物环境和生物环境。非生物环境由光、热、空气、水分和各种无机元素组成，生物环境由作为主体生物以外的其他一切生物组成。根据研究对象的不同，可分为植物、动物、微生物等生态学。环境问题自从被重视后，对生态学的发展产生了较大的影响，进而形成了污染生态学，其成为环境科学的重要组成部分。

某些生态学家认为，世界上概括起来有 3 个与生态学有关的重大问题，即环境污染问题、人口问题、生物资源的利用与管理问题。这些问题所涉及的范围很广泛，不仅关系当前，还关系未来。因此，这些问题已成为各国政府和科学工作者关心的重大社会问题。

生态学是环境科学重要的理论基础之一。环境科学在研究人类生产、生活活动与环境的相互关系时，就常运用生态学的基本理论和基本规律。生态学关于环境污染方面的研究可归纳为以下 3 个主要方面。

(1) 研究环境污染的生态效应。研究环境污染对生态学中各种生物的影响，污染物在生物体内的积累、浓缩、放大、协同和颉颃作用。

(2) 研究环境污染的生物净化。例如，研究绿色植物对空气污染物的吸收、吸附、滞尘和杀菌作用，土壤-植物系统的净化功能，植物根系和土壤微生物的降解、转化作用，以及生物对水体污染的净化作用。

(3) 进行环境污染状况的生物监测和生物评价。这是利用生物在各种污染环境下所发出的各种信息来判断环境污染的一种手段，具有综合性、真实性、长期性、灵敏性，并且简单易行，为制定环境标准、确定环境容量和控制污染提供科学依据。

1.2.4 我国的生态环境建设

生态环境是人类生存和发展的基本条件，是经济、社会发展的基础。保护和建设好生态环境，是我国现代化建设中必须始终坚持的一项基本方针[①]。

---

① 详见链接 1-6“从‘生态环境’到‘习近平生态文明思想’”。

1) 我国的生态环境现状

根据《中国生态环境状况公报》，2022 年，全国生态质量指数(EQI)①值为 59.6，生态质量为二类，生态质量变化②与 2021 年相比基本稳定。生态质量一类和二类的县域面积占国土面积的 59.3%。全国森林覆盖率为 23.04%，森林蓄积量为 175.6 亿 $m^3$③。2021 年④全国水土流失面积为 267.42 万 km^2，与第一次全国水利普查⑤(2011 年)相比，减少 27.50 万 km^2。我国的水土流失、荒漠化和沙化的环境现状详见 4.4.1 节“土壤退化概述”和 4.4.2 节“我国的沙漠化现状”部分。

2) 我国的生态环境建设目标与行动

生态环境建设是我国提出的旨在保护和建设好生态环境、实现可持续发展的战略决策。

1999 年 1 月初，国务院常务会议讨论通过了由国家发展计划委员会组织有关部门制定的《全国生态环境建设规划》。我国生态环境建设的总体目标是：用大约 50 年的时间，动员和组织全国人民，依靠科学技术，加强对现有天然林及野生动植物资源的保护，大力开展植树种草，治理水土流失，防治荒漠化，建设生态农业，改善生产和生活条件，加强综合治理力度，完成一批对改善全国生态环境有重要影响的工程，扭转生态环境恶化的势头。力争到下个世纪中叶，大部分地区生态环境明显改善，基本实现中华大地山川秀美。

我国还提出分阶段的生态环境建设目标。例如，在《“十三五”生态环境保护规划》中提出的主要目标是：“到 2020 年，生态环境质量总体改善。生产和生活方式绿色、低碳水平上升，主要污染物排放总量大幅减少，环境风险得到有效控制，生物多样性下降势头得到基本控制，生态系统稳定性明显增强，生态安全屏障基本形成，生态环境领域国家治理体系和治理能力现代化取得重大进展，生态文明建设水平与全面建成小康社会目标相适应。”

制定《“十四五”生态环境保护规划》的规划建议时明确提出要对标 2035 年美丽中国基本建成的目标，倒排“十四五”“十五五”“十六五”3 个五年计划，首先明确“十四五”实现生态文明建设新进步的目标要求。到 2035 年，我国要广泛形成绿色生产生活方式，碳排放达峰后稳中有降，生态环境根本好转，美丽中国建设目标基本实现。

我国各部委根据国家目标和国情，制定并实施具体的长期的工程项目。例如，国家环境保护总局从 1979 年起建设“三北防护林体系工程”⑥，1999 年开始实施“33211”污染治理工程⑦；还有建设以京津风沙源和水源为重点治理与保护对象的环京津生态圈；建设沿海、珠江

---

① 2021 年开始，生态质量评价依据调整为《区域生态质量评价方法(试行)》。全国生态质量指数 EQI ≥ 70 为一类，自然生态系统覆盖比例高，人类干扰强度低，生物多样性丰富，生态结构完整、系统稳定、生态功能完善；55 ≤ EQI < 70 为二类，自然生态系统覆盖比例较高，人类干扰强度较低，生物多样性较丰富，生态结构较完整、系统稳定、生态功能较完善；40 ≤ EQI < 55 为三类，自然生态系统覆盖比例一般，受到一定程度的人类活动干扰，生物多样性丰富度一般，生态结构完整性和稳定性一般、生态功能基本完善；30 ≤ EQI < 40 为四类，自然生态本底条件较差或人类干扰强度较大，自然生态系统较脆弱，生态功能较低；EQI ≤ 30 为五类，自然生态本底条件差或人类干扰强度大，自然生态系统较脆弱，生态功能低。

② 生态质量变化分为四个级别：基本稳定($|\Delta EQI| < 1$)；轻微变化($1 \leq |\Delta EQI| < 2$)；一般变化($2 \leq |\Delta EQI| < 4$)；明显变化($|\Delta EQI| \geq 4$)。$\Delta EQI = EQI_{现在} - EQI_{过去}$，正值表示变好，负值表示变差。

③ 截至 2022 年《中国生态环境状况公报》发布时，第九次全国森林资源清查(2014～2018 年)结果为最新数据。

④ 截至 2022 年《中国生态环境状况公报》发布时，2021 年水土流失动态监测成果为最新数据。

⑤ 根据国务院决定，2010～2012 年开展第一次全国水利普查，普查的标准时点为 2011 年 12 月 31 日，普查时期为 2011 年度。普查范围为中华人民共和国境内(未含香港、澳门和台湾)河流湖泊、水利工程、重点经济社会取用水户以及水利单位等。

⑥ “三北”是“三北防护林体系工程”的简称，指在我国三北地区(西北、华北和东北)建设的大型人工林业生态工程。1979～2050 年，历时 71 年，分三个阶段七期工程。详见链接 4-10“三北防护林体系工程”。

⑦ “33211”污染治理工程是指实施对三河、三湖、两控区、一市、一海的污染治理，即重点治理“三河”(淮河、海河、辽河)、“三湖”(太湖、巢湖、滇池)的水污染，“两控区”(二氧化硫污染控制区和酸雨污染控制区)的空气污染，着力强化“一市”(北京市)和“一海”(渤海)的环境保护工程。

等防护林体系，加速营造速生丰产林和工业原料林等。这些都是惠及子孙后代的浩大工程，需要我们几代人的努力。

扫一扫

链接 1-6 从“生态环境”到“习近平生态文明思想”
链接 1-7 我国生态环境管控方案——“三线一单”
链接 1-8 “十四五”生态环境保护的总体思路和能源规划

1.3 能源与环境

能源是人类赖以生存和发展的基础，工农业生产、交通运输、科技文化，无一不需要能源来推动正常运作。太阳是地球生态的主要能源，经过漫长岁月的进化，地球已储存了数量可观的能源，人类在相当长的时间内没有意识到能源会枯竭。事实上，随着经济发展速度的增长，能源消耗剧增，同时能源的应用也带来一系列的环境污染问题。因此，人类认识到必须协调能源应用与环境保护的关系，解决环境保护与发展的矛盾，为自己和后代留足生存发展空间。

1.3.1 能源

1. 能源内涵及其分类

1) 能源内涵

《中华人民共和国能源法(征求意见稿)》(2020 年)中对“能源”的详细解释是“产生热能、机械能、电能、核能和化学能等能量的资源，主要包括煤炭、石油、天然气(含页岩气、煤层气、生物天然气等)、核能、氢能[①]、风能、太阳能、水能、生物质能、地热能、海洋能、电力和热力以及其他直接或者通过加工、转换而取得有用能的各种资源”。

2) 能源分类

自然界中存在种类繁多的能源，人类经过不断研发，可被人类利用的能源日益增多。根据不同的划分标准，能源可以分为不同的类型。

(1) 按地球上能源的最初来源可分为 3 类。第一类是太阳能及其转化物。人类所需能量的绝大部分都直接或间接地来自太阳，除直接的辐射能(太阳能)外，还为风能、水能、生物能和化石能源[②]等的产生提供基础。第二类是地球本身储存的能量。地球是个大热库，从地下喷出地面的温泉、蒸气、岩浆等就是地球热能的表现，还有铀、钍等核燃料在进行原子核反应时释放出大量的能量。第三类是月亮、太阳等天体对地球的引力产生的能量。例如，海水涨落形成的潮汐能等。

(2) 按开采利用的方式可分为一次能源和二次能源。在自然界中现成存在，基本上没有经过人为加工或转换，称为一次能源(天然能源)。经过加工或形式转换的能源称为二次能源(人工能源)，如蒸气、焦炭、煤气、电力、沼气、氢能和激光等。一次能源转成二次能源会有转

① 在《中华人民共和国能源法(征求意见稿)》(2017 年)中已首次将“氢能”与煤炭、石油、天然气等能源归为同类，正式确认了“氢能”的能源地位。

② 正是各种植物通过光合作用把太阳能转变成化学能在植物体内储存下来；煤炭等化石能源也是由古代埋在地下的动植物经受漫长的地质年代形成的，它们实质上是由古代生物固定下来的太阳能。

换损失，但二次能源有更高的终端利用效率，也更清洁和便于使用。

(3) 按再生时间可分为可再生能源和非再生能源。可再生能源指在自然界可以循环再生，取之不尽，用之不竭的能源，不需要人力参与便会自动再生的能源，包括太阳能、水能、风能、生物质能、波浪能、潮汐能、海洋温差能、地热能等；非再生能源指的是经亿万年形成而短期之内无法恢复的能源，如煤、石油、天然气、原子核反应的原料铀等。

(4) 按动静状态可分为过程性能源和含能体能源。过程性能源指能够提供能量的物质运动形式，但难以储存运输，如太阳能、电能；含能体能源指能够提供能量的物质能源，其特点是可储存运输，如煤炭、汽油及氢能等。

(5) 按现阶段使用的成熟程度可划分为常规能源和新能源。常规能源(传统能源)一般指化石能源，是由远古动植物的化石演变而成的能源，主要包括煤炭、石油和天然气等，占全球能源供应的主导地位。新能源(非常规能源、替代能源)是指利用新技术开发的能源。新能源大部分是天然和可再生的，是未来世界持久能源系统的基础。随着科学技术的发展，很多新能源会随着利用程度和比例的增加，逐渐变成常规能源，如水力能(水电)。还有核裂变能，在我国还属于新能源，但在发达国家已变成常规能源。

(6) 按能源使用对环境是否造成污染可分为清洁能源和非清洁能源。清洁能源是指在能源开发利用和使用过程中，环境污染物和 CO_2 等温室气体零排放或低排放的能源。因此，可再生能源、非化石能源①、利用清洁能源技术处理过的化石能源和燃气②，都可以认为是清洁能源中的成员。清洁能源的概念是动态的、发展的概念。

上述这些分类方法有助于我们从不同角度去认识能源，多数能源都具有多种特性，分属多种类别的能源，如电能分属常规能源、二次能源、非再生能源、过程性能源和清洁能源。

2. 能源开采应用对环境的影响

能源的整个生命周期包括 4 个阶段：开采开发、能量转换、消费应用和最终处理。其中开采开发和能量转换两个阶段对环境有较大的影响。

1) 能源开发的环境问题

(1) 采煤的环境问题。煤的露天开采造成地表破坏、岩石裸露，引起水土流失、河流淤塞，大多数露天煤矿区成为不毛之地；煤的地下开采引起塌陷，破坏地下水系，若用碎石、砂等回填，代价巨大；采煤还是一种危险而有损健康的职业。矿区排水呈酸性，洗煤厂也排出含硫、酚等有害污染物的黑水，大量的污水排入河流，致使河流污染。同时在开采和选煤过程中，排出大量煤矸石和废石，不仅占地，而且不断自燃，排放气体和灰尘，污染环境。对这些固体废物现已加以利用③。在煤开采、装卸、运输的过程中散发的大量煤尘，会严重危害人体健康及矿区生态环境。我国是以煤炭为第一能源的国家，煤炭开采的环境保护和综合利用十分重要。

(2) 石油开采的环境污染。石油的污染主要是对海洋生态环境的破坏，详见 2.5.3 节“海洋污染”中有关叙述。

① 《中华人民共和国能源法》中对“非化石能源”的解释是“指除化石能源之外的一次能源，主要包括水能、核能、风能、太阳能、生物质能、地热能和海洋能等”。

② 《中华人民共和国能源法》中对“燃气”的解释是“指天然气(含页岩气、煤层气、生物天然气等)、人工煤气、液化石油气和沼气等气体燃料”。

③ 详见链接 5-4 和链接 5-5“大宗工业固体废物资源化利用(1)和(2)”。

(3) 铀生产的环境污染。核工业产生的环境污染主要来自两个阶段：核燃料生产和辐射后燃料的处理，在7.2.1节“放射性辐射概述”将详细介绍。

(4) 建造水电站对环境的影响。由于水力发电的一系列优点，国内外都将优先开发水电列入能源开发战略。但是事物总是具有正反两方面。在水能开发初始阶段，不可避免地对环境造成破坏。水电工程要建筑大坝，拦蓄河水，以得到垂直落差。于是大片河谷流域成为水库，森林、土地、乡村被淹没，自然风景被破坏，流域生态系统受影响。另外，河水夹带泥沙，流入水库静水区，由于流速小，泥沙逐渐沉积下来。泥沙沉积影响水库功能，使水电站发电量减少，并影响下游的生态平衡。同时水库的建造，使河岸强度降低，易导致滑坡或崩岩，并诱发地震。国内外都有诱发地震的事例，造成水工建筑物被破坏，居民伤亡。一般来说，库区地震的震级较低。因此，建造大型水电站必须预先周密考虑，采取合理措施，把危害降到最低程度。

2) 能量转换应用过程对环境的影响

由于目前人类活动消费能源以电能、热能形式为主，所以大规模应用的能源都需要能量形式的转换。能量转换过程造成的环境污染最为严重。例如，化石燃料的燃烧不仅排放SO_2、NO_x、CO和烟尘，而且排放大量的CO_2和废热，造成区域性和全球性的危害，如酸雨、光化学烟雾、大气温室效应等(见第3章)及热污染。放射性污染主要来自核电站，另外，还来自核武器试验。近年来，三里岛、切尔诺贝利、日本福岛第一核电站等几次核电站泄漏重大事故说明，不管怎样小心防护，核电站总归是一个危险装置，难以做到万无一失，一旦发生事故，就可能造成灾难性的破坏。同时核电站排放废热更为严重，它将全部热能的2/3排给环境。汽车尾气和石油化工企业排放气体中的NO_x和烃类在阳光照射下，生成光化学烟雾的污染；能源动力工业还产生大量固体废料，但其中有一些是可以利用的，如煤矸石、煤炭渣等。

3) 清洁能源生产的环境友好性

与化石燃料相比，通常认为清洁能源不会造成环境污染，但很多清洁能源在开发过程中也会造成环境污染。事实上，任何能源都有变成环境友好型的无限潜力，但也都会带来负面的环境影响。例如，太阳能光伏电池生产中使用的多晶硅，其生产是高能耗、高污染的；废弃的光伏板如何回收处置更是个棘手的问题；此外，如果风电和光伏发电是离网系统，还涉及大量电池制造、使用和废弃处理中的环境难题；目前系统地比较下来，风电和光伏发电未必比百万千瓦超临界火电更“绿色”。又如，有人认为电动汽车或氢动力汽车是“零污染”的，这种观点是否正确，要看用的电或氢是怎么来的。如果电来自常规电力系统，电动汽车的“清洁”就只是一种假象——污染已被上游电厂代为排放了，同时，电动汽车的电池报废后的处置难度也极大；氢动力汽车也是如此，关键看制氢流程中会产生多少污染，而不能仅关注其使用过程的清洁性。另外，还有风能装置的噪声、地热能开发溢出的H_2S、“退役”核电站的处置问题等。

一种能源是否环境友好，需要将相关装置全生命周期(生产、安装、使用和废弃)中产生的环境影响综合起来评估，所以很多清洁能源远没有人们想象得那么“清洁”。然而，如果因为这些缺陷就否认清洁能源就太荒谬了。清洁能源对于任何国家而言，都代表着未来，我国更无理由放弃。

从长远看，自工业革命以来推动经济发展的化石燃料终究会被清洁能源取代。然而，能源的更迭是一个漫长的过程，不能一蹴而就。在可预见的未来，我国的能源主体仍然是以煤炭为主的化石燃料。我们现在不能一味“丑化”化石燃料，也不能过度“美化”清洁能源。合理的战略应该是坚持全产业链核心技术研发。无论是传统能源的清洁化利用，还是清洁能源的开发，一定要因地制宜，在特定的条件下选择合理的能源利用方式，创造出绿色的未来。

1.3.2 我国的能源法

能源法是调整能源开发、利用、管理活动中的社会关系的法律规范总和。

我国已制定和颁布了一系列有关能源的法律。1986 年国务院发布《节约能源管理暂行条例》，1997 年上升为《中华人民共和国节约能源法》，2018 年作了修正；2005 年颁布了《中华人民共和国可再生能源法》，2009 年出了修正本。业界期盼已久的《中华人民共和国能源法》历经多次修订完善，最新征求意见稿于 2020 年向社会公开征求意见。

1) 《中华人民共和国能源法(征求意见稿)》(2020 年)

《中华人民共和国能源法》简称《能源法》，是统筹我国能源管理的基本法，也是我国实施可持续发展的法律保障。

《能源法》第三条“战略和体系”指出，能源开发利用应当与生态文明相适应，贯彻创新、协调、绿色、开放、共享发展理念，遵循推动消费革命、供给革命、技术革命、体制革命和全方位加强国际合作[①]的发展方向，实施节约优先、立足国内、绿色低碳和创新驱动的能源发展战略，构建清洁低碳、安全高效的能源体系。

《能源法》第三十二条“优化能源结构”中明确，国家鼓励高效清洁开发利用能源资源，支持优先开发可再生能源，合理开发化石能源资源，因地制宜发展分布式能源，推动非化石能源替代化石能源、低碳能源替代高碳能源，支持开发应用替代石油、天然气的新型燃料和工业原料。

《能源法》第七十条对“能源安全”提出的总体要求是：国家统筹协调能源安全，将能源安全战略纳入国家安全战略，优化能源布局，加强能源安全储备和调峰设施建设，增强能源供给保障和应急调节能力，完善能源安全和应急制度，全面提升能源安全保障能力。

2) 《中华人民共和国节约能源法》

我国政府早在 20 世纪 90 年代就确定了“节约资源是我国的基本国策”，提出了“开发与节约并举，把节约放在首位”的发展方针。

《中华人民共和国节约能源法》简称《节约能源法》，制定于 1997 年，现行版为 2018 年修正版。

2018 年版《节约能源法》对节能的标准和管理提出了新的更高要求。首先，突出了节约能源的发展战略地位，健全了节能标准体系和监管制度，强调了节能标准既是企业实施节能管理的基础，又是政府加强节能监管的依据。其次，更注重节能管理和监督的规定，既发挥经济手段和市场经济规律在节能管理中的作用，又规定强制性的节能管理措施，相关政府部门将对违反《节约能源法》的行为加大处罚力度，以强化政府的法律责任。

---

① 简称为“四个革命、一个合作”的能源安全新战略。习近平同志 2014 年 6 月 13 日在中央财经领导小组会议上就推动能源生产和消费革命提出了 5 点要求：推动能源消费革命，抑制不合理能源消费；推动能源供给革命，建立多元供应体系；推动能源技术革命，带动产业升级；推动能源体制革命，打通能源发展快车道；全方位加强国际合作，实现开放条件下能源安全。这从全局和战略的高度指明了保障我国能源安全、推动我国能源事业高质量发展的方向和路径。

3) 《中华人民共和国可再生能源法》

《中华人民共和国可再生能源法》简称《可再生能源法》，于 2005 年首次颁布，当前版本为 2009 年版。

《可再生能源法》第二条“本法所称可再生能源，是指风能、太阳能、水能、生物质能、地热能、海洋能等非化石能源”①。

可再生能源具有能够在提供能源服务时空气污染和温室气体排放为零或接近零的特点，目前占全球一次能源供给总量的 14%左右。虽然可再生能源的生产成本比较昂贵，但随着技术的进步和规模的扩大会大幅度下降，这必将对能源系统的可持续性起到积极的保障作用。

1.3.3 清洁能源

清洁能源是指在能源使用过程中对环境无污染或污染很小的能源，且开发和应用技术已基本趋于成熟的能源。清洁能源种类很多，还没有统一的分类法。我们试以“可再生”和“非再生”的特征对清洁能源进行归类，如图 1-10 所示，可分为三个层次。

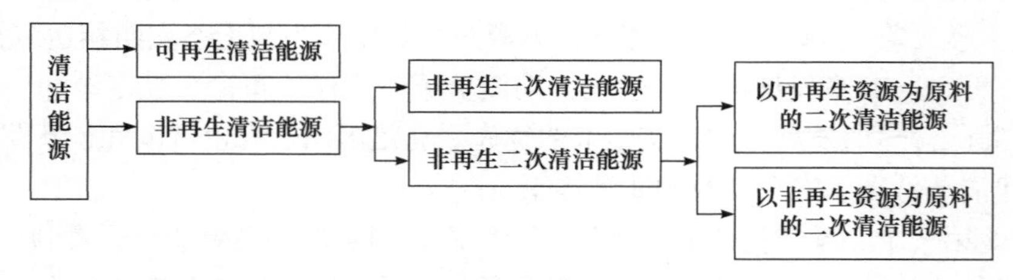

图 1-10 清洁能源的一种分类方法

1. 可再生清洁能源

按《可再生能源法》中的定义，可再生清洁能源要符合两个条件：清洁能源和可再生能源，即指风能、太阳能、水能、生物质能、地热能、海洋能等非化石能源。

1) 太阳能

太阳能是无所不在、取之不尽、用之不竭而又无污染的清洁能源。太阳能利用方式如图 1-11 所示。太阳能可以直接利用，如以阳光晒干物件、晒盐等；太阳辐射还形成了地球上的清洁能源，如风能、水能、生物质能、海洋能等。

太阳能的人工转化利用基本上有以下 3 种方式。

(1) 光-热转换。将太阳能直接转换成热能，如太阳能集热器、太阳能热力发电、太阳能制冷、太阳能海水淡化、太阳能车、太阳能建筑等。

(2) 光-电转换。将太阳能直接转换成电能。最常见的是太阳能光伏发电，我国是光伏电池生产和应用大国；碲化镉薄膜太阳能发电玻璃是半导体材料应用领域的一场技术革命，我国的研发技术水平国际领先，产品已成功应用于国内多个项目。

(3) 光-化学转换。太阳能直接转换成化学能，其中太阳能制氢技术(光伏制氢)是 20 世纪八九十年代才发展起来的。基于氢气将取代化石燃料成为人类未来主要能源之一，太阳能-氢

① 在第二条中还有两句说明。第一句是“水力发电对本法的适用，由国务院能源主管部门规定，报国务院批准”，这就是说，水电是清洁能源，制备它的前体能源也是可再生的，但它是二次能源，不归于可再生能源，要想享受对可再生能源的优惠待遇需特批。第二句是“通过低效率炉灶直接燃烧方式利用秸秆、薪柴、粪便等，不适用本法”，这就是说，虽然生物质能是可再生清洁能源，但使用不合理也会产生污染的，所以直接燃烧生物质能不适用本法。

能转化是氢气工业化生产技术发展的方向。

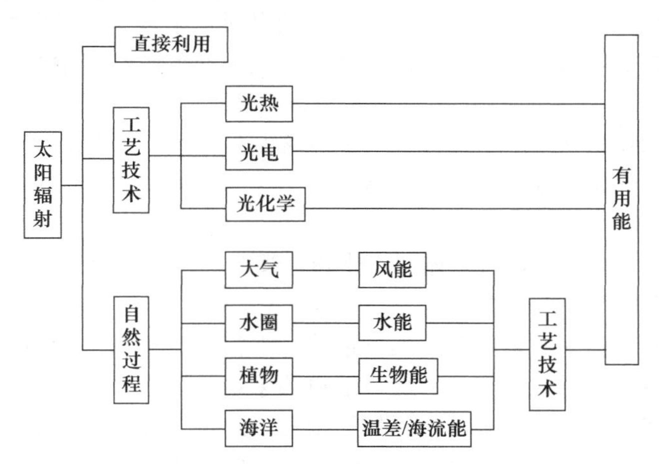

图 1-11 太阳能利用方式

2) 风能

风能是大量空气在地球表面运动时产生的动能，是太阳能的一种转换形式。风能具有可再生、洁净无污染等优点，风能资源受地形的影响较大，开发利用难度较大。近年来，世界风电市场上风电机组的单机容量持续增大，利用效率不断提高。海上风电技术成为发展方向。

3) 水能

水能是指水体的动能、势能和压力能等能量资源，它既是常规能源、可再生能源，又是清洁能源。随着矿物燃料日渐减少，水能是非常重要且前景广阔的资源。目前水能发电比例在电能消费构成上已占不小的份额。

最成功的典型案例就是长江三峡工程。自 2003 年三峡工程竣工正式蓄水发电以来，三峡电站累计发电量相当于节约标准煤 3.6 亿 t，减少 CO_2 排放 9 亿 t、SO_2 排放 42 万 t，同时还减少了大量工业污水排放。截至 2018 年底，中国三峡集团已建、在建、权益总装机容量超过 1.28 亿 kW，其中可再生清洁能源装机占 99%，年发绿色电能首超 1000 亿 kW · h。

4) 生物质能

《可再生能源法》中生物质能是指利用自然界的植物、粪便以及城乡有机废物转化成的能源。生物质能是太阳能以生物质为载体、以化学能形式储存在生物中的一种能量形式；这种能源是独特的，是一种可再生的碳源，可转化为常规的固态、液态和气态。生物质能的开发利用技术有直接燃烧过程、热化学过程和生物化学过程 3 种基本类型。

直接燃烧生物质是不允许的，不仅利用率低，而且对环境污染大。现在已成功开发出成型燃料(有棒状、圆柱块状和颗粒状的)，属于清洁、绿色、低碳的可再生能源，需在专用的生物质锅炉中燃烧，已成为我国北方部分市县供暖的主体形式。

热化学过程有多种技术。例如，高温分解技术、气化技术和催化液化技术。气化技术可产生品位较高的可燃气体，用作动力能源和工业热源①；催化液化技术可以生产出物理稳定性和化学稳定性都很好的生物液体燃料，如甲醇、乙醇和生物柴油等。

① 例如，由集成式生物质气化器和蒸气-喷射式燃气轮机构成的组合装置，有希望与常规的煤炭发电、核能发电和水力发电竞争。

生物化学过程是利用原料的生物化学作用和微生物新陈代谢作用生产气体燃料和液体燃料。最常用的是沼气，可直接燃烧或用作内燃机的燃料；生物质通过发酵提取的乙醇是一种重要的、可用于代替交通运输业所需要的液体燃料，但在发酵过程中要尽量减少带有污染性的污水排出。

另外，还有生物制氢(厌氧光合制氢和厌氧发酵制氢)技术、生物质发电技术和新型的生物质“微藻”①等的研究也越来越受到各国的重视。

5) 地热能

地热能是指储存于地球内部岩土体、流体和岩浆体中，能够为人类所开发和利用的热能。地热资源主要分为水热型和干热岩型。

世界上目前开采和利用的主要是水热型地热。严格地说，水热型地热不是一种可再生的资源，而是像石油一样可开采的能源，最终的可回采量将取决于所采用的技术。如果将水重新注回含水层中，使含水层不枯竭，做到热量提取的速度不超过补充的速度，那么地热能便是可再生的。然而，地热能在应用过程中也会产生一些环境问题。地热蒸气中经常会有 H_2S 和 CO_2，热水会被溶解的矿物质饱和。不过，现代的“三废”处理系统和回灌技术已有效地减少了地热能对环境的影响。

干热岩是一种没有水或蒸气的热岩体。干热岩地热资源专指埋深距地表3～6km、温度高达150～650℃、有开发经济价值的热岩体，详见链接1-9“干热岩(HDR)和增强型地热系统(EGS)技术”。

链接 1-9　干热岩(HDR)和增强型地热系统(EGS)技术

6) 海洋能

海洋能可归结为两大类型：一类是在阳光照射后产生的热能，另一类是潮汐和海浪的运动所产生的机械能，如波浪能、潮汐能、温差能(海洋热能)、浓度差能(渗透压能)、海流能(潮流能)等，以及海洋上空的风能、海洋表面的太阳能、海洋生物质能等。

利用海洋能发电不消耗燃料资源、土地资源，对于沿海地区，尤其是对那些难以架设输电线路的小岛来说，很有开发前途。

2. 非再生清洁能源

非再生清洁能源是一个大家族，可分为非再生一次清洁能源和非再生二次清洁能源。

1) 非再生一次清洁能源

非再生一次清洁能源有核能和清洁的化石能源，如页岩气、可燃冰等。国家鼓励致密油

---

① 微藻是指分布在各种水域中的单细胞或群体的自养性藻类，利用光合作用的效率非常高，产生的代谢物种类也很多。有的在光合作用过程中会水解产生氢气，有的体内会积累大量的油脂、脂肪酸，有的在次生代谢过程中产生烃类物质。这些产物可转变为甲烷气、甲醇、烃或燃料油等，还附有碳减排的功效。还有许多种微藻富含生物活性物质，尤其是一些有独特医疗功效的物质，如螺旋藻、小球藻等。在当前能源危机和 CO_2 减排的双重压力下，全球掀起了微藻生物柴油研究的高潮，大大促进“微藻制油”的产业化进程。

气、页岩气、煤层气等非常规、低品位油气资源[①]的经济有效开发。在保护性开发的前提下，允许符合准入要求的市场主体参与油气勘查开采。

(1) 核能。

核能包括裂变能和聚变能两种主要形式。

裂变能是重金属元素的原子通过裂变而释放的巨大能量，已经实现商业化。因为裂变需要的铀等重金属元素在地球上含量稀少，而且常规裂变反应堆会产生长寿命且放射性较强的核废料，这些因素限制了裂变能的发展。

我国核裂变能的大规模利用起步较晚，然而发展迅速[②]。核电是我国主要的发电来源之一，地位仅次于煤电和水电。2021 年 1 月 30 日中国核工业集团有限公司（简称中核集团）宣布，“华龙一号”核电机组正式投入商业运行，标志着我国在三代核电技术领域跻身世界前列，成为继美国、法国、俄罗斯等国家之后真正掌握自主三代核电技术的国家，详见链接 1-10“我国两大三代核电技术：‘国和一号’和‘华龙一号’”。

聚变能是将两个较轻的原子核——氢的同位素氘(重氢)和氚(超重氢)的混合气体加热到数亿摄氏度高温的等离子态，聚合成较重的原子核(如氦)，同时释放出大量能量。这也是太阳发光发热和氢弹爆炸的原理。但是适用于人类应用的聚变能必须是“可控”的。

核聚变发电具有以下优点：①原料来源广、几乎无放射性。反应体氘无放射性，在地球的海水中藏量丰富，如果全部用于聚变反应，释放出的能量足够人类使用几百亿年；反应体氚虽有放射性，但它的预防措施较为容易，氚在地球自然界中几乎不存在，可采用中子同锂作用产生，而海水中含有大量锂。②不会发生反应堆失控。由于核聚变需要数亿摄氏度的高温，一旦发生任何异常时，反应体温度下降，聚变反应就自动中止。③几乎不存在放射性废弃物引起的环境污染问题。因为核聚变产生的最终产物为氦与中子，无放射性。

聚变能是一种无限的、清洁的、安全的清洁能源。若“可控核聚变”能大规模实现，将从根本上解决人类社会的能源问题。详见链接 1-11“可控核聚变简介”。

链接 1–10 我国两大三代核电技术：“国和一号”和“华龙一号”
链接 1–11 可控核聚变简介

(2) 页岩气。

页岩气又称致密气层气，是一种清洁优质的非常规天然气资源，可用于居民燃气、城市供热、发电、汽车燃料和化工生产等，用途广泛。

页岩气是从页岩[③]中开采出来的天然气，成分以甲烷为主。页岩气的形成和富集有自身独

---

① 非常规油气资源是指尚未充分认识、还没有可以借鉴的成熟技术和经验进行开发的一类天然气资源，主要包括致密气(致密砂岩气、火山岩气、碳酸盐岩气)、煤层气(瓦斯)、页(泥)岩气、天然气水合物(可燃冰)、水溶气、无机气以及盆地中心气、浅层生物气等。

② 核裂变反应所需原料铀和钚在我国储量少，已探明的仅可用 50～70 年。我国科学家经过 24 年努力，完成了“动力堆/乏燃料/后处理技术”的研究，实现了核动力堆中燃烧后的核燃料铀、钚材料回收，并已突破全套技术体系，制出了合格的铀产品和钚产品，使我国铀资源可持续利用 3000 年。我国已成为世界上少数几个能够循环利用核燃料的国家之一(摘自 2011 年 1 月 4 日《新民晚报》A13 版)。

③ 页岩是具有薄页状或薄片状层理的沉积岩，由黏土沉积经较强的压固作用、脱水作用、重结晶作用形成。用锤打击时，很容易分裂成薄片。按成分不同，分炭质页岩、钙质页岩、砂质页岩、硅质页岩、油(母)页岩等。其中硅质页岩强度稍大，其余较软弱。浸水后易发生软化和膨胀，变形模量较小，抗滑稳定性极差。在两坚硬岩石中夹有页岩时，对水工建筑物的稳定性影响很大。在工程地质勘查时应予以充分重视。

特的特点，往往分布在盆地内厚度较大、分布广的页岩烃源岩地层中，具有开采寿命长和生产周期长的优点，使得页岩气井能够长期地以稳定的速率产气。

我国页岩气资源很丰富[①]，但开发还处于起始阶段。国家正在积极推进页岩气的开发利用工作。

(3) 可燃冰。

天然气水合物是天然气与水在中高压和低温条件下形成的一种类冰的笼形结晶化合物，点火即可燃烧，所以又称“可燃冰”。形成可燃冰的气体主要是甲烷，在标准状况下，$1m^3$可燃冰最多可分解产生 $164m^3$ 甲烷气体。可燃冰是一种可供利用的新能源，分布在海洋大陆架外的陆坡、深海和深湖以及永久冻土带，储量巨大，其总能量为煤、油、气总和的 2～3 倍，被公认为 21 世纪新型洁净高效能源。我国是世界上第四个采得可燃冰实物样品的国家[②]。

虽然可燃冰有巨大的能源前景，但目前对其的利用尚处于基础研究阶段。更重要的研究内容是如何对其进行安全开发，使之不会导致甲烷气体泄漏、产生温室效应、引起全球变暖和诱发海底地质灾害。

2) 非再生二次清洁能源

二次能源都是非再生的，但又可根据制备它们的资源是否可再生而分成两部分。以可再生资源为原料的二次清洁能源，如电能(煤电除外)、氢能、沼气、蒸气等，可以永续生产和利用；以煤炭等化石能源为原料的二次清洁能源，到化石能源耗竭时，它们就无法再生产了。

(1) 以可再生资源为原料的二次清洁能源。

a. 电能

以可再生能源为原料生产的电能是二次能源中用途最广、使用最方便、最清洁的过程性能源，也称为“绿电”。

现在有多种生产电能的方法，排在最前面的仍然是传统的煤电，其次是水电、核电，风电。另外，正在发展的太阳能、地热能、海洋能、生物质能发电，由于能源密度和开发利用的集约化程度均很低，用作发电资源的比例极小。

我国要争取 2060 年前实现碳中和[③]，一定要大力发展可再生能源，实现能源革命、电力转型。专家预计我国的传统煤电在 2040 年前要全部退役。

b. 氢能

氢能作为燃料的主要使用方式有两种：直接燃烧和电化学转换。氢能在发动机、内燃机(氢内燃机)内进行燃烧转换成动力，可成为交通车辆、航空的动力源，或者固定式电站的能源；氢燃料电池可以将氢的化学能量通过化学反应转换成电能。当以纯氢气为燃料时，它的化学反应产物仅为水，实现 NO_x、SO_x 和 CO_2 的零排放，同时它的能量转化率很高，可达 40%～60%。

氢能还具有储存及输送性能好等诸多优点，是清洁的含能体能源。氢能可以提供一种规

---

① 我国的页岩气可采储量较大。根据预测，我国的主要盆地和地区资源量约 $3.6\times10^{13}m^3$，经济价值巨大，资源前景广阔，有助于改善我国的能源消费结构。

② 2017 年 5 月 18 日，我国在南海神狐海域试采天然气水合物成功，这是世界首次成功实现对资源量占全球 90%以上、开发难度最大的泥质粉砂型天然气水合物的安全可控开采，直接实现了连续稳定的产气，同时取得了天然气水合物勘查开发理论、技术、工程和装备的自主创新。有望在 2030 年实现天然气水合物的商业化开采。

③ 2020 年 9 月 22 日，国家主席习近平在第七十五届联合国大会一般性辩论上的讲话表示，中国“二氧化碳排放力争于 2030 年前达到峰值，努力争取 2060 年前实现碳中和”。中国要实现 2030 年前碳达峰核心目标，从高碳经济转向低碳经济，关键措施就是要加快优化能源结构，大力发展新能源，推动煤炭消费尽早达峰。详见链接 3-13“‘碳达峰’和‘碳中和’”。

模大、周期长的能源存储途径，其具有能源载体的独特优势，可以用来储能和削峰填谷。若与光伏制氢深度融合，完全有可能成为重要的储能方式①。

氢能可用于电力工业的分布式电源、电动汽车电源②、小型便携式移动电源等。不足之处是成本高，且易燃、易爆。详见链接 1-12“新型洁净二次能源——氢能”。

链接 1-12　新型洁净二次能源——氢能

氢能在 21 世纪有望成为起主导地位的清洁能源。

目前制氢的方法主要有 5 种技术路线：石化原料制氢、化工原料制氢、工业尾气制氢、电解水制氢和新型制氢法。前两种方法是当前主要的制氢方法，但不能持久；电解水制氢采用绿电和谷电制氢，是最清洁、最可持续的制氢方式，但成本高，目前占比很小，国际上只有日本把它作为主要制氢技术；新型制氢法有生物质制氢、光化学制氢(光伏制氢)和热化学制氢，热化学制氢采用热化学循环(碘硫循环和混合硫循环)和高温蒸气电解的制氢工艺，以高温气冷堆的高温工艺热为热源，以水为制氢原料，可完全消除制氢过程的碳排放，是更具发展前景的核能制氢技术③。

c. 沼气

沼气是有机物质在厌氧条件下，经过微生物的发酵作用而生成的一种混合气体，其主要成分甲烷是一种理想的气体燃料，它无色无味，与适量空气混合后即可燃烧。与其他燃气相比，其抗爆性能较好，是一种很好的清洁燃料。

在我国乡村，以农业为龙头，以沼气为纽带，对沼气、沼液、沼渣的多层次综合利用的生态农业模式，是改善乡村环境卫生的有效措施，是发展绿色种植业、养殖业的有效途径，已成为乡村经济新的增长点。

沼气燃烧发电是将大型沼气池厌氧发酵处理产生的沼气用于发动机上，并装有综合发电装置，以产生电能和热能，具有创效、节能、安全和环保等特点，是一种分布广泛且价廉的分布式能源，已在发达国家受到广泛重视和积极推广。

(2) 以非再生资源为原料的二次清洁能源。

我国是产煤大国。煤是非再生一次含能体能源，我国约 1/3 以上的煤用来发电；它同时是重要的化工原料。

a. 煤基替代能源

煤基替代能源是以煤炭为原料，通过液化技术④，获得作为替代燃料使用的清洁产品，大

---

① 在西部光照资源好的地区，制氢的光伏成本约为 0.15 元/(kW · h)，大幅度低于目前制氢的电力成本，未来的关键问题在于储存、运输方面的攻关。光伏制氢完全有可能成为重要的储能方式。因此，光伏的深度应用，将促进我国从以化石能源为主体的能源体系，转向以清洁能源为主体的能源体系。

② 早在 1992 年日本丰田公司就开始研究氢能源技术，2016 年第一代氢能源汽车投放市场后，即宣布将氢能源汽车的专利完全公开，让全世界都能享受这一汽车能源的革命性成果。要了解更多内容可参阅链接 3-8“氢燃料电池汽车(FCEV)”。

③ 参考文献：张平，徐景明，石磊，等. 2019. 中国高温气冷堆制氢发展战略研究[J]. 中国工程科学，21(1)：20-28.

④ 煤的液化技术有间接液化和直接液化两种。间接液化是先将煤气化，再将煤气液化，如煤制甲醇，可替代汽油，我国已有应用。直接液化是把煤直接转化成液体燃料，如直接加氢将煤转化成液体燃料，或煤炭与渣油混合成的油煤浆反应生成液体燃料，我国已开展研究。

体上分为两类：一类是以煤为原料生产的燃料油，包括煤直接液化制油或间接液化制油，称为煤制油；另一类是以煤为原料生产液体替代燃料，如甲醇(又称煤基甲醇)、二甲醚等，称为醇醚燃料。

其中煤基甲醇是一种重要的中间体，可用于制造低碳烯烃如乙烯、丙烯、丁烯等，甲胺、甲酸甲酯、乙二醇等，以及氢气等重要化工品。详见链接 1-13“新型煤化工技术”。

链接 1–13 新型煤化工技术

煤基替代能源的替代范围广泛、原料低廉、环保，因此具有明显的经济性，是我国替代能源的主要发展方向。

b. 煤制气

煤制气即人工煤气的一种，是以煤炭为原料，通过气化技术[①]将燃料煤经干馏、气化、裂解、脱硫除氮制取的清洁可燃气体，其主要成分是 H_2(38%)、CO(17%)、CO_2(29%)和少量的 O_2(小于 0.4%)、N_2+Ar(0.5%)、CH_4(13%)、H_2S(0.4%)等。

煤制气热值比天然气热值低，但其制取方便，可自备设备自行生产，不受运输管线限制，在我国天然气供应不足的地区，是洁净能源利用不可替代的一种气体燃料，被广大工矿企业应用，也被用作民用燃料。

c. 地下气化煤气

地下气化煤气是将处于地下的煤炭进行有控制的燃烧，通过对煤炭的热作用及化学作用产生的清洁可燃气体，其实质是仅提取煤炭中的含能组分，而将灰渣等污染物留在井下，避免造成“三废”污染，变传统的物理采煤为化学采煤，被誉为第二代采煤方法，深受世界各国的重视。详见链接 1-14“洁净煤技术和煤炭地下气化技术”。

链接 1–14 洁净煤技术和煤炭地下气化技术

地下气化煤气还可以用于提取纯氢或作为合成油、二甲醚、氨、甲醇的原料气。

对于清洁能源，还应该清醒地认识到以下 3 点：第一，这些清洁能源各有特点，都有实用价值，但由于大部分清洁能源的利用将受气候等自然条件限制，其具有不连续和不稳定性，因此只能作为辅助能源，需要多种清洁能源同时并用，形成相互补偿调节的多元性清洁能源系统；必须要建立一个平台进行整合，实现资源合理配置。第二，未来各种清洁能源发电成本将会持续降低，但要充分发挥其作用必须将其与现有发电方式进行有效整合，如天然气联合循环发电等，克服清洁能源发电在输送、分配、存储等环节的瓶颈。第三，我国是一个以煤为主要能源的国家，在今后一二十年，煤仍将是我国主要的一次能源。在各种能源资源中，

① 煤的气化技术有常压气化和加压气化两种，它是在常压或加压条件下，保持一定温度，通过气化剂(空气、氧气和蒸气)与煤炭反应生成煤气，煤气的主要成分是一氧化碳、氢气、甲烷等可燃气体。用空气和蒸气作气化剂，煤气热值低；用氧气作气化剂，煤气热值高。煤在气化中可脱硫除氮，排去灰渣，所以煤气就是洁净燃料了。

以煤为主的化石燃料是最具集约化开发和利用的三大能源(以煤为主的化石燃料、水能和核聚变能)之一。

1.4 人类与环境

人类从诞生之日起，就建立了人类与环境的辩证关系。人类在适应环境的过程中，一方面，发展壮大了自己，改变了原始的自然环境，形成了舒适的适宜人类居住的人工环境；另一方面，使自然环境受到污染和破坏也影响着人类的生存和发展。直到20世纪80年代出现第二次环境问题高潮，环境问题已威胁到人类的生存时，人类才真正认识到人类不能以大自然的主宰者自居，向大自然进行无限度的索取，而应与自然和谐相处，使经济与环境协调发展，主动改变发展战略和生活方式。在“人类与环境”这对对立统一体中，人类是矛盾的主要方面。

本节讨论“人类与环境”的辩证关系，即①环境污染对人体的影响——人体健康与环境；②人口急剧增长对环境的压力——人口与环境。

1.4.1 人体健康与环境

1) 人体与环境的平衡关系

人类和其他生物一样，通过新陈代谢与周围环境不断地进行着物质与能量的交换。一方面，从环境中摄取空气、水分和食物等生命必需的物质，在体内经过分解与同化而组成细胞和组织的各种成分，并产生能量，以维持人体的正常生长与发育。另一方面，在新陈代谢过程中，人体内产生各种不需要的代谢产物，通过各种途径重返环境中。在正常情况下，许多化学元素反复进行着环境→生物→环境的循环，互相作用、互相影响着，并保持着人体与环境的平衡关系。当自然界发生变化时，人体也可以从内部调节自己的适应性与不断变化的地壳物质保持平衡。因此，人和环境是不可分割的辩证统一体，在地球的长期发展进程中形成了一种互相制约、互相作用的统一关系。

2) 环境污染对人体的危害

人体的各种生理功能在某种程度上对环境的变化是适应的，如解毒和代谢功能往往使人体与环境达到统一。但是这些功能有一定的限度。环境污染物的侵入超过了人体正常的生理调节范围，就会使人体中毒、生病以致死亡。这是一个十分复杂的问题，是环境医学工作者面临的一项重大研究课题。

环境污染对人体的危害与污染物的性质、浓度以及污染方式有关。环境污染有空气污染、水污染、土壤污染和环境物理因素污染等。危害种类分以下三方面。

(1) 急性危害。某些有毒物质通过空气、水体和食物链进入人体，并达到一定的浓度时，会导致急性中毒或亚急性中毒。中毒程度的轻重与污染物的性质和接触剂量等有关。

(2) 慢性危害。有毒的化学物质污染环境，小剂量长期作用于人体时，达到一定的程度，可以产生慢性中毒。研究表明，空气污染是慢性支气管炎、肺气肿及支气管哮喘等呼吸器官疾病的直接原因或诱发原因之一。铅污染、汞污染对人体健康有极大的危害。

(3) 远期危害。环境污染对人体健康的影响往往不是在短期内，而是经过一段较长的潜伏期后才表现出来，甚至影响子孙后代的健康。环境因素的“三致”作用如下：①致癌作用。

近几十年来，癌症的发病率和死亡率不断上升。研究表明，许多肿瘤发病与环境因素有关，其中化学性因素的致癌又占有重要地位。人类接触的化学性物质主要来自环境污染。现已确认的致癌物质有苯并[a]芘、砷、铬、镍、石棉、联苯胺、双氯甲醚、氯乙烯、黄曲霉等。可能致癌的物质有铍、镉、亚硝酸胺类化合物。我国某些地区的肝癌发病率高与有机氯农药污染有关。②致突变作用。环境污染物引起生物体细胞的遗传信息和遗传物质发生突然改变的作用称为致突变作用。这种致突变作用引起变化的遗传信息和遗传物质在细胞分裂繁殖过程中能够传递给子细胞，使其具有新的遗传特征。具有致突变的物质称为致突变物，如工业毒物中的烷化剂和某些高分子化合物的单体(氯乙烯、苯乙烯、氯丁二烯等)，以及氮芥、硫酸二甲酯、硫酸二乙酯、苯、甲苯等。核辐射也会引起遗传突变。③致畸作用。某些环境因素对生殖系统的作用干扰了正常的胚胎生育过程，产生了畸形胚胎，如胚胎死亡、胚胎生长迟缓、畸形、功能不全等，这种作用称为致畸作用。能引起畸胎的一些因素称为致畸原，有物理因素(电离辐射、核辐射等)、化学因素(农药、工业毒物、食物添加剂和医疗药物等)和生物学因素(某些病毒，如风疹病毒等)。

3) 《中华人民共和国职业病防治法》

为保护劳动者健康及其相关权益，促进经济社会发展，我国于 2002 年 5 月 1 日正式实施了《中华人民共和国职业病防治法》[①]，这是根据宪法制定的预防、控制和消除职业病危害，防治职业病的指导性法律文件。

1.4.2 人口与环境

环境科学家在研究环境污染和控制问题时指出，人类影响环境的因素固然很多，其中最重要的是人口问题。虽然人类可以运用自己的智慧，建设比原有自然生态系统有更高生产力的人工生态系统。然而，地球上的各类资源是有限的，能在地球上生存的人口数量也是有限的。人口的增长和生产规模的扩大必然会引起环境的恶化。

1) 人口增长规律

人类社会中人口的变化规律与生物的增长规律具有共同的特点。

设人口的出生率为 b，死亡率为 d，移民迁入率为 m，则人口增长率 r 为

$$r = b - d + m \tag{1-1}$$

令人口年变化率与人口数量成正比，即

$$\frac{\mathrm{d}N}{\mathrm{d}t} = rN \tag{1-2}$$

式中，N 为人口数量，人。将式(1-2)积分并化简得

$$N = N_0 \mathrm{e}^{rt} \tag{1-3}$$

式中，N_0 为初始人口数量，人；N 为经过 t 年后的人口数量，人。

计算人口增加 1 倍时需要的时间。设在 T_d 年后，人口的数量是初始人口的两倍，令 $N = 2N_0$，代入式(1-3)得 $2N_0 = N_0\mathrm{e}^{rT_\mathrm{d}}$。简化得

① 《中华人民共和国职业病防治法》曾先后在 2011 年、2016 年、2017 年和 2018 年由全国人民代表大会常务委员会作了 4 次修正。

$$T_d = \frac{\ln 2}{r} \approx \frac{0.7}{r} \tag{1-4}$$

根据式(1-4)，若人口年增长率为 $r = 0.01$，70 年后人口增加 1 倍。在旧石器时代，人口增加 1 倍需 3 万年。人类社会进入工业革命以后，生产力大幅度提高，人口增长速度也随之加快。到 19 世纪中叶，人口增加 1 倍的时间缩短为 150 年；到 1830 年，世界人口达到 10 亿。1930 年人口增加 1 倍仅用了 100 年；1960 年世界人口突破 30 亿，到 1999 年 10 月 12 日越过 60 亿大关，40 年左右世界人口翻了一番。世界人口在 2011 年 10 月 31 日达到 70 亿，人口增加 10 亿花了 12 年时间；到 2022 年 11 月 15 日达到 80 亿[①]，人口增加 10 亿花了 11 年零半个月。

2) 人口过快增长对环境资源的压力

首先，人口增长导致对环境资源的压力增大，使得环境资源的开发和利用处于一种超负荷状态。1987 年计算的第一个“地球透支日”是 12 月 19 日，2003 年为 9 月 22 日，到 2019 年已提前至 7 月 29 日，表示人类使用自然环境资源的速度比地球生态系统能再生的速度快 1.75 倍，2019 年等同于使用了 1.75 个地球资源。详见链接 1-15“地球透支日”。其次，由于人口剧增，人类消耗的资源和能源也剧增，向环境排放的有害物质也随之剧增，依靠地球生物圈生态系统的自净作用清除人类所产生的废物已不可能。人口增长的间接影响是给就业和城市建设带来压力。

链接 1-15　地球透支日

3) 我国的人口政策与人口

我国始终坚持人口与发展综合决策，科学把握人口发展规律，坚持计划生育基本国策，有力促进了经济发展和社会进步。

回顾我国人口发展的历史，1949～1969 年人口自然增长阶段，人口迅猛增长，20 年从 5 亿增加到 8 亿，人口年均增长率为 30‰。1970～2014 年我国实行独生子女政策，45 年从 8 亿增加到 13 亿，人口年均增长率为 5‰。2015～2020 年我国实行二孩政策，6 年从 13 亿增加到 14 亿，人口年均增长率为 4.6‰[②]。2021 年 7 月发布《中共中央 国务院关于优化生育政策促进人口长期均衡发展的决定》，我国开始实行三孩生育政策。

1.5　可持续发展与环境

1.5.1　可持续发展的基本思想

1983 年曾任挪威首相的布伦特兰夫人在专题报告《我们共同的未来》中提出：可持续发展，是指满足当前的需要，而又不削弱子孙后代满足其需要之能力的发展。可持续发展的基本思想有两点：其一是满足现代人的需要，人类应坚持与自然相和谐的方式追求健康而富有

① 根据联合国《世界人口展望 2022》报告统计，联合国于 2022 年 11 月 15 日宣布。

② “14 亿”是第七次人口普查数据，截止时间是 2020 年 11 月 1 日。人口年均增长率为 4.6‰是根据下面资料计算的：https://www.kylc.com/stats/global/yearly_per_country/g_population_growth_perc/chn.html(中国历年人口年度增长率——快易数据)。

生产成果的生活；其二是保存子孙后代发展的潜力，当代人不应该凭借手中的技术和投资，以耗竭自然资源、污染环境、破坏生态的方式剥夺或破坏后代人应当合理享有的同等发展与消费的权利。详见链接 1-16。

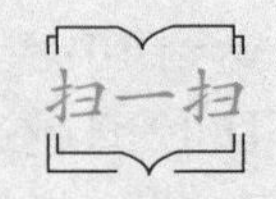

链接 1–16 可持续发展理论的形成过程

可持续发展的内涵十分丰富，它不仅鼓励经济增长、倡导资源永续利用和保护生态环境，还谋求人类社会的全面进步。可持续发展有 3 个基本原则。

1) 持续性原则

资源和环境是人类社会生存和发展的基础，也是可持续发展的主要限制因素。因此，资源的永续利用和生态环境的可持续性是人类实现可持续发展的基本保证。人类的发展活动必须以不损害作为地球生命支持系统的大气、水、土壤、生物等自然条件为前提，即人类活动的强度和规模不能超过资源和环境的承载能力。

2) 公平性原则

公平性原则是指机会选择的平等性，具有三方面的含义。

(1) 代内公平。世界各国按其本国的环境与发展政策开发利用自然资源的活动，不应损害其他国家和地区的环境；给世界各国以公平的发展权和资源使用权，在可持续发展的进程中消除贫困，消除人类社会存在的贫富悬殊和两极分化的状况。

(2) 代际公平。人类在赖以生存的自然资源存量有限的前提下，要给后代人以公平利用自然资源的权利，当代人不能因为自己的发展和需求而损害后代人发展所必需的资源和环境条件。

(3) 人与自然、与其他生物之间的公平。这是与传统发展的根本区别之一。

3) 共同性原则

可持续发展是全人类的发展，必须全球共同联合行动，这是由地球的整体性和人类社会的相互依存性决定的。尽管不同国家和地区的历史、经济、政治、文化、社会和发展水平各不相同，其可持续发展的具体目标、政策和实施步骤也各有差异，但发展的持续性和公平性是一致的。实现可持续发展需要地球上全人类的共同努力，追求人与人之间、人与自然之间的和谐是人类共同的道义和责任。

1.5.2 我国可持续发展的目标和措施

2003 年 1 月国务院印发了国家计划委员会会同有关部门制定的《中国 21 世纪初可持续发展行动纲要》(简称《纲要》)。它是进一步推进我国可持续发展的重要政策文件，同时是对 2002 年在南非约翰内斯堡召开的可持续发展世界首脑会议的积极响应。

我国 21 世纪初可持续发展的总体目标：可持续发展能力不断增强，经济结构调整取得显著成效，人口总量得到有效控制，生态环境明显改善，资源利用率显著提高，促进人与自然的和谐，推动整个社会走上生产发展、生活富裕、生态良好的文明发展道路。

《纲要》提出我国将在以下 6 个领域推进可持续发展。

(1) 经济发展方面。按照“在发展中调整，在调整中发展”的动态调整原则，通过调整产业结构、区域结构和城乡结构，积极参与全球经济一体化，全方位逐步推进国民经济的战略性调整，初步形成资源消耗低、环境污染少的可持续发展国民经济体系。

(2) 社会发展方面。建立完善的人口综合管理与优生优育体系，控制人口总量，提高人口素质。建立与经济发展水平相适应的医疗卫生体系、劳动就业体系和社会保障体系。大幅度提高公共服务水平。建立健全灾害监测预报、应急救助体系，全面提高防灾减灾能力。

(3) 资源优化配置、合理利用与保护方面。合理使用、节约和保护资源，提高资源利用率和综合利用水平。建立重要资源安全供应体系和战略资源储备制度，最大限度地保证国民经济建设对资源的需要。

(4) 生态保护和建设方面。建立科学、完善的生态环境监测、管理体系，形成类型齐全、分布合理、面积适宜的自然保护区，建立沙漠化防治体系，强化重点水土流失区的治理，改善农业生态环境，加强城市绿地建设，逐步改善生态环境质量。

(5) 环境保护和污染防治方面。实施污染物排放总量控制，开展流域水质污染防治，强化重点城市大气污染防治工作，加强重点海域的环境综合整治。加强环境保护法规建设和监督执法，修改完善环境保护技术标准，大力推进清洁生产和环保产业发展。积极参与区域和全球环境合作，在改善我国环境质量的同时，为保护全球环境做出贡献。

(6) 能力建设方面。建立完善人口、资源和环境的法律制度，加强执法力度，充分利用各种宣传教育媒体，全面提高全民可持续发展意识；建立可持续发展指标体系与监测评价系统，建立面向政府咨询、社会大众、科学研究的信息共享体系。

为了落实上述任务，《纲要》还提出 6 项保障措施：①运用行政手段，提高可持续发展的综合决策水平；②运用经济手段，建立有利于可持续发展的投入机制；③运用科教手段，为推进可持续发展提供强有力的支撑；④运用法律手段，提高实施可持续发展战略的法制化水平；⑤运用示范手段，做好重点区域和领域的试点示范工作；⑥加强国际合作，为可持续发展创造良好的国际环境。

1.5.3 清洁生产与循环经济——我国实现可持续发展的两大基石

1989 年联合国环境规划署提出了“清洁生产”的战略和推广计划。其一经推广，就得到许多国家政府和企业界的响应。以后人们又将清洁生产的要求逐步扩展到服务等领域，并开始探索发展“循环经济”、建立“循环社会”。1992 年的里约热内卢联合国环境与发展会议通过了《21 世纪议程》，这是可持续发展理论走向实践的一个转折点。“清洁生产”和“循环经济”是实施可持续发展的两大基石。

2002 年和 2008 年，我国先后通过了《中华人民共和国清洁生产促进法》和《中华人民共和国循环经济促进法》，把经济和社会的可持续发展用法律形式加以固定，以转变经济增长方式，推动生态文明建设，促进可持续发展。

1. 清洁生产与《中华人民共和国清洁生产促进法》

我国从 1993 年就开始推行清洁生产。实践证明，实施清洁生产，在国内可实现经济发展与环境保护的“双赢”，并为探索和发展“循环经济”奠定良好的基础；在国际上，能提供符合环境标准的“清洁产品”，从而在激烈的国际市场竞争中立于不败之地。

2002 年 6 月，我国第九届全国人民代表大会常务委员会第二十八次会议制定通过《中华人民共和国清洁生产促进法》，简称《清洁生产促进法》，自 2003 年 1 月 1 日起施行，现行版本是 2012 年版。

《清洁生产促进法》第二条规定“本法所称清洁生产，是指不断采取改进设计、使用清洁的能源和原料、采用先进的工艺技术与设备、改善管理、综合利用等措施，从源头削减污染，提高资源利用效率，减少或者避免生产、服务和产品使用过程中污染物的产生和排放，以减轻或者消除对人类健康和环境的危害”。第三条规定“在中华人民共和国领域内，从事生产和服务活动的单位以及从事相关管理活动的部门依照本法规定，组织、实施清洁生产”。

就是说，清洁生产包括清洁的生产过程、清洁的产品和清洁的能源，把保护环境作为自身的内在要求，纳入其发展过程之中，而不是留给社会承担或留给专门的环境部门去处理。这点与传统模式有很大的区别。

清洁产品实际上是清洁生产的基础，推行清洁产品设计，或产品的生态设计，将综合预防污染和节约资源的战略用于产品的设计中，以开发更生态的、经济的、可持续发展的产品体系，在生产的全过程减少污染物的产生。

2. 循环经济与《中华人民共和国循环经济促进法》

2008 年 8 月，我国第十一届全国人民代表大会常务委员会第四次会议制定通过《中华人民共和国循环经济促进法》，简称《循环经济促进法》，自 2009 年 1 月 1 日起施行，现行版本是 2018 年版。

《循环经济促进法》第二条规定“本法所称循环经济，是指在生产、流通和消费等过程中进行的减量化、再利用、资源化活动的总称”。第三条规定“发展循环经济是国家经济社会发展的一项重大战略，应当遵循统筹规划、合理布局，因地制宜、注重实效，政府推动、市场引导，企业实施、公众参与的方针”。

1) 循环经济是环境友好型的经济发展模式

传统工业经济是高投入、高消耗、高排放的线性经济，是一种由“自然资源→粗放生产→过度消费→大量废弃→末端治理”流程组成的开放式经济，这种单方向的从生产到使用再到排放的流动，是通过不断地加重地球生态系统的负荷来实现经济增长的。

循环经济是一种善待地球的经济发展新模式，是按照生态规律组织整个生产、消费和废物处理过程，把经济活动组织成“自然资源→清洁生产→绿色消费→再生资源”的封闭式经济流程，实现资源消耗的减量化、产品的反复使用和废弃物的资源化，从而把经济活动对自然环境的影响控制在尽可能小的程度。循环经济的目的不是仅仅减少待处理的废弃物，而是实现从末端治理到源头控制，从利用废物到减少废物产生的质的飞跃，要从根本上减少自然资源的耗竭。

2) 循环经济的三大原则

循环经济的三大原则是减量化(reduce)、再利用(reuse)和资源化(recycle)，简称 3R 原则。每一个原则对循环经济的成功实施都是必不可少的。

《循环经济促进法》所称“减量化”，是指在生产、流通和消费等过程中减少资源消耗和废物产生。因此，减量化原则属于输入端控制原则，旨在减少进入生产和消费流程的物质量。要求用较少的原料和能源，特别是控制使用有害于环境的资源投入来达到既定的生产目的或消费目的，从而在经济活动的源头就注意节约能源和减少污染。

《循环经济促进法》所称“再利用”，是指将废物直接作为产品或者经修复、翻新、再制造后继续作为产品使用，或者将废物的全部或者部分作为其他产品的部件予以使用。再利用原则属于过程性方法，旨在延长产品和服务的时间。要求制造的产品和包装容器能够以初始的形式被多次使用与反复使用，而不是用过一次就废弃。在生产中，制造商可以使用标准尺寸进行设计，使提供的商品便于更换零部件；提倡拆解、修理和组装旧的或破损的物品。在消费中，则要求人们对消费品进行修理而不是频繁更换，提倡二手货市场化。

《循环经济促进法》所称“资源化”，是指将废物直接作为原料进行利用或者对废物进行再生利用。资源化原则是输出端控制原则，也称为“再循环”原则，旨在把废弃物再次资源化以减少最终处理量。要求生产出来的产品在完成其使用功能后能够重新变为可利用的资源。再循环可以是原级再循环，即废品被用来生产同类型的新产品，如报纸再生报纸；也可以是次级再循环，就是将废物资源化成其他类型的产品原料。原级再循环在减少原材料消耗上达到的效率比次级再循环高得多，是循环经济追求的理想境界。

3. 清洁生产和循环经济的联系

1) 清洁生产是循环经济的第一阶段

《循环经济促进法》第四条规定：“发展循环经济应当在技术可行、经济合理和有利于节约资源、保护环境的前提下，按照减量化优先的原则实施”。而清洁生产模式是实现减量化的最佳形式，也是循环经济的第一阶段。循环经济是实施可持续发展战略的必然选择和保证，而清洁生产则是实现循环经济的基础和基本途径。采取抓两头带中间的策略，突出清洁生产，强化末端管制，应成为我国发展循环经济的基本实践。

因此，清洁生产将是发展循环经济的首要任务和基本实践。将清洁生产作为循环经济的第一阶段，更能直接促使资源环境纳入经济系统内部，降低资源能源消耗和废物生产量。

2) 清洁生产与循环经济的辩证关系

清洁生产可以看作循环经济的初级阶段，循环经济则是清洁生产的高级阶段。清洁生产是发展循环经济的重要手段之一。循环经济的最终目的是清洁生产。清洁生产是点，循环经济是面。

在企业层次实施清洁生产就是小型的循环经济，一个产品、一台装置、一条生产线都可采用清洁生产的方案；在园区、行业或城市的层次上，同样可以实施清洁生产。而广义的循环经济是需要相当大的范围和区域的，即“循环型社会”。推行循环经济由于覆盖的范围较大，链接的部门较广，涉及的因素较多，见效的周期较长，不论是哪个单独的部门都难以承担这项筹划和组织的工作。就实际运作而言，在推行循环经济的过程中，需要解决一系列技术问题，清洁生产为此提供了必要的技术基础。特别是，推行循环经济在技术上的前提是产品的生态设计，没有产品的生态设计，循环经济只能是一个口号，无法变成现实。

1.6 环境污染控制类型

1. 浓度控制与总量控制

浓度控制是采用控制污染源排放口排出污染物的浓度来控制环境质量的方法。排放浓度标准依据国家制定的全国统一执行的污染物浓度排放标准。这种方式实施管理方便，易于检查控制对象是否遵守排放标准，世界上多数国家都是由浓度控制开始控制污染的。随着经济的不断发展，虽然所有的污染源排放浓度都达标排放，但是环境污染问题仍没得到控制。这是污染源数量不断增加，污染物排放总量不断增加导致的。

总量控制则是根据区域环境目标(环境质量目标或排放目标)的要求，预先推算出达到该环境目标所允许的污染物最大排放量，即“环境容量”[①]，然后通过优化计算，将允许排放的污染物指标分配到各个污染源。

总量控制的技术基础是环境容量的规划。由于环境容量具有区域性，总量控制也具有区域性。大到全球性(如对破坏臭氧层物质的削减淘汰和对温室气体排放的削减限控)，也可以是国家层次、流域层次或城市层次等。不同层次的总量控制有不同的要求、条件和做法。

总量控制可分为容量总量控制和目标总量控制两类。

容量总量控制是以环境容量为依据的总量控制。根据区域环境质量目标，计算出环境容量，得出最大允许排放量；通过技术和经济可行性分析，在污染源之间优化分配污染物排放量；最后制定环境容量总量控制方案。

目标总量控制是依据区域污染物排放总量目标或区域污染物排放削减总量目标，从当前的排放水平出发，通过技术和经济可行性分析，在污染源之间优化分配污染物排放量和削减量，制定排放目标总量控制方案。

总量控制的最大特点是把目标排放总量作为改善环境的直接环节而对污染源进行控制。总量控制对污染源集中、污染达到相当程度的地区来说，是谋求改善环境的有效限制方式。

浓度控制和总量控制各有特点，采用什么样的污染控制方法要根据本地区的实际情况来选择。总之，我国的污染控制战略要从以往的单纯浓度控制向浓度控制与总量控制相结合转变。

2. 末端控制与全过程控制

末端控制又称尾部控制，是环境管理部门运用各种手段促进或责令工业生产部门对排放的污染物进行治理或对排污去向加以限制。这种控制模式是在人类活动产生了污染和破坏环境的后果后，再去施加影响，属于被动的、消极的控制方法。末端治理是一种原始的、传统的污染控制方法，投资大，效果差。

全过程控制又称源头控制，是针对末端控制提出的一种控制方法。它主要指对工业生产过程从源头到最终产品的全过程实施管理，对生产系统的物资转化进行连续的、动态的闭环控制，以实现资源利用的最大化和废物排放的最小化，属于主动的、积极的控制方式，是一种治本的措施。

全过程控制以清洁生产为主要内容，是我国实现可持续发展的基本途径之一。我国的污染防治对策必然要从末端控制向生产的全过程控制转变。

3. 分散控制与集中控制

分散控制是以单一污染源为主要控制对象的一种控制方法，也称“点源控制”。分散控制是一种普遍推行的控制方法，在污染控制中发挥了一定的作用。但这种控制方式存在投资分散、管理困难、规模效益差、综合效益低等缺点。

与此相对的是污染物的集中控制，也称“面源控制”。污染集中控制是在一个特定的范

---

① “环境容量”指某一环境对污染物的最大承受限度，在这一限度内，环境质量不致降低到有害于人类生活、生产和生存的水平，环境还具有自我修复外界污染物所致损伤的自净能力。一个特定环境的环境容量的大小取决于环境本身的状况，故环境容量侧重反映环境系统的自然属性，以及环境消纳污染物的能力，即内在的禀赋和性质。

围内建立集中治理污染的设施并采用集中管理的措施，也是强化环境管理的一种重要手段。污染集中控制，依据污染防治规划，按照污水、废气、固体废物等的性质、种类和所处的地理位置，集中治理，用尽可能小的投入获取尽可能大的综合效益。

污染集中控制在环境管理上具有方向性的战略意义。首先，集中控制可通过区域有限资金，采用相对先进的技术进行污染的集中治理，就有可能取得较大的综合效益。其次，污染集中控制也符合国际发展趋势。当今，各工业化国家有害废物处理和处理设施正向大型化、集中化方向发展；我国也把污染集中控制定为八项环境管理制度之一。

虽然集中控制有许多优点，但在实施时要求城市有完备的基础设施和合理的工业布局，而我国的许多城市还达不到这个要求。因此，集中控制与分散控制仍然是目前我国同时并存的两种污染控制形式。但是我国要尽早实现从分散控制向分散控制与集中控制相结合转变。

1.7 环境管理与规划

环境与工程技术交叉的分支还有环境评价、环境监测和环境规划，前两项同时是环境管理的重要技术基础。

1.7.1 环境管理概述

直到20世纪90年代，人们才认识到环境问题不仅仅是污染治理问题，而且是人类社会的经济发展与环境发生了矛盾的问题。这样，人们就开始将管理科学引入环境科学之中，其发展成为环境科学的一个重要分支——环境管理。

环境管理的研究对象是人类与环境这一矛盾体，在人类与环境这一个复杂的系统中，环境是社会发展的物质基础，同时是制约条件。因此，环境管理的研究任务就是要遵循自然规律和社会经济发展规律，运用各种有效的方法，协调人类社会经济可持续发展与环境质量保护的关系，取得最佳的社会效益、经济效益和环境效益。它的内容包括研究社会、经济以及环境的可持续发展战略，是国家和地区进行宏观决策的科学依据；研究适合于国情的环境管理政策、法规，进行具体的环境管理方案的制定与评估等。

环境管理的层次结构如图1-12所示。环境质量管理在环境管理中十分重要，而环境质量监测是环境质量管理的基础，环境质量评价是环境质量管理的重要内容之一，其中的环境质量影响评价已被我国政府以法律的形式确定为环境管理制度之一——环境影响评价制度。

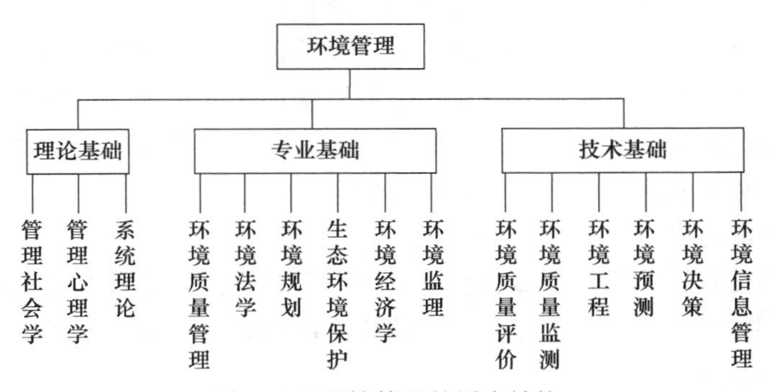

图1-12 环境管理的层次结构

1.7.2 我国的环境管理政策和制度

完善的环境管理体制由环境立法、环境监测和环境保护管理机构 3 部分组成。环境立法是进行环境管理的依据，环境监测是进行环境管理的重要手段，环境保护管理机构是实施环境管理的领导者和组织者。

我国根据国情和多年环保工作的经验教训，在长期的探索和实践中制定了三大环境管理基本政策和八项环境管理制度。

1. 三大环境管理基本政策

1）“预防为主，防治结合”政策

这项政策的基本思想是将环境保护工作做在环境开发之前，并贯彻于经济建设之中，达到防患于未然，从根本上解决环境问题。这就要求将环境保护与转变经济增长方式紧密结合起来，所有的建设项目都要有环境保护规划和要求，对建设过程中产生的环境污染和生态破坏实行全过程控制，促进资源优化配置、提高经济增长的质量和效益。

2）“谁污染，谁治理”政策

这项政策的基本思想是，治理污染、保护环境，对那些对环境造成污染和公害的单位或个人来说有不可推卸的责任与义务，污染产生的损害以及治理过程需要的费用都必须由污染者承担和补偿。

3）“强化环境管理”政策

强化环境管理就是把法律手段、经济手段和行政手段有机地结合起来，提高环境管理水平和效率，这是三大环境管理基本政策的核心。我国决不能再走西方“先污染，后治理”的老路。我国要通过强化环境管理，利用有限的资金解决经济发展和环境保护的问题。

该政策主要包括建立健全的环境保护法规，加强执法力度；加强环境保护管理机构和全国性的环境保护管理网络建设与监督管理；制定有利于环境保护的金融、财税政策，增强对环境保护的宏观调控力度；加强环境保护宣传教育工作，动员群众积极参加环境保护监督管理，不断提高全民族的环境保护意识。

2. 八项环境管理制度

环境管理制度是环境管理政策的具体化，是环境保护实践活动中的行为准则。

1）“环境影响评价”制度

环境影响评价制度是贯彻预防为主的原则、防止新污染、保护生态环境的一项重要的法律制度，是指所有的建设项目在建设前都必须对该项目建成后可能给环境造成的影响进行科学的论证和评价，并提出相应的防治对策。《环境保护法》规定，环境影响评价制度适用于所有对环境有影响的新建、改建、扩建、技术改造以及引进项目。以上所有项目都必须编制环境影响报告书，实行环境影响报告书审批制度。

2）“三同时”制度

三同时制度要求凡是对环境有影响的建设项目，其防治污染及其他公害的设施必须与主体工程同时设计、同时施工、同时投产。它是环境影响评价制度的延续，是我国环境保护工作中的一项重要措施。

3）“排污申报登记与排放许可证”制度

污染物排放许可证制度是指凡是要向环境排放污染物的企事业单位或者生产经营者都必须向环境管理部门申报，经环境管理部门根据当地环境容量和质量状况以及经济技术条件等进行综合分析、审查批准和签发排放许可证后，才可以向环境排放污染物。

《排污许可管理条例》于2021年1月29日全文对外公布，自2021年3月1日起施行。

4）“排污收费”制度

我国自1982年实施了“排污收费”制度。为了加大保护和改善环境的力度，社会各界有识之士呼吁要实施“费改税”。2016年《中华人民共和国环境保护税法》正式通过，简称《环境保护税法》，自2018年1月1日起施行。

《环境保护税法》明确了环境保护税的纳税人和应税污染物范围，用严格的法律制度来保护生态环境。

5）“污染集中控制”制度

这是一项在总结了长期的环境保护工作经验教训的基础上提出的有效污染防治措施，是区域环境综合整治的体现。具体地说，就是指在一定的区域内，根据各地区的资源利用和生产布局情况，对各工矿企业处理达到一定的要求后排放的污染物进行集中治理，从而提高资金的有效利用和治理效率。

6）“污染源限期治理”制度

污染源限期治理制度是指对污染危害严重，群众反映强烈的污染区域采取的限定治理时间、治理内容及治理效果的强制性行政措施。

7）“环境保护目标责任制”

环境保护目标责任制是通过签订责任书形式具体落实地方各级人民政府和有污染单位对环境质量负责的行政管理制度。这一制度明确了一个区域、一个部门乃至一个单位环境保护的主要责任者和责任范围，理顺了各级政府和各个部门在环境保护方面的关系，从而使改善环境质量的任务能够得到层层落实。这是我国环境保护体制的一项重大改革。

8）“城市环境综合整治定量考核”制度

城市环境综合整治定量考核制度是我国在总结近年来开展城市环境综合整治实践经验基础上形成的一项重要制度，它是通过定量考核对城市政府在推行城市环境综合整治中的活动予以管理和调整的一项环境监督管理制度。该制度的实施可以督促各级政府部门设法以最小的投入换取最大程度城市环境质量优化。城市环境综合整治定量考核指标见链接1-17。

链接 1–17　城市环境综合整治定量考核指标

1.7.3　环境质量管理

环境质量是指环境组成因素的优劣，包括自然环境质量和社会环境质量。自然环境质量包括物理的、化学的、生物的三方面的质量，社会环境质量包括经济的、文化的、美学的等方面。

环境质量管理就是指为了保证人类生存与发展而对自然环境和社会环境质量进行的各项

管理工作，在环境管理中十分重要。

环境质量管理的范围很广。对各级各类环境管理部门来说，其主要任务是提出环境质量标准、组织监控(监测、检查、控制)和协调；对利用环境资源的各部门来说，则要把生产质量管理和环境质量管理紧密结合起来，开展环境教育、树立环境文明道德观，把对环境的污染尽可能消除在生产过程中。

1. 环境质量管理的基本内容

1) 制定环境质量标准，确定环境质量的指标体系

为了有效地进行环境质量管理，必须首先解决环境标准问题，并建立恰当的指标体系，形成一个科学的、符合实际的环境标准体系。

目前，我国已经建成一个比较完整的环境标准体系。我国根据环境标准的适用范围、性质、内容和作用，实行三级五类标准体系。三级是国家标准、地方标准和行业标准；五类是环境质量标准、污染物排放标准、方法标准、样品标准和基础标准。详见链接 1-18“我国的环境标准体系”。

链接 1-18　我国的环境标准体系

2) 对环境质量进行监测和评价

环境质量监测是环境质量管理的基础，它是在对环境进行调查研究的基础上，监视、监测代表环境质量的各项指标数据的全过程。然后，根据监测得到的环境质量现状和趋势，及时将信息反馈给有关部门，才能进行下一步工作——采取措施控制污染。

环境质量评价是对监测数据进行总处理，以说明环境质量的状况。当前我国环境污染对环境质量的影响比较突出，因此对污染所造成的环境质量问题做出评价研究十分必要。

3) 编写环境质量报告书

环境质量报告书是在环境监测、评价的基础上编写的反映环境质量现状、分析发展趋势、提出改善环境质量对策的文件。这是各级环保部门的重要任务。

2. 环境质量评价

环境质量评价(简称“环评”)是按照一定的评价标准和评价方法，对一定区域范围内的环境质量进行说明、评价和预测。

环境质量评价的基本目的是揭示特定地区或区域环境质量的水平和差异，阐明影响环境质量的原因及有可能采取的种种措施，为制定环境保护规划和建设规划、加强环境管理以及环境污染的综合防治提供科学依据。因此，环境质量评价的任务是：在大量监测数据和调查分析资料的基础上，按照一定的评价标准和方法来说明、确定和预测一定区域范围内人类活动对人体健康、生态系统和环境的影响程度。

环境质量评价在空间域上可分为工程建设项目环境评价和区域环境评价；在时间域上可分为环境质量回顾评价、环境质量现状评价和环境质量影响评价；按内容可分为单要素评价和整体环境质量综合评价，前者是后者的前提和基础，后者是前者的提高和综合。环境要素主要有物理要素(包括气候环境、空气质量、水环境质量、土壤理化特性、岩石环境等)、生态

要素(包括生态形态结构、能量分配、物质循环、生态功能、效果和效益等)和社会要素(包括经济结构、经济功能、经济效益、社会效益和文化状况等)。

下面简单介绍按时间分类的 3 种评价。

(1) 环境质量回顾评价。回顾评价是通过各种手段获取某区域的历史环境资料，对该区域的环境质量发展演变进行评价。回顾评价作为事后评价，可对环境质量预测的结果进行检验。进行这种评价需要历史资料的积累，一般在科研监测工作基础较好的大中城市进行。

(2) 环境质量现状评价。现状评价是目前普遍开展的评价形式。它根据近几年的环境监测资料，以国家颁布的环境质量标准或环境背景值为评价依据，阐明环境污染的现状，对当前的环境质量进行估价和分析，为区域环境污染综合防治和科学管理提供依据。同时，还可以了解过去已采取的环境工程措施的技术经济效益和收益。详见链接 1-19“空气和水的环境质量现状评价”。

(3) 环境质量影响评价。影响评价又称环境影响分析或环境预断评价，是在一个工程项目兴建以前就施工过程中和建成投产以后可能对环境造成的各种影响进行预测和估计，以寻求避免或减少开发建设活动造成环境损害的对策和措施。根据开发建设活动不同，可分为单个开发建设项目的环境影响评价、区域开发建设的环境影响评价、发展规划和政策的环境影响评价(又称战略影响评价)三种类型，它们构成完整的环境影响评价体系。详见链接 1-20“环境质量影响评价”。

链接 1-19 空气和水的环境质量现状评价
链接 1-20 环境质量影响评价

1.7.4 环境质量监测

环境质量监测也称环境监测，是为了特定目的，按照预先设计的时间和空间，用具有可比性的环境信息和资料收集的方法，对一种或多种环境要素或指标进行间断或连续的观察、测定，分析其变化及对环境的影响。

环境质量监测是在环境分析的基础上发展起来的，是环境质量管理的基础，也是制定环境保护法规的重要依据。环境质量监测对环境科学研究和保护环境都十分重要。

1. 环境质量监测的目的和任务

(1) 检验和判断环境质量是否符合国家规定的环境质量标准，定期提出环境质量报告书。

(2) 判断污染源造成的污染影响——污染物在空间的分布模型，污染最严重的区域；确定防治对策，评价防治措施的效果。

(3) 确定污染物的浓度分布的现状、发展趋势和发展速度，掌握污染物作用于物理系统和生物系统的规律性、污染物的污染途径和管理对策。

(4) 研究扩散模式。一方面用于新污染源的环境影响评价，给决策部门提供依据；另一方面为环境污染的预测预报提供数据资料。

(5) 积累环境本底的长期监测数据，结合流行病调查资料，为保护人类健康、合理使用自然资源，以及制定并不断修改环境质量标准提供科学依据。

2. 环境质量监测的分类

1) 按监测的目的分

(1) 研究性监测。研究确定污染物从污染源到受体的运动过程，监测环境中需要注意的污染物。如果监测数据表明存在环境污染问题，则必须确定污染对人体、生物和其他物体的影响。

(2) 监视性监测。监测环境中有害污染物的变化趋势，评价控制措施的效果，判断环境标准实施的情况和改善环境所取得的进展。为此，需建立各种监测网。

(3) 事故性监测。对事故性污染(如石油溢出事故)进行监测，确定污染范围及其严重性，以便采取对策。

2) 按监测的环境要素分

可分为空气污染监测、水体污染监测、固体废物污染监测、噪声污染监测、土壤污染监测和海洋污染监测等。详见链接 1-21 和链接 1-22“自然环境要素的质量监测(1)和(2)”。

3) 按污染物的性质分

有化学毒物监测、物理性污染监测(如光污染、热污染、噪声污染、电磁辐射污染、放射性污染等)、卫生监测(包括病原菌、病毒、寄生虫、霉菌毒素等的污染)、生物污染监测和富营养化监测等。

链接 1-21　自然环境要素的质量监测(1)：城市空气和城市噪声

链接 1-22　自然环境要素的质量监测(2)：地表水、海洋和土壤

3. 环境质量监测的质量保证

由于环境质量监测的对象复杂，时空分布广泛，不同地方、不同实验室、不同时间进行的监测结果必须具有规定的准确性和可比性才能为环境科学研究、环境质量管理、环境污染控制和环境执法提供可靠的依据。因此，采取一定的措施，对保证监测质量具有重要意义。

环境质量监测的过程应包括：现场调查、布点、样品采集、样品运送、保存及处理、分析测试、数据处理与综合评价等一系列过程。首先根据监测目的要求，进行监测范围内现场调查；根据监测目的要求和现场调查资料，研究确定监测项目、采集点的数目和具体位置，调配采样人员和运输车辆；在确定的采样时间和频率内采集样品并及时送往实验室；按规定的分析方法进行样品分析；将分析数据进行处理和统计检验，并依据规定的有关标准进行。无论哪一个环节出现问题，都不可能取得代表环境质量的正确数据。

1.7.5 环境规划

国内外的环境保护经验表明，环境污染和生态破坏归根结底是人类过度盲目的社会经济活动造成的。如果没有好的规划管理，仅靠污染控制技术并不能彻底解决环境问题。因此，环境规划是国民经济和社会发展规划的有机组成部分，是环境决策在时间、空间上的具体安排，是规划管理者对一定时期内环境保护目标和措施做出的规定，其目的是在发展经济的同时保护环境，使经济与环境协调发展。

环境规划是环境管理的重要组成部分，它是运用各种科学技术信息和手段，在预测社会经济发展对环境的影响及环境质量变化趋势的基础上做出的以较少的投资获得预期环境效益的带有指令性的最佳方案。

环境规划设计的范围和内容相当广泛，不同类型环境规划的内容也不相同，主要有以下几种分类方法。

按照规划时间的期限可分为长期、中期和短期三种环境规划。通常短期规划以 5 年为限，中期规划以 15 年为限，长期规划以 20 年、30 年、50 年为限。

按照环境组成要素可分为空气污染防治规划、水质污染防治规划、土地利用规划、固体废物处理处置规划和噪声防治规划等。

按照范围和层次可分为国家环境规划、区域环境规划、部门环境规划，还可以分为城市环境规划、流域环境规划、工业区环境规划等。

按照规划的性质和内容可分为污染综合防治规划、生态规划、自然环境保护规划等。

另外，根据经济、社会与环境相互制约的关系还可分为经济制约型的环境规划、协调型的环境规划和环境制约型的环境规划。其中协调型的环境规划是当前世界公认的经济与环境保护之间关系的最佳选择。

环境规划的制定程序和预测方法请参阅链接 1-23。

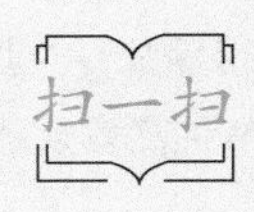

链接 1-23 环境规划的制定程序和预测方法

习题与思考题

1. 可持续发展的基本思想是什么？为什么实施可持续发展战略需要全球合作？

2. 为什么说循环经济是可持续发展的经济发展模式？

3. 为什么说清洁生产是实现可持续发展战略的关键？实现清洁生产的途径包括哪几方面？

4. 人类活动会对自然界中的磷循环产生什么影响？其中哪些是不好的影响？我们应该如何控制？

5. 2017 年 8 月 4 日《人民日报》报道了河北塞罕坝林场建设者“五十五年持续造林护林，荒原沙地变成绿水青山”的感人事迹。8 月 28 日，习近平总书记就此做出重要指示强调：“全党全社会要坚持绿色发展理念，弘扬塞罕坝精神，持之以恒推进生态文明建设，一代接着一代干，驰而不息，久久为功，努力形成人与自然和谐发展新格局，把我们伟大的祖国建设得更加美丽，为子孙后代留下天更蓝、山更绿、水更清的优美环境。”组织同学学习讨论如何按照习近平总书记的重要指示要求，以塞罕坝林场生态文明建设范例为榜样，弘扬塞罕坝精神，大力践行绿水青山就是金山银山的理念，加快美丽中国的建设。

6. 当前人类的主要能源资源有哪些？ 哪些能源对环境污染最严重？ 哪些能源对环境污染小一些？举例说明。

7. 设计一套以太阳能为主要能源的环保型家庭能源方案。(提示：从太阳能利用、储存和建筑节能等方面考虑)

8. “节约资源”是我国的基本国策之一。在节约型社会建设中，每个人应从点滴做起，没有涓涓之水，何以成为溪流？没有每个家庭的点滴节约，节约型社会的建设也无从谈起。组织开展“我为节能献一计”的活动。

9. 我国的能源政策是“开源节流”。你是否发现人类生活和社会生产活动对能源的需求量随时间和地域的不同有很大的差异？能不能在用能低峰时段把能量“储存”起来用在高峰时段呢？以电力为例探讨“电力储能技术”(电力储能技术可分为物理储能、化学储能和电磁储能三大类，如各种电池、电容器、冰蓄冷技术等)。

10. “建筑节能”是提高建筑中能源利用率。建筑能耗包括采暖、空调、热水供应、炊事、照明、家用电器、电梯等，一般要占全国总能耗的40%左右。请你为建筑设计一套“节能衣”，能有效节约采暖、空调、热水供应、照明的能耗。

11. 设计一套利用电厂余热进行区域供能的技术方案。(提示：通过管线将电厂的余热蒸气引入商务商业区域，综合利用溴化锂、冰蓄冷、热交换等方式，将蒸气转化为能源；区域内供冷供热系统的一次侧水系统采用二管制形式，夏季提供冷水，冬季提供热水，可降低整个商务商业区域的碳排放)

12. 在城市中，马路已成为严重的污染源：①交通噪声污染。②空气污染。烟尘、汽车尾气，在夏季晴日下极易产生光化学污染。③热污染。夏季烈日下路面温度可达50℃以上。④建筑垃圾。混凝土路面每隔3～5 年要大修或重铺。⑤水污染。初期路面雨水夹带大量灰尘和垃圾，污染城市下水道和水体。请讨论如何来防治上述污染。

13. “长寿乡”三年变为“癌症村”！这绝非危言耸听。2011年11月我国多家媒体报道，山东省莱州市土山镇几年前被评为“国家级生态乡镇”，但出名后居然创办了不少生产农药和化工的小企业，这些企业片面追求经济利益，不采取环保措施，不注意节能减排，不到三年，土山镇就被彻底弄“脏”了。环境污染给当地老百姓带来了毁灭性的灾难，使该村村民每年因癌症死亡的人数高达20人(以前几乎无人得癌症)，超过其他村庄的3倍，成了典型的“癌症村”。请同学们调查一下所在地区(学校或家乡)是否存在某种高发疾病，是否与当地某种环境污染有关系？如何预防？

14. 随着日本福岛第一核电站震后危机迟迟不见缓解，许多国家民众开始担心核能是否真的是“清洁干净的未来能源”。但美、英、俄、意、中等国政府则表示，将继续全面推进核电建设，除了大幅度提高核电安全等级(第三代核电技术)，还积极研发安全性更强的受控核聚变技术和第四代先进核能系统(如钍基熔盐堆核能系统，thorium molten salt reactor nuclear energy system，TMSR)。据报道，位于我国甘肃武威的世界第一个试验性钍基熔盐堆核能系统始建于2018年9月，将于2022年9月底进行商业性试运行。谈谈你对核电发展前景的看法。

15. 2022年11月15日联合国宣布世界人口突破80亿。联合国秘书长古特雷斯表示，这是人类思考对地球负起共同责任的时刻。组织同学讨论，80亿人口意味着什么？人口结构会发生哪些变化？人口快速增长和人口结构的变化对实现可持续发展目标有哪些挑战？我们应该如何应对？

第 2 章　水污染与控制

2.1　概　　述

2.1.1　水资源概念

1. 水体

水体是海洋、河流、湖泊、水库、冰川、沼泽、地下水等地表水与地下储水的总称。水体不仅指水，还包括水中所含各种物质、水中生物和底质，是一个完整的生态系统。水体按类型可分为海洋水体(包括海和洋)和陆地水体(如江河、湖泊等)；按水的流动性可分为流水水体(如江、河等)和静水水体(如湖泊、水库等)。

在水污染研究中，区分“水”和“水体”的概念十分重要。很多污染物质在水中的迁移转化是与整个水体密切联系在一起的，仅仅从“水”着眼往往会得出错误的结论，对污染预防与治理产生误导。例如，污染物从水中转向底泥，仅仅从水着眼，水已得到净化，但从整个水环境看，这种转移使该水体中的底泥成为次生污染源，在适当的条件下污染物又可释放出来。

2. 水资源

1) 世界水资源

地球上总储水量估计有 14.1 亿 km^3，其中只有 2%是淡水，而这部分淡水中有 87.0%是人类难以利用的两极冰盖、高山冰川和永冻地带的冰雪。人类真正能够利用的是江河、湖泊以及地下水的一部分，其约占地球总水量的 0.26%。

水资源通常指供人们经常可用的水量，即大陆上由大气降水补给的各种地表、地下淡水体的储存量和动态水量。水资源的可利用量仅为河流、湖泊等地表水、地下水的一部分。详见链接 1-1“地球五大圈(1)：大气圈与水圈”。

水是可再生循环性资源，但是参加自然水文循环的量是极为有限的。在自然水文循环中，人类不断利用地表、地下径流满足生活和生产之需而形成的人工水循环称为社会水循环。城市的供排水系统、农田水利系统、水能利用系统都是社会水循环。人类的水事活动是在水自然循环基础上的人为的社会水循环，是自然水文大循环中的一个支路，如图 2-1 所示。

2) 我国水资源与用水量[①]

2021 年，全国水资源总量为 29638.2 亿 m^3，比多年平均值[②]偏多 7.3%。全国供水总量和

① 本章所采用的我国地表水和地下水的水资源总量、供水量、用水量等的数据均摘自水利部公布的《2021 年中国水资源公报》(未包括香港、澳门和台湾)。其中，“水资源总量”指当地降水形成的地表和地下产水总量，即地表产流量与降水入渗补给地下水量之和；“供水量”指各种水源提供的包括输水损失在内的水量之和，分地表水源、地下水源和其他水源；“用水量”指各类河道外用水户取用的包括输水损失在内的毛水量之和，分生活用水、工业用水、农业用水和人工生态环境补水四大类；“耗水量”指在输水、用水过程中，通过蒸腾蒸发、土壤吸收、产品吸附、居民和牲畜饮用等多种途径消耗掉，而不能回归到地表水体和地下含水层的水量。

② 《中国水资源公报》中“多年平均值”统一采用 1956～2000 年水文系列平均值。

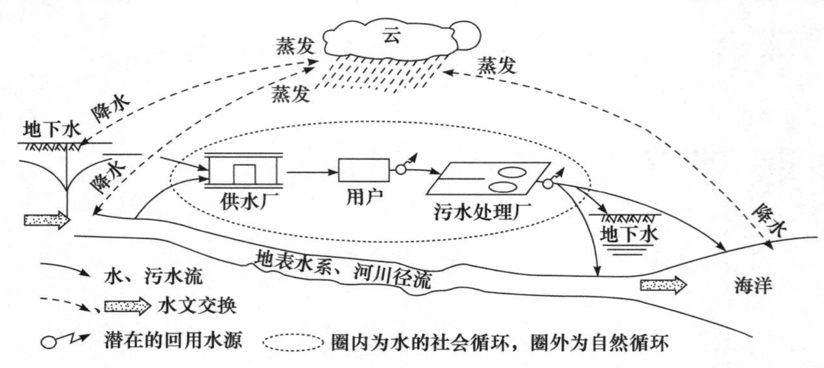

图 2-1 复合的地球水循环大系统

用水总量均为 5920.2 亿 m^3，其中生活用水量为 909.4 亿 m^3，工业用水量为 1049.6 亿 m^3，农业用水量为 3644.3 亿 m^3，人工生态环境补水量为 316.9 亿 m^3。全国耗水总量为 3164.7 亿 m^3。

全国人均综合用水量为 419m^3，万元国内生产总值(当年价)用水量为 51.8m^3。耕地实际灌溉亩均用水量为 355m^3(1 亩 ≈ 666.7m^2)，农田灌溉水有效利用系数为 0.568，万元工业增加值(当年价)用水量为 28.2m^3，人均生活用水量为 176L/d(其中城乡居民人均生活用水量为 124L/d)。

按可比价计算，万元国内生产总值用水量和万元工业增加值用水量分别比 2020 年下降 5.8%和 7.1%。

3. 水资源安全问题

联合国教育、科学及文化组织(UNESCO)将水安全定义为：人类生存发展所需的有量与质保障的水资源、能够维系流域可持续的人与生态环境健康、确保人民生命财产免受水灾害(洪水、滑坡和干旱)损失的能力。

2014 年德国施普林格出版社出版了署名为 B. Braga 教授和夏军院士合作的专著《水与人类：再论水安全》，其中给出了全球范围水资源压力的图景。总的来看，当前受到最高量级水资源压力(大于 40%)的陆地面积已占到全球陆地总面积的 30%，到 2050 年将攀升到 50%；目前受到最高量级水资源压力的全球人口为 25 亿人(约占全球总人口的 36%)，到 2050 年将升至 47 亿人(占全球 90 亿人口中的 52%)；当前全球经济总量受到最高量级水资源压力影响的比例已达到 22%，到 2050 年这一数值将上升到 45%。

对中国而言，水资源安全的压力相对全球平均更为显著。以国家“973 计划”项目“气候变化对我国东部季风区陆地水循环与水资源安全的影响及适应对策”[①]中的研究成果为例，占我国总人口 95%、国土面积近一半的中国东部季风区，90%处在水资源比较脆弱和严重脆弱的状态，中国面临的水资源安全压力巨大，尤其是中国北方；在未来气候变化影响下，2030～2050 年东部季风区需水量进一步增加，华北地区气温上升 1℃，农业作物蒸腾耗水量[②]增加大约 25mm，约占总用水量的 4%；气候变化影响下 2030 年水资源需求关系分析，长江区新增需

① 此“973 计划”项目是由夏军院士带领的科研团队于 2014 年结题验收。

② 植物蒸腾耗水量是指由专用仪器测量的在植物生产过程中植物蒸腾、土壤蒸发、植物表面蒸发及构建植物体(有机质的合成原料、细胞液和胞间液的组分)消耗的水量之和。前两者耗水量占总耗水量的 90%以上，最常用的单位是 mm(类似于降水量大小的表示单位)。

水 313 亿 m^3，中下游及南水北调中线水源地的汉江脆弱性加大；未来不同的气候变化情景下，我国东部季风区较脆弱和严重脆弱的区域将明显扩大，特别是南方和长江流域增加较多。

因此，无论从全球水资源安全格局还是我国已发生的水资源安全问题及态势来看，人类要生存与发展，将不得不面对越来越严峻的水资源安全风险与挑战。

1993 年 1 月 18 日，第 47 届联合国大会做出决定：自 1993 年起，每年的 3 月 22 日定为“世界水日”，用以宣传、教育、提高公众对开发和保护水资源的认识，推动对水资源进行综合性统筹规划和管理，加强水资源保护，解决日益严峻的缺水问题。

2.1.2　我国的水污染防治法律和水标准

1. 我国关于水资源的法律

1) 《中华人民共和国水法》(2016 年修订版)

1988 年 1 月 21 日，中华人民共和国第六届全国人民代表大会常务委员会第 24 次会议通过《中华人民共和国水法》，简称《水法》；现行版本为 2016 年修订的新版。新版《水法》的主要内容有：

(1) 调整范围。在中华人民共和国领域内开发、利用、保护、管理水资源，防治水害，必须遵守《水法》。

(2) 明确水资源所有权。水资源包括地表水和地下水，属于国家所有。

(3) 通过计收水费和水资源费等经济手段加强对水资源利用的管理。

(4) 加强政府对防汛抗洪工作的领导，规定了防汛指挥机构在紧急情况下可采取的措施。

2) 《中华人民共和国水污染防治法》(2017 年修订版)

《中华人民共和国水污染防治法》简称《水污染防治法》，最早制定于 1984 年，现行版本为 2017 年修订版。《水污染防治法》共分 8 章 92 条，涉及水污染防治的标准和规划、水污染防治的监督管理、水污染防治措施(包括工业水、城镇水、农业和农村水①以及船舶水的污染防治)、饮用水水源和其他特殊水体保护、水污染事故处置和法律责任等内容。

2. 水质指标

水质即水的品质。自然界中的水并不是纯粹的氢氧化合物，因此水质就是指水与其中所含杂质共同表现出来的物理学、化学和生物学的综合特性。在环境工程中，常用水质指标衡量水质的好坏，也就是表征水体受到污染的程度。水的用途不同，对水质指标的要求不同。反映水质的重要参数有物理性水质指标、化学性水质指标和生物学水质指标三大类。

1) 物理性水质指标

(1) 温度。

(2) 色度。感官性指标。纯净天然水无色透明。将有色污水用蒸馏水稀释，并与参比水样对照，一直稀释到两个水样色差一样，此时污水的稀释倍数即其色度。

(3) 嗅和味。感官性指标。天然水无臭无味。

(4) 固体物质②。

---

① 除各类官方文件和引用他人资料外，本书把“农村”“乡村”等统一称为“乡村”；“农民”“农村居民”等统一称为“村民”。

② 详见 2.1.3 节“固体污染物”部分。

(5) 浑浊度、透明度、电导率等。

2) 化学性水质指标

(1) 一般的化学性水质指标。①pH。反映水的酸碱性。天然水体的pH一般为6～9。测定和控制污水的pH，对维护污水处理设施的正常运行、防止污水处理和输送设备的腐蚀、保护水生生物的生长和水体自净功能都有重要的意义。②植物营养元素[①]。其他还有碱度、硬度、各种阴阳离子、总含盐量等。

(2) 有机物污染综合指标。有机物污染综合指标主要是针对水体有机污染的一种综合评价方法，可分为以氧表示的指标和以碳表示的指标两大类。测定水体中有机碳的设备比较昂贵，目前国内应用不普遍。常用的是以氧表示的有机物污染综合指标，包括生化需氧量(BOD)、化学需氧量(COD)、总需氧量(TOD)和溶解氧(DO)。详见链接2-1“有机物污染综合指标”。

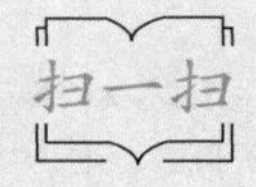

链接 2-1 有机物污染综合指标

(3) 有毒的化学性水质指标。毒物含量是污水排放、水体监测和污水处理中的重要水质指标[②]。

3) 生物学水质指标

生物学水质指标主要为细菌总数和大肠菌群[③]。

3. 用水水质标准

不同用途的水对水质有不同的要求，通常有以下几种用水标准。

1) 饮用水水质标准

饮用水直接关系居民日常生活和身体健康，因此供给居民良质、足量的饮用水是最基本的卫生条件之一。例如，《生活饮用水卫生标准》(GB 5749—2022)规定了生活饮用水水质要求、相关环节的卫生要求及水质监测和水质检验方法，适用于城乡各类集中式供水以及分散式供水的生活饮用水。

2) 工业用水水质标准

工业用水指工、矿企业的各部门，在工业生产过程(或期间)，制造、加工、冷却、空调、洗涤、锅炉等工序或设备使用的水及厂内职工生活用水的总称。工业用水种类繁多，不同的行业、不同的生产工艺过程、不同的使用目的有不同的水质要求。各行业都相继制定了本行业的工业用水标准，并不断修订完善。

3) 城市污水再生利用系列标准

为贯彻我国水污染防治和水资源开发利用方针，做好城镇节约用水工作，实现城镇污水资源化，防治污水对环境的污染，促进城镇建设和经济建设可持续发展，制定城市污水再生利用系列标准。

4) 农业渔业等其他应用水质标准

用水水质标准见链接2-2“我国水污染防治法律法规和主要的标准规范”中“主要的用水

① 详见2.1.3节“营养性污染物”部分。

② 详见2.1.3节“有毒污染物”部分。

③ 详见2.1.3节“生物污染物”部分。

水质标准”部分。

链接 2-2　我国水污染防治法律法规和主要的标准规范

4. 污水排放标准

天然水体(包括地表水、地下水和海水)是人类社会的重要资源。为了保障天然水体的水质，必须严格控制排入水体的污水水质。具体来说，在将生活污水和工业污水排入水体之前，应该经过一定程度的无害化处理，以降低或消除对水体水质的破坏。

《污水综合排放标准》(GB 8978—1996)是污水排放标准的总纲。标准是根据水环境的质量标准要求，并考虑技术经济的可能性和环境特点，对排入环境的污染物数量或浓度作分级的限量规定。

1) 污水中污染物的分类要求

《污水综合排放标准》将排放的污染物按其性质及控制方式分为两大类：

第一类污染物能在环境或动植物体内蓄积，对人体健康产生长远的不良影响，如含有 Hg、Cr、Cd、As、Pb、Ni、Be、Ag、苯并[a]芘及放射性等污染物的污水，一律在车间或车间处理设施排放口采样，规定最高排放浓度。此类污水不经处理决不允许排放。

第二类污染物的长远影响小于第一类污染物，规定的采样点为排污单位排放口，水质指标为 COD、BOD_5、SS、pH、粪大肠菌群数和各种有毒有害物质(如油脂、挥发酚、氰化物、硫化物、氨氮、氟化物、甲醛、磷酸盐、Cu、Zn、Mn、P、苯胺类、总余氯、有机碳等)。

2) 污水排放的分级标准

污水排放的标准共分为三级，其中一级标准要求最严。根据《污水综合排放标准》中的规定，污水排放的分级标准是按受纳水体的使用功能要求和污水排放去向划分的。

(1) 《地表水环境质量标准》(GB 3838—2002)中Ⅰ、Ⅱ类水域和Ⅲ类水域中划定的保护区，《海水水质标准》(GB 3097—1997)中第一类海域①，禁止新建排污口，现有排污口应按水体功能要求，实行污染物总量控制，以保证受纳水体水质符合规定用途的水质标准。

(2) 排入《地表水环境质量标准》中Ⅳ类水域(划定的保护区和游泳区除外)和排入《海水水质标准》中第二类海域的污水，执行一级标准。

(3) 排入《地表水环境质量标准》中Ⅳ、Ⅴ类水域和排入《海水水质标准》中第三类海域的污水，执行二级标准。

(4) 排入设置二级污水处理厂的城镇排水系统的污水，执行三级标准。

(5) 排入未设置二级污水处理厂的城镇排水系统的污水，必须根据排水系统出水受纳水域的功能要求，分别执行(2)和(3)的规定。

本标准颁布后，按照国家污水综合排放标准与国家行业水污染物排放标准不交叉执行的原则，凡有(包括)新增国家行业水污染物排放标准的行业，按其适用范围执行相应的国家行业水污染物排放标准，不再执行本标准。参见链接 2-2“我国水污染防治法律法规和主要的标准

① 《地表水环境质量标准》(GB 3838—2002)详见 2.3.1 节；《海水水质标准》(GB 3097—1997)详见 2.5.2 节。

规范”中“国家污水综合排放标准和国家行业水污染物排放标准”。

由于我国幅员辽阔，各地区的天然水环境质量和生产、生活污水的水质、水量等差异很大，各地应因地制宜加强区域性、流域性、差异性水环境质量标准体系的建设工作，以及根据受纳水体类型和水环境的敏感程度制定与之相适宜的污水排放标准，避免“过保护”和“欠保护”问题的发生。

2.1.3 水污染物及其危害

水体接受过多的污染物而导致水体的物理特征、化学特征和生物特征发生不良变化，破坏了水中固有的生态系统，破坏了水体的功能及其在经济发展和人民生活中的作用，这种状况称为“水体污染”。

造成水体污染的原因有自然和人为两方面。通常所说的水体污染专指人为污染。

凡使水体的水质、生物质、底泥质量恶化的各种物质均称为“水污染物”(或“水体污染物”)。根据污染物状态(固态、液态)、污染物属性(生物、非生物)和对水环境影响(耗氧、有毒、营养化)等环境污染危害的情况不同，水污染物主要有以下 6 类。

1) 固体污染物

固体物质在水中有 3 种存在形态：溶解态、胶体态和悬浮态。在水质分析中，常用一定孔径的滤膜过滤的方法将固体微粒分为两部分：被滤膜截留的为悬浮物(SS)，透过滤膜的为溶解性固体(DS)。两者合称总固体(TS)。这时，一部分胶体包括在悬浮物内，另一部分包括在溶解性固体内。

悬浮物在水体中沉积后淤塞河道，危害水体底栖生物的繁殖，影响渔业生产。灌溉时，悬浮物会阻塞土壤的孔隙，不利于作物生长。

水中溶解性固体主要是盐类。含盐量高的污水对农业和渔业有不良影响，而其中的胶体成分是污水浑浊和色度的主要原因。

2) 耗氧(或需氧)有机污染物

耗氧有机物指动植物残体、生活污水及某些工业污水中所含的碳水化合物、蛋白质、脂肪和木质素等有机化合物，它们能通过生物化学或化学作用消耗水中的溶解氧。例如，它们在好氧菌的作用下可分解为简单的无机化合物、CO_2 和 H_2O 等，在分解过程中消耗水中的溶解氧。

然而，若需分解的有机物太多，不仅造成水中耗氧生物(如鱼类)的死亡，还会因水中缺氧而引起厌氧性分解①。

3) 有毒污染物

污水中能引起生物毒性反应的物质称为有毒污染物，简称“毒物”。大量毒物排入水体，不仅危及鱼类等水生生物的生存，而且许多毒物能在食物链中逐级转移、浓缩，最后进入人体，危害人的健康。在各类水质标准中，对主要毒物均规定了浓度限值。

污水中的毒物可分为无机毒物、有机毒物和放射性物质 3 类。

(1) 无机毒物。无机毒物包括重金属有毒物、金属有害物和非金属毒物 3 类。①重金属有毒物。主要为重金属(Hg、Cr、Pb、Cd、Ni、Zn、Cu、Mn、Ti、V 等)及轻金属 Be(铍)。重金属不能被生物降解，其毒性以离子态存在时最为严重，故常称其为重金属离子毒物。它能被

① 详见 2.3.2 节“黑臭水体”部分。

生物富集于体内，有时还可被生物转化为毒性更大的物质(如无机汞被转化为烷基汞)，是危害特别大的一类污染物。当人类饮用重金属离子浓度较高的地下水时，易发生肢体麻木、骨骼软化萎缩、毒害中枢神经、皮肤癌等，并可影响神经系统。②金属有害物。主要指 Ca^{2+}、Mg^{2+}、Mn^{2+}等金属离子对地下水的污染。Ca^{2+}、Mg^{2+}含量高的水不仅有苦涩味，还可引起消化功能紊乱、腹泻。人体吸收过多的 Mg^{2+}，可能引起震颤麻痹、肺炎、记忆力下降、心动过速等病症。③重要的非金属毒物。有 As(砷)、Se(硒)、氰化物、氟化物、硫化物、亚硝酸盐等。如果长期饮用含氟量过高的水，将会引起人体骨骼改变等全身慢性疾病，致人残废；氰化物是剧毒物质；亚硝酸根有致癌作用，同时还有致畸胎和致遗传变异的可能。

(2) 有机毒物。有机毒物品种繁多，且随着现代科技的发展而迅速增加。典型的有机毒物包括有机农药、多氯联苯、稠环芳香烃、芳香胺类、杂环化合物、酚类、腈类等。许多有机毒物具有“三致”效应(致畸、致突变、致癌)和蓄积作用。有机毒物按分解难易程度分为两类：①易分解的有机毒物。主要指酚类污染物，对皮肤和黏膜有强烈的腐蚀作用。②难分解的有机毒物。例如，有机氯农药通过食物链进入人体和动物体，能在肝、肾、心脏等组织中蓄积，造成慢性中毒，影响神经系统，破坏肝脏功能，产生心理障碍。

(3) 放射性物质。放射性物质对环境的污染及其防治方法详见 7.2 节“放射性辐射污染与防护”。

4) 营养性污染物

营养性污染物指可以引起水体富营养化的物质，主要有 N 和 P；就污水对水体富营养化的作用来说，P 的作用远大于 N。此外，可生化降解的有机物、维生素类物质、热污染等也能触发或促进富营养化过程。

湖泊富营养化的严重后果是湖泊消亡，但是湖泊的富营养化具有可逆性，特别是人为富营养化湖，通过合理的治理，如切断流入湖内过量营养物质的来源、清除湖底淤泥、疏浚河道、缩短湖泊换水周期等，可使湖泊恢复年轻。

海洋富营养化危害见 2.5.3 节“有机物质和营养盐类的危害”部分。

5) 生物污染物

生物污染物指污水中的致病微生物及其他有害的生物体，主要包括病毒、病菌、寄生虫卵等各种致病体。此外，污水中若生长铁菌、硫菌、藻类、水草及贝类动物，就会堵塞管道、腐蚀金属及恶化水质，这些物质也属于生物污染物。

6) 油脂类污染物

随着石油事业的发展，油脂类物质对水体的污染越来越严重，已成为水体污染的重要类型之一，特别在河口、近海水域，油的污染更为严重[①]。

油膜附于土壤颗粒表面和动植物体表，影响养分吸收和废物的排出。

2.1.4　我国水污染防治行动计划

我国两次全国污染源普查[②]结果显示，近十年来我国水污染源的污水排放量确实有所降低，但是为什么水环境总体质量未见明显改善呢？这是因为我国实施的是管道末端污染控制，仅强调污水处理，未真正实施水污染的全过程控制和水的生态环境修复。

---

① 详见 2.5.3 节“海洋污染”。

② 时间资料分别为 2007 年度和 2017 年度资料。数据详见 1.1.2 节“我国的第一次和第二次全国污染源普查”部分。

1.《水十条》

2015年，我国政府发布了《水污染防治行动计划》，又称《水十条》，开创了以提高整体质量为目的的水环境保护新纪元。水的生态环境并不是简单的水质控制。这意味着污染控制的领域将从污水处理厂扩展到上游的下水道网络以及下游的河流和湿地；污水管理的目标已从减少污染物转向水的再利用、资源回收和水环境生态恢复①。

《水十条》确定了十项措施共35条行动计划，涉及地表水和地下水两个领域。地表水主要包括市政水、工业水和城市水环境等方面，其中就黑臭水体问题专门进行了阐述；地下水主要是监控体系的建设、地下水污染的预防。其工作目标是："到2020年，全国水环境质量得到阶段性改善，污染严重水体较大幅度减少，饮用水安全保障水平持续提升，地下水超采得到严格控制，地下水污染加剧趋势得到初步遏制，近岸海域环境质量稳中趋好，京津冀、长三角、珠三角等区域水生态环境状况有所好转。到2030年，力争全国水环境质量总体改善，水生态系统功能初步恢复。到本世纪中叶，生态环境质量全面改善，生态系统实现良性循环。"②

《水十条》投资将达两万亿元，将在污水处理、工业污水、全面控制污染物排放等多方面进行强力监管并启动严格问责制，铁腕治污将进入"新常态"。

2.《"十四五"城镇污水处理及资源化利用发展规划》

《"十四五"城镇污水处理及资源化利用发展规划》，本节简称《规划》。

《规划》明确，"到2025年，基本消除城市建成区生活污水直排口和收集处理设施空白区，全国城市生活污水集中收集率力争达到70%以上；城市和县城污水处理能力基本满足经济社会发展需要，县城污水处理率达到95%以上；水环境敏感地区污水处理基本达到一级A排放标准；全国地级及以上缺水城市再生水利用率达到25%以上，京津冀地区达到35%以上，黄河流域中下游地级及以上缺水城市力争达到30%；城市和县城污泥无害化，资源化水平进一步提升，城市污泥无害化处置率达到90%以上；长江经济带、黄河流域、京津冀地区建制镇污水收集处理能力、污泥化处置水平明显提升。"

2.1.5 水体自净

1. 水体自净的概念

自然环境包括水体对污染物质都有一定的承受能力，即"水环境容量"③。水体能够在其环境容量范围内，通过水体的物理、化学和生物等方面的作用，使排入的污染物的浓度和毒性随时间的推移在向下游流动的过程中逐渐降低，经过一段时间后，水体将恢复到受污染前

① 水污染治理难度比空气污染治理要高得多，特别是湖泊污染治理，需要几十年甚至上百年的时间。2015年3月，李克强总理在第十二届全国人民代表大会第三次会议的政府工作报告中指出，"实施水污染防治行动计划，加强江河湖海水污染、水污染源和农业面源污染治理，实行从水源地到水龙头全过程监管"；并强调"环境污染是民生之患、民心之痛，要铁腕治理"。

② 主要目标是："到2020年，长江、黄河、珠江、松花江、淮河、海河、辽河七大重点流域水质优良(达到或优于Ⅲ类)比例总体达到70%以上，地级及以上城市建成区黑臭水体均控制在10%以内，地级及以上城市集中式饮用水水源水质达到或优于Ⅲ类比例总体高于93%，全国地下水质量极差的比例控制在15%左右，近岸海域水质优良(一、二类)比例达到70%左右"，"到2030年，全国七大重点流域水质优良比例总体达到75%以上，城市建成区黑臭水体总体得到消除，城市集中式饮用水水源水质达到或优于Ⅲ类比例总体为95%左右"。

③ "水环境容量"特指在满足水环境质量的要求下，水体能容纳污染物的最大负荷量，因此又称"水体负荷量""纳污能力"。它与现状排放无关，只与水量和水体自净能力有关。

的状态。这一现象称为“水体的自净作用”。

水体的自净能力是有限度的。影响水体自净能力的因素很多，主要有水体的地形和水文条件、水中微生物的种类和数量、水温和水中溶解氧恢复(复氧)状况、污染物的性质和浓度。

2. 水体自净的机制

水体自净的过程很复杂，按其机制可分为 3 种。

1) 物理过程

水体自净的物理过程是指由于稀释、扩散、沉淀和混合等作用，污染物在水中浓度降低的过程。其中稀释作用是一项重要的物理净化过程。污水排入水体后，逐渐与水相混合，于是污染物质的浓度逐步降低，这就是稀释作用。此作用只有在污水随同水流经过一段距离后才能完成。

2) 化学和物理化学过程

水体自净的化学和物理化学过程是指污染物氧化、还原、分解、化合、凝聚、中和等反应引起的水体中污染物质浓度降低的过程。

3) 生物化学过程

有机污染物进入水体后，在水中细菌和其他微生物的代谢过程中，复杂的有机物被分解为简单的、较稳定的物质的过程称为生物化学过程，包括好氧处理和厌氧处理的全过程①。

当有机污染物较少时，只发生好氧生物化学过程。好氧生物化学自净过程实际上包括氧的消耗和氧的补充(复氧)两方面的作用。氧的消耗过程主要取决于排入水体的有机污染物的数量，以及氮、氧的数量和污水中无机性还原物(如SO_3^{2-})数量。复氧过程：空气中氧向水体扩散，使水中溶解氧增加；水生植物在阳光照射下进行光合作用放出氧气。

有机物的生化降解过程如图 2-2 所示。

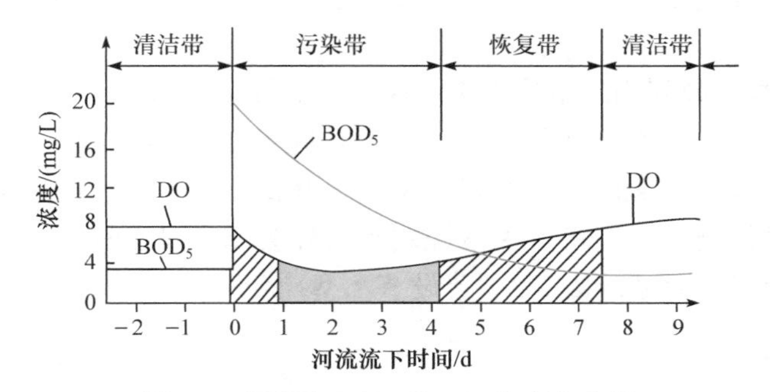

图 2-2　河流中 BOD_5 和 DO 的变化曲线

先看 BOD_5 的变化。在上游未受污染区 BOD_5 很低(3mg/L)，说明水中没有过多的有机物消耗氧；在 0 点污水排入点，BOD_5 突然增加到 20mg/L；随着排放的有机物逐渐被氧化，BOD_5 逐渐降低，并慢慢恢复到污水注入前的水平。

再看 DO 的变化。污水未注入前河流中的 DO 水平很高；污水注入后因分解作用耗氧，DO 开始逐渐降低，到流下 1.8d 时降至最低点，以后又渐渐回升，最后恢复至近于污水注入前的状态。这条曲线也称“氧垂曲线”，它反映了污水排入河流后 DO 的变化情况，表示出河流的自净过程以及最缺氧点距离受污点的位置和 DO 的含量，可以把溶解氧作为水体自净

① 详见 2.2.2 节“好氧生物处理”和“厌氧生物处理”部分。

的标志，从而作为控制河流污染的基本数据和制定治污方案的依据。

2.1.6 水处理与水工业

水处理是给水处理和污水处理的简称。给水处理指的是从天然水源取水，为供给生活用水和生产用水而进行的处理。污水处理指的是对使用过的污水进行的处理，以达到安全排放的目的。由于世界性的水资源危机，各国都在研究将净化处理后的污水作为新水源，直接供工、农、渔业生产和城市生活用水的需要，达到既节约新鲜水，又大大减轻水污染，保护水环境的目的。因而给水处理与污水处理的界限也就逐渐模糊起来。为了污水的再生或再用所进行的处理，就其水质来说是污水处理，就其处理的目的来说是给水处理。水处理是水工业科学技术的一个重要的组成部分。

水工业是为适应水的永续利用而逐渐形成并完善的新兴工业，以满足社会经济可持续发展所需求的水量和水质为生产目标。水工业从事水的开采、净化、供给、保护和再生，执行一条“水的可持续利用和保护”的水资源开采模式，使水资源不受到破坏并能进入良性的再生循环。

2.1.7 建立健康社会水循环

“水的健康循环”是指在水的社会循环中，尊重水的自然运动规律和性质，合理科学地使用水资源，不过量开采水资源，同时将使用过的污水经过再生净化，使得上游地区的用水循环不影响下游水域的水体功能，水的社会循环不损害水的自然循环的客观规律，从而维系或恢复城市乃至流域的良好水环境，实现水资源的可持续利用。

实现健康社会水循环，可以使水的社会小循环与自然大循环相辅相成、协调发展，实现人与自然和谐发展，维系良好的水环境，使自然界有限的水资源可以不断地满足工业、农业、生活的用水要求，永续地为人类社会服务，从而为社会的可持续发展提供基础条件。

1) 节制用水

“节制用水”是水资源利用的指导思想。在水资源开发利用过程中，不仅要节省、节约用水，还要在宏观上控制社会水循环的流量，减少对自然水循环的干扰。它除包含节约用水的内容外，更主要在于根据地域的水资源状况制定、调整产业布局，促进工艺改革，提倡节水产业、清洁生产，通过技术、经济等手段控制水的社会循环量，科学合理地分配水资源，减少对水自然循环的干扰。参见链接 2-3“建设节水型社会”。

链接 2–3 建设节水型社会

2) 污水再生、再利用与再循环

水是可再生的循环型的自然资源，污水再生再循环是维系水自然循环不受人为破坏的基本方略，是社会用水健康循环的主流。

3) 恢复城市雨水水文循环

雨水水文循环[①]是城市水环境的有机组成，通过雨水渗透和储存，修复雨水水文循环途径，

---

① 从地球系统的水资源循环与水量平衡来看，天然降水是维持整个陆地生态系统的基础，而地下水资源主要借助包括雨水在内的天然降水加以补充。传统的城市规划及建筑设计习惯于将雨水当作“洪水猛兽”，都是以“将地面降雨尽快排入城市雨水管网和市郊区的水体中”为首要原则，贯彻的是使雨水尽快远离城市这一传统的防水思路。

从而抑制暴雨径流、削减洪峰流量、减少城市型洪水灾害，同时对涵养地下水、增加泉水和中小河流枯水量以及改善河流水质、维系河川与两岸生态系的繁茂都具有显著作用。健康的雨水水文循环是城市水系统健康循环的重要组成部分。

4) 面源污染[①]控制

农田径流、畜禽养殖和水土流失是面源污染的主要来源。面源污染对水环境污染的贡献率已经达到或超过点源污染的贡献率，如果没有遏制面源污染，就不能恢复良好的水环境。

5) 水资源统筹管理

在目前我国水资源紧缺和水污染问题越来越突出的情况下，对水的社会循环分割管理、部门交叉重叠、以行政分区体制管理水问题是用水效率低下、浪费严重、污染不能控制的重要原因。应该将原来水量与水质分开、地表水与地下水分开、供水与排水分开、城市与流域分开管理的体制改为以流域为单位进行自然水文循环和社会水循环的统筹管理。

2.2 污水常规处理技术及应用

2.2.1 物理处理法

物理处理法是利用物理作用使悬浮状态的污染物质(包括油膜、油珠)与污水分离的方法。处理过程中污染物的化学性质不发生变化，既使污水得到一定程度的澄清，又可回收分离出来的物质并加以利用。该法最大的优点是简单、易行、效果良好、十分经济。常用的有过滤法、沉淀法、气浮法等；用超声波处理污水是一种新技术，详见链接 2-4“超声波污水处理技术”。

链接 2–4 超声波污水处理技术

1. 过滤法

1) 格栅与筛网

在排水工程中，污水通过下水道流入水处理厂，首先经过斜置在渠道内的一组金属制的呈纵向平行的框条(格栅)、穿孔板或过滤网(筛网)，这是污水处理流程的第一道设施，用以截阻水中粗大的悬浮物和漂浮物，属污水预处理，其目的在于回收有用物质，初步澄清污水以利于后续处理，减轻沉淀池或其他处理设备的负荷；保护水泵和其他处理设备免受颗粒物堵塞而发生故障。

格栅构造如图 2-3 所示。栅条截面尺寸多为 10mm×40mm，栅条空隙为 15～75mm(15～35mm 的空隙称为细隙，35～75mm 的空隙称为粗隙)。清渣方法有人工与机械两种。栅渣应及时清理和处理。

筛网主要用于截留粒度在数毫米到数十毫米的细碎悬浮态杂物，如纤维、纸浆、藻类等，通常用金属丝、化纤编织而成，或用穿孔钢板，其孔径一般小于 5mm，最小可为 0.2mm。筛网过滤装置有转鼓式、旋转式、转盘式、固定式振动斜筛等。不论何种结构，都既要能截留

① 详见 2.3.2 节“点源污染”和“面源污染”部分。

污物，又要便于卸料及清理筛面。

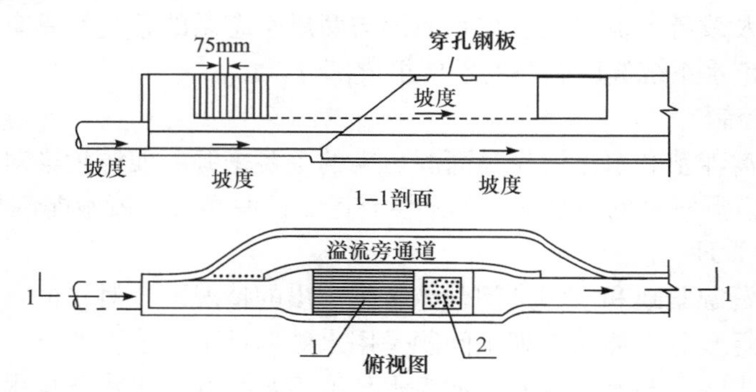

图 2-3　人工清除栅渣的固定式格栅及布设位置

1. 格栅；2. 操作平台

2) 粒状介质过滤

污水通过粒状滤料(如石英砂)床层时，其中细小的悬浮物和胶体被截留在滤料的表面和内部空隙中。这种通过粒状介质层分离不溶性污染物的方法称为粒状介质过滤(又称砂滤、滤料过滤)。

(1) 过滤机理。①阻力截留。当污水自上而下流过粒状滤料层时，粒径较大的悬浮颗粒首先被截留在表层滤料的空隙中，从而使此层滤料空隙越来越小，截污能力随之变得越来越高，逐渐形成一层主要由被截留的固体颗粒构成的滤膜，并由它起主要的过滤作用。这种作用属于阻力截留或筛滤作用。②重力沉降。污水通过滤料层时，众多的滤料表面提供了巨大的沉降面积。据估计，$1m^3$ 粒径为 0.5mm 的滤料中就有 $400m^2$ 不受水力冲刷影响而可供悬浮物沉降的有效面积，形成无数个小“沉淀池”，悬浮物极易在此沉降。③接触絮凝。由于滤料具有巨大的比表面积，它与悬浮物之间有明显的物理吸附作用。此外，砂粒在水中常带有表面负电荷，能吸附带正电荷的铁、铝等胶体，从而在滤料表面形成带正电荷的薄膜，进而吸附带负电荷的黏土和多种有机物等胶体，在砂粒上发生接触絮凝。在实际过滤过程中，上述 3 种作用往往同时存在。

(2) 过滤工艺过程。过滤工艺包括过滤和反洗两个基本阶段。过滤即截留污物；反洗即把污染物从滤料层中洗去，使之恢复过滤功能。图 2-4 为重力式滤池构造及工作过程示意图。过滤时，污水由进水管经闸门进入池内，并通过滤料层和垫层流到池底，水中的悬浮物和胶体被截留于滤料表面和内层空隙中，滤过的水由集水系统闸门排出。随着过滤过程的进行，污物在滤料层中不断积累，当过滤水头损失超过滤池所能提供的资用水头(高低水位之差)，或出水中的污染物浓度超过许可值时，即应终止过滤，并进行反洗。反洗时，反洗水进入配水系

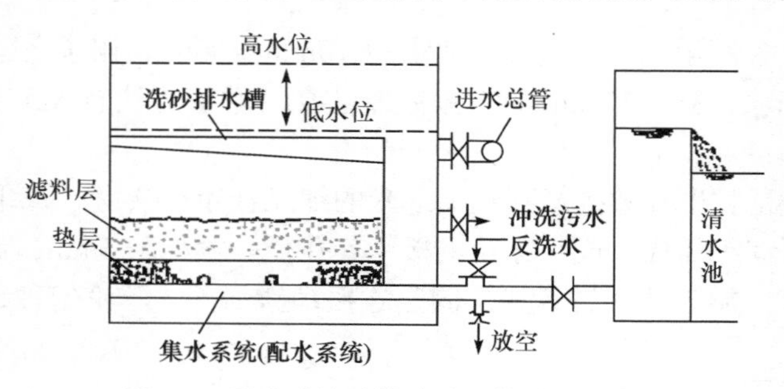

图 2-4　重力式滤池构造及工作过程示意图

统(过滤时的集水系统)，向上流过垫层和滤料层，冲去沉积于滤料层内的污物，并夹带着污物进入洗砂排水槽，由此经闸门排出池外。反洗完毕，即可进行下一循环的过滤。

2. 沉淀法

沉淀法是利用污水中的悬浮颗粒和水的相对密度不同的性质，借助重力沉降作用将悬浮颗粒从水中分离出来的水处理方法，应用十分广泛。

1) 沉淀的基本类型

根据水中悬浮颗粒的浓度及絮凝特性(彼此黏结、团聚的能力)可分为 4 种。

(1) 分离沉降。分离沉降又称自由沉降。颗粒之间互不聚合，单独进行沉降。在沉淀过程中，颗粒呈离散状态，只受到本身在水中的重力(包括本身重力和水的浮力)和水流阻力的作用，其形状、尺寸、质量均不改变，下降速度也不改变。例如，在初次沉淀池内的初期沉降。

(2) 絮凝沉降。在絮凝沉降过程中，悬浮颗粒因互相碰撞凝聚而尺寸变大，沉降速度将随深度增加而增加。同时水深越深，较大颗粒追上较小颗粒而发生碰撞并凝聚的可能性也越大。因此，悬浮物的去除不仅取决于沉降速度，而且与水深有关。在混凝沉淀池以及初次沉淀池的后期和二次沉淀池中初期的沉降即属于此类。

(3) 区域沉降。当污水中悬浮物含量较高时，颗粒间的距离较小，其间的聚合力能使其集合成一个整体，并一同下沉，而颗粒相互间的位置不发生变动，因此澄清水和浑水间有一个明显的分界面，逐渐向下移动，此类沉降称为区域沉降(又称拥挤沉降、成层沉降)。例如，高浊度水的沉淀池及二次沉淀池后期的沉降多属此类。

(4) 压缩沉降。当悬浮液中的悬浮固体浓度很高时，颗粒互相接触、挤压，在上层颗粒的重力作用下，下层颗粒间隙中的水被挤出，颗粒群体被压缩。压缩沉降发生在沉淀池底部的污泥斗或污泥浓缩池中，进行得很缓慢。

2) 沉淀法处理设备——沉淀池

沉淀的主要设备是沉淀池。对沉淀池的要求是能最大限度地除去水中的悬浮物，以减轻其他净化设备的负担或对后续处理起一定的保护作用。沉淀池的工作原理是让沉淀处理的水在池中缓慢地流动，使悬浮物在重力作用下沉降。

根据水流方向可分为 4 种沉淀池，即平流式沉淀池、辐流式沉淀池、竖流式沉淀池和斜板、斜管沉淀池。详见链接 2-5“四种常用的沉淀池”。

链接 2–5　四种常用的沉淀池

3. 气浮法

气浮法是指在污水中产生大量微小气泡作为载体黏附污水中微细的疏水性悬浮固体和乳化油，使其随气泡浮升到水面，形成泡沫层，然后用机械方法撇除，从而使得污染物从污水中分离出来。

疏水性的物质易气浮，而亲水性的物质不易气浮。因此，需投加浮选剂改变污染物的表面特性，使某些亲水性物质转变为疏水性物质，然后通过气浮法除去，这种方法称为“浮选”。

气浮时要求气泡的分散度高、量多，有利于提高气浮的效果。泡沫层的稳定性要适当，既便于浮渣稳定在水面上，又不影响浮渣的运送和脱水。常用的产生气泡的方法有两种：①机械法。使空气通过微孔管、微孔板、带孔转盘等生成微小气泡。②压力溶气法。将空气在一定的压力下溶于水中，并达到饱和状态，然后突然减压，过饱和的空气便以微小气泡的形式从水中逸出。目前污水处理中的气浮工艺多采用压力溶气法。

气浮法的主要优点：设备运行能力优于沉淀池，一般只需 15～20min 即可完成固-液分离，因此它占地省，效率较高；气浮法所产生的污泥较干燥，不易腐化，且为表面刮取，操作较便利；整个工作是向水中通入空气，增加了水中的溶解氧量，对除去水中有机物、藻类、表面活性剂及臭味等有明显效果，其出水水质为后续处理及利用提供了有利条件。

气浮法的主要缺点：耗电量较大；设备维修及管理工作量增加，运转部分常有堵塞的可能；浮渣露出水面，易受风、雨等气候影响。

4. 离心分离法

含有悬浮污染物质的污水在高速旋转时，悬浮颗粒(如乳化油)由于和污水的密度不同，因此旋转时受到的离心力大小不同，密度大的被甩到外围，密度小的则留在内圈，通过不同的出口分别引导出来，从而回收污水中的有用物质(如乳化油)，并净化污水。常用的离心设备按离心力产生的方式可分为两种。

(1) 旋流分离器。由水流本身旋转产生离心力，分为压力式和重力式两种。

(2) 离心分离机。设备旋转同时也带动液体旋转产生离心力。按分离因素分为常速离心机和高速离心机。常速离心机用于沉淀池的沉渣脱水等；高速离心机适用于乳状液的分离，如用于分离羊毛污水，可回收 30%～40%的羊毛脂。

5. 磁分离技术

1) 基本原理

物质在磁场中受到磁力和其他竞争力(如重力、惯性力、流体阻力和离心力等)的共同作用，最终合力决定颗粒的运动轨迹。磁性较强的颗粒，即磁性物质，易被磁场吸走；磁性较弱或非磁性颗粒不能被磁场吸走。故通过外加磁场的作用，很容易实现磁性物质与非磁性物质的分离。磁分离技术处理污水主要利用磁力效应。通过对污水施加磁场，使污水中的磁性污染物直接从污水中分离出来；而非磁性污染物，则通过投加磁种，使之与污水中的污染物产生物理作用或化学反应，形成磁性体，从而得以在磁场作用下分离出来。

2) 应用

(1) 絮凝-磁分离技术。絮凝-磁分离技术是指在水中投加适量的磁性物质，使之与金属离子及其他污染物质混合在一起，在一定的条件下形成带有磁性的絮体，并通过磁分离技术迅速地将其去除的方法。

(2) 铁氧体-磁分离技术。铁氧体-磁分离技术是指在污水中加入铁盐，并在碱性条件下加热氧化，形成强磁性的铁氧体沉淀物，再通过外加磁场分离的方法。

(3) 生物-磁分离技术。生物-磁分离技术是指通过生物培养或化学合成研制带有磁性的生物磁种，利用生物对污水中重金属离子的吸附和富集作用来去除重金属离子，并通过磁分离技术来快速分离，实现水体净化的方法。

2.2.2　生物处理法

生物处理法是利用特定的生物(特别是微生物)的生物化学作用，对环境中的污染物进行吸收或氧化降解，或富集环境污染物，减少或最终消除环境污染的受控制或自发的过程。它具有投资少、效果好、运行费用低、绿色安全等优点，在城市污水和工业污水的处理中得到广泛的应用。但也存在着一定的局限性：①微生物不能降解所有的污染物。污染物的难生物降解性、不溶性以及与腐殖质结合在一起常常使微生物处理不能进行。②特定的微生物只降解特定类型的化学物质。结构稍有变化的化合物就可能不会被同一微生物酶破坏。③微生物活性易受温度和其他环境条件影响，处理时间也比较长。

现代的生物处理法根据微生物在生化反应中是否需要氧气分为好氧生物处理和厌氧生物处理两大类。

1. 好氧生物处理

好氧生物处理法是指依赖好氧菌和兼性菌的生化作用来完成污水处理的工艺。该法需要有氧的供应，主要有活性污泥法和生物膜法两种。

1) 好氧菌的生化过程

好氧菌的生化过程如图 2-5 所示。好氧菌在有足够溶解氧的供给下吸收污水中的有机物，通过代谢活动，约有 1/3 的有机物被分解转化或氧化为 CO_2、NH_3、亚硝酸盐、硝酸盐、磷酸盐、硫酸盐等代谢产物，同时释放出能量作为好氧菌自身生命活动的能源，此过程称为异化分解。其余 2/3 的有机物则作为其生长繁殖所需要的构造物质，合成为新的原生质(细胞质)，此过程称为同化合成过程。新的原生质就是污水生物处理过程中的活性污泥或生物膜的增长部分，通常称为“剩余活性污泥”，又称“生物污泥”。生物污泥经固-液分离后还需作进一步的处理和处置(详见 5.4 节“污泥处理”)。当污水中的营养物(主要是有机物)缺乏时，好氧菌则靠氧化体内的原生质提供生命活动的能源(称为“内源代谢”或“内源呼吸”)，这将会造成微生物数量的减少。

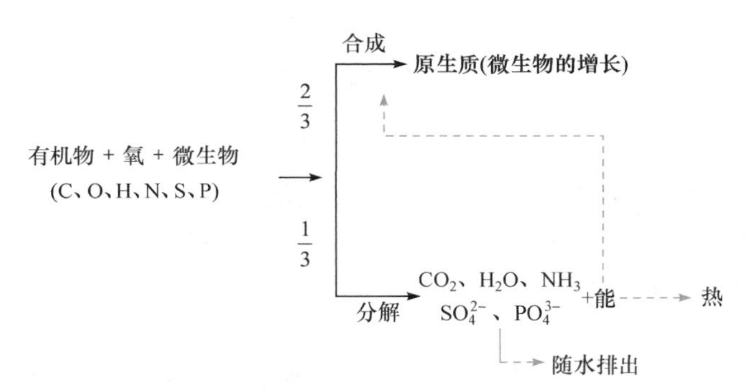

图 2-5　好氧菌的生化过程

用好氧菌处理污水不产生带臭味的物质，所需时间短，大多数有机物均能被处理。在污水中有机物浓度不高(BOD_5浓度在 100～750mg/L)，供氧速率能满足生物氧化需要时，常采用好氧生物处理法。活性污泥法、生物膜法、污水灌溉、生物好氧塘等都属于此类处理方法。

2) 活性污泥法

活性污泥法是处理城市污水常用的方法。活性污泥是由大量繁殖的悬浮状微生物絮凝体组成的，它能从污水中去除溶解的和胶体态的可生物降解的有机物以及能被活性污泥吸附的悬浮固体与其他一些物质，无机盐类(磷和氮的化合物)也被部分去除。

(1) 基本原理。

向富含有机污染物并有活性污泥的混合液中不断地通入空气(曝气)，一定时间后就会出现悬浮态絮花状的泥粒，这就是由好氧菌(及兼性菌)、好氧菌所吸附的有机物和好氧菌代谢活动的产物组成的聚集体“活性污泥”，它具有很强的分解有机物的能力。停止曝气后，活性污泥在重力作用下沉降，从而污水得到澄清。这种以活性污泥为主体的生物处理法称为“活性污泥法”。

活性污泥法对污水的净化作用是通过两个步骤完成的。

第一步为吸附阶段。因活性污泥具有很大的比表面积，好氧菌分泌的多糖类黏液具有很强的吸附作用，与污水接触后，在很短时间(10～30min)便会有大量有机物被污泥吸附，使污水中的 BOD_5 和 COD 出现较明显的降低(可去除 85%～90%)。在这一阶段也进行吸收和氧化的作用。

第二步为氧化阶段。好氧菌对已吸附和吸收的有机物质进行分解代谢，使一部分有机物转变为稳定的无机物，另一部分合成为新的细胞质，使污水得到净化；同时通过氧化分解使达到吸附饱和后的污泥重新呈现活性，恢复它的吸附和分解代谢能力。此阶段进行得十分缓慢。实际上在曝气池的大部分容积内都进行着有机物的氧化和微生物原生质的合成。

要想达到良好的好氧生物处理效果，需满足以下 3 点要求：①向好氧菌提供充足的溶解氧和适当浓度的有机物(作为细菌营养料)；②好氧菌和有机物(即需要除去的废物)需充分接触，要有搅拌混合设备；③当好氧菌把污水中的有机物吸附分解之后，活性污泥易于与水分离以改善出水水质，同时回流污泥，重新使用。

活性污泥法系统由曝气池、二次沉淀池、污泥回流装置和曝气系统组成，如图 2-6 所示。

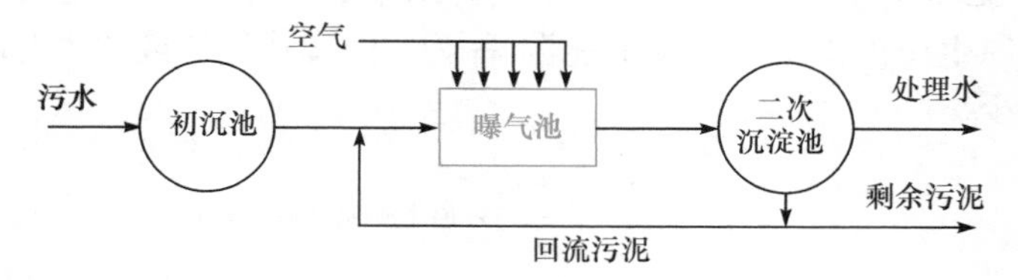

图 2-6　活性污泥法流程示意图

该系统在开始运行时，应先在曝气池内引满污水进行曝气，培养活性污泥。在产生活性污泥后，就可以连续运行。开始时，曝气池中应积累一定数量的活性污泥，当能满足污水处理的需要后，方能将剩余污泥排除。

(2) 曝气池装置。

a. 鼓风曝气式曝气池。曝气池常采用长方形的池子。采用定型的鼓风机供给足够的压缩空气，并使它通过布设在池侧的散气设备进入池内与水流接触，使水流充分充氧，并保持活性污泥呈悬浮状态。根据横断面上的水流情况，又可分为平面和旋转推流式两种。

b. 机械曝气式曝气池。又称曝气沉淀池，是曝气池和沉淀池合建的形式，如图 2-7 所示。它利用曝气器内叶轮的转动剧烈翻动水面使空气中的氧溶入水中，同时造成水位差使回流污泥循环。

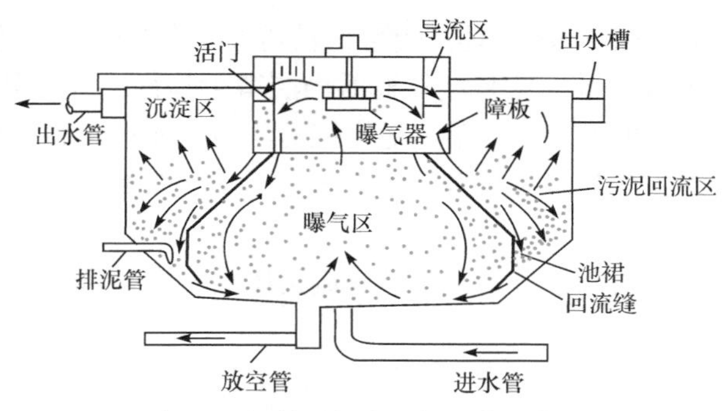

图 2-7　机械曝气式曝气池装置简图

叶轮常安装在池中央水表面。池子多呈圆形或方形，由曝气区、导流区、沉淀区和回流区 4 部分组成。污水入口在中心，出口在四周。在曝气区内污水与回流污泥和混合液得到充分的混合，然后经导流区流入沉淀区。澄清后的污水经出水槽排出，沉淀下来的污泥则沿污泥回流区底部的回流缝流回曝气区。它布置紧凑，流程缩短，有利于新鲜污泥及时得到回流，并省去一套回流污泥的设备。由于新进入的污水和回流污泥与池内原有的混合液可快速混合，池内各点的水质比较均匀，好氧菌和进水的接触保证相对稳定，能承受一定程度的冲击负荷。

该装置的主要缺点：曝气池和沉淀池合建于一个构筑物，难于分别控制和调节，连续的进出水有可能发生短流现象(污水未经处理直接流向出口处)，据分析，出水中约有 0.7%的进水短流，使其出水水质难以保证，此装置已趋淘汰。

另外，还有借压力水通过水射器吸取空气以充氧混合的新型曝气系统。

3) 生物膜法

当污水长期流过固体滤料表面时，微生物在介质“滤料”表面上生长繁育，形成黏液性的膜状生物性污泥，称为“生物膜”。利用生物膜上的大量微生物吸附和降解水中有机污染物的水处理方法称为“生物膜法”。它与活性污泥法的不同之处在于微生物是固着生长于介质滤料表面，故又称“固着生长法”，活性污泥法则又称“悬浮生长法”。

(1) 基本原理。

生物膜净化污水的机理如图 2-8 所示。生物膜具有很大的比表面积。在膜外附着的一层薄薄的缓慢流动的水层，称为“附着水层”。在生物膜内外、生物膜与水层之间进行着多种物质的传递过程。污水中的有机物由流动水层转移到附着水层，进而被生物膜吸附。空气中的氧溶解于流动水层中，通过附着水层传递给生物膜，供微生物呼吸之用。在此条件下，好氧菌对有机物进行氧化分解和同化合成，产生的 CO_2 和其他代谢产物一部分溶入附着水层，另一部分析出到空气中(沿着相反方向从生物膜经过水层排到空气中)。如此循环往复，污水中的有机物不断减少，从而使污水得到净化。

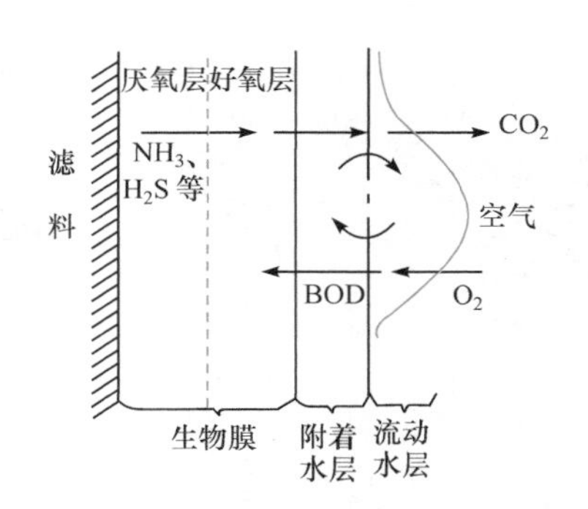

图 2-8　生物膜净化污水的机理

当生物膜较厚、污水中有机物浓度较大时，空气中的氧很快地被表层的生物膜消耗，靠近滤料的一层生物膜就得不到充足的氧的供应而使厌氧菌发展起来，并且产生有机酸、甲烷(CH_4)、氨(NH_3)及硫化氢(H_2S)等厌氧分解产物，它们有的很不稳定，有的带有臭味，这将大大影响出水水质。

生物膜厚度一般以 0.5～1.5mm 为佳。当生物膜超过一定厚度后，吸附的有机物在传递到生物膜内层的微生物之前就已被完全代谢。此时内层微生物得不到充分的营养而进入内源代谢，其因失去黏附在滤料上的性能而脱落，随水流出滤池，滤料表面再重新长出新的生物膜。因此，在污水处理过程中，生物膜经历着不断生长、不断剥落和不断更新的演变过程。

(2) 生物膜法净化设备。

生物膜法净化设备可分为润壁型、浸没型、流化床型三大类型，详见链接 2-6“三类常用的生物膜法净化设备”。

链接 2-6　三类常用的生物膜法净化设备

2. 厌氧生物处理

厌氧生物处理法主要依赖厌氧菌和兼性菌的生化作用来完成处理过程。该法要保证无氧环境，包括各种厌氧消化法。

好氧生物处理效率高，应用广泛，已成为城市污水处理的主要方法。但好氧生物处理的能耗较高，剩余污泥量较多，特别不适宜处理高浓度有机污水和污泥。厌氧生物处理与好氧生物处理相比，其显著差别在于：①不需供氧；②最终产物为热值很高的甲烷气体，可用作清洁能源；③特别适宜于处理城市污水处理厂的污泥和高浓度有机工业污水。

1) 厌氧菌的生化过程

厌氧生物处理(或称“厌氧消化”)是在无氧条件下，通过厌氧菌和兼性菌的代谢作用，对有机物进行生化降解的处理方法。用作生物处理的厌氧菌需数种菌种接替完成，整个生化过程分为两个阶段，如图 2-9 所示。

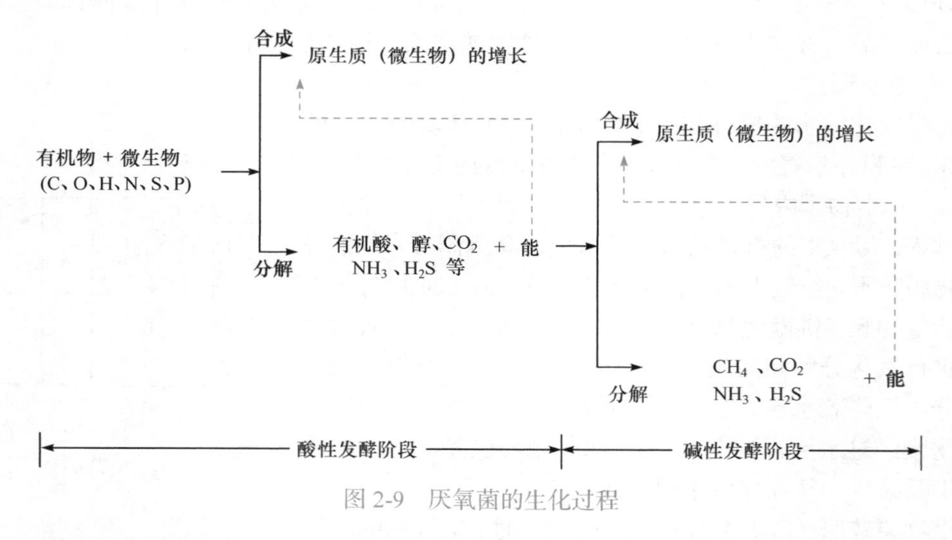

图 2-9　厌氧菌的生化过程

第一阶段是酸性发酵阶段。在分解初期，厌氧菌活动中的分解产物为有机酸(如甲酸、乙酸、丙酸、丁酸、乳酸等)、醇、CO_2、NH_3、H_2S 以及其他一些硫化物，这时污水发出臭气。如果污水中含有铁质，则生成硫化铁等黑色物质，使污水呈黑色。此阶段有机酸大量积累，

pH 下降，称为“酸性发酵阶段”。参与此阶段作用的细菌称为产酸细菌。

第二阶段是碱性发酵阶段，又称为甲烷发酵阶段。由于所产生的 NH_3 的中和作用，污水的 pH 逐渐上升，这时统称为甲烷细菌的厌氧菌开始分解有机酸和醇，产物主要为 CH_4 和 CO_2，此时随着甲烷细菌的繁殖，有机酸迅速分解，pH 迅速上升，所以此阶段又称为“碱性发酵阶段”。

厌氧生物处理的最终产物为气体，以 CH_4 和 CO_2 为主，另有少量的 H_2S 和 H_2。

厌氧生物处理必须具备的基本条件：隔绝氧气；pH 维持在 6.8～7.8；温度应保持在适宜于甲烷细菌活动的范围；要供给细菌所需要的 N、P 等营养物质；并要注意有机污染物中的有毒物质的浓度不得超过细菌的忍受极限。

厌氧生物处理常用于有机污泥的处理，近年来在高浓度有机污水(BOD_5 为 5000～10000mg/L)的处理中也得到发展。例如，屠宰场污水、乙醇工业污水、洗涤羊毛油脂污水等，一般先用厌氧生物处理，然后根据需要进行好氧生物处理或深度处理。

2) 常用的厌氧处理设备

常用的厌氧处理设备有污泥消化池(化粪池)、厌氧生物滤池、升流式厌氧污泥床等。

图 2-10 是用于稳定污泥的带有固定盖的厌氧消化池。池内有进泥管、排泥管，还有用于加热污泥的蒸气管和搅拌污泥用的水射器。投料与池内污泥充分混合，进行厌氧消化处理。产生的沼气聚集于池的顶部，从消化气管排走，送往用户。

图 2-11 是一种新型的厌氧生物反应器——升流式厌氧污泥床(UASB)。该污泥床的主要组成部分有底部布水系统、污泥床、污泥悬浮层和顶部三相分离器。污水自下而上通过反应器。在底部的高浓度(悬浮固体物可达 60～80g/L)、高活性的污泥床内，大部分有机物转化为 CH_4 和 CO_2。由于气态产物(消化气)的搅动和气泡黏附污泥，在污泥床之上形成一个污泥悬浮层。在上部的三相分离器中完成气、液、固的分离，消化气从上部导出，污泥滑落到污泥悬浮层，出水由澄清区流出。由于反应器内保留有大量的厌氧污泥，反应器的负荷能力很大，特别适合处理一般的高浓度有机污水，是一种有发展前途的厌氧处理设备。

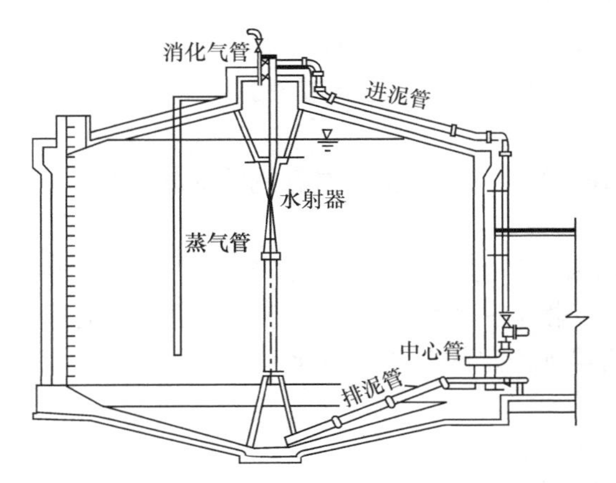

图 2-10　固定盖式厌氧消化池构造图

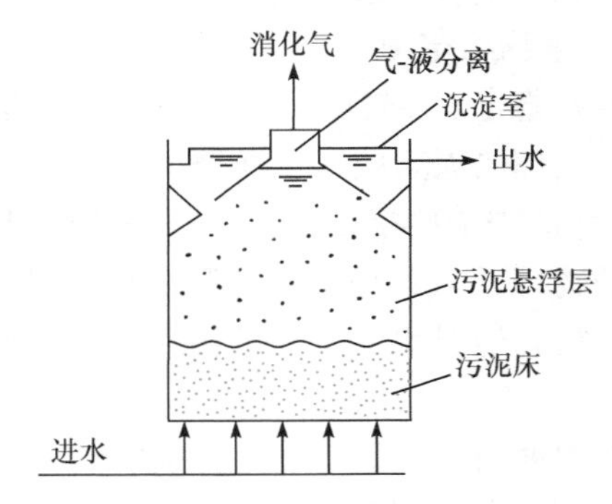

图 2-11　升流式厌氧污泥床(UASB)

某些新技术和新材料的开发运用，会产生含有很多复杂有机物的污水。这些有机物对好氧生物处理来讲属于不能生物降解或难以降解的。但对厌氧生物处理来讲，其可以被厌氧菌分解为较小分子有机物。这些较小分子有机物还可以被好氧菌进一步降解，以达到更好的处理效果。这就是近年来颇受重视的厌氧-好氧联用工艺(详见 2.2.4 节“污水中氮、磷的去除”)，已在纺织印染污水处理及生物脱氮除磷处理中得到应用。

3. 植物处理

植物处理技术是指利用绿色植物及其根际的土著微生物共同作用以清除环境污染物的治理技术，广泛应用在自然条件下的污水生物处理中。

植物处理技术对污水的净化机理主要是：在适宜的生长条件下，与水中微生物、藻类等生物共同作用的水生植物根据自身特点，将水中的富营养化物质，如N、P、重金属污染物等吸收在其根、茎、叶等不同部位，从而既满足自身的营养需求，又达到净化水质的作用。

植物处理去除污染物的原理有5种：①植物稳定(固定)；②植物挥发；③植物提取(萃取)；④植物降解；⑤根际圈生物降解。详见链接2-7“植物处理技术原理及在污水治理中的应用”。

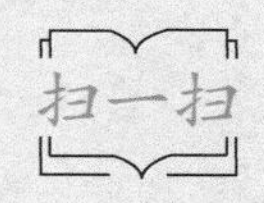

链接 2–7 植物处理技术原理及在污水治理中的应用

植物处理的不足之处：①超富集植物生长缓慢，常受土壤类型、气候、水分、营养等环境条件限制，导致修复污染较严重土壤的周期长；②植物耐受能力的选择性，通常一种植物不适合多种重金属复合污染的治理，且植物本身会受病虫害影响；③植物衰亡会导致二次污染，必须收割，并对收割部分进行后续无害化处理；④处理范围受到植物根系的限制；⑤若采用异地引种，对生物多样性存在一定的威胁，也是一个不容忽视的问题；⑥植物挥发最终将重金属转移到大气中，所以会造成大气污染。

4. 自然条件下的生物处理

利用天然水体和土壤中的微生物的生化作用来净化污水的方法，称为自然生物处理。常用的有生物稳定塘和污水土壤处理法，以及湿地生态处理的新技术。

污水的自然生物处理系统的效率虽低，但所需的基建费用和运行费用低，又可将污水的处理和利用结合起来兼收环境效益和经济效益，因此在有条件的地方应考虑采用。

1) 生物稳定塘

生物稳定塘(简称生物塘)是利用天然水中存在的微生物和藻类，对有机污水进行好氧、厌氧生物处理的天然或人工池塘。

生物塘内的生态系统较人工生物处理系统复杂，包括菌类、藻类、浮游生物、水生植物、底栖动物以及鱼、虾、水禽等高级动物，形成了互相依赖的食物链。污水在塘里停留时间很长，有机物通过水中生长的微生物的代谢活动而得到稳定的分解。净化后的污水可用于灌溉农田。

根据塘内微生物的种类和供氧情况，可分为以下4种基本类型。

(1) 好氧塘。好氧塘一般水深0.5m左右，阳光能透入底部。通过两类微生物的新陈代谢作用将有机物去除：好氧微生物消耗溶解氧分解有机物并产生CO_2，藻类的光合作用消耗CO_2产生氧气。这两者组成了相辅相成的良性循环，如图2-12所示。

(2) 兼性塘。兼性塘一般水深1.0～2.0m，上部溶解氧比较充足，呈好氧状态；下部溶解氧不足，由兼性菌起净化作用；沉淀污泥在塘底进行厌氧发酵，如图2-13所示。

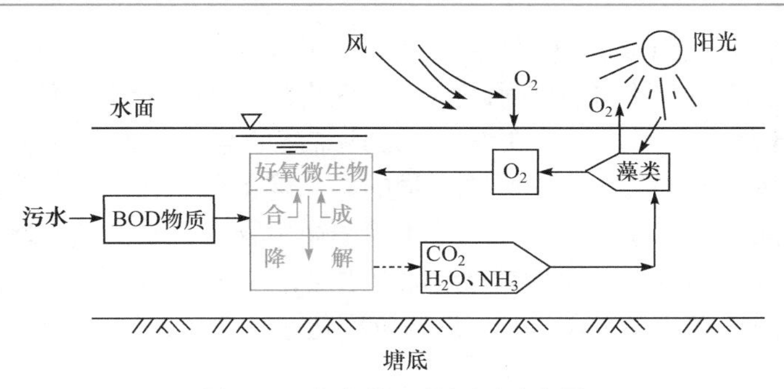

图 2-12　好氧塘工作原理示意图

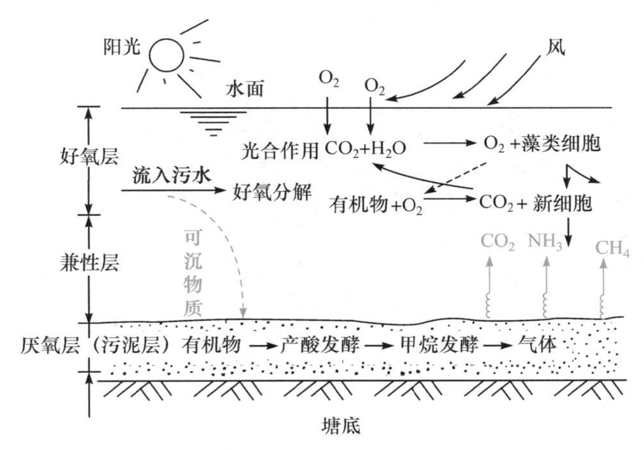

图 2-13　兼性塘工作原理示意图

(3) 厌氧塘。厌氧塘的水深一般大于 2.5m，BOD 污染负荷很高，整个塘水呈厌氧状态，净化速度很慢，污水停留时间长。底部一般有 0.5～1m 的污泥层。为防止臭气逸出，常采用浮渣层或人工覆盖措施。这种塘一般都充作氧化塘的预处理塘。

(4) 曝气塘。曝气塘的水深在 3.0～4.5m，其特征是在塘水表面安装浮筒式曝气器，全部塘水都保持好氧状态，BOD 污染负荷较高，污水停留时间较短。

生物稳定塘的优点：①基建投资低。旧河道、沼泽地、谷地等均可用作稳定塘。②运行管理简单经济。稳定塘运行管理简单，动力消耗低，运行费用较低。③可进行综合利用，实现污水资源化。例如，将稳定塘出水用于农业灌溉，充分利用污水的水肥资源，或养殖水生动物和植物，组成多级食物链的复合生态系统。

生物稳定塘的缺点：①占地面积大，没有空闲余地时不宜采用。②处理效果受气候影响，如季节、气温、光照、降雨等自然因素都影响稳定塘的处理效果。③设计运行不当时，可能形成二次污染，如污染地下水、产生臭气和孳生蚊蝇等。

其他新型稳定塘及其组合技术见链接 2-8。

链接 2-8　新型稳定塘及其组合技术

2) 污水土壤处理法

污水土壤处理是在人工调控下利用土壤-微生物-植物组成的生态系统使污水中的污染物

得到净化的处理系统。土壤中的大量微生物分解污水中的有机污染物，土壤本身的物理特性(表层土的过滤截留和土壤团粒结构的吸附储存)、物理化学特性(与土壤胶粒的离子交换、络合吸附)和化学特性(与土壤中的钙、铝、铁等离子形成难溶的盐类，如磷酸盐等)可净化各种污染物，同时农作物从进入土壤的污水中吸收大量的氮、磷化合物和有机营养物，使污水得到净化，并通过根系作用，增加土壤透气性以及土壤中微生物的介质作用。通过这些自然生物和化学过程过滤，污水得到净化，最后渗滤到地下水层，如图 2-14 所示。因此，污水土壤处理法既包含农田灌溉的效益，又包含污水处理与资源化的综合效益。

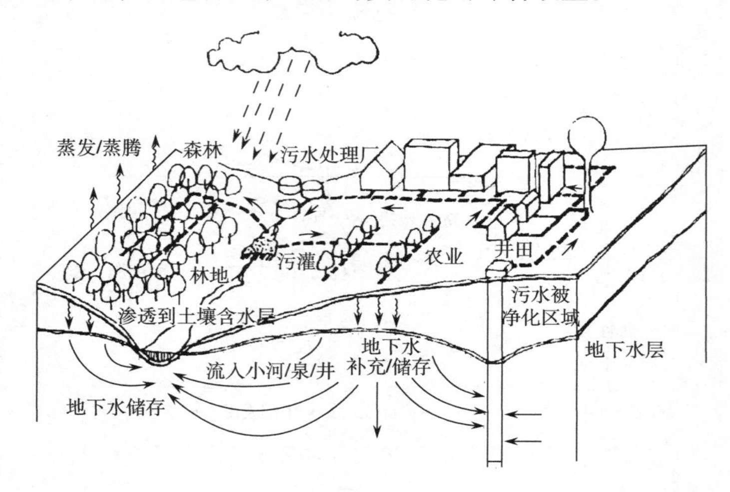

图 2-14　污水土壤处理与循环利用

应用污水土壤处理法时必须注意：加强水质管理，防止污水中的某些成分危害农作物和土壤、传染疾病和污染地下水等，并要防止土壤盐碱化；多雨地区雨季污水水力负荷将大幅度降低，寒冷地区的冬季应停止大部分污水土壤处理系统的运行。

3) 湿地生态处理

湿地生态处理作为一项污水处理新技术，具有投资低、出水水质好、抗冲击力强、增加绿地面积、改善和美化生态环境、操作简单、出水一般优于常规二级处理效果等优点，在生活污水处理、工业污水处理、农业污水和农田径流的处理方面得到广泛应用。

湿地生态处理可用于污水的直接处理或深度处理。污水进入系统前最好经过预处理，如化粪池、格栅、筛网、初沉池、酸化(水解)池和稳定塘等。

自然湿地处理系统是一种利用低洼湿地和沼泽地处理污水的系统。污水有控制地投配到种有芦苇、香蒲等耐水性、沼泽性植物的湿地上，污水在沿一定方向流动的过程中，在耐水性植物和土壤共同作用下得以净化，如图 2-15 所示。人工湿地处理系统可详见链接 2-9。

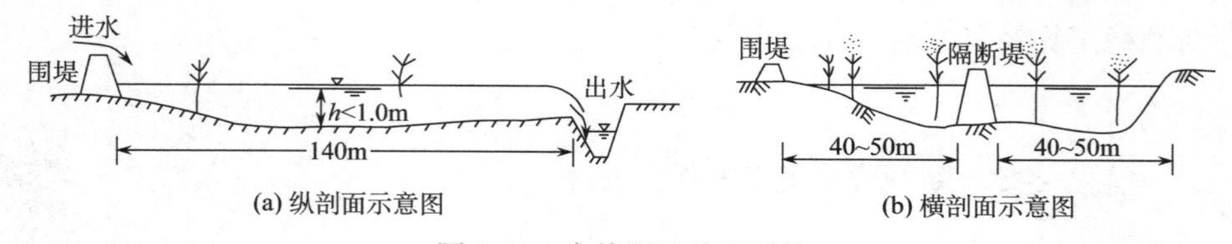

图 2-15　自然湿地处理系统

湿地与森林、海洋并称为全球三大生态系统。每年的 2 月 2 日是“世界湿地日”，详见链接 2-10。我国首部保护湿地的法律《中华人民共和国湿地保护法》自 2022 年 6 月 1 日起施行。

链接 2-9　人工湿地处理系统
链接 2-10　《湿地公约》和“世界湿地日”

2.2.3　物理化学及化学处理法

1. 物理化学处理法

物理化学处理法(简称物化法)利用物理化学的原理去除污水中的污染物。它主要用来分离污水中难以生物降解的、溶解态或胶态的、无机的或有机的污染物，回收有用组分，并使污水得到深度净化。因此，当需回收有用组分时，适合于处理污染物浓度很高的污水；当污水需深度净化时，可处理浓度很低的污水。常用的方法有吸附法、离子交换法、膜析法(包括扩散渗析法、电渗析法、反渗透法、超过滤法等)和萃取法等。

物化法的局限性是必须先进行污水预处理，同时浓缩的残渣要经后处理以避免二次污染。

1) 吸附法

吸附法处理污水是利用一种多孔性固体材料(称为“吸附剂”)的表面来吸附污水中溶解的某种或几种污染物(称为“溶质”或“吸附质”)，以回收或去除这些污染物，使污水得以净化。吸附法主要用于去除污水中的微量污染物，应用范围包括脱色，除臭味，脱除重金属、各种溶解性有机物、放射性元素等。

(1) 吸附剂种类。

在污水处理中常用的吸附剂有活性炭、磺化煤、木炭、焦炭、硅藻土、木屑和吸附树脂等。以活性炭和吸附树脂应用最为普遍。一般吸附剂均呈松散多孔结构，具有巨大的比表面积。其吸附力可分为分子间引力(范德华力)、化学键力和静电引力 3 种。水处理中大多数吸附是上述 3 种吸附力共同作用的结果。

由于吸附剂价格较贵，且吸附法对进水的预处理要求高，因此多用于给水处理中。

(2) 吸附操作方式。

吸附法的处理装置有固定床、移动床和流化床 3 种。以图 2-16 所示的活性炭吸附柱为例。污水从吸附柱底部进入，处理后的水由吸附柱上部排出。在操作过程中，定期将饱和的活性炭从柱底排出，送再生装置进行再生；同时将等量的新鲜活性炭从柱顶储炭斗加至吸附柱内。

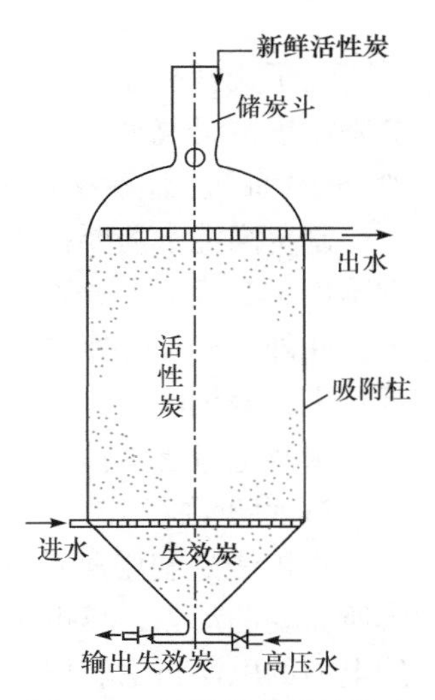

图 2-16　活性炭吸附柱构造

吸附剂吸附饱和后必须经过再生，把吸附质从吸附剂的细孔中除去，恢复其吸附能力。再生的方法有加热再生法、蒸气吹脱法、化学氧化再生法(湿式氧化、电解氧化和臭氧氧化等)、溶剂再生法和生物再生法等。

2) 离子交换法

借助固体离子交换剂与溶液中离子的置换反应，除去水中有害离子的处理方法称为离子交换法。

(1) 作用原理。

离子交换是一种特殊的吸附过程，是可逆性化学吸附，其反应可表达为

$$RH + M^+ \rightleftharpoons RM + H^+$$

式中，R 为离子交换剂；M^+ 为交换离子；RM 为与 M^+ 交换后的离子交换剂，称为饱和交换剂。

离子交换剂有无机和有机两大类。无机离子交换剂有天然沸石和合成沸石(铝代硅酸盐)等。有机离子交换树脂种类很多，可分为强酸阳离子交换树脂(只能进行阳离子交换)、弱酸阳离子交换树脂、强碱阴离子交换树脂(只能进行阴离子交换)、弱碱阴离子交换树脂、螯合树脂(专用于吸附水中微量金属的树脂)和有机物吸附树脂等。

树脂是人工合成的具有空间网状结构的不溶解聚合物，在制造过程中引入不同的交换基团便成了离子交换树脂。树脂放入水中就会像海绵一样膨胀，网状结构中的活动离子像电解质一样离解在树脂内部的水相中。污水中的某离子(称为“交换离子”)在离子浓度差作用下，从外水相扩散到树脂体内。交换离子与树脂内的固定离子的亲和力较大，可替代原有的同性活动离子并将其置换下来扩散到水相。

(2) 树脂再生与清洗。

树脂的交换容量耗尽到交换床出流的离子浓度超过规定值，称为“穿透”。此时必须将树脂再生。再生是交换反应的逆过程。再生前先对交换床进行反冲洗以去除固体沉积物。然后树脂与再生剂作用(阳离子树脂采用盐溶液 NaCl 或酸溶液 HCl 和 H_2SO_4，阴离子树脂一般用碱 NaOH 和 NH_4OH)将被吸附的离子置换出来，使树脂恢复交换能力。经过再生后的树脂用水清洗，去除残留在树脂内的再生剂。

(3) 离子交换法在水处理中的应用。

离子交换法多用于工业给水处理中的软化和除盐，主要去除污水中的金属离子。离子交换软化法采用钠离子交换树脂，交换反应为

$$RNa^+ + Ca^{2+} \rightleftharpoons R_2Ca^{2+} + Na^+$$

$$RNa^+ + Mg^{2+} \rightleftharpoons R_2Mg^{2+} + Na^+$$

离子交换树脂将水中的钙盐、镁盐转化为钠盐。各种钠盐在水中的溶解度较大，而且还会随温度的升高而增加，所以就不会出现结垢现象，达到了软化水的目的。需再生时，可用8%～10%的食盐溶液流过失效的树脂，使 Ca 型树脂还原成 Na 型树脂。

制备高纯水需要把水中的所有盐类全部除去,因此需要使水通过 H 型阳离子交换器和 OH 型阴离子交换器，分别去除水中的各种阳离子和阴离子，交换到水中的 H^+和 OH^-结合成水。

此外，离子交换法还广泛地用于污水处理，回收工业污水中的有用物质，净化有毒物质。近年来，我国在生产中采用离子交换法处理含铬污水、含汞污水、含锌污水、含镍污水、含铜污水及电镀含氰污水等。

3) 膜析法

膜析法是利用薄膜分离水溶液中某些物质的方法的统称。根据提供给溶液中物质透过薄膜所需要的动力，膜析法可有以下几种：依靠分子的自然扩散的扩散渗析法(简称渗析法)、利用电力的电渗析法、以压力为动力的反渗透法、超过滤法和膜吸收法。

(1) 扩散渗析法。

扩散渗析法是利用具有特殊性质的交换膜(如阴离子交换膜只允许阴离子通过)来分离收

集污水中的某种离子的处理方法。图 2-17 为钢铁厂处理酸洗污水的扩散渗析槽示意图。槽内装设一系列间隔很近的阴离子交换膜，把整个槽分隔成两组相互为邻的小室。一组小室流入污水，另一组小室流入清水，流向是相反的。由于阴离子交换膜的阻挡作用，污水中只有硫酸根离子较多地透过薄膜进入清水小室。这样，就在一定程度上分离了酸洗污水中的硫酸和硫酸亚铁。

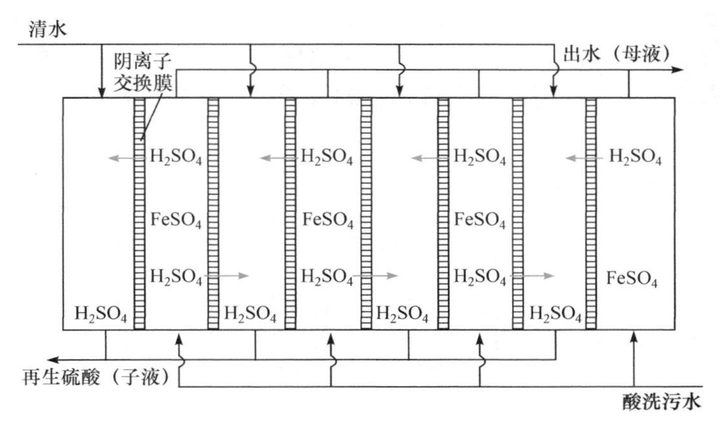

图 2-17　扩散渗析槽示意图

(2) 电渗析法。

电渗析法是在直流电场的作用下，利用阴、阳离子交换膜对溶液中阴、阳离子的选择透过性(阴离子交换膜只允许阴离子通过，阳离子交换膜只允许阳离子通过)，使得溶液中的电解质与水分离，以达到脱盐目的的一种水处理方法。

电渗析槽的基本组成如图 2-18 所示，槽内有一组交替排列的阴、阳离子交换膜，两端加上直流电场，这样，各水室中的离子在电场作用下定向迁移。例如，中间一室的阳离子受左侧阴极作用向左迁移，但碰到了阴离子交换膜，无法通过；同理，阴离子向阳极方向迁移时碰到阳离子交换膜，也无法通过。相反，两侧相邻水室中的离子均可迁入该室，使得中间水室成为浓室，两侧相邻的水室成为淡室。进入各水室的污水，经电渗析作用后，完成了离子分离过程，从淡室引出的水成为无离子的净化水，从浓室排出的水则是浓缩液。

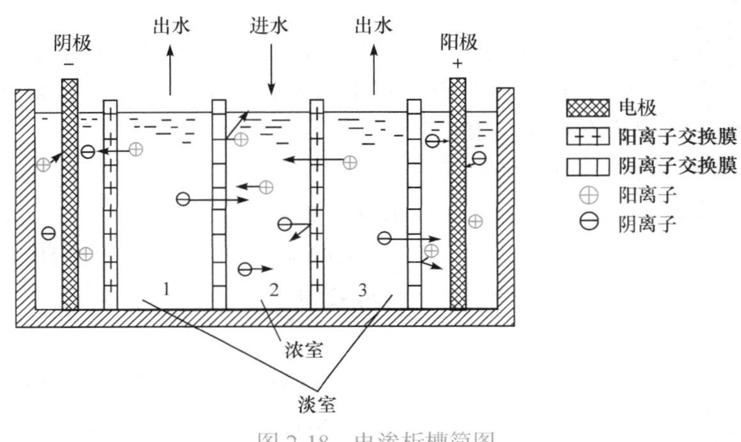

图 2-18　电渗析槽简图

电渗析法在水处理中有广泛的应用。例如，①代替离子交换法，或采用电渗析-离子交换联合工艺制备去离子水，以减少或消除需要再生交换树脂所产生的酸、碱、盐等对环境的污染；②用于某些工业污水经处理后除盐供回用需要；③处理电镀等工业污水，达到闭路循环的要求；④分离或浓缩回收造纸等工业污水中的某些有用成分等。

(3) 反渗透法。

如果将纯水和某种溶液用半透膜隔开，水分子就会自动地透过半透膜到溶液一侧去，这种现象称为“渗透”，如图 2-19(a)所示。在渗透进行过程中，纯水一侧的液面不断下降，溶液一侧的液面不断上升。当液面不再变化时，渗透便达到了平衡状态。此时两侧液面之差称为该种溶液的“渗透压”。任何溶液都有相应的渗透压，它是区别溶液和纯水性质之间差别的一种标志。

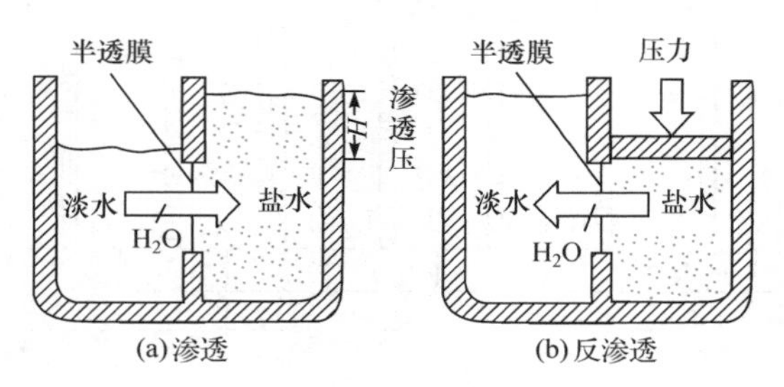

图 2-19　渗透与反渗透

如果在浓溶液一侧施加大于渗透压的压力，则溶液中的水就会透过半透膜流向纯水一侧，溶质被截留在溶液一侧，这种过程称为“反渗透”，如图 2-19(b)所示。因此，污水处理中，在污水一侧施加大于渗透压的压力(一般压力为 2.5～5.0MPa)，可使污水中的水分子反向透过半透膜并进入稀溶液一侧，污染物被浓缩排出，这种处理方法称为“反渗透法”。

在给水处理中，反渗透法主要是用于苦咸水和海水的淡化，采用的压力约为 10MPa。在世界淡水供应危机重重的今天，反渗透法结合蒸馏法的海水淡化技术前景广阔。它的另一个重要用途是与离子交换系统联用，作为离子交换的预处理以制备去离子的超纯水。在污水处理中，反渗透法主要用于去除与回收重金属离子，去除盐、有机物、色度以及放射性元素等。

目前，在水处理领域内广泛应用的半透膜有醋酸纤维素膜和聚酰胺膜两种。常用的反渗透装置有管式、螺旋卷式、中空纤维式及板框式等。渗透水可重复利用。

(4) 超过滤法。

超过滤法与反渗透法相似，但超滤膜的微孔孔径比反渗透的半透膜大，为 0.005～1μm。超过滤法所分离的溶质一般为分子量在 500 以上的大分子和胶体，这种液体的渗透压较小，故超过滤法的操作压力仅为 0.1～0.7MPa。

超过滤法的基本原理是在压力作用下，污水中的溶剂和小的溶质粒子从高压侧透过膜进入低压侧。大分子和微粒组分被膜阻挡，污水逐渐被浓缩排出。

在污水处理中，超过滤法主要用于分离有机的溶解物，如淀粉、蛋白质、树胶、油漆等。它与活性污泥法相结合，将形成一种新型的污水处理工艺。

(5) 膜吸收法。

膜吸收过程可以含氨污水的处理为例来描述。疏水微孔膜把含 NH_3 污水和 H_2SO_4 吸收液分隔于膜两侧，通过调节 pH，使污水中离子态的 NH_4^+ 转变为分子态的挥发性 NH_3。

膜吸收法除去 NH_3 的过程可分为 3 个阶段：①在膜两侧 NH_3 浓度差的推动下，污水中的 NH_3 在污水和微孔膜界面气化挥发；②气态的 NH_3 沿膜微孔向膜的另一侧扩散；③气态 NH_3

在吸收液-微孔膜界面上被 H_2SO_4 吸收并反应生成不挥发的 $(NH_4)_2SO_4$ 而被回收。

4) 萃取法

利用物质在不同溶液中溶解度的不同，选用适当的溶剂来分离混合物的方法称为“萃取法”，使用的溶剂称为萃取剂，提取出的物质称为萃取物。在污水处理上，利用污水中的污染物在水中和有机萃取剂中溶解度的不同，可以采用萃取的方法，将污染物提取出来。

用萃取法处理污水时，经过 3 个步骤：①混合传质。把萃取剂加入污水并充分混合接触，有害物质作为萃取物从污水中转移到萃取剂中。②分离。萃取剂和污水分离。③回收。把萃取物从萃取剂中分离出来，使有害物质成为有用的副产品。一种成熟的萃取技术中，萃取剂必须能回用于萃取过程。

图 2-20 给出某煤气厂用萃取法处理含酚污水的工艺流程。

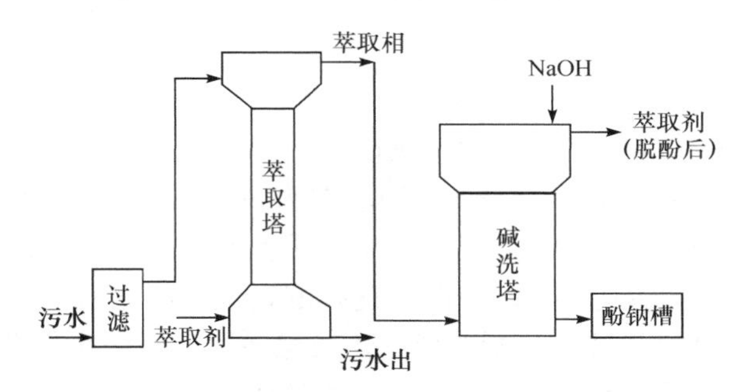

图 2-20　某煤气厂的萃取脱酚工艺流程图

待处理的污水含酚量为 3000mg/L。萃取剂为该厂产品重苯。萃取设备为脉冲筛板塔。污水经焦炭过滤除去焦油，冷却至 40℃送入萃取塔，从顶部淋下。重苯自底部进入，与污水逆向接触，污水中的酚即转入重苯中。饱含酚的重苯经过碱洗塔(塔内装有浓度为 20%的 NaOH 溶液)得到再生，然后循环使用。从碱洗塔放出的酚钠溶液可作为回收酚的原料。经萃取后，污水中含酚浓度降至 100mg/L，再与厂内其他污水混合后进行生物处理。

5) 气提法

将空气或水蒸气等载气通入水中，使载气与污水充分接触，导致污水中的溶解性气体和某些挥发性物质向气相转移，从而达到脱除水中污染物的目的。根据相平衡原理，一定温度下的液体混合物中，每一组分都有一个平衡分压，当与之液相接触的气相中该组分的平衡分压趋于 0 时，气相平衡分压远远小于液相平衡分压，则组分将由液相转入气相。这就是气提法原理。

一般使用空气为载气时称为吹脱；使用蒸气为载气时称为汽提。气提法分离污染物的工艺视污染物的性质而异，一般可归纳为以下两种。

(1) 简单蒸馏。对于与水互溶的挥发性物质，利用其在气-液平衡条件下，在气相中的浓度大于在液相中的浓度这一特性，通过蒸气直接加热，使其在沸点(水与挥发物两沸点之间的某一温度)下，按一定比例富集于气相。

(2) 蒸气蒸馏。对于与水互不相溶或几乎不溶的挥发性污染物，利用混合液的沸点低于两组分的沸点这一特性，可将高沸点挥发物在较低温度下加以分离脱除。

气提法可用于从含酚污水中回收挥发性酚、脱除 H_2S、脱除 CH_3SH(甲硫醇)、含氰污水等含有易挥发组分的污水处理。

2. 化学处理法

化学处理法是利用化学反应的作用去除水中的污染物的方法。主要处理对象与物化法相同，是污水中难以生物降解的溶解态或胶态的污染物。它既可使污染物与水分离，回收某些有用物质，又能改变污染物的性质，如降低污水的酸碱度、去除金属离子、氧化某些有毒有害的污染物等，因此可达到比物理法更高的净化程度，但是多数情况下并未从根本上消灭污染物，且投加化学药剂易产生二次污染。常用的方法有混凝法、中和法、化学沉淀法、氧化还原法和电解处理法。

化学处理法处理的局限性：①由于处理污水时常需采用化学药剂(或材料)，运行费用一般较高，操作与管理的要求也较严格。②还需与物理法配合使用。在化学处理之前，往往需用沉淀和过滤等手段作为前处理；在某些场合下，还需采用沉淀和过滤等物理手段作为化学处理的后处理。

1) 混凝法

对于粒径分别为 1～100nm 和 100～10000nm 的胶体粒子和细微悬浮物，由于布朗运动、水合作用，尤其是微粒间的静电斥力等，它们能在水中长期保持悬浮状态，所以处理时需向污水中投加化学药剂，使得污水中呈稳定分散状态的胶体和悬浮颗粒聚集为具有沉降性能的絮体，这称为“混凝”，然后通过沉淀去除。这样的处理方法称为“混凝法”。

混凝包括凝聚和絮凝两个过程。凝聚指胶体脱稳并聚集为微小絮粒的过程；絮凝是指微小絮粒通过吸附、卷带和桥连而形成更大的絮体的过程。

混凝处理工艺包括混合(药剂制备与投加)、反应(凝聚、絮凝)和絮凝体分离(沉淀)3 个阶段。絮凝沉淀池一般有两种型式。

(1) 分开式。分开式絮凝沉淀池由快速混合池(使污水和凝聚剂快速混合)、絮状沉淀形成池和沉淀池 3 部分组成，如图 2-21 所示。污水和药物在混合池中快速搅拌 1～5min，在絮状沉淀形成池中滞留 20～40min，用絮凝器慢慢搅拌，然后在沉淀池中滞留 3～5h。在沉淀池中设有自动排泥装置。

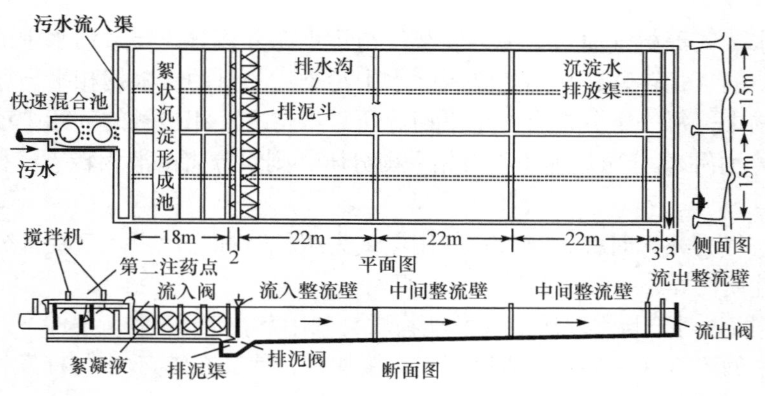

图 2-21 分开式絮凝沉淀池结构示意图

(2) 综合式。综合式絮凝沉淀池有各种类型的澄清池。澄清池就是将微絮体的絮凝过程和絮凝体与水的分离过程综合于一个构筑物中完成。在澄清池中有高浓度的活性泥渣，污水在池中与泥渣接触时，其中脱稳污染物便被泥渣截留下来，使水获得澄清。图 2-22 是一种机械搅拌加速澄清池，它可分为混合室、一次混合及反应区、二次混合及反应区、回流区、分离室和泥渣浓缩区几部分，可同时完成混凝处理的 3 个阶段，是混凝处理的常用设备。

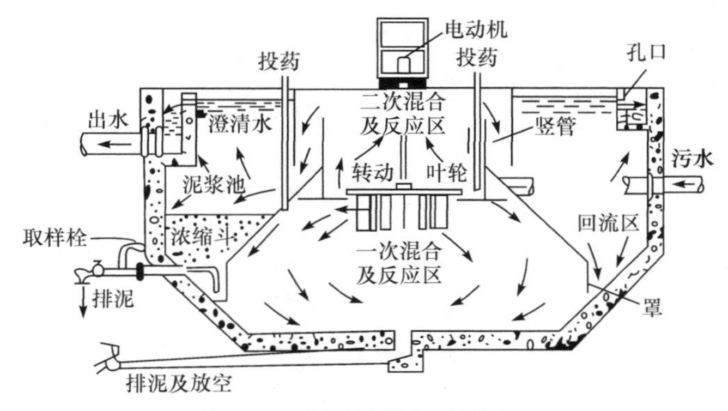

图 2-22　机械搅拌加速澄清池

常用的混凝剂有硫酸铝、聚合氯化铝等铝盐，硫酸亚铁、三氯化铁等铁盐，以及有机合成高分子絮凝剂等。

混凝法在污水处理中可以用于预处理、中间处理和深度处理的各个阶段。它除了除浊、除色，对高分子化合物、动植物纤维物质、部分有机物质、油类物质、微生物、某些表面活性物质、农药以及汞、镉、铅等重金属离子都有清除作用，应用十分广泛。其优点是设备费用低，处理效果好，管理简单；缺点是要不断向污水中投加混凝剂，运行费用较高。

2) 中和法

中和法是利用酸碱相互作用生成盐和水的化学原理，将污水从酸性或碱性调整到中性附近的处理方法。

(1) 酸性污水的中和处理。酸性污水的中和处理法有 4 种，其中最常用的是投药中和法和过滤中和法。

a. 投药中和法。最常用的是投加碱性药剂石灰，石灰价廉、原料普遍、易制成乳液投加。但投加石灰乳的劳动条件差，污泥较多且脱水困难，仅在酸性污水中含有金属盐类时采用。另外，还可采用氢氧化钠、碳酸钠和氨水等碱性药剂，其具有组成均匀、易于储存和投加、反应迅速、易溶于水且溶解度高等优点，但价格高。投药中和法流程见图 2-23。

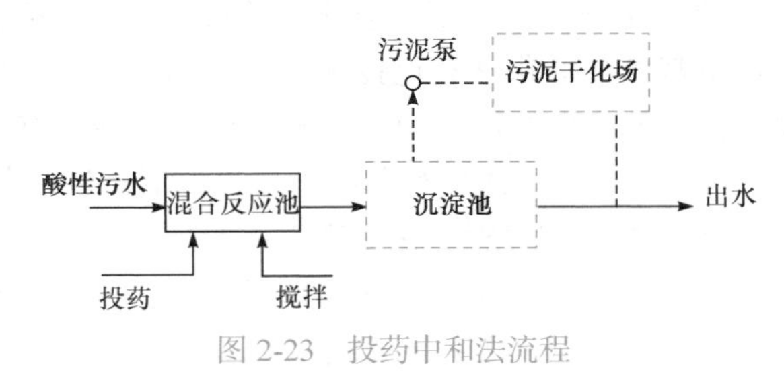

图 2-23　投药中和法流程

b. 过滤中和法。中和滤池结构如图 2-24 所示，其用耐酸材料制成，内装碱性滤料。碱性滤料主要有石灰石、大理石和白云石($CaCO_3 \cdot MgCO_3$)。酸性污水由上而下或由下而上流经滤料层得以中和处理。

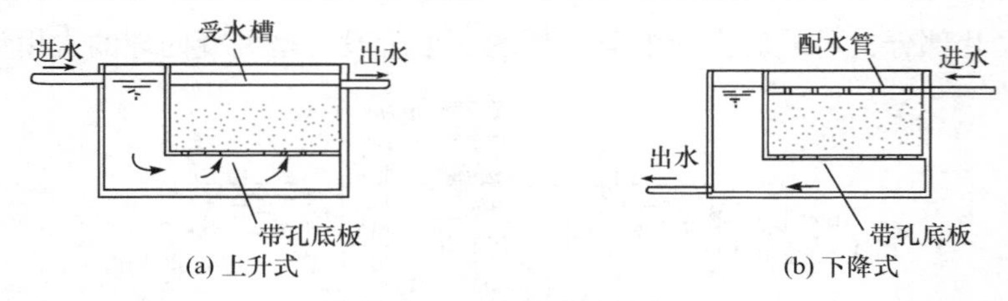

图 2-24 中和滤池结构

中和硝酸、盐酸时，由于所得钙盐有较大溶解度，上述 3 种碱性滤料均可采用。

中和硫酸时，生成的 $CaSO_4$ 溶解度小，会覆盖在石灰石滤料表面，阻止中和反应继续进行，使滤床失效，可以改用白云石，其生成物中一部分为 $MgSO_4$，溶解度大，不易结壳。但白云石来源少，成本高，反应速率低。也可以采用正确控制硫酸浓度的方法使中和产物 $CaSO_4$ 的生成量不超过其溶解度。

过滤中和法操作管理简单(控制 H_2SO_4 除外)，出水 pH 稳定，沉渣量少，只有污水体积的 0.1%左右。

其余两种方法是利用碱性污水及废渣的中和处理法和利用天然水体中碱度的中和法，这些都必须通过调研后方可采用。

(2) 碱性污水的中和处理。碱性污水常采用废酸、酸性污水、烟道气(含有 CO_2 及酸性废气)进行中和处理，其工艺过程比较简单，主要是混合或接触反应。

3) 氧化还原法

(1) 氧化法。向污水中投加氧化剂氧化污水中的有毒有害物质，使其转变为无毒无害或毒性小的新物质的方法称为氧化法。此法几乎可以处理各种工业污水，如含氰、酚、醛、硫化物的污水，以及脱色、除臭、除铁，特别适用于处理污水中难以生物降解的有机物。

a. 一般氧化法。常用氧化剂有气态氯、液态氯、次氯酸钠、次氯酸钙、二氧化氯等氯类，以及空气中的氧、臭氧、过氧化氢、高锰酸钾等氧类。

选择氧化剂时应考虑其对污水中特定的污染物有良好的氧化作用；反应后的生成物应是无害的或易于从污水中分离的；价格便宜，来源方便；在常温下反应速度较快；反应时不需要大幅度调节 pH 等。

b. 高级氧化技术。高级氧化技术是利用强氧化性的自由基来降解有机污染物的技术，泛指反应过程有大量羟基自由基参与的化学氧化技术。通过不同途径产生羟基自由基，羟基自由基一旦形成，会诱发一系列的自由基链反应，攻击水体中的各种有机污染物。羟基自由基氧化能力强，选择性小，反应速度快，适用范围广，羟基可将大多数有机物氧化降解为 CO_2、H_2O 和其他矿物盐；可作为生物处理过程的预处理手段，使难以通过生物降解的有机物可生化性提高，从而有利于其进一步降解。高级氧化技术主要包括芬顿(Fenton)氧化、光催化氧化、湿式氧化法、臭氧催化氧化、电化学氧化、超声氧化、超临界水氧化等。

(2) 还原法。在污水处理中，采用还原剂改变有毒有害污染物的价态，使其转变为无毒无害或毒性小的新物质的方法称为还原法。常用的还原剂有铁粉(屑)、锌粉(屑)、硫酸亚铁、亚硫酸氢钠，以及电解时的阴极等。针对不同价态的有毒有害污染物应采用不同的还原剂和工艺。还原法处理含铬或含汞污水应用举例详见链接 2-11。

扫一扫 链接 2-11 还原法处理含铬或含汞污水应用举例

4) 化学沉淀法

化学沉淀法是指向污水中投加某些化学药剂，使其与污水中的溶解性污染物发生互换反应，形成难溶于水的盐类(沉淀物)而从水中沉淀出来，从而除去水中的污染物。

化学沉淀法多用于在水处理中去除钙、镁离子以及污水中的重金属离子，如汞、镉、铅、锌等重金属离子。

水中 Ca^{2+}、Mg^{2+}含量的总和称总硬度，它可分为碳酸盐硬度和非碳酸盐硬度。碳酸盐硬度可通过投加石灰使水中的 Ca^{2+} 和 Mg^{2+} 分别形成 $CaCO_3$ 和 $Mg(OH)_2$ 而降低。如果需同时去除非碳酸盐硬度，采用石灰-苏打软化法，也可使 Ca^{2+} 和 Mg^{2+} 分别生成 $CaCO_3$ 和 $Mg(OH)_2$ 除去。因此，当污水硬度或碱度较高时，可先用化学沉淀法作为离子交换软化的前处理，以节省离子交换的运行费用。

去除污水中的重金属离子时，一般用投加碳酸盐的方法，生成的金属离子碳酸盐的溶度积很小，便于回收。例如，利用碳酸钠处理含锌污水：

$$ZnSO_4 + Na_2CO_3 \longrightarrow ZnCO_3 \downarrow + Na_2SO_4$$

此法优点是经济简便，药剂来源广，因此在处理重金属污水时应用最广。缺点是劳动卫生条件差，管道易结垢造成堵塞与腐蚀；沉淀体积大，脱水困难，至今国内外还没有一种经济有效的处理方法。

5) 电解处理法

电解槽内装有极板，极板一般用普通钢板制成。通电后，在外电场作用下，阳极失去电子发生氧化反应，阴极获得电子发生还原反应。污水流经电解槽，作为电解液，在阳极和阴极分别发生氧化和还原反应，有害物质被去除。这种直接在电极上发生的氧化或还原反应称为“初级反应”。

电解处理污水也可采用间接氧化和间接还原方式，即利用电极氧化产物和还原产物与污水中的有害物质发生化学反应，生成不溶于水的沉淀物，以分离除去有害物质，称为“次级反应”。

在电解过程中，除初级反应和次级反应的处理污水作用外，还因电解水的作用，分别在阴极和阳极产生 H_2 和 O_2，这两种初生态[H]和[O]能对污水中污染物起到化学还原和氧化作用，并能产生细小的气泡，使絮凝物或油分附在气泡上浮升至液面以利于排除。这种方法称为“电浮选”。此外，由于铁或铝制金属阳极溶解的离子进一步水解，可以生成为 $Fe(OH)_2$ 或 $Al(OH)_3$ 等不溶于水的金属氢氧化物活性混凝剂。这种物质呈多孔性凝胶结构，具有表面电荷作用和较强的吸附作用，通过吸附架桥、网捕卷扫、电荷中和等反应机制使污染物相互凝聚而从污水中分离出来。这种方法称为“电絮凝处理”。由此可见，污水电解处理包括电极表面上电化学作用、间接氧化和间接还原、电浮选和电絮凝等过程，分别以不同的作用去除污水中的污染物。

电解处理法优点：使用低压直流电源，不必大量耗费化学剂；在常温常压下操作，管理简便；如果污水中污染物浓度发生变化，可以通过调整电压和电流的方法，保证出水水质稳定；处理装置占地面积不大。缺点：在处理大量污水时电耗和电极金属的消耗量较大，分离出的沉淀物质不易处理与利用。

链接 2-12 石墨烯光催化氧化技术

2.2.4 污水中磷、氮的去除

引起水体富营养化的营养元素有C、P、N、K、Fe等，其中P和N是引起藻类大量繁殖的主要因素。要控制富营养化，就必须限制P和N的排放，对出流污水进行除磷、脱氮的处理。

1. 除磷

城市污水中磷的主要来源是粪便、洗涤剂和某些工业污水，以正磷酸盐、聚磷酸盐和有机磷的形式溶解于水中。除磷的常用方法有化学法、物理化学法和生物法。

1) 化学法除磷

(1) 化学混凝沉淀法。化学混凝沉淀法通常是向污水中投加钙盐、铁盐、铝盐等沉淀剂，一方面沉淀剂能与水中正磷酸盐发生反应形成难溶于水的磷酸盐沉淀；另一方面形成的铁铝等氢氧化物具有桥接吸附作用，可将磷的化合物沉淀吸附到污泥中，最终通过各种泥水分离手段将磷以固态泥的形式从水中除去。化学混凝沉淀法的特点是磷的去除效率较高，处理结果稳定，污泥在处理和处置过程中不会重新释放磷而造成二次污染，但污泥的产量比较大。

(2) 结晶法。结晶法目前主要是通过投加适当量的氨或镁化合物，将污水中的磷以磷酸氨镁(MAP)晶体的形式结晶析出。

(3) 微电解法。微电解法是基于原电池反应的一项污水除磷技术，以污水为电解质，微电解填料中的铁屑为阳极、活性炭为阴极形成原电池。一方面，电氧化导致铁元素在水中形成铁胶体，其容易吸附磷；另一方面，电子迁移和电场作用使得水中分散的电解胶体絮凝，从而实现除磷目的。

2) 物理化学法除磷

(1) 吸附法。吸附法除磷是利用一些孔隙率高、比表面积大的特种材料来除磷，其对磷及其化合物具有一定的吸附能力和吸附容量。人造沸石、粉煤灰、改性炉渣、镧负载多孔陶粒、硅藻土、蛭石、凹凸棒土等黏土矿物及其改性物被用于吸附除磷。

(2) 膜分离法。膜分离法是利用膜的孔径大小和静电作用，不同离子通过膜时的选择透过性能不同，在外力作用下，使污水中的磷与溶剂分离的技术。膜技术除磷的运行往往受限于分离膜的特性和污水的特性，因此通常适用于特定的有价值的磷回收。

3) 生物法除磷

采用厌氧和好氧技术联用的生物法除磷是近30年来发展起来的新工艺。生物法除磷是利用微生物在好氧条件下对污水中溶解性磷酸盐的过量吸收，然后沉淀分离而除磷。整个处理过程分为厌氧放磷和好氧吸磷两个阶段。

含有过量磷的污水和含磷活性污泥进入厌氧状态后，活性污泥中的聚磷菌在厌氧状态下将体内积聚的聚磷分解为无机磷释放回污水中，这就是厌氧放磷。聚磷菌在分解聚磷时产生的能量除一部分供自己生存外，其余供聚磷菌吸收污水中的有机物，并在厌氧发酵产酸菌的作用下转化成乙酸苷，再进一步转化为聚 β-羟基丁酸(PHB)储存于体内。

进入好氧状态后，聚磷菌将储存于体内的 PHB 进行好氧分解，并释放出大量能量，一部分供自己增殖，另一部分供其吸收污水中的磷酸盐，以聚磷的形式积聚于体内，这就是好氧吸磷。在此阶段，活性污泥不断增殖。除一部分含磷活性污泥回流到厌氧池外，其余的作为剩余污泥排出系统，达到除磷的目的。

由此可见，在厌氧状态下放磷越多，合成 PHB 越多，则在好氧状态下合成的聚磷菌越多，除磷效果也越好。

生物法除磷的基本类型有两种：厌氧-好氧法(A/O 法)和 Phostrip 除磷工艺。

(1) A/O 法。A/O 法除磷工艺流程如图 2-25 所示，工艺主要由厌氧池和好氧池组成，主要通过排出富含磷的剩余污泥来达到除磷目的，磷的去除率大致为 76%，剩余污泥含磷率约为 4%，污泥的肥效好，因此可同时去除污水中的有机污染物和磷。

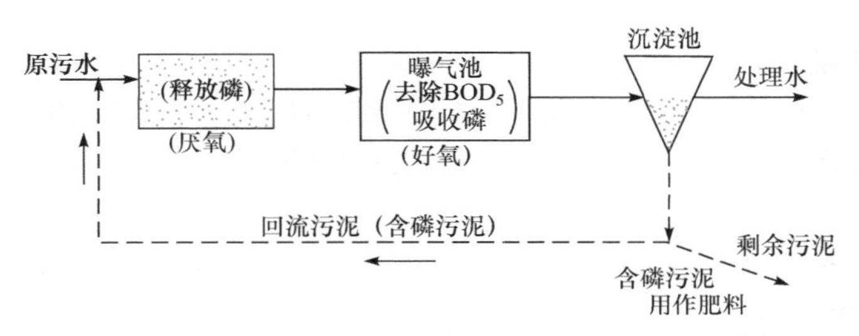

图 2-25　A/O 法除磷工艺流程

(2) Phostrip 除磷工艺。在常规的活性污泥工艺的回流污泥过程中增设厌氧放磷池和上清液的化学沉淀池后组成了 Phostrip 除磷工艺，其工艺流程如图 2-26 所示。此法是生物法和化学法协同的除磷方法，工艺操作稳定性好，除磷效果好，经过处理的水中含磷量一般都低于 1mg/L，产生的污泥含磷量高，适于做肥料。但该法工艺流程复杂，建设和运行费用高。

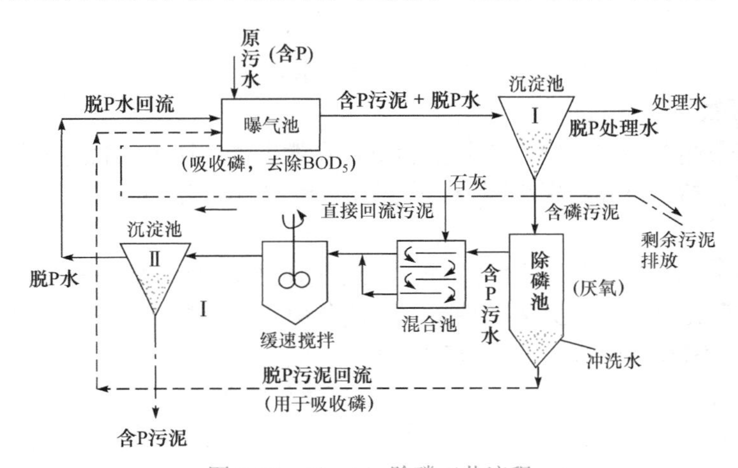

图 2-26　Phostrip 除磷工艺流程

2. 脱氮

生活污水中各种形式的氮占的比例比较恒定：有机氮 50%～60%，氨氮 40%～50%，亚硝酸盐与硝酸盐中的氮占0%～5%。它们均来源于人们食物中的蛋白质。脱氮的方法有化学法、物理化学法和生物法三大类，下面分别介绍。

1) 化学法脱氮

(1) 氯化法。在氨氮污水中不断加入氯气或次氯酸钠直至饱和，氯气或次氯酸钠与水反应生成具有强氧化性的HOCl，HOCl会氧化NH_4^+使其转化为氮气进而挥发出来，反应过程可表示为

$$NH_4^+ + HOCl \longrightarrow N_2\uparrow + H_2O + H^+ + Cl^-$$

(2) 化学沉淀法。化学沉淀法去除污水中氨氮的原理是：向氨氮污水中投加磷酸盐和镁盐，使污水中的氨氮与磷酸盐和镁盐生成磷酸氨镁沉淀($MgNH_4PO_4 \cdot 6H_2O$)，从而去除污水中的氨氮。

(3) 高级氧化法。应用于脱除污水中氨氮的高级氧化法主要有湿式催化氧化法和光催化氧化法。

(4) 电解法。电解法利用阳极氧化性可直接或间接地将NH_4^+氧化，具有较高的氨氮去除率。

2) 物理化学法脱氮

(1) 氨吸收法。先把污水的pH调整到10以上，然后在解吸塔内解吸氨(当pH ＞ 10时，氮以NH_3的形式存在)。实验表明，当气液比为2620m^3/m^3、流率为120L/($m^3 \cdot min$)时，可得到90%的脱氮效率。

(2) 吹脱法。在污水中氨氮多以铵离子(NH_4^+)和游离氨(NH_3)的状态存在，两者保持平衡。当污水的pH升高到11左右时，污水中的氨氮几乎全部以NH_3的形式存在，再加上曝气吹脱的物理作用，可促使NH_3更容易从水中逸出，向大气转移。此外，该反应为放热反应，温度升高，也有利于NH_3从水中逸出。依据此原理，可以采用吹脱法来去除污水中的氨氮，吹脱法一般分为空气吹脱法、水蒸气吹脱法(气提法)和超重力吹脱法。

(3) 膜分离法。膜分离法包括反渗透法、电渗析法、膜吸收法等①。

(4) 离子交换法。选用对NH_4^+有选择性的阳离子交换树脂可以交换出生化处理后出水中的NH_4^+，该树脂用石灰再生。此法运行费用高，较少采用。

以上方法主要用于工厂内部的治理，在城市污水处理厂中很少采用。

3) 生物法脱氮

(1) 缺氧-好氧生物脱氮工艺。生物法脱氮是在微生物作用下，将有机氮和氨态氮转化为N_2的过程，其中包括硝化和反硝化两个反应过程，也称为硝化-反硝化脱氮工艺，是传统的生物脱氮工艺。

硝化反应是在好氧条件下，污水中的氨态氮被硝化细菌(亚硝酸菌和硝酸菌)转化为亚硝酸盐和硝酸盐。反硝化反应是在无氧条件下，反硝化菌将硝酸盐氮和亚硝酸盐氮还原为氮气。因此整个脱氮过程需经历好氧和缺氧两个阶段。

图2-27给出20世纪80年代初开发的缺氧-好氧生物脱氮工艺流程图。该工艺把反硝化段设置在系统的前面，又称前置式反硝化生物脱氮系统，是目前常用的脱氮工艺之一。缺氧池中的反硝化反应以污水中的有机物为碳源(能源)，将曝气池回流液中大量的硝酸盐还原脱氮。在反硝化反应中产生的碱度用于补偿硝化反应中所消耗碱度的 50%左右。该工艺流程简单，

① 详见2.2.3节“膜析法”部分。

无需外加碳源，基建与运行费用较低，脱氮效率可达 70%。但由于出水中含有一定浓度的硝酸盐，在二次沉淀池中可能会发生硝化反应而影响出水水质。

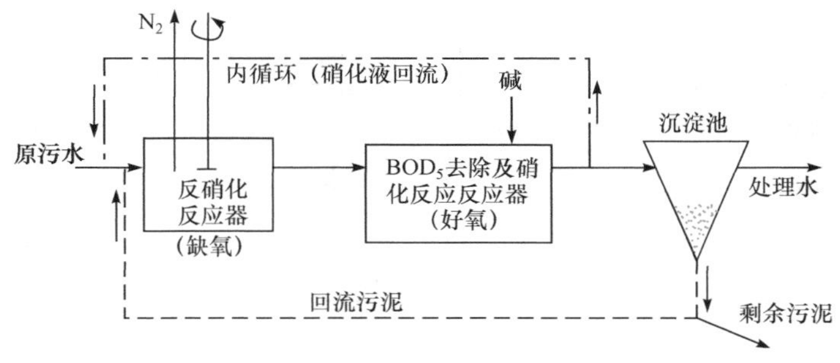

图 2-27　缺氧-好氧生物脱氮工艺流程图

(2) 厌氧氨氧化生物脱氮工艺。厌氧氨氧化是指在厌氧条件下，以亚硝酸氮为电子受体、氨氮为电子供体的微生物反应，最终产物为氮气。从污水处理工程应用角度看，厌氧氨氧化过程比传统的硝化-反硝化脱氮方式具有明显优势。这一过程可以彻底改变过去需要通过投加电子供体(碳源)才能脱氮的传统途径(反硝化)，无需外加碳源。同时，厌氧氨氧化过程不需要曝气，从而降低曝气能耗，厌氧氨氧化也可以使剩余污泥产量降至最低，从而节省大量的污泥处置费用。如果将厌氧氨氧化以颗粒污泥的形式富集于反应器中，便能维持较高的容积负荷率，这样不仅可以节省占地，还可以节约投资。此外，能量消耗减少便意味着 CO_2 排放量降低，因此厌氧氨氧化技术还具有明显的可持续性。厌氧氨氧化法生物脱氮工艺见链接 2-13。

链接 2–13　厌氧氨氧化法生物脱氮工艺

(3) 生物膜电极法。生物膜电极法是近年来发展起来的一项新型污水处理技术，在处理低浓度硝酸盐氮污染的地下水和饮用水等方面具有良好的效果。此法通过将一定量微生物固定在电极表面形成一层生物膜，再在电极间通以一定强度的电流(在微生物耐受范围内)，在微生物的新陈代谢和电场氧化的双重作用下，污染物得以处理。U.Fuchs 等于 1988 年结合生物处理方法与电化学氧化法，成功地将 NH_4^+ 转化为 N_2，为生物膜电极法开辟了道路。

(4) 土壤处理法脱氮。依靠土壤-微生物-植物构成的生态系统，土壤处理利用农作物吸收吸附和微生物脱氮、挥发等作用实现对污水综合净化处理。把低浓度的氨氮污水(50mg/L)作为农作物的肥料来使用，既为污灌区农业提供了稳定的水源，又避免了水体富营养化，提高了水资源利用率。

3. 生物脱氮除磷

为了达到在一个处理系统中同时去除氮和磷的目的，近年来研究了不少脱氮除磷的新工艺，如厌氧-缺氧-好氧(A^2/O)工艺、改进的 Bardenpho 工艺、UCT 工艺和 SBR 工艺等。

图 2-28 介绍了 A^2/O 工艺流程。它是在原来 A/O 法除磷工艺的基础上嵌入一个缺氧池，并将好氧池中的混合液回流到缺氧池中，达到反硝化脱氮的目的。这样厌氧-缺氧-好氧相串联的系统能同时除磷、脱氮。该处理系统出水中磷浓度基本可在 1mg/L 以下，氨氮也可在

15mg/L 以下。由于污泥交替进入厌氧池和好氧池，丝状菌较少，污泥的沉降性很好。

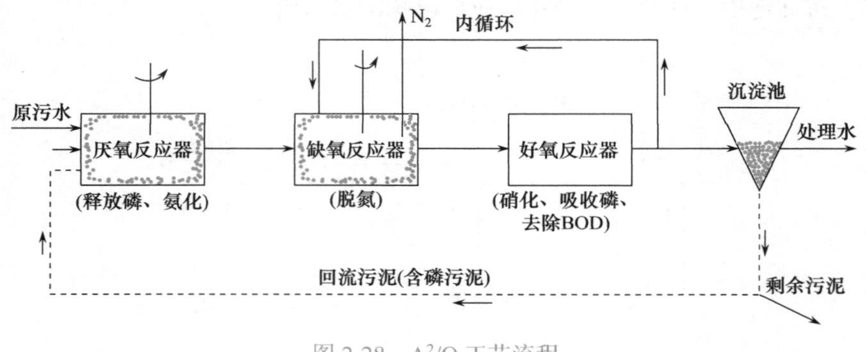

图 2-28 A^2/O 工艺流程

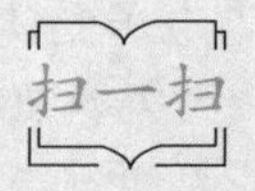

链接 2-14 城镇污水处理主流工艺(1)：氧化沟法和传统活性污泥法
链接 2-15 城镇污水处理主流工艺(2)：活性污泥新工艺 SBR 与 CASS

2.2.5 污水的三级处理系统

水中污染物多种多样，不能预期只用一种方法就能把所有的污染物去除。本节前面介绍了水处理的 4 类基本方法(处理单元)，各种方法均有其特点和应用范围，若要达到经济有效地去除污染物的目的，往往要将多种处理方法组成一个有机整体。这种由多种处理单元合理配置的整体称为“水处理系统”，有时也称“水处理流程”。

根据不同的处理程度，污水处理可以分为一级处理、二级处理和三级处理(高级处理、深度处理)3 个不同的处理阶段。污水的三级处理系统及出水出路如图 2-29 所示。

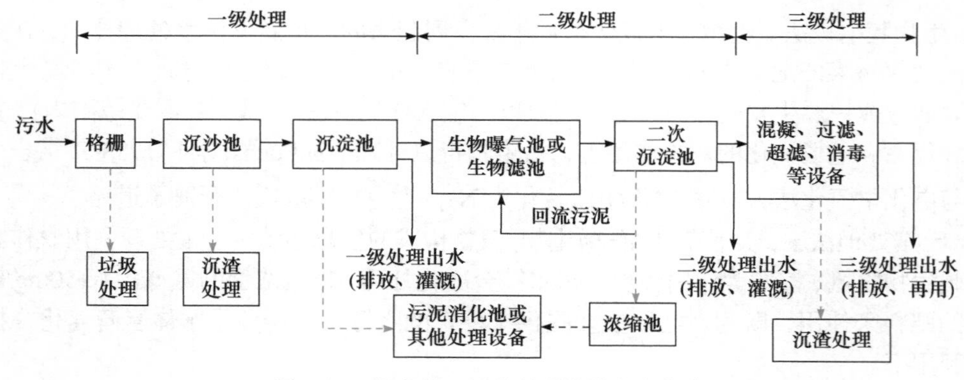

图 2-29 污水的三级处理系统及出水出路

一级处理主要解决悬浮固体、悬浮油类等污染物的分离问题，多采用物理法，如格栅、沉沙池、沉淀池等。截留在沉淀池的污泥可进行污泥消化或其他处理。条件许可时，一级出水可排放于水体或用于农田灌溉。但一般来说，一级处理的处理程度低，BOD 一般可去除 30%左右。若达不到规定的排放要求，尚需进行二级处理。

二级处理主要解决可分解或氧化的胶体或溶解状的有机污染物的去除问题，多采用较为经济的生物化学处理法，它往往是污水处理的主体部分。采用的典型设备有生物曝气池(或生物滤池)和二次沉淀池，产生的污泥经浓缩后进行厌氧消化或其他处理。经二级处理之后，有机污染物质(即 BOD、COD)去除率可达 90%以上，一般均可达到排放标准。但可能会残存微生物以及不能降解的有机物和氮、磷等无机盐类，其数量不多，对水体危害不大，出水可直接排放或用于灌溉。

三级处理是在一级、二级处理后进一步处理难以分解的有机物、营养物质(P 和 N)及其他溶解性物质，使处理后的水质达到工业用水和生活用水的标准。因此，三级处理方法多属于化学法和物理化学法，如混凝、吸附、膜分离、消毒等法，处理效果好，但处理费用较高。随着国家对环境保护工作的重视和“三废”排放标准的提高，三级处理在污水处理中所占比例也正在逐渐增加，新技术的使用和研究也越来越多。2020 年 11 月 19 日发布了《难降解有机废水深度处理技术规范》(GB/T 39308—2020)，其于 2021 年 10 月 1 日实施。

对于某种污水采用哪几种处理方法组成系统，要根据污水的水质，水量，回收其中有用物质的可能性、经济性、收纳水体的基本条件，并结合调查研究与经济技术比较后确定，必要时还需进行试验。总的来说，污水处理的原则是清污分流、分质收集、分质处理。

2.3 地表水污染与防治

“地表水”是指存在于地壳表面、暴露于大气中的水，即陆地表面上动态水(河流径流量)和静态水(储存量)的总称，也称“陆地水”，包括各种液态的和固态的水体，主要有河流、湖泊、沼泽、冰川、冰盖等。

地表水是水圈循环系统的一个环节，与大气水和地下水进行循环流动，并在量上大体保持平衡。它是人类生活用水的重要来源之一，也是各国水资源的主要组成部分。地表水和地下水是《中华人民共和国水法》和《中华人民共和国水污染防治法》的保护对象。地表水直接暴露于地球表面，最易为人类所开发利用，同时也最易遭污染破坏，需要根据其特点进行特殊的保护。

地表水由经年累月自然的降水和降雪累积而成，并且经由自然地流失到海洋和蒸发、渗流至地下等途径减少。虽然任何地表水系统的自然水仅来自该集水区的降水，但仍有其他许多因素影响此系统中总水量的多少。这些因素包括湖泊、湿地、水库的蓄水量，土壤的渗流性，此集水区中地表径流的特性等。人类活动对这些特性有着重大的影响。人类为了增加存水量而兴建水库，为了减少存水量而放光湿地的水分。人类的开垦活动以及兴建沟渠则增加径流的水量与强度。

河流除具有供水功能外，还具有其他多种功能。详见链接 2-16“河流的功能”。

链接 2–16 河流的功能

2021 年，全国地表水资源量为 28310.5 亿 m^3，折合年径流深为 299.3mm，比多年平均值偏多 6.6%；地表水源供水量为 4928.1 亿 m^3，占供水总量的 83.2%。

2021 年从境外流入我国境内的水量为 180.5 亿 m^3，从我国流出国境的水量为 5398.8 亿 m^3，流入界河的水量为 1903.6 亿 m^3；全国入海水量为 16825.6 亿 m^3。

2.3.1 地表水污染防治政策与地表水质量

1. 地表水污染防治政策

国务院于1996年9月通过并发布了《国家环境保护“九五”计划和2010年远景目标》，就国家重点流域的污染问题加以特别关注并制定保护计划，此后连续实施了5个五年规划。

2015年4月，国务院向各省级人民政府下达了《水污染防治行动计划》[①]。

2016年12月11日中共中央办公厅、国务院办公厅发布了《关于全面推行河长制的意见》：2018年底前全面建立河长制，破除体制顽疾，河长牵头、综合施策，是黑臭水体治理最强有力的政策抓手。

2017年6月27日修改了《中华人民共和国水污染防治法》，增加了“省、市、县、乡建立河长制，分级分段组织领导本行政区域内江河、湖泊的水资源保护、水域岸线管理、水污染防治、水环境治理等工作”。

2018年9月30日，住房城乡建设部、生态环境部印发《城市黑臭水体治理攻坚战实施方案》，明确了城市黑臭水体治理主要目标。

2018年11月，生态环境部、农业农村部联合印发《农业农村污染治理攻坚战行动计划》，明确了乡村黑臭水体治理主要目标。2019年7月，生态环境部办公厅、水利部办公厅、农业农村部办公厅又联合印发了《关于推进农村黑臭水体治理工作的指导意见》。

2. 《中华人民共和国长江保护法》

2020年12月26日第十三届全国人民代表大会常务委员会第二十四次会议通过了《中华人民共和国长江保护法》，简称《长江保护法》，并于2021年3月1日起施行。

作为首部保护长江全流域生态系统，推进长江经济带绿色发展、高质量发展的专门法和特别法，《长江保护法》将有力促进长江全流域生态系统步入良性循环轨道的多元共治。

3. 《中华人民共和国黄河保护法》

2022年10月30日第十三届全国人民代表大会常务委员会第三十七次会议通过《中华人民共和国黄河保护法》，简称《黄河保护法》，自2023年4月1日起施行。

《黄河保护法》出台将加强黄河流域生态环境保护，保障黄河安澜，推进水资源节约集约利用，推动高质量发展，保护传承弘扬黄河文化，实现人与自然和谐共生、中华民族永续发展。

4. 《地表水环境质量标准》(GB 3838—2002)

《地表水环境质量标准》中依据地表水水域环境功能和保护目标，按功能高低依次划分为5类：

Ⅰ类：主要适用于源头水、国家自然保护区。

Ⅱ类：主要适用于集中式生活饮用水地表水源地一级保护区、珍稀水生生物栖息地、鱼虾类产卵场、仔稚幼鱼的索饵场等。

Ⅲ类：主要适用于集中式生活饮用水地表水源地二级保护区、鱼虾类越冬场、洄游通道、水产养殖区等渔业水域及游泳区。

Ⅳ类：主要适用于一般工业用水区及人体非直接接触的娱乐用水区。

---

① 详见2.1.4节“《水十条》”部分。

Ⅴ类：主要适用于农业用水区及一般景观要求水域。

同一水域兼有多类使用功能的，执行最高功能类别对应的标准值。

链接 2–17　我国地表水类别和监测指标的确定

2.3.2　地表水污染与防治原则

1. 地表水污染的来源

1) 点源污染

点源污染是指有固定排放点的污染源，包括由城市和乡镇生活污水及工业企业通过管道和沟渠收集并直接排入水体的污水，合流制[①]管道雨季溢流，分流制雨水管道初期雨水或旱流水、非常规水源补水等，沿海城市中的航运污染也会导致水体污染。

点源污染含污染物多，成分复杂，其变化规律依据工业污水和生活污水的排放规律，即有季节性和随机性。

2) 面源污染

面源污染是指溶解的以及固体的污染物，从非特定的地点，在降水(或融雪)冲刷作用下，通过径流过程而汇入受纳水体(包括河流、湖泊、水库和海湾等)并引起水体富营养化或其他形式的污染。

(1) 城市面源污染。随着城市化的迅速发展，城市地表硬化率急剧增加，不透水比例增大，使得雨天特别是暴雨天气产生大量的径流所挟带的污染物[②]不能通过城市地表渗透到土壤中或者被植物截流，以地表漫流等非特定的地点汇入受纳水体，这部分污染称为城市面源污染。

(2) 乡村面源污染。乡村面源污染包括农田径流(化肥　、农药流失)、水土流失、未经处理的污水灌溉、乡村生活污水、固体废弃物及畜禽养殖等造成的污水污染。详见 8.1.4 节“乡村发展的环境问题”。

3) 内源污染

内源污染主要是指水体底泥中含有的污染物以及水体中各种漂浮物、悬浮物、岸边垃圾、未清理的水生植物或藻类等所形成的腐败物。

底泥是河湖的沉积物，是自然水域的重要组成部分。当水域受到污染后，水中部分污染物可通过沉淀或颗粒物吸附而蓄存在底泥中，适当条件下重新释放，成为二次污染源。

4) 其他污染源

主要包括城镇污水处理厂尾水超标、工业企业事故性排放、秋季落叶等，通常属于季节性或临时性污染源。秋季落叶问题在北方地区较为明显，落叶进入水体后将逐渐腐烂并沉入水底，可能形成黑臭底泥。需关注雨污水管网错接所造成的污染问题。

---

① 在一个区域内收集、输送污水和雨水的方式，有合流制和(雨污)分流制两种基本形式。

② 雨水径流所挟带的污染物主要有建筑材料的腐蚀物，建筑工地上的淤泥和沉淀物，路面的沙子、尘土和垃圾，汽车轮胎的磨损物，汽车漏油，汽车尾气中的重金属，大气的干湿沉降，动植物的有机废弃物，城市公园喷洒的农药以及其他分散的工业和城市生活污染源等。这些污染物以各种形式积蓄在街道、阴沟和其他不透水地面上，在降雨的冲刷下通过不同的途径进入城市受纳河道中。

2. 河道污染特征

河道[①]污染的特征主要有以下两方面。

(1) 受污途径多。详见 2.3.2 节“地表水污染的来源”部分。

(2) 修复难度大。①水量大，流动性大，污染区域广，分布范围宽，难以异位集中处理。②污染程度和污染物分布受深度、流域、季节和降水量等多因素控制。③多数污染地表水属于微污染水体，有机物浓度较低，优势降解菌难以形成优势数量，是生长的限制因子。

由于地表水一般具有水量大、分布广、污染浓度较低等特点，其污染处理不可能像生活污水或工业污水那样采用传统的处理工艺和设备对其进行集中处理；同时，对于污染特别严重的黑臭水体，又必须用特殊的方法进行治理。这些都给地表水污染治理带来了很大的难度。

3. 黑臭水体

1) 引起水体黑臭的原因

水体黑臭是由于大量有机污染物进入水体，N、P 含量过多，在好氧微生物的作用下消化分解，消耗水体中大量的氧气，引起水体中耗氧速率大于复氧速率，造成缺氧环境，使水体转化成缺氧状态，致使厌氧细菌大量繁殖。厌氧发酵产生氨氮、腐殖质、硫化氢和硫醇、硫醚、有机胺和有机酸等恶臭物质，致使水体变臭。同时，水中铁、锰等重金属离子被还原，与水中的硫形成硫化亚铁(FeS)、硫化锰(MnS)等化合物，悬浮颗粒吸附 FeS、MnS 等，致使水体变黑。

黑臭水体是水体有机物污染的一种极端表现。水体呈现厌氧状态，变臭，腐败菌滋生，水体理化性质表现为强还原性，不适合水生生物生存，水生植被退化甚至灭绝，浮游植物、浮游动物、底栖动物只有少量耐污种存在。食物链断裂，食物网支离破碎，生态系统结构严重失衡，功能严重退化甚至消失。黑臭水体是直接影响人类生产生活的突出水环境问题，在当前全国水环境整治中，黑臭水体整治是重中之重。

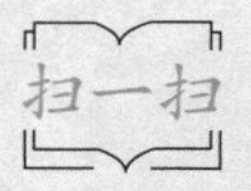

链接 2-18　黑臭水体的评定标准及其整治历程

链接 2-19　黑臭河道治理

2) 黑臭水体治理目标

《城市黑臭水体治理攻坚战实施方案》提出，到 2018 年底，直辖市、省会城市、计划单列市建成区黑臭水体消除比例高于 90%，基本实现“长制久清”。到 2019 年底，其他地级城市建成区黑臭水体消除比例显著提高，到 2020 年底达到 90%以上。鼓励京津冀、长三角、珠三角区域城市建成区尽早全面消除黑臭水体。

《关于推进农村黑臭水体治理工作的指导意见》提出，到 2020 年，以打基础为重点，建立规章制度，完成排查，启动试点示范。到 2025 年，形成一批可复制、可推广的乡村黑臭水体治理模式，加快推进乡村黑臭水体治理工作。到 2035 年，基本消除我国乡村黑臭水体。

① 河流(river)，指沿地表线型凹槽集中的经常性或周期性水流。较大的称为河(或江)，较小的称为溪；其补给来源有雨水、冰雪融水和地下水等。河道(watercourse)，是河水流经的路线，通常指能通航的水路。城市内河涌(urban river)，指位于城市建成区内，水位通常受连围及水闸控制的河道，包括覆盖河道。

4. 我国的地表水污染现状

2022 年《中国生态环境状况公报》公布，全国地表水监测的 3629 个国控断面中，Ⅰ～Ⅲ类水质断面占 87.9%，比 2021 年上升 3.0 个百分点；Ⅳ类水质断面占 9.7%；Ⅴ类水质断面占 1.7%；劣Ⅴ类水质断面占 0.7%，比 2021 年下降 0.5 个百分点。主要污染指标为化学需氧量、总磷和高锰酸盐指数。

2022 年，长江、黄河、珠江、松花江、淮河、海河、辽河七大流域和浙闽片河流、西北诸河、西南诸河主要江河监测的 3115 个国控断面中，Ⅰ～Ⅲ类水质断面占 90.2%，比 2021 年上升 3.2 个百分点；劣Ⅴ类占 0.4%，比 2021 年下降 0.5 个百分点。主要污染指标为化学需氧量、高锰酸盐指数和总磷。

西北诸河、浙闽片河流、长江流域、西南诸河和珠江流域水质为优，黄河流域、辽河流域和淮河流域水质良好，松花江流域和海河流域为轻度污染。近年来，城市黑臭水体大面积消除。

2022 年，监测的 919 个地级及以上城市在用集中式生活饮用水水源断面(点位)中，881 个断面(点位)全年均达标，占 95.9%。其中地表水水源监测断面(点位)635 个，624 个断面(点位)全年均达标，占 98.3%，主要超标指标为高锰酸盐指数、总磷和硫酸盐；地下水水源监测点位 284 个，257 个点位全年均达标，占 90.5%，主要超标指标为锰、铁和氟化物，锰和铁主要是天然背景值较高所致。

5. 地表水污染的防治原则

地表水污染一般防治原则是：实行排污总量控制；对一些污染较为严重的企业要实行限期治理；抓好化工资源的综合利用；严格标准，杜绝新污染源的产生；调整产业结构，深化企业环境管理等。

链接 2-20　地表水环境污染的一般防治对策

2.3.3　河道治理与修复技术

河道治理和修复必须与所处“人类-河流”关系的相应阶段适应，必须具备相应的条件。河道污染治理目标远低于生态修复阶段的目标。河流系统功能的生态修复不可能一蹴而就，在尚未完成污染治理阶段目标以前，不可能有效地再造生物的栖息环境、招来本土生物和增加系统生物多样性。对于受损程度不同、约束条件不同的河流，应该根据实际情况合理规划治理修复进程。

《城市黑臭水体整治工作指南》中将“生态改善、长效保持”作为黑臭水体整治的基本原则，黑臭河道治理的主要思路是：①控源截污；②河道底泥治理；③河道水质净化；④河道生态恢复。截除外源污水直接进入河道是治理的前提，河道的底泥治理是整个河道治理的核心，河道水质净化是河道生态恢复的前提条件，生态恢复是后续保障。

1. 控源截污

黑臭水体“表现在水里、根子在岸上”，控源截污直接截断点源和面源对水体的污染，是黑臭水体治理中最直接有效、最基础的技术措施和监管措施。

1) 点源污染

(1) 生活污水。①加快城乡生活污水收集处理系统“提质增效”。推动城乡建成区污水管网全覆盖、全收集、全处理以及老旧污水管网改造和破损修复。②加快新、改、扩建现有城乡生活污水集中处理设施建设，对近期难以覆盖的地区可因地制宜建设分散处理设施。城市建成区内未接入污水管网的新建建筑小区或公共建筑，不得交付使用。③进一步完善再生水利用设施，统一规划建设城市再生水设施、管网和输送体系。工业生产、城市绿化、道路喷洒、车辆冲洗、建筑施工以及生态景观等用水要优先使用再生水。

(2) 工业污水。①推行清洁生产，在污染的源头减少资源的消耗和污染的排放。这才是符合生态文明建设和可持续发展战略的正确途径。②深入开展入河湖排污口整治。加强对入河湖排污口进行统一编码和管理。③城市建成区排放污水的工业企业应依法持有排污许可证，并严格按证排污。对超标或超总量的排污单位一律限制生产或停产整治。④新建冶金、电镀、化工、印染、原料药制造等工业企业(有工业污水处理资质且出水达到国家标准的原料药制造企业除外)排放的含重金属或难以生化降解污水以及有关工业企业排放的高盐污水，不得接入城市生活污水处理设施。⑤工业园区应建成污水集中处理设施并稳定达标运行，对污水分类收集、分质处理、应收尽收，严禁偷排漏排行为。

2) 面源污染

(1) 河道岸线。①加强岸线的垃圾治理，降低雨季污染物冲刷入河量；规范垃圾转运站管理，防止垃圾渗滤液直排入河。②加强对初期雨水、冰雪融水、地表固体废弃物等面源污染的控制。科学铺设沿河沿湖污水截流管线，合理设置提升(输运)泵房，将污水截流并纳入城市污水收集和处理系统，统一处理达标排放。③构建河道生态湿地，建立水岸立体植物体系，提高生物多样性和截污能力。

(2) 城市面源污染。①全面推进建筑小区、企事业单位内部和市政雨污水管道混错接改造，实行雨污分流。暂不具备条件的地区可通过溢流口改造、截流井改造、管道截流、调蓄等措施降低溢流频次，采取快速净化措施对合流制溢流污染进行处理后排放，逐步降低雨季污染物入河湖量。②落实海绵城市建设理念[①]，采用构建海绵城市与黑臭水体治理共同建设的途径。详见8.3.2节“海绵城市”。

(3) 乡村面源污染。①畜禽粪污染。科学合理调整畜禽禁养区、限养区范围。优先考虑通过种养结合、种养平衡实现畜禽粪污腐熟后作为肥料就地就近还田利用。确实不能利用的，建立畜禽粪污收集运输体系和区域性处理中心。规模化畜禽养殖场应当持有排污许可证，并严格按证排污。②水产养殖污染。优化水产养殖生产布局，大力发展生态健康养殖模式。推进网箱粪污残饵收集等环保设备升级改造。支持生态沟渠、生态塘、人工湿地等尾水处理设施升级改造，推动养殖尾水资源化利用或达标排放。③种植业污染。通过减缓农田氮磷流失，推进秸秆就地还田，以及科学施肥和精准科学施药等措施降低化肥和农药施用量。

2. 河道底泥治理

底泥主要是由河道的内源污染造成的，其治理目标就是消除污染物迁移及对生态系统的

① 可以采用构建海绵城市与黑臭水体治理共同建设途径：一方面，利用自然雨水，构建雨水收集系统，将黑臭水体作为天然雨水的调蓄池；另一方面，结合黑臭水体治理和海绵城市建设中相同的“控源截污”需求，构建截流管渠、湿地处理系统、生态处理系统，将城市中的黑臭污染河流治理为兼具生态功能的城市特色水体景观。

危害。因此，底泥污染的控制既可采用降低或消除污染物的毒性，以减小其危害的方法；又可以采用隔离的方法，使污染物和水体物理隔离；还可以通过将污染底泥彻底移出河道，进而达到河道修复的目的。当前主要的底泥治理技术有 3 种，即物理治理、物理化学治理及生物治理。

1) 物理治理

物理治理是利用工程措施消除底泥中污染影响的方法，主要的方法有清淤疏浚、原位覆盖和引水等。

(1) 清淤疏浚。清淤疏浚是最常见的方法。采用物理手段疏挖表层淤泥，将疏浚底泥转移至地面进行处置，能迅速去除河道中污染物质，提高河道排水能力。疏浚后的高营养盐淤泥可进行资源化利用；重金属污染底泥需在疏浚淤泥资源化利用前进行“无害化”处理。

清淤疏浚可采取机械清淤、水力清淤、生物清淤等环保清淤的工程手段，将内源污染移出水体，但实施成本略高。其中生物清淤是在以微生物为主的作用下削减底泥中污染物，使黑臭淤泥减量化、无机化，是一种安全、环保的内源污染原位治理方式。

在清淤疏浚时应注意下面几个问题：①合理制定并实施清淤疏浚方案，明确疏浚范围和深度，既要保证清除底泥中沉积的污染物，又要不破坏原有的生态系统，需保留一定厚度的淤泥层为沉水植物、水生动物等提供休憩空间，尽快达到生态平衡。②底泥运输和处理处置难度较大，存在二次污染风险。严禁底泥沿岸随意堆放或作为水体治理工程回填材料，其中危险废物须交由有资质的单位进行安全处置。③清淤后回水水质应满足“不黑臭”的指标要求。

(2) 原位覆盖。通过在底泥表层覆盖一层或多层可吸附或共沉淀[①]的有机质材料来阻碍底泥污染物释放进入上层水体。原位覆盖技术也适用于处理重金属污染底泥。

底泥覆盖的目的主要包括：①物理性地分开污染底泥和底栖环境；②使污染底泥固定，阻止底泥的再悬浮和迁移；③降低进入上覆水体的溶解性底泥污染物的释放通量。

(3) 引水。指引入水质较好的水冲刷污染的底泥并排出污染水体进行处理的方法。通过这种方法能够有效地增加水的流动性，从而降低水体污染浓度和提高溶解氧含量，但耗水量较高，具有季节局限性，因此未能广泛应用。

2) 物理化学治理

物理化学治理是指通过将污染底泥与化学药剂混合的方式，使污染物被捕获或通过反应降低污染物向外界环境释放。根据污染物的不同，常用的方法有氧化还原技术、稳定化固化技术、淋洗技术等。

(1) 氧化还原技术。通过投加氧化剂，快速降解底泥中的有机污染物，同时能有效控制河道内藻类的生长，一般通过原位撒播药剂的方法进行[②]。

(2) 稳定化固化技术。稳定化固化技术主要针对重金属污染的治理。通过投加稳定剂/固化剂，用物理或化学的方法将底泥中的重金属固定起来，或者将重金属转化成化学性质不活泼的形态，阻止其在环境中迁移、扩散，降低重金属的毒害作用[③]。

---

① “共沉淀”指的是一种沉淀从溶液中析出时，引起某些可溶性物质一起沉淀的现象。例如，用氯化钡沉淀硫酸钡时，若溶液中有 K^+、Fe^{3+}存在，在沉淀条件下本来是可溶性的硫酸钾和硫酸铁，也会有一小部分被硫酸钡沉淀夹带下来，作为杂质混在主沉淀中。

② 详见 2.2.3 节“氧化还原法”部分。

③ 详见本节“化学技术”部分。

(3) 淋洗技术。淋洗包括异位淋洗和原位淋洗。异位淋洗技术是指将能促进污染物溶出的药剂注入或者掺入污染底泥中，然后将含有污染物的溶液从泥水混合物中抽取出来，再对污水进行处理，最终使底泥中的污染物总量降低。原位淋洗技术是内源污染治理的新思路、新方法，与国内通行的内源污染治理技术如清淤疏浚、覆盖、化学药剂和微生物修复技术等相比，具有很多优势。详见链接 2-21“河道底泥原位淋洗技术”。

链接 2-21　河道底泥原位淋洗技术

(4) 化学钝化技术。化学钝化技术主要通过投加化学试剂(铝盐、铁盐和石灰等)，固定水体和底泥中的营养盐(主要是 P)，并使底泥表面上部形成覆盖层，阻止底泥向水体释放营养盐。

3) 生物治理

生物治理一般都以原位的方式进行。

(1) 生物促生技术。向底泥中添加一些制剂(如生物复合酶、共代谢底物、营养剂、电子受体等)以修复底泥，改善微生物生存繁殖条件，促进微生物降解底泥污染物。

(2) 生物强化修复技术。通过技术筛选和驯化针对污染物的高效微生物菌种(或土著微生物)，将其投加到污染底泥中，利用微生物的生命代谢作用对污染物进行分解、转化与降解，以削减底泥中污染物浓度，改善河道生态环境。传统的生物强化技术通过添加外源微生物促进有机污染物的降解，但引入外源微生物可能对原生态系统构成威胁。

(3) 植物修复技术。通过向底泥中引入具有净化功能的高耐受性植物(如挺水植物、沉水植物、亲水植物等)或藻类，可以通过根茎上附着的微生物分解、转换 N 和 P 等物质，抑制底泥污染物悬浮再释放，也能在吸附污染物后通过收割植物来削减污染物。同时，植物的栽种能增加河道底泥与水体中溶解氧含量，提高生物多样性，为微生物降解污染物提供适宜的环境[①]。

植被可以通过影响河流的流动、河岸抗冲刷强度、泥沙沉积、河床稳定性和河道形态而对河流产生很大影响。同时，合理分布的植被还有助于减轻洪水灾害、净化水体，提供景观休闲场所和多种生态服务功能。

链接 2-22　底泥原位修复技术(ISER)原理

4) 底泥处理技术的选择

底泥处理技术包括底泥覆盖、底泥化学固化、生物修复等原位处理技术，现阶段仅有少量的试验探索或工程实践，尤其对于污染负荷大、污染物复杂的水体及浅水型河(湖、库)，在工程成本、效果、内部水生环境等因素的约束下难以进行大规模的工程应用。

对于污染负荷大、污染物复杂的区域，可采取底泥环保疏浚技术，并在疏浚后配合生态修复工程，建立强大的生态自净系统。疏浚淤泥需及时进行合理、安全的处置，如对重金属单一污染淤泥采取“清淤干化 + 稳定化 + 资源化利用”处置模式，对有机物单一污染淤泥采取“清淤干化 + 化学氧化 + 资源化利用”处置模式，对复合污染淤泥采取“清淤干化 + 化学

① 详见 2.2.2 节“植物处理”和链接 2-7“植物处理技术原理及在污水处理中的应用”。

氧化＋稳定化＋资源化利用”处置模式。

对于污染程度较轻的水域，开展异位疏浚工程必要性不大，且可能存在疏浚工程开展后产生新的污染问题，难以发挥环保疏浚水质改善的效果。可采取生态安全性高的原位控制技术，如原位覆盖技术，并辅以水生植物修复。辅助的生态修复工程需综合考虑水生动植物生长的水质、基质和外界条件，使其发挥最佳效果。

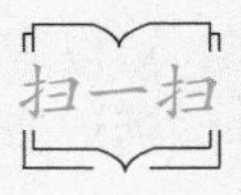

链接 2-23　案例：上海市苏州河综合整治(1)：一期工程

链接 2-24　案例：上海市苏州河综合整治(2)：二、三期工程

3. 河道水质净化技术

1) 原位净化技术

根据当地的地理、气象和水文条件，因地制宜地选择原位净化技术。

(1) 物理技术。

一是人工打捞。人工打捞的主要对象是水体内的藻类、树叶、枯草、垃圾等。打捞的目的是消除水体内源污染，具有造价低、见效快的特点。

二是引水稀释。通过外调水提高河道的自净能力、冲刷河道内污染物，改善河道水质，但该方法需要耗费大量优质水资源，因而不适于水资源相对紧张的地区。

对于缺水地区或滞流、缓流水体，应在前期水系调查的基础上，因地制宜地实施必要的水体水系连通，打通断头河，拆除不必要的拦河坝，增强渠道、河道、池塘等水体流动性及自净能力，逐步恢复水体生态基流。严控以恢复水动力为由的各类调水冲污行为，严控缺水地区通过水系连通引水营造大水面、大景观行为。同时，要鼓励将城市污水处理厂再生水、分散污水处理设施尾水以及经收集和处理后的雨水用于河道生态补水。推进初期雨水收集处理设施建设，防止河湖水通过雨水排放口倒灌进入城市排水系统。

三是底泥处理。这也是河道水质净化技术之一，详见本节“河道底泥治理”。

(2) 化学技术。

一是化学除藻消毒法。通过向水中投加各种除藻剂(如硫酸铜、漂白粉、次氯酸钠等)，杀死藻类，抑制藻类暴发，改善水体的透明度。

投加的化学试剂中，硫酸铜除藻效果较好，药效长，但往往不能破坏死藻放出的致臭物质，而且硫酸铜对于鱼类来说有毒性，因此在兼养鱼的水体中的投加量需慎重。漂白粉或氯可去除此类致臭物质，投加量要多却又不可过量，否则会增加气味，用量要通过试验确定。混凝剂通常配合除藻剂同时使用，常用混凝剂有聚丙烯酰胺(PAM)、$FeCl_3$等。

化学除藻工艺简单，可在短时间内取得明显的除藻效果，提高水体透明度，且无需单独建造处理构筑物。但不能将 N、P 等营养物质清除出水体，不能从根本上解决水体富营养化。而且除藻剂的生物富集和生物放大作用可能会对水生生态系统产生负面影响，长期使用低浓度的除藻剂还会使藻类产生抗药性，长期运行成本高。除非作为严重富营养化河流的应急除藻措施，在健康安全许可范围内，化学除藻一般不宜采用。

二是混凝沉淀[①]。混凝沉淀对控制污染河流内源中的 P 负荷，特别是河流底泥的 P 释放有

① 详见 2.2.3 节“混凝法”部分。

一定的效果。但不能将 N、P 等营养物质清除出水体，不能从根本上解决水体的富营养化；对水体环境要求较高。例如，在除 P 时，若水底缺氧，底泥中有机物被厌氧分解，产生的酸环境会使沉淀的 P 重新溶解进入水中，造成二次污染。

三是重金属的化学固定。河流中的重金属在特殊的条件下会以离子态或其他结合态进入水体，利用化学法将重金属固定在底泥当中，就可以有效抑制河流重金属污染。

调高 pH 是将重金属结合在底泥中的主要化学法。在较高 pH 环境下，重金属会形成硅酸盐、碳酸盐、氢氧化物等难溶性沉淀物。加入碱性物质将底泥的 pH 控制在 7～8，可以有效抑制重金属以溶解态进入水体，见效快，方法简单。常用的碱性物质有石灰、硅酸钙炉渣、钢渣等。施用量的多少视底泥中重金属的种类、含量及 pH 的高低而定，不应太多，否则会对水生生态系统产生不良影响。

(3) 生物-生态修复技术。

生物-生态修复技术[①]主要是利用微生物、植物等生物的生命活动，对水中污染物进行转移、转化及降解，最大程度地恢复水体的自净能力，使水质得到净化，重建并恢复适宜多种生物生息繁衍的水生生态系统。

一是曝气增氧技术。溶解氧水平是判定黑臭河道的重要指标，黑臭河道的溶解氧含量普遍比较低，提高河道水体溶解氧含量是治理黑臭河道的重要途径和方法。

河流曝气技术是根据河流受到污染后缺氧的特点，利用自然跌水(瀑布、喷泉、假山等)或人工曝气对水体复氧，促进上下层水体的混合，使水体保持好氧状态，以提高水中的溶解氧含量，加速水体复氧过程，抑制底泥 N、P 的释放，防止水体黑臭现象的发生。恢复和增强水体中好氧微生物的活力，使水体中的污染物质得以净化，从而改善河流的水质。

该技术具有设备简单、机动灵活、安全可靠、见效快、操作便利、适应性广、对水生生态系统不产生任何危害等优点，非常适合于城市景观河道和微污染水体的治理。但河流人工曝气增氧-复氧成本较大。

链接 2-25　河道水体曝气技术

二是生物膜技术。在河道水质修复中常用的生物膜是碳素纤维生态草。

碳素纤维(carbon fiber，CF)是一种碳含量超过 90%的无机高分子纤维，经过表面处理后具有高吸附性、生物亲和性和优异韧性与强度，对微生物有高效的富集、激活作用，能吸引多种水生生物构建生态卵床，改善和恢复水生生态系统环境。详见链接 2-26“碳素纤维(CF)生态草水质净化与生态修复”。

链接 2-26　碳素纤维(CF)生态草水质净化与生态修复

① 《城市黑臭水体整治攻坚战实施方案》特别指出，要重视利用生态修复技术，同时就生态修复的具体技术做出了较为详细的介绍，其中包括岸带修复技术和水质生态净化技术。

碳素纤维生态草技术的优点：①通过改善水生生境[1]，恢复水体自然健康，无二次污染；②微生物黏合速度快，黏合量多且黏合微生物不易剥离，微生物活性高；③在水中分散性强，传质效果好，能促进污浊物质的吸附、分解、释放，脱 N 除 P 效果显著；④原位修复，具有永久性，与浮岛技术结合，达到景观与修复双重效果；⑤对蓝藻暴发具有一定的控制效果，能显著改善水体透明度，利于其他水生动植物的繁殖生长；⑥安装方便，运行管理简单，材质稳定，使用寿命长。缺点：①材料加工制造困难，投资费用偏高；②对于封闭性水体、水位变化大、波浪大的水体需要其他辅助技术和设备配合碳素纤维生态草使用；③不适宜用于间歇性排水或具有干涸期的河道。

2) 异位净化技术

(1) 旁路多级人工湿地技术。

旁路多级人工湿地即指湿地修建在河道周边，利用地势高低或机械动力将河水部分引入湿地净化系统中，污水经净化后，再次回到原水体的一种处理方法。

(2) 分段进水生物接触氧化技术。

接触氧化技术是一种好氧生物膜法工艺。接触氧化池内设有填料，部分微生物以生物膜的形式固着生长于填料表面，部分则是絮状悬浮生长于水中。因此它兼有活性污泥法与生物滤池的特点。接触氧化工艺中微生物所需的氧通常由机械曝气供给。生物膜生长至一定厚度后，近填料壁的微生物将由于缺氧而进行厌氧代谢，产生的气体及曝气形成的冲刷作用会造成生物膜的脱落，并促进新生膜的生长，形成生物膜的新陈代谢。

分段进水生物接触氧化技术在多级分段进水的情况下，将传统的生物接触氧化法与 A/O 工艺相结合，形成短时缺氧与好氧交替的流程。通过调整各段进水流量比率、气水比、水力停留时间等参数，有效去除 COD 及脱 N 除 P，河水得到净化后排放至原河道下游。可作为旁路处理系统，因地制宜地建设于河岸带，能适应来水和气候条件的大幅度波动，耐冲击负荷；适用于受有机污染较为严重河流的旁路分流处理，能有效消除河水的黑臭现象，且不产生大量的有机淤泥，对有机碳和 N、P 都有较好的去除效果。

(3) 前置库技术。

前置库技术是指在受保护的湖泊水体上游支流，利用天然或人工库塘拦截暴雨径流，通过物理、化学及生物过程使径流中的污染物得到去除的技术。在面源污染控制中，前置库技术可以充分利用当地特有的地形特点，有效解决面源污染的突发性、大流量等问题，对减少外源有机污染负荷，特别是去除地表径流中的 N、P 安全有效，而且费用较低，可以多方受益，适合多种条件，是目前防治河道面源污染的有效途径之一。

一般的前置库通常由 3 部分构成，即拦截沉降系统、强化净化系统和导流回用系统。

(4) 砾石床技术。

砾石床是采用人工湿地的原理，用砾石在河道中适当位置人工垒筑床体，抬高上游水位，通过控制上下游水位差调节床体的过水流量。在床体上种植高效脱 N 除 P 的植物，通过植物

① “水生”指水中生物；“生境”指生物生活的空间和其中全部生态因子的总和。生态因子包括光照、温度、水分、空气、无机盐类等非生物因子和食物、天敌等生物因子。生境一词多用于类称，概括地指某一类群的生物经常生活的区域类型，并不注重区域的具体地理位置；但也可以用于特称，具体指某一个体、种群或群落的生活场所，强调现实生态环境。一般描述植物的生境常着眼于环境的非生物因子(如气候、土壤条件等)，描述动物的生境则多侧重于植被类型。生境一词不同于环境，也不同于生态位。生境强调的是决定生物分布的生态因子，生态位更强调物种在群落内的功能作用。

的根系及砾石吸附、微生物作用去除河流中的营养物质。

与相近的人工湿地技术相比，砾石床具有以下特点：①无需动力提升，节省了提升系统的投资，还可以抬升河道水位，使得后续的处理单元处于自流状态，保证了整个系统的连续运行，减少能耗，特别适合平原河网地区无动力河道生态修复工程，每年可节省大量电费；②砾石床的可控渗流是在当地的气象水文资料基础上进行设计的，渗流的周期与降雨的规律相吻合，自动完成湿干周期，可以连续运行，无需人工湿地的复氧过程，降低了后期运行的管理难度，节省了管理费用；③砾石床筑坝材料的渗透系数一般比人工湿地大，所以径流在床体内的流动通畅，可以充分地与植物根系接触，使得水力特性得到改善，同时也大大降低了堵塞的风险，通过反冲洗等处理措施可以保证其连续运行。

(5) 稳定塘技术[①]。

(6) 生态浮床技术。

生态浮床技术也称生态浮岛技术，是一种利用水生植物来净化污染水体的生物修复技术。将水生植物种植在适当的载体上并将其浮于河道水面，之后水生植物就会吸收分解、吸附截留污染物。同时，水生植物本身也是微生物群体的载体，附着的微生物也会起到吸收、同化、降解污染物的功能，共同作用起到净化水质的效果。详见链接 2-27“生态浮床的净化机制”。

链接 2–27　生态浮床的净化机制

根据植物与水体是否接触，生态浮床技术可分为干式和湿式两种，相较而言，湿式浮床技术更适用于河道污水的治理，因此在河道污染治理中更为常见。常用的生态浮床组成部分包括浮床框架、浮床床体(由多个浮床单体组装而成)、浮床基质、水生植物。随着科学技术的不断发展，生态浮床技术也日新月异，如梯级生态浮床技术、太阳能动力浮床技术、复合式生态浮床技术等都得到了发展和应用。

4. 缓冲带恢复和河岸(湖岸)生态修复

1) 缓冲带恢复

缓冲带是河流与陆地的交界区域。缓冲带恢复的主要作用是为洪水让路，起到分蓄和削减洪水的功能。另外，河流与缓冲带河漫滩之间的水文连通性是影响河流物种多样性的关键因素。缓冲带还具有其他修复作用：将洪水中污染物沉淀、过滤、净化，改善水质；截留、过滤暴雨径流，净化水体；提供野生动植物的生息环境；保持景观的自然特征；为人类提供良好的生活、休闲空间等，如图 2-30 所示。

2) 河岸(湖岸)生态修复

生态护岸指在具备岸坡防护基本功能的基础上，具有河水与土壤相互渗透、一定的植物生长条件和生态恢复功能以及一定程度上增强河道自净能力与自然景观效果的护岸结构形式。生态护岸具体表现：①强化沿河湖园林绿化建设，营造岸绿景美的生态景观。②在满足城市排洪和排涝功能的前提下，因地制宜地对河湖岸线进行生态化改造，减少对城市自然河

① 稳定塘又称氧化塘或生物塘，详见 2.2.2 节“生物稳定塘”部分和链接 2-8“新型稳定塘及其组合技术”。

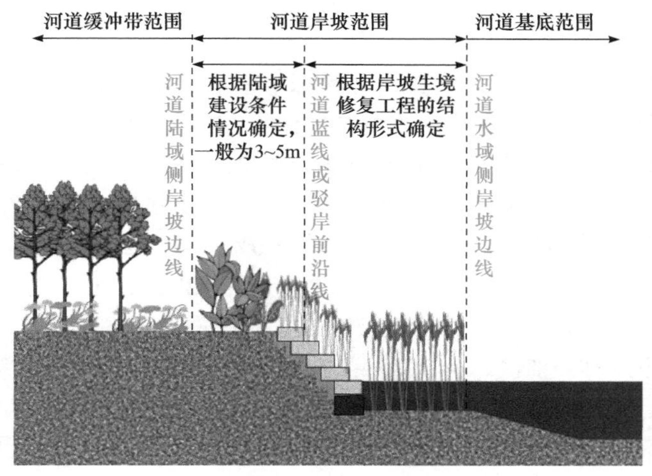

图 2-30　河道缓冲带、岸坡、基底范围区分示意图

道的渠化硬化，采取植草沟、生态砌块护岸、生态活性水岸等形式，营造生物生存环境，恢复和增强河湖水系的自净功能，为城市内涝防治提供蓄水空间。③对原有硬化河岸(湖岸)进行改造，恢复岸线和水体的自然净化功能及景观功能。④增强人工水岸的生态活性，包括恢复并增强生态系统基本功能，增加水生植物、小型动物、微生物的活性，遏制藻类生长。

生态护岸相当于“河岸污水处理厂”，用于污染河流的生态防护与污水初级净化，减少汇流污染。

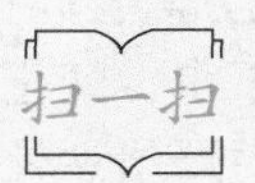

链接 2-28　案例：上海市苏州河综合整治(3)：四期工程
链接 2-29　河道管理

2.4　地下水污染与防治

与地表水相比，地下水带来的经济效益更大，这是因为地下水开采比较方便、分布广，而且水质较好，几乎不需要处理，是人类最优质的饮用水源。地下水是农业、工业及生活用水的重要来源，在保障居民生活、支撑社会经济发展、维持生态平衡等方面具有十分重要的作用，尤其是在地表水资源相对贫乏的干旱、半干旱地区，地下水资源具有不可替代的作用。

2.4.1　地下水概述

地下水是积存并运动于地表以下岩土层空隙中的各种不同形式水的统称，地下水量由地下水的储存量和地下水的补给量(降水渗入和地表水渗入补给的水量)组成。地下水是地壳中一个极其重要的天然淡水资源。为防治地下水污染，有必要研究地下水的形成、存在状态和埋藏条件，以及地下水的运动规律。详见链接 2-30“地下水基础知识”。

链接 2-30　地下水基础知识

1. 地下水资源

全世界地下水储量约为 2.312×10^7 亿 m^3，占地球水总储量的0.8%，约占整个淡水资源的30%。据估计，全球地下水所提供的水量占当前饮用水的50%，占工业用水的40%，占灌溉用水的20%。

据《中国水资源公报》，2021 年全国地下水资源量(矿化度≤2g/L)为 8195.7 亿 m^3，地下水与地表水资源不重复量为 1327.7 亿 m^3。2021 年地下水源供水量 853.8 亿 m^3，占供水总量的 14.5%；其中浅层地下水占 97.0%，深层承压水占 3.0%。与 2020 年相比，地下水源供水量减少 38.7 亿 m^3。其他水源(再生水、集蓄雨水等)供水量为 138.3 亿 m^3，占供水总量的 2.3%，其中再生水、集蓄雨水利用量分别占 84.6%、5.0%。

2021 年根据地下水动态监测，与 2020 年末相比，对于浅层地下水，有 87.5%的浅层地下水监测站水位呈稳定[①]或上升状态，12.5%的监测站水位下降超过 0.5m，其中水位下降超过 2m 的监测站占比 3.3%。对于深层承压水地下水，有 85.5%的深层承压水监测站水位呈稳定或上升趋势；水位下降超过 0.5m 的站点比例较大的有山西、河南和海南 3 个省，水位上升超过 0.5m 的站点比例较大的有天津、辽宁和河北 3 个省(直辖市)。

目前我国约有 70%人口以地下水为主要饮用水源，全国 95%以上的农村居民饮用地下水。全国城市总供水量中，地下水供水量占 30%，华北、西北城市分别高达 72%、66%[②]。

2. 《地下水管理条例》

《地下水管理条例》(本节中简称《条例》)，已于 2021 年 9 月 15 日国务院第 149 次常务会议通过，自 2021 年 12 月 1 日起施行。《条例》强调坚持节水优先，明确建立地下水取水总量控制和水位控制制度，确定合理提高地下水资源税费标准；明确了部门和地方监管职责。要求划定禁止开采区和限制开采区。规定除特殊情形外禁止取用禁止开采区地下水，禁止在限制开采区新增取用地下水，禁止污染或者可能污染地下水的行为。《条例》对严格惩处违法违规等行为做出明确规定。

3. 《地下水质量标准》(GB/T 14848—2017)

地下水质量指标分为常规指标和非常规指标。常规指标具体为感官性状及一般化学指标、微生物指标、常见毒理学指标和放射性指标。非常规指标具体为金属和非金属毒理学指标、有机物毒理学指标、农药毒理学指标。

依据我国地下水质量状况和人体健康风险，参照生活饮用水、工业、农业等用水质量要求，依据各组分含量高低(pH 除外)，分为五类。

Ⅰ类：地下水化学组分含量低，适用于各种用途。

Ⅱ类：地下水化学组分含量较低，适用于各种用途。

Ⅲ类：地下水化学组分含量中等，以《生活饮用水卫生标准》(GB 5749—2006)为依据，主要适用于集中式生活饮用水水源及工农业用水。

Ⅳ类：地下水化学组分含量较高，以农业和工业用水质量要求以及一定水平的人体健康风险为依据，适用于农业和部分工业用水，适当处理后可作生活饮用水。

Ⅴ类：地下水化学组分含量高，不宜作为生活饮用水水源，其他用水可根据使用目的选用。

① 地下水监测站水位变幅在±0.5 m 以内，判定处于相对稳定区。

② 引自 2011 年国务院讨论并通过的《全国地下水污染防治规划(2011～2020 年)》。

2.4.2 地下水污染

地下水污染是指人类活动产生的有害物质进入地下水，引起地下水化学成分、物理性质和(或)生物学特性发生改变而使其质量下降的现象。地下水污染改变地下水的基本资源和生态属性，影响地下水使用功能和价值，造成值得关注的环境风险与环境安全问题。天然条件下所形成的劣质地下水不属于污染范畴。

1. 地下水污染的来源

地下水污染的来源主要有工业、农业和生活等方面。

1) 工业污染源

(1) 工业企业的生产、储存装置的物料泄漏、污水泄漏是造成地下水污染的主要因素。例如，由于石油及其化工产品使用和管理上的漏洞，汽油、柴油、苯系物等造成地下含水层污染，包括石油开采、运输和冶炼等过程造成的污染，以及深埋地下年久失修的储油罐中的汽油、柴油缓慢渗入土壤，会使含水层遭受严重污染。

(2) 工业污水向地下直接排放，受污染的地表水侵入地下含水层中。

(3) 制酸工业排放的 SO_2、HCl、H_2S 等有毒有害物质，随着降雨到达地面并下渗后，造成地下水污染。

2) 农业污染源

化肥、农药、畜禽养殖业的粪便、污水灌溉等是农业污染源的主要组成部分。化肥和农药中未经农作物吸收而剩余的有害物质逐渐渗透入地下，污染地下水，其中，化肥中的氮肥是引起地下水污染的主要物质；与地下水污染有关的三大杀虫剂是有机氯、有机磷、苯硫及氨基甲酸酯；污水灌溉是引用城市、工业和生活污水，以及被污染的地表水资源灌溉农田，其中的有害物质会进一步污染地下水资源。

3) 生活污染源

生活污水和生活垃圾都是地下水的重要污染源。生活污水含有人体排泄物、洗涤剂和腐烂的食物等，是流行病和传染病的重要来源之一；生活垃圾以渗滤液形式污染地下水。

4) 固体废物污染地下水①

5) 地下水位降低引起污染

地下水超量开采和采煤过程中矿坑排水等会降低地下水位。地下水位下降，引起水质不佳的浅层水越流补给深层水；同时使 CO_2 分压增大，促进土体中难溶的方解石、白云石的溶解，钙、镁离子转入地下水中。若在沿海地区，则出现海水沿着含水层向内陆地下水侵入的现象；海水入侵会破坏滨海地区咸淡水原有的平衡状态，改变原有水资源的化学组分，破坏水环境质量，形成盐碱地。

6) 其他突发性环境灾难引起的污染

油管污水管破裂、石油泄漏、化工厂化学品外泄、矿山事故、尾矿坝溃坝等突发性环境灾难均可污染地下水。

随着土壤和地表水环境污染的加剧，量大面广的污染土壤(层)和受污染的江河湖泊已成为地下水的持续污染源，使地下水污染与土壤和地表水污染产生了密不可分的联系。

① 详见 5.1.1 节“固体废物对环境的危害”部分。

2. 地下水污染途径

地下水污染途径是指污染物从污染源进入地下水中所经过的路径。研究地下水的污染途径有助于制定正确的防治地下水污染的措施。按照水力学上的特点，地下水污染途径大致可分为5类。

1) 间歇入渗型

间歇入渗型的特点是污染物通过大气降水或灌溉水的淋滤，使固体废物、表层土壤或地层[①]中的有毒或有害物质周期性(灌溉旱田、降雨时)地从污染源通过包气带土层渗入含水层，这种渗入一般是呈非饱水状态的淋雨状渗流形式，或者呈短时间的饱水状态连续渗流形式。此类污染，无论在其范围上还是浓度上，均有明显的季节性变化，受污染的对象主要是浅层地下水，如图2-31所示。

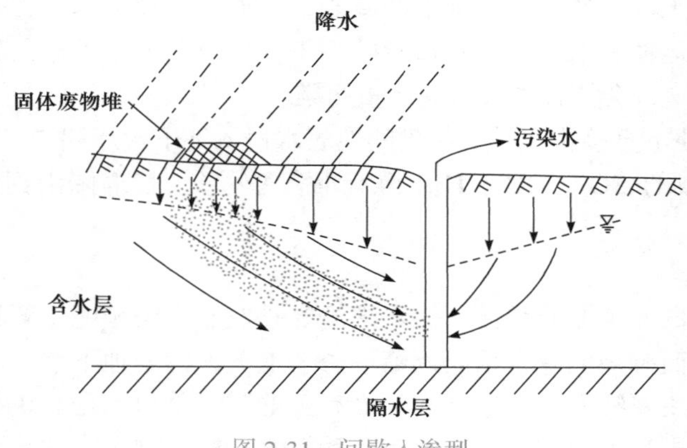

图2-31 间歇入渗型

2) 连续入渗型

连续入渗型的特点是污染物随各种液体废弃物不断地经包气带渗入含水层。这种情况下，或者包气带完全饱水，呈连续入渗的形式，或者包气带上部的表土层完全饱水，呈连续渗流形式，而其下部(下包气带)呈非饱水的淋雨状的渗流形式渗入含水层，如图2-32所示。这种类型的污染对象主要是浅层含水层。

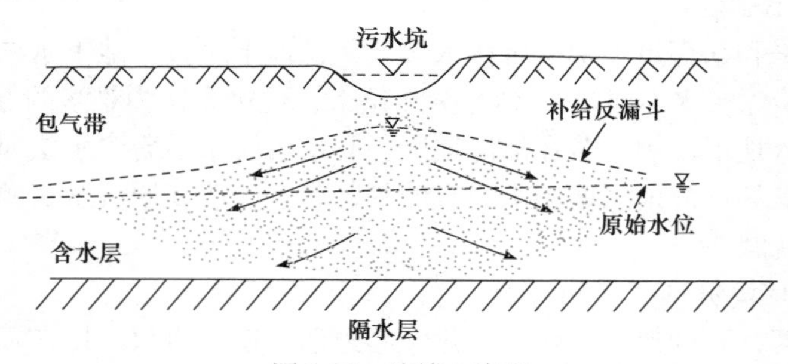

图2-32 连续入渗型

上述两种途径的共同特征是污染物都是自上而下经过包气带进入含水层的，所以污染物对地下水污染程度的大小，主要取决于包气带的地质结构、物质成分、厚度及渗透性能等

① 地质历史上某一时代形成的层状岩石称为“地层”。

因素。

3) 越流型

越流型的特点是污染物通过层间越流的形式转入其他含水层，如图 2-33 所示。这种转移或者通过天然途径(水文地质天窗)，或者通过人为途径(结构不合理的井管、破损的老井管等)，或者通过人为开采引起的地下水动力条件的变化而改变越流方向，使污染物通过大面积的弱隔水层越流转移到其他含水层。其污染来源可能是地下水环境本身，也可能是外来的因素，它可能污染承压水或潜水。研究这一类型污染的困难之处是难于查清越流具体的地点及地质部位。

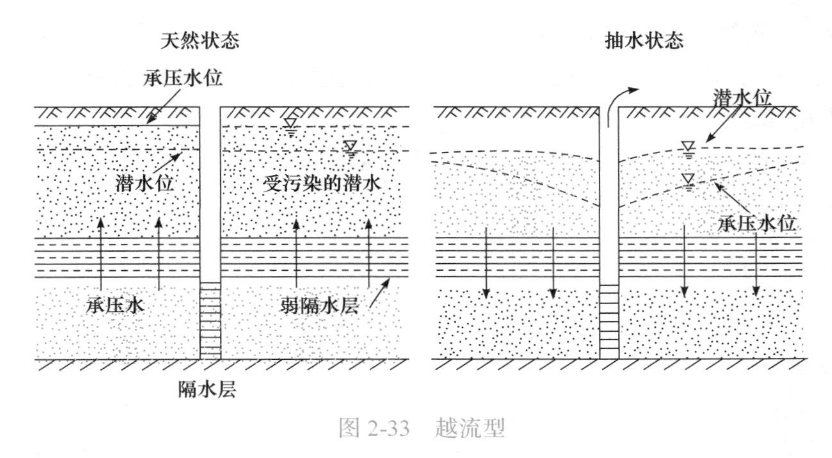

图 2-33　越流型

4) 径流型

径流型的特点是污染物通过地下水径流的形式进入含水层。或者通过污水处理井，或者通过岩溶发育的巨大岩溶通道，或者通过废液地下储存层的隔离层的破裂而进入其他含水层，如图 2-34 所示。此类型污染，其污染物可能是人为来源也可能是天然来源，可能污染潜水或承压水。其污染范围可能不大，但其污染程度往往由于缺乏自然净化作用而显得十分严重。

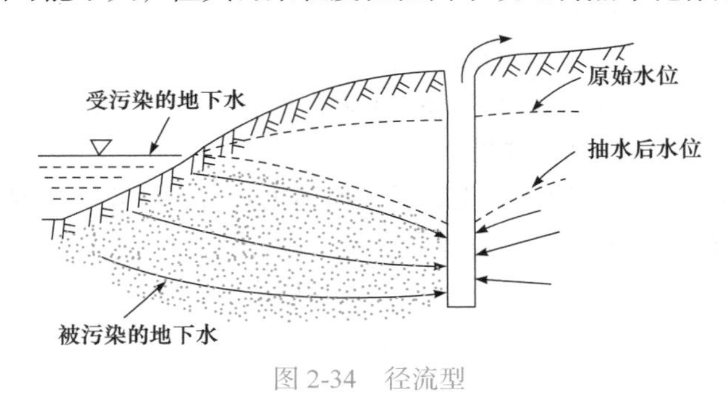

图 2-34　径流型

5) 注入型

注入型是一些企业或单位通过构建或废弃的水井违法向地下水含水层注入污水，已成为需要高度关注的地下水污染途径。

3. 地下水污染的危害

造成地下水水质恶化的各种物质都称为地下水污染物，一般包括 3 种类型，即细菌污染、化学污染和热污染。细菌污染是暂时性的，污染面积不大，污染部位也较浅；热污染虽然对环境和生态有所影响，却并未严重影响水质；化学污染是地下水被污染的主要根源，人类应给予更充分的关注。

1) 对人类的危害

地下水中几乎含有2.1.3节介绍的全部有毒污染物[①]。

2) 对工业、农业、畜牧业的危害

(1) 地下水的污染将严重影响工业生产，主要体现在生产成本的增加。例如，地下水中Ca^{2+}、Mg^{2+}增加，就会使烧锅炉的燃料耗量大大增加，严重时，甚至会引起锅炉爆炸。这就需要对水进行软化处理，从而使生产成本增加。

(2) 长期用受污染的地下水进行灌溉，一方面使土壤板结，严重时，耕作将无法进行。另一方面会使农田产品中有害成分含量增加，如在用镉超标地下水浇灌的稻田，生长出来的稻米含镉量大大增加，会危害人们的身体健康。

(3) 富营养化的水臭味大、颜色深、细菌多，这种水的水质差，不能直接利用，富营养化水中的鱼大量死亡。

4. 地下水污染程度判别

依据《地下水质量标准》(GB/T 14848—2017)中毒理学指标的Ⅳ类标准，地下水污染程度可分为3个级别。

(1) 轻度污染。地下水毒理学指标在GB/T 14848—2017中Ⅳ类标准10倍以下；

(2) 中度污染。地下水毒理学指标在GB/T 14848—2017中Ⅳ类标准10～100倍；

(3) 重度污染。地下水毒理学指标在GB/T 14848—2017中Ⅳ类标准100倍以上。

5. 地下水污染的特点

(1) 隐蔽性。地下水赋存于地表以下的地层空隙中，样品的获取难度大、分析检测要求的技术水平高、污染源识别困难等。

(2) 长期性。地下水在含水层中的运动特征复杂，且多数情况下地下水的运动极其缓慢。地下水的循环周期是1400年，而河水只需20天。地下水一旦受到污染，即使彻底清除了污染源，地下水水质恢复也需要很长时间。

(3) 难恢复性。地下水由于缺乏微生物而自净能力差，其污染几乎是不可逆转的。

污染物不仅会存在于水中，而且会吸附、残留在含水层介质中，缓慢地向水中释放，因此单独治理地下水难以实现恢复的目的。加上含水层介质类型、结构和岩性复杂，流动极其缓慢，地下水恢复治理的难度要远远大于地表水。

6. 我国的地下水污染现状

地下水由于具有埋藏深、不易被发现的特点，其严重污染的情况长期得不到应有的重视，使得地下水污染越来越严重。2022年《中国生态环境状况公报》显示，全国监测站1890个国家地下水环境质量考核点位中，Ⅰ～Ⅳ类水质点位占77.6%，Ⅴ类占22.4%。主要超标指标为铁、硫酸盐和氯化物。

---

① 详见2.1.3节“有毒污染物”部分。

从整体上看，我国的地下水遭受不同程度有机和无机有毒有害污染物的污染，已呈现由点及面、由浅到深、由城市向乡村不断扩展和污染日益严重的趋势，北方污染程度要大于南方。

2.4.3　地下水污染的防治

1. 地下水污染防治目标

2019 年 3 月 28 日，生态环境部、自然资源部等五部委联合发布的《地下水污染防治实施方案》中提出地下水污染防治主要目标是：到 2020 年，初步建立地下水污染防治法规标准体系、全国地下水环境监测体系；全国地下水质量极差比例控制在 15%左右；典型地下水污染源得到初步监控，地下水污染加剧趋势得到初步遏制。到 2025 年，建立地下水污染防治法规标准体系、全国地下水环境监测体系；地级及以上城市集中式地下水型饮用水源水质达到或优于Ⅲ类比例总体为 85%左右；典型地下水污染源得到有效监控，地下水污染加剧趋势得到有效遏制。到 2035 年，力争全国地下水环境质量总体改善，生态系统功能基本恢复。

近期目标是“一保、二建、三协同、四落实”：“一保”，即确保地下水型饮用水源环境安全；“二建”，即建立地下水污染防治法规标准体系、全国地下水环境监测体系；“三协同”，即协同地表水与地下水、土壤与地下水、区域与场地污染防治；“四落实”，即落实《水十条》确定的四项重点任务，开展调查评估、防渗改造、修复试点、封井回填工作。

2. 预防地下水污染的措施

(1) 积极开展地下水环境脆弱性调查评价及编制评价图册，进行地下水环境脆弱性评价。对工程项目选址、选线以及对地下水水质监测起指导作用。根据脆弱性水平建立监控网络更科学合理，避免人力资源和物力资源的分散与浪费。

(2) 合理利用地下水资源，注意监测地下水位变化，防止地下水位降低，必要时对地下水进行回灌增补，但人工回灌补给地下水，不得恶化地下水水质。

严格根据水文地质条件科学合理地设立地下水井，避免在同一层面、同一深度、同一区域重复布置，防止地下水的不合理开采和使用。根据不同区域地下水的可开采量，严格限制地下水的开采，减少甚至禁止工业对地下水的开采。在开采多层地下水的时候，如果各含水层的水质差异大，应当分层开采；对已受污染的潜水和深层水，不得混合开采。科学合理地确定地下水资源的价格也能起到一定的限制地下水开采的作用。

(3) 对地下水资源进行分区。编制流域综合管理规划，控制流域管理。在一级保护区内禁止建设与供水设施和保护水源地无关的建设项目，二级保护区内禁止建设排污口和产生重度污染的项目。

(4) 将对地下水的监管纳入“河长制”中，建立地表水与土壤、地下水一体化监管体系。污染物能够在水土之间、地表和地下之间转移。因此，地表水、地下水、土壤三者的协同共治是必要的。地下水污染防治必须要着眼于大格局，要强化点面结合，实现地表水、地下水、土壤三者治理的协同。

在无良好隔渗地层，禁止企事业单位使用无防止渗漏措施的沟渠、坑塘等输送或者储存含有毒污染物的污水、含病原体的污水和其他废弃物。

禁止企事业单位利用渗井、渗坑、裂隙和溶洞排放、倾倒含有毒污染物的污水、含病原体的污水和其他废弃物。

(5) 社会参与，公众监督。充分利用网络平台、平面媒体、手机短信等手段，加大宣传力度，提高全社会爱水、护水、保水的意识，积极推进舆论监督和公众参与，完善举报和媒体曝光制度，奖励在地下水保护工作中做出显著成绩的个人和单位。

地下水保护的主力应该是普通大众，公众的深度参与至关重要。公众与政府、企业之间形成了监督制衡机制，在巨大的舆论压力之下，企业不敢向地下排放或注入污染物，政府也会自觉承担起相应的监督责任。

(6) 调整供水水源结构，实行分质供水与水的循环使用。开展分质供水、优质优用，这是综合利用有限水资源的有效措施。

(7) 兴建地下工程设施或者地下勘探、采矿等活动，应当采取保护性措施，防止地下水污染。

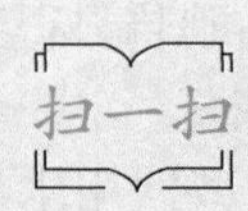

链接 2-31 地下水污染防治的难点

2.4.4 地下水污染的修复技术

根据地下水污染修复的主要原理，地下水修复技术可归纳为四大类，即物理法修复技术、化学法修复技术、生物法修复技术和复合法修复技术。

1. 物理法修复技术

物理法修复技术中，传统的有水动力控制法、流线控制法、屏蔽法和被动收集法等；新技术有原位热处理技术和淋洗技术，详见链接 2-32“地下水污染原位热处理技术和淋洗技术”。

链接 2-32 地下水污染原位热处理技术和淋洗技术

1) 水动力控制法

水动力控制法的原理是建立井群控制系统，通过人工抽取地下水或向含水层内注水的方式，改变地下水原来的水力梯度，进而将受污染的地下水体与未受污染的清洁水体隔开。井群的布置可以根据当地的具体水文地质条件确定。因此，又可分为上游分水岭法和下游分水岭法，如图 2-35 所示。

上游分水岭法是在受污染水体的上游布置一排注水井，通过注水井向含水层注入清水，使得在该注水井处形成一个地下分水岭，从而阻止上游清洁水体向下补给已被污染水体；同时，在下游布置一排抽水井将受污染水体抽出处理。而下游分水岭法则是在受污染水体下游布置一排注水井注水，在下游形成一个分水岭以阻止污染羽向下游扩散，同时在上游布置一排抽水井，将初期抽出的清洁水送到下游注入，最后将抽出的污水进行处理。

2) 流线控制法

流线控制工艺设有一个抽水廊道、一个抽油廊道(设在污染范围的中心位置)、两个注水廊道(分布在抽油廊道两侧)。首先从上面的抽水廊道中抽取地下水，然后把抽出的地下水注入相邻的注水廊道内，以确保最大限度地保持水力梯度。同时，在抽油廊道中抽取污染物，但要注意抽油速度不能高，但要略大于抽水速度。

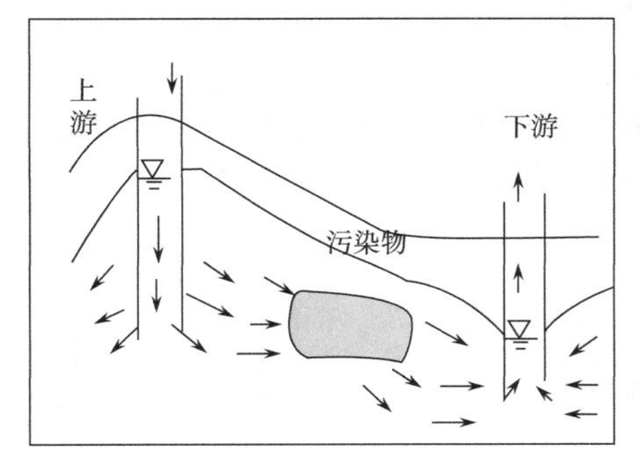

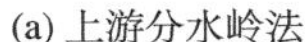

(a) 上游分水岭法

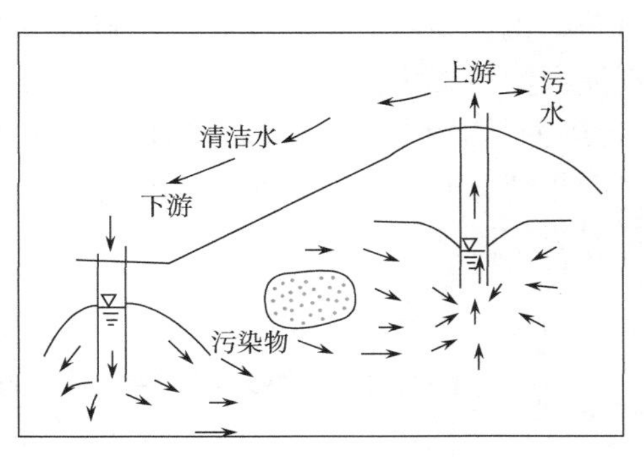

(b) 下游分水岭法

图 2-35 水动力控制法的两种形式

3) 屏蔽法

在地下建立各种物理屏障，将受污染水体圈闭起来，以防止污染物进一步扩散蔓延。常用的灰浆帷幕法是用压力向地下灌注灰浆，在受污染水体周围形成一道帷幕，从而将受污染水体圈闭起来。

4) 被动收集法

在地下水流的下游挖一条足够深的沟道，在沟内布置收集系统，将水面漂浮的污染物质如油类污染物等收集起来，或将所有受污染的地下水收集起来以便处理。

5) 电动修复技术

电动修复技术又称电化学动力修复技术，是利用土壤、地下水和污染物电动力学性质对环境进行修复的绿色技术。其基本原理是将电极插入受污染的地下水或土壤区域，通直流电后，在此区域形成电场。在电场的作用下，此区域的土壤或地下水中的重金属离子(如 Pb^{2+}、Cd^{2+}、Cr^{3+}、Zn^{2+}等)、无机离子和颗粒物质等通过电流的作用以电渗透与电迁移的方式向电极运动，然后进行集中收集处理。同时，在电极表面发生水或其他物质的电解反应。发生水电解反应时，阴极电解产生氢气，阳极电解产生氧气。这种方法用于去除吸附性较强的有机物的效果比较好，具有环境相容性、功能适用性、高选择性、控制自动化及运行费用低的优点。国外已有商业化应用。

2. 化学法修复技术

地下水污染的化学修复技术归纳起来主要有 2 种方式，即有机黏土法和原位化学氧化/还原修复技术(ISCO/ISCR)。

1) 有机黏土法

有机黏土法的修复过程是通过向含水层注入季铵盐阳离子表面活性剂，使其在现场形成有机黏土矿物，形成有机污染物的吸附区，可以显著增加含水层对地下水中有机污染物的吸附能力；适当分布这样的吸附区，可以截住流动的有机污染物，将有机污染物固定在一定的吸附区域内。利用现场的微生物，降解富集在吸附区的有机污染物，从而彻底消除地下水中的有机污染物。

2) 原位化学氧化/还原修复技术

在石油烃、VOCs 等有机污染场地地下水修复项目中 ISCO 是最常用的技术之一，近年来美国 Superfund 污染地下水修复项目的 ISCO 使用频率在 20%～30%。常用药剂有芬顿试剂、活化过硫酸钠、高锰酸钾和臭氧。实施时只需通过注射井或原位注射设备，分一次或几次将氧化剂注入受污染的含水层中。

ISCR 主要用于重金属(六价铬)和氯代烃污染地下水修复，常用的还原剂包括 ZVI①、二价铁、多硫化钙、连二亚硫酸钠、亚硫酸氢钠、硫酸亚铁和双金属材料等，其中 ZVI 在 ISCR 的应用最为广泛。

链接 2-33 纳米零阶铁(nZVI)修复技术

3. 生物法修复技术

生物法修复技术是指利用天然存在的或特别培养的生物(植物、微生物和原生动物)在可调控环境条件下将有毒污染物转化为无毒物质的处理技术，是目前使用比较成熟的修复技术，通常用来治理地下饱水带的有机污染，也可归入原位修复一类。

1) 原位强化生物修复技术

原位强化生物修复(enhanced in situ bioremediation，EISB)是依靠微生物自身的代谢过程降解地下水污染物，主要分为好氧生物修复、厌氧氧化生物修复和厌氧还原生物修复 3 种技术。不同生物法修复技术适用于不同类型的地下水污染物，如表 2-1 所示。工程上常通过添加药剂改变环境条件以提高土著菌群的活性、筛选特定的菌株并注入地下水或结合其他辅助技术(如空气注入)以强化微生物作用。生物修复适用于大面积污染区域的修复，具有成本低且二次环境影响较小的优势。

表 2-1 不同生物法修复技术的目标污染物类型

生物法修复技术	目标污染物	降解途径
好氧生物修复	非卤代有机化合物	氧作为电子受体，直接代谢
厌氧氧化生物修复	部分类石油污染物	硝酸盐和硫酸盐作为电子受体，直接代谢
厌氧还原生物修复	氯化溶剂(PCE、TCE 和 1,1,1-TCA 等)、六价铬	生物可利用有机碳作为电子供体，直接代谢

2) 地下水监测自然衰减修复技术

地下水监测自然衰减修复技术主要发起于 20 世纪 90 年代，该技术原理主要是在没有人为干扰和作用的情况下，通过自然发生的过程，如生物降解、吸附、挥发、化学反应和分解等，导致地下水中污染物浓度、毒性等不断下降的过程②。

4. 复合法修复技术

复合法修复技术是一种新的地下水修复技术，虽然大多数还在试验中，但已经显露出不

① ZVI 是 zero-valent iron 缩写，中文为“零价铁”；nZVI 是 nanoscale zero-valent iron 缩写，中文为“纳米零价铁”。

② 原理可参见 1.2.2 节“生态系统的平衡”和 2.2.2 节“自然条件下的生物处理”部分。

错的效果，很有发展前途。

复合法修复技术是兼有两种或多种技术属性的污染修复技术。例如，渗透性反应屏修复技术同时涉及物理吸附、氧化-还原反应、生物降解等几种技术；抽出处理修复技术在处理抽出水的同时使用了物理法、化学法和生物法；空气注入-土壤气相抽提技术则同时使用了气体分压和微生物降解两种技术等。详情见链接 2-34“地下水复合修复技术”。

以上介绍的 4 种地下水污染基础修复技术的特点及应用比较表见链接 2-35。

链接 2-34　地下水复合修复技术
链接 2-35　地下水污染基础修复技术的特点及应用比较表

2.5　海洋污染与防治

海洋约占地球面积的 71%。海洋不仅能调节陆地气候、为人类提供航行通道，还蕴藏着丰富的资源。因此，人类越来越重视对海洋的开发和利用。在 20 世纪就有人预言，21 世纪将是海洋的世纪。海洋将成为人类获得蛋白质、工业原料和能源的重要场所，同时是大自然赐予人类的独特的旅游资源。但是不可忽视的是，人类的活动又将大量废弃物排入海洋，战争也给海洋带来创伤，导致海洋污染。正如空气污染一样，海洋污染可轻易地借由海流流动，将其散播于千里之外，无任何地区可以幸免。因此，需要人类更加关心海洋的污染问题，积极防治海洋污染，保护好海洋的生态环境。海洋是人类蓝色的资源宝库，保护海洋的生态环境，就是保护人类自己。

2.5.1　海洋生态环境

海洋生态环境是人类生存的自然环境的一个重要组成部分，它包括海洋水体、海床和底土，以及海面上方的大气、海洋中的生物。

1. 海洋生态环境等级划分

1) 海洋生态环境敏感区

海洋生态环境敏感区是指海洋生态环境功能目标很高，且遭受损害后很难恢复其功能的海域；对于人类具有特殊价值或潜在价值，极易受到人为不当开发活动影响而产生负面效应的海(区)域。

海洋生态环境敏感区主要包括：①自然保护区。一般指国家级和省市级自然保护区。②重要物种(列入保护名录的、珍稀濒危的、特有的)及其生境，如海龟、白鳍豚、儒艮等。③重要的海洋生态系统和特殊生境，如海岸湿地、海湾、河口、滩地、红树林、珊瑚礁等。④重要海洋生态功能区。一般指国家级和省市级海洋生态功能保护区和其他海洋生态保护区，如鱼类产卵场、越冬场、索饵场、洄游通道、生态示范区等。⑤重要自然与人文遗迹(自然、历史、民俗、文化等)，如风景名胜区、海岸森林、滨海沙滩、海滨浴场、海滨地质景观、海滨动植物景观、特殊景观等。⑥生态环境脆弱区，如生物资源养护区、脆弱生态系统等。⑦重要资源区，如重要渔场水域、海水增养殖区等。

2) 海洋生态环境亚敏感区

海洋生态环境亚敏感区是指海洋生态环境功能目标高，且遭受损害后难于恢复其功能的海域。主要包括海滨风景旅游区、人体直接接触海水的海上运动或娱乐区、滨海养殖海水取水区、海水淡化取水区、洪水敏感区、海岸侵蚀区、禁止捕捞区、与人类食用直接有关的工业用水区等。

3) 海洋生态环境非敏感区

海洋生态环境非敏感区主要包括一般工业用水区和港口水域等，以及上述敏感区以外的海域。

2. 海洋资源

从海水到海底或海底以下，都蕴藏着极其丰富的宝藏。

1) 水资源

海洋储水量为 13.7 亿 km^3，占地球总水量的 97.2%。海水淡化可解决淡水危机。海洋运输成本低，全球 90%以上的货物贸易是通过海运实现的。

2) 生物资源

海洋中生活着 16 万～20 万种动物，其中鱼类有 25000 多种，软体动物和甲壳动物有 40000 多种。据估计，海洋每年可向人类提供数亿吨鱼类。海洋生物的另一部分就是植物，仅藻类就有 10 万种之多。

3) 矿产资源

海洋中的矿产资源大致可以分为海水化学资源和海底矿产资源。

(1) 海水化学资源。人类在地球上发现了 100 多种元素，其中有近 80 种已在海水中找到。海洋是镁、溴和钾的主要源地。海水中溶解约 4×10^8 亿 t 食盐。海洋中约有 42 亿 t 原子能工业重要燃料铀，还有核聚变反应所需的重要原料氘。

(2) 海底矿产资源。海底矿产主要有滨海砂矿、海底沉积矿床和海底岩矿。目前，经济意义最大的是海洋石油、天然气资源、大洋锰结核和热液-沉积矿床等。

4) 动力资源

海水动力资源指潮汐、波浪、海流、温差、盐度差等能源。

5) 旅游资源

海洋旅游包括海滨观光、休闲、度假、疗养、海水浴场、海上运动、海底探险等。人们可以享受阳光、沙滩、海水、海鲜、海滨景色、新鲜空气等大自然的赐予。

3. 海洋环境容量

海洋也具有自净化作用。海洋环境容量是在充分利用海洋的自净能力和不造成污染损害的前提下，某特定海域所能容纳的污染物质的最大负荷量。巨大的海洋空间是净化处置废物的场所，一般来说，利用海洋净化和处置废物是经济的。海洋自净能力是一项特殊的宝贵资源，在利用时必须严格控制在其净化能力范围内，以防止造成污染损害。由于不同海区自然条件的差异，净化能力强弱不一。因此，要对各海区的物理自净、化学自净和生物自净的过程、机制和动力进行研究，为合理地利用海洋净化废物的能力创造前提条件。

4. 海洋环境特点

(1) 海洋环境具有流动性、关联性。地球上的海洋是相互连通的，构成统一的世界海洋。海水是流动的，海洋中的许多资源也是流动的，在海洋开发过程中易产生连带影响。一旦不合理开发破坏了某种海洋资源的生存状况，将对其他海洋资源的生存产生直接或间接的影响。

(2) 海洋环境空间复合程度高。同一海洋环境下，多种资源共存，并且在种类、用途上表现出极大的不同。不少海域的海底是油气田，水体是渔场，水面是船舶航行的通道。

(3) 海洋环境容量大。见本节“水资源”部分。

(4) 变动性和稳定性。由于海洋环境容量大，外界对海洋环境影响极小，海洋环境表现为相对稳定。当外界对海洋环境影响大于海洋环境容量时，海洋环境发生显著变化，海洋环境表现为变动性。

5. 我国的海洋国土

我国是海洋大国，大陆海岸线为 1.8 万 km，面积 $500m^2$ 以上的海岛有 6900 余个，管辖海域总面积约 300 万 km^2，包括渤海、黄海、东海和南海，有鸭绿江、辽河、海河、黄河、淮河、长江、珠江等 1500 余条河流入海。

以近海大陆架为基础的专属经济区外沿就是海上的战略边疆，它所构成的海域就是国家的海洋国土。中国拥有近 360 万 km^2 的富饶海洋国土。

2.5.2　海洋环境保护的法规和海水质量标准

1. 国际公约

海洋大部分为公海，且“同一个海洋”彼此连通。因此，防止海洋污染必定是国际性的任务。从 20 世纪 50 年代开始，联合国国际海事组织(IMO)召开了多次国际会议，制定了一系列防止船舶造成海洋污染的国际公约。最早是在 1954 年制定的《国际防止海洋油污染公约》(该公约于 1958 年 7 月生效)，还有《国际干预公海油污事故公约》(1969 年)、《国际油污损害民事责任公约》(1969 年)、《国际防止船舶造成污染公约(MARPOL73/78)》(1973 年制定、1978 年修正)、《国际油污防备、反应和合作公约》(1990 年)等。这些公约和附则对船舶污染的结构、装置、设备和管系都做了强制性的规定，对船舶排放的区域、数量、标准、操作步骤和应急措施也做了严格的规定，对由违反这些规定造成海洋污染的船舶而引起的国际干预、承担的民事责任和赔偿金额及国际防备、快速反应和通力合作也做了具体说明。

链接 2-36　国际海洋环境保护公约

2. 我国海洋环境保护法规和管理条例

我国是 IMO 的 A 类理事国，并先后加入了《国际防止船舶污染公约》和《联合国海洋法公约》等国际海洋环境保护公约，所以我国的法规和条例与国际公约的精神和要求是一致的，但也根据我国的国情做了部分的调整和变通，如《防止拆船污染环境管理条例》(1988 年制定、

2016 年修正)等。详见链接 2-37“我国海洋环境保护法规和主要海洋污染物排放标准”。

链接 2–37　我国海洋环境保护法规和主要海洋污染物排放标准

1)《中华人民共和国海洋环境保护法》(2023 年修订版，自 2024 年 1 月 1 日起施行)

我国于 1982 年颁布了《中华人民共和国海洋环境保护法》，简称《海洋环境保护法》，现行版本是 2023 年修订版。新修订的法律共分 9 章 124 条，涉及海洋环境监督管理、海洋生态保护、陆源污染物污染防治、工程建设项目污染防治、废弃物倾倒污染防治、船舶及有关作业活动污染防治、法律责任等内容。修订后的海洋环境保护法坚持陆海统筹、区域联动，全面加强海洋环境污染防治，完善海洋生态保护，强化海洋环境监督管理，推进海洋环境保护法律域外适用，有许多制度创新和务实管用的举措。

2) 防治污染海洋环境的管理条例

我国先后颁布修订了多个管理规范条例。例如，1983 年的《中华人民共和国防止船舶污染海域管理条例》，于 2010 年被《防治船舶污染海洋环境管理条例》替代；关于沿海区域全面推进“湾长制”；以及《海洋调查规范》《海洋监测规范》等海洋环境保护规范。

3.《海水水质标准》(GB 3097—1997)

按照海域的不同使用功能和保护目标，海水水质分为四类：

第一类 适用于海洋渔业水域，海上自然保护区和珍稀濒危海洋生物保护区。

第二类 适用于水产养殖区，海水浴场，人体直接接触海水的海上运动或娱乐区，以及与人类食用直接有关的工业用水区。

第三类 适用于一般工业用水区，滨海风景旅游区。

第四类 适用于海洋港口水域，海洋开发作业区。

2.5.3 海洋污染

《联合国海洋法公约》中对海洋环境污染明确定义为：人类活动，直接或间接地把物质或能量引入海洋环境，造成或可能造成损害海洋生物资源和海洋生物、危害人类健康、妨碍包括捕鱼和其他正当用途在内的各种海洋活动、损害海水使用质量和减损环境优美等有害影响。

1. 海洋污染的特点

1) 污染源广

海洋系统的开放性，以及海洋处于生物圈最低部位，决定了海洋环境的多源性。海洋只能接受污染物，不能将其运到别处去。详见本节“海洋污染的来源”部分。

2) 持续性强

大气污染了，一次大雨可以使天空晴朗；河流污染了，汛期可以把污水冲到海洋；而海洋却只能接受来自大气和陆地的污染物，再也没有其他场所可转移。因此，一些不溶解和不易分解的污染物，如塑料等，长期在海洋中蓄积，越积越多。同时，这些污染物可以通过生物的富集能力和食物链传递，对人类构成潜在威胁。

3) 扩散范围大

世界大洋的连通性，伴生了海洋污染扩散的无界性。

4) 防治难，控制更难

海洋功能的重叠变动性，增添了开发管理的矛盾性；海洋环境的复杂耦合性，加大了治理修复的风险性；海水运动的复杂性，导致了海洋环境污染的难控性。特别是洋流[①]按一个方向进行，所以它可以将混入海水中的污染物带到更远的海域。

5) 海洋环境污染在一定范围内的不可逆性

当人类活动排出的污染物超出海洋环境的自净能力时，不仅将造成海洋环境的污染和损害，而且会导致海洋环境系统产生不可逆的变化。

6) 海洋生态系统的庞杂性，增加了污染致害的严重性

由于海洋污染的以上特点决定了海洋污染控制的复杂性，要防止和消除海洋污染，必须进行长期的监测和综合研究工作。

2. 海洋污染的来源

人类活动产生的大部分废物和污染物最终都进入了海洋，海洋成了天然垃圾站，污染日趋严重。海洋污染的来源涵盖了海陆空三方面。

1) 船舶污染

船舶污染主要是指船舶在航行、停泊港口、装卸货物的过程中对周围水环境和大气环境产生的污染。主要表现：①排放性的船舶污染。按物质性质可以分为船舶污水和船舶垃圾两类，如餐厨垃圾、生活垃圾、废旧塑料、垫舱木料、废弃工具、含油废物等固体污染物；生活污水、机舱污油水等液体污染物。这是由于船舶公司、船员缺乏环境保护意识而将船舶污染物排入海中。②海上事故性污染。船舶发生碰撞、搁浅、触礁、火灾、爆炸等海损事故，造成油舱/液货舱破裂，致使燃油/液体货物外溢。

2) 海洋开发污染

(1) 海洋石油开发。例如，油田作业区和钻井平台上产生的生活、生产废弃物和含油污水排入海洋，意外漏油、溢油[②]、井喷[③]等事故的发生，以及自然过程中产生的废弃物和含油污水流入海洋中。

(2) 海底矿产资源开发。矿产资源开发时容易排放大量固体废弃物，影响海水的清洁，使海水变得浑浊不堪。

(3) 近海养殖和捕捞污染。近海渔场长期处于超负荷状态，过度投饵施肥用药和渔民的生活垃圾，增加了水质污染，降低了海水自净能力。

(4) 海岸工程建设。一些海岸工程建设改变了海岸、滩涂和潮下带及其底土的自然性状，

---

① 海水主要有两种运动形式。一种是伴随着海水涨潮和落潮而来的流动，即潮流，潮流的方向是往复的或者小范围内旋转性流动；另一种是方向恒定的海流，也称洋流，这是海水的主要流动方式。

② 近年发生的两起重大的石油泄漏事件：其一，渤海之殇——康菲中国石油泄漏事件。2011 年 6 月渤海湾蓬莱 19-3 油田作业区发生两起溢油事故，本次溢油事故造成污染的海洋面积至少为 5500km^2，其中劣四类海水海域面积累计约 870km^2。其二，墨西哥湾石油漏油。2010 年 4 月 20 日夜间，位于墨西哥湾的“深水地平线”钻井平台发生爆炸并引发大火，大约 36h 后沉入墨西哥湾。沉没的钻井平台每天漏油达到 5000 桶，4 月 30 日海上浮油面积达 9900km^2。

③ 迄今，最严重的海上油田井喷事故是墨西哥湾“Ixtoc-I”油井井喷，该井 1979 年 6 月发生井喷，一直到 1980 年 3 月 24 日才封住，共漏出原油 47.6 万 t，使墨西哥湾部分水域受到严重污染，海洋生物和人类生存的环境遭殃。

破坏了海洋的生态平衡和海岸景观。

3) 陆源污染

(1) 陆地工厂。与海相通的河流两岸的造纸厂、化工厂等利用河道排放污水而污染海洋。

(2) 陆地垃圾。含有污染物质的工业垃圾、生活垃圾倾倒河岸或河道，随河水或涨落潮流入海洋。

(3) 河流。每年有将近百亿吨的淤泥和废物进入沿海水域，造成世界许多沿海水域，特别是一些封闭和半封闭的海湾与港湾出现富营养化。

4) 大气沉降污染

大气污染物可随气团远距离输送至海洋上空，以干沉降和湿沉降的方式进入海洋，对海洋环境和生态系统产生影响。大气沉降向海洋输入大量营养物质(如 N、P)，加剧了近岸水体的富营养化。大气沉降也是海洋中重金属和有毒有机污染物的重要来源。此外，海洋上空的大气污染物能够削弱到达海洋表面的太阳辐射，从而影响海洋浮游植物的光合作用效率。大气污染物中的 NO_x、SO_2 等酸性气体沉降入海能够促进海洋酸化。

5) 海洋倾废

海洋倾废是向海洋倾泻废物以减轻陆地环境污染的处理方法，包括通过船舶、航空器、平台或其他载运工具向海洋处置废弃物或其他有害物质的行为，也包括弃置船舶、航空器、平台和其他浮动工具的行为。这是人类利用海洋环境处置废弃物的方法之一。

3. 海洋污染物及其危害

凡是进入海洋并能破坏海洋生态造成有害影响的物质都是海洋污染物。海洋污染物几乎包括 2.1.3 节“水污染物及其危害”中提及的所有水体污染物，其中有些污染物对海洋的生态环境和人类健康的危害特别大，简要介绍如下。

1) 海洋石油污染的危害

海洋石油污染主要是石油及其炼制品(汽油、煤油、柴油等)在开采、炼制、储运和使用过程中进入海洋环境而造成的，也称“黑色污染”。

石油一进入海洋，便漂浮在水的表面，形成巨大的油膜[①]，影响大气中的 O_2 进入海洋，阻止海洋对大气中 CO_2 的吸收，增加发生温室效应的概率；油膜还会大大减少进入水中的太阳能，导致海洋中大量藻类、微生物甚至鸟类死亡，使海洋生态系统失衡，直接破坏海洋渔业，严重时会造成重大的经济损失并影响人类健康[②]。此外，海洋石油污染会给近海岸的工业生产带来不利影响，如影响电厂的安全运行、破坏沿海的旅游景观等。

2) 有机物质和营养盐类的危害

大量的有机物质和营养盐类进入海洋，会造成近海海水富营养化，使海水中某些浮游生物、原生动物或细菌大量增长或高度聚集，海水变色，称为“赤潮”。但并非所有的赤潮都是红色的，也有绿色、黄色、棕色等。赤潮发生初期，藻类的光合作用使得水体中的叶绿素 a

① 每滴石油在水面上能够形成 $0.25m^2$ 的油膜，每吨石油可覆盖 500 万 m^2 的水面。

② 石油会黏附在鱼卵和鱼鳃上使鱼类大量死亡，或品质下降，并通过食物链影响人体健康。石油污染物还会干扰海洋生物的摄食、繁殖、生长，使生物分布发生变化，改变群落和种类组成；石油对鱼卵和幼鱼的杀伤力很大，海水含油量在 0.1mg/L 时，孵出的鱼苗大多有缺陷，只能存活一两天；海水中的石油污染物会在鱼、虾、贝类、藻类体内积蓄起来，降低食用价值，会使长期食用的人患病。

和耗氧量等明显增加，致使一些海洋生物不能正常生长繁殖，甚至死亡。有的赤潮生物产生的黏液附着在鱼类的鳃上会致其窒息死亡。在赤潮发生的后期，赤潮生物大量死亡，细菌的分解作用伴随着水体严重缺氧情况，同时产生其他有害物质，导致海洋生物因缺氧或中毒死亡。赤潮区域内的鱼、虾、贝类、海带、紫菜等遭受污染，经济价值大大降低。如果人类不慎食用了这些鱼、虾、贝类等，就会中毒，甚至死亡。

当富营养化的海域发生赤潮时，底层氧消耗达到极限。在无氧状态下，水中的 H_2S 蓄积。当缺氧底层的水涌升时，水中 H_2S 被大气氧化形成胶体硫，海面有时会出现黑白或黑绿白色的浑浊现象，这一海水变色现象称为“黑潮”，其主要原因是颗粒状物对太阳光的散射。黑潮发生时，鱼类因不能有效呼吸而死。

3) 重金属污染的危害

海水重金属污染对人类生活影响最大的是深海鱼重金属含量超标的问题。这几年，因为吃深海鱼而汞中毒的患者越来越多。海水重金属污染正严重地制约着部分沿海地区海洋渔业的发展。

4) 放射性核素的危害

在较强放射性水域中，海洋生物通过体表吸附或通过食物进入消化系统，并逐渐积累在器官中，通过食物链作用传递给人类。这种放射性污染严重影响了人类的健康，这种污染造成的后果往往在此后几代人身上表现出来。

5) 微塑料污染的危害

塑料污染又称“白色污染”。预计至 2025 年，全球海洋中塑料垃圾量将高达 2.5 亿 t，即每 3t 鱼中，就有 1t 塑料。

大多数塑料制品，如果不加干预，其平均寿命会超过 500 年。并且随着时间的推移，这些残留在环境中的塑料垃圾经过长期风化裂解形成小于 5mm 或 1mm 甚至纳米级的微塑料，小于 5mm 的微塑料称为海洋中的 $PM_{2.5}$。英国科研人员认为海洋中的微塑料碎片量为 $1.5\times10^{13}\sim5.1\times10^{17}$ 个，合计总质量在 9.3 万～23.6 万 t。海洋环境中的微塑料，一方面正在越来越多地被海洋生物摄入[①]，不仅对海洋生物产生危害，而且最终将进入位于食物链顶端的人类的餐盘中，进而影响人类健康；另一方面通过表面富集重金属、持久性有机污染物(POPs)[②]、新型高毒有机污染物、重金属、放射性核素等，作为污染物载体给海洋生态环境、海洋生物生存及多样性、近海养殖渔业和旅游业都造成了严重破坏。保守估计，塑料垃圾每年给海洋生态系统造成的经济损失高达 130 亿美元。

6) 海洋热污染和固体废物的危害

海洋热污染指近海工业冷却水入海后能提高局部海区的水温，降低水中溶解氧，严重影响水中生物的新陈代谢，甚至使生物群落发生改变；也可使某些浮游生物急剧繁殖和高度密集，从而产生赤潮。入海的固体废物主要指工程残土、垃圾及疏浚泥等，可破坏海滨环境和海洋生物的栖息环境。

科学家分析，海洋生态环境的污染损害，可能影响 O_2 和 CO_2 以及全球水分的循环，引起

① 有报道指出，100%的海龟、59%的鲸类及 36%的海鸟体内都存在海洋垃圾。

② 持久性有机污染物(persistent organic pollutants，POPs)指能持久存在于环境中、具有很长的半衰期且通过生物食物链(网)累积、对人类健康和环境具有严重危害的天然或人工合成的有机污染物质。首批列入《关于持久性有机污染物的斯德哥尔摩公约》控制清单的 POPs 共有 12 种，它们是滴滴涕、氯丹、灭蚁灵、艾氏剂、狄氏剂、异狄氏剂、七氯、毒杀酚、六氯苯、多氯联苯、二噁英和呋喃。

热状态和大气环流的不平衡。过去不曾出现过严重自然灾害的地区出现严重干旱和洪水，或出现破坏性霜冻和飓风现象，可能都与海洋环境的污染损害有关。

4. 我国的海洋污染现状

2022年夏季，一类水质海域面积占管辖海域面积的97.4%，比2021年下降了0.3个百分点。渤海、黄海、东海和南海未达到第一类海水水质标准的海域面积分别为24650km^2、13710km^2、28940km^{2}和9540km^2，与2021年相比，渤海和黄海未达到第一类海水水质标准的海域面积有所增加，东海和南海有所减少。

2022年，全国近岸海域①水质总体稳中向好，水质级别为一般，主要污染指标为无机氮和活性磷酸盐。优良(一、二类)水质海域面积比例为81.9%，比2021年上升了0.6个百分点；劣四类水质海域面积比例为8.9%，比2021年下降了0.7个百分点。

2022年，面积大于100km^{2}的44个重要海湾中，10个海湾在春、夏、秋季三期均为优良水质，20个海湾三期均未出现劣四类水质。

2022年夏季，管辖海域呈富营养状态的海域面积为28770km^2，比2021年减少1400km^2。重度富营养状态的海域主要集中在辽东湾、长江口、杭州湾和珠江口等近岸海域。

2022年，海上表层水体拖网监测漂浮垃圾平均个数为2859个/km^2，平均密度为2.8kg/km^2。海滩垃圾平均个数为54772个/km^2，平均密度为2506kg/km^2。海底垃圾平均个数为2947个/km^2，平均密度为54.7kg/km^2。塑料类垃圾数量最多，基本上占85%左右，其次是木制品类和金属类。

2.5.4 海洋污染的防治

海洋环境与陆上不同，一旦被污染，即使采取措施，其危害也难以在短时间内消除。尤其是石油污染、重金属污染和微塑料污染②对海洋环境、海洋生物的生存和人类健康的危害特别严重。

治理海域污染比治理陆上污染花费的时间要长，技术复杂，难度大，投资也高，而且还不易收到良好效果。保护海洋环境，应以预防为主，防治结合，合理开发，综合利用。

链接 2-38 海洋污染的预防

1. 海洋石油污染的处理方法

石油可以油膜的形式漂浮在海面上，以溶解和乳化状态分散在海洋中，以海面漂浮的石油球和沉积物中的残留物存在于海洋中，所以应根据石油污染存在的不同形式采取不同的处理方法。

1) 自净作用

利用海洋本身具备的油污降解机制进行海域中石油污染的清除，称为“海洋自净作用”。

(1) 扩散。入海石油首先在重力、惯性力、摩擦力和表面张力的作用下，在海洋表面迅速扩展成薄膜，进而在风浪和海流作用下被分割成大小不等的块状或带状油膜，随风漂移扩散。风是影响油在海面漂移的最主要因素，油的漂移速度大约为风速的3%。石油中的氮、硫、氧等非烃组分是表面活性剂，能促进石油的扩散。

---

① 近岸海域指《全国海洋功能区划(2011～2020年)》确定的海域范围。

② 海洋中的微塑料污染最近才得到重视。现在微塑料污染无孔不入，甚至在人类的饮食中和体内都有，而且治理的难度极大。

(2) 蒸发。石油在扩散和漂移过程中，轻组分(如含碳原子数小于12的烃)很容易通过蒸发逸入大气。蒸发作用是海洋油污染自然消失的一个重要因素。通过蒸发作用消除泄入海中石油总量的1/4～1/3。

(3) 氧化。海面油膜在光和微量元素的催化下发生自氧化和光化学氧化反应，氧化是石油化学降解的主要途径，其速率取决于石油烃的化学特性。扩散、蒸发和氧化过程在石油入海后的若干天内对水体石油的消失起重要作用，其中扩散速率高于自然分解速率。

(4) 溶解。低分子烃和有些极性化合物还会溶入海水中。直链烷烃在水中的溶解度与其分子量成反比，芳烃的溶解度大于链烷烃。溶解作用和蒸发作用尽管都是低分子烃的效应，但它们对水环境的影响却不同。石油烃溶于海水中，易被海洋生物吸收而产生有害的影响。

(5) 乳化。石油入海后，由于海流、涡流、潮汐和风浪的搅动，容易发生乳化作用。乳化有两种形式：油包水乳化和水包油乳化。前者较稳定，常聚成外观像冰淇淋状的块或球，较长期在水面上漂浮；后者较不稳定且易消失。油溢后使用分散剂有助于水包油乳化的形成，加速海面油污的去除，也加速生物对石油的吸收。

(6) 沉积。海面的石油经过蒸发和溶解后，形成致密的分散粒子，聚合成沥青块，或吸附于其他颗粒物上，最后沉降于海底，或漂浮于海滩。在海流和海浪的作用下，沉入海底的石油或石油氧化产物，还可再上浮到海面，造成二次污染。

(7) 海洋生物对石油烃的降解和吸收。微生物在降解石油烃方面起着重要的作用，石油降解微生物主要分布于近海、海湾等地区。石油降解微生物的数量与细菌数量有关，即海水中养分多，则细菌数量多，相应地，石油降解微生物也多。因此，远洋由于营养贫乏，石油降解微生物很少，一旦受污染，不易消除，后果严重。石油降解微生物通常生长在油水界面上，而不是油液中。海洋植物、海洋动物也能降解一些石油烃。浮游海藻和定生海藻可直接从海水中吸收或吸附溶解的石油烃类。海洋动物会摄食吸附有石油的颗粒物质，溶于水中的石油可通过消化道或鳃进入它们的体内。由于石油烃是脂溶性的，因此，海洋生物体内石油烃的含量一般随着脂肪的含量增大而增高。在清洁海水中，海洋动物体内积累的石油可以比较快地排出。迄今尚无证据表明石油烃能沿着食物链扩散。

2) 物理处理法

物理处理法主要是采用围堵和其他方法回收海面上残留的石油。

(1) 围栏法。石油泄漏到海面后，应首先用围栏将其围住，阻止其在海面扩散，然后再设法回收。其作用主要是将油包围起来，缩小面积，防止其扩散，便于后期的物理回收。

(2) 撇油器。撇油器是在不改变石油的理化性质的基础上将石油回收。

(3) 吸油材料。可使用亲油性的吸油材料，使溢油黏在其表面而被吸附回收。吸油材料主要用在靠近海岸和港口的海域，用于处理小规模溢油。

(4) 磁性分离。美国研究出一种亲油疏水的磁性微粒，将它撒播在被污染海域，则微粒迅速溶于油中而使油呈磁性，进而被磁性回收装置清除。

(5) 机械式处理。机械式处理海面上油污的方式包括拦阻隔离系统、汲油系统和油水分离系统。油污先被拦阻于一定的海域内，再用汲油及油水分离设备进行回收。使用拦油设备时应在发生漏油后，越快越好，以免漏油经风化后，丧失回收再利用的价值。

3) 化学处理法

(1) 传统化学处理法。传统化学处理法为燃烧法。通过燃烧将大量浮油在短时间内彻底烧净，处理对象一般为大规模的溢油和北冰洋水域的石油污染，一般在离海岸相当远的公海上才使用此法。其优点是成本低、快速高效、效果好。缺点是浪费能源，不完全燃烧会放出浓烟，其中包括大量芳烃，会污染海洋、大气，带来二次污染，对生态环境造成不良影响。

(2) 现代化学处理法。现代化学处理法是采用药剂处理的方法。①分散剂。分散剂可以减少石油和水之间的表面张力，使溢油在水面乳化形成乳状液，从而使石油分散成细小的油珠，使溢油微粒易与海水中的化学物质反应，易于被能降解石油烃的微生物降解，加速海洋对石油的净化过程。其优点在于使用方便，不受气象、海况影响，是恶劣条件下的首选，但它只用于处理中低浓度油污染，且使用时有必要考虑它本身的毒性，以及对整个食物链的影响。②凝油剂。凝油剂可使石油胶凝成黏稠物或坚硬的果冻状物。其优点是毒性低，溢油可回收，不受风浪影响，能有效防止油扩散。配合使用围油栏和回收装置可提高处理效率。③集油剂。集油剂是一种防止油扩散的界面活性剂，相当于化学围油栏。集油剂所含表面活性成分可大大降低水的表面能，改变水、油、空气三相界面张力平衡，驱使油膜变厚，达到控制油膜扩散的作用。④沉降剂。沉降剂可吸附石油并沉降到海底，但这样会将油污染带到水域底部，危害底栖生物，一般仅在深海区使用。⑤其他化学制品。其他化学制品有用于破坏油水混合物的破乳剂，用于加速石油生物降解的生物修复化合物，还有燃烧剂和黏性添加剂等。

4) 生物修复技术

生物修复不会引起二次污染，对人和环境造成的影响小，速度快，无残毒，成本低。但由于海洋石油污染物的微生物降解是一个复杂的过程，以及石油的疏水性，溢油进入水域形成明显的两相，石油的微生物利用度低；微生物的繁殖和培养受到各种环境因素的影响，如营养因子和氧气浓度等；石油降解微生物的降解效率低，亟待筛选、培育和改良高效降解石油污染物的微生物。

生物修复在于提高石油降解速率，最终将石油污染物转化为无毒性的终产物。微生物修复石油污染主要有两种形式：一是加入具有高效降解能力的菌株；二是改变环境，促进微生物代谢能力。目前主要采用以下 3 种方法。

(1) 接种石油降解微生物。通过生物改良的超级细菌能够高效地去除石油污染物，被认为是一种很有发展前途的海洋修复技术。不同学者对是否应投入高效微生物以及高效微生物是否在生物修复中起作用意见不一。人为改造生态系统，引进外来生物而造成的生物入侵问题已不胜枚举。

(2) 使用分散剂。分散剂即表面活性剂，可以增加石油与海水中微生物的接触面积，增加细菌对石油的利用性。

(3) 使用 N、P 营养盐。投入 N、P 营养盐是最简单有效的方法。在海洋出现溢油后，石油降解微生物会大量繁殖，碳源充足，限制降解的是氧和营养盐的供应。营养盐是常见的陆源污染物。如果海域发生大规模石油污染，并大范围地投入营养盐，一般会因投入量过剩而出现某种程度的富营养化。

微生物降解是去除海洋石油污染的主要途径。以海洋石油污染物生物降解为基础发展起来的生物修复技术在海洋石油污染治理中发展潜力巨大，并且已经取得了一系列成果。

2. 海洋重金属污染的处理方法

1) 海洋藻类用于富集海水中重金属

藻类吸收、富集重金属的机理主要是将其固定在细胞表面，或是与细胞内的配位体结合，羟基是起主要作用的基团。很多藻类有较强的重金属富集能力，具有很好地净化海水重金属污染的潜力，但是不同海藻对重金属的富集量有明显差别。石莼和扁浒苔对钴、铬、铜、铁富集能力最强；长海带和二列墨角藻对砷、镉的富集能力最强，但对汞富集量极微。

海藻富集重金属的影响因素较多，温度、pH、水体中的离子、重金属的存在形态以及藻类的不同生长阶段都会影响重金属的富集。

2) 红树植物治理近岸海域重金属污染

红树植物可以通过根部吸收海水及沉积物中的重金属，再通过细胞壁沉淀、液泡区域化、螯合作用、抗氧化系统酶的作用等方式降低重金属毒性，将重金属吸收并储存在根、树干，可减少环境中的重金属含量，从而起到修复重金属污染的作用。红树植物对重金属的富集能力因植物种类、植物器官和重金属种类而异。深圳福田自然保护区 3 种不同类型群落叶层中铬、镍的累积量由大到小依次为白骨壤 > 桐花树 > 秋茄；锰累积量由大到小依次为秋茄 > 白骨壤 > 桐花树。

3) 金属硫蛋白基因工程治理海水的重金属污染

金属硫蛋白作为一类分子量相对较低，又富含半胱氨酸的金属结合蛋白，其生物活性涉及生物机体微量元素储存、运输、代谢、重金属解毒，拮抗电离辐射，从而达到消除自由基的目的，被用来治理受到重金属污染的海水。目前，我国已经构建出哺乳类金属硫蛋白突变体 *beta-KKS-beta* 基因，金属硫蛋白双 alpha 结构域嵌合型突变体基因，以及利用农杆菌或质粒转化技术在小球藻、聚球藻、鱼腥藻等藻类中遗传转化，获得多株转基因藻类。这些金属硫蛋白基因对铜、锌、镉、铅等重金属离子具有很强的耐受性和选择吸收性，能够有效吸收海洋水体中的有害金属离子。

链接 2-39 海洋微塑料污染的防治

2.5.5 美丽海湾的建设

近岸海域水生生态系统环境好坏主要体现在海湾上。海湾既是各类海洋生物繁衍生息的重要生态空间，又是各类人为开发活动的主要承载体，还是公众亲海戏水的重要生态空间，保护与开发的矛盾最为集中。《“十四五”海洋生态环境保护规划》编制是以“美丽海湾”为统领，扎实推动海湾生态环境质量改善，让公众享受到“水清滩净、岸绿湾美、鱼鸥翔集、人海和谐”的美丽海湾。

1) 海岸整治修复

对于受自然灾害严重威胁和人为活动严重破坏的海岸，理顺海岸线形态，治理海岸侵蚀，维护生态平衡，改善海洋环境，优化海岸资源。

2) 沙滩整治修复

对于受损和退化沙滩，通过海岸防护工程和海岸景观美化工程进行养护，同时开展人工填沙和增沙，保护沙滩资源。

3) 近岸构筑物整治

拆除或改造破坏生态环境的围塘和废置堤坝等近岸构筑物，恢复自然岸线和海岸的原生风貌与景观，提高河流泄洪和海水交换的能力。

4) 海域和滩涂清淤

清除海域和滩涂的淤泥，恢复海湾和河口等海域的面积、水动力和生态环境，增大海湾纳潮量，提高海水水质。

5) 海岸景观美化和修复

通过科学的景观设计和规划，在重点海岸建设滨海休闲长廊、公园和步行道等，修复受损的海岸沙地和海蚀地貌，提高海岸景观质量。

6) 海洋生态系统维护

实施增殖放流、投放人工鱼礁以及建设海洋牧场和水产种质资源①保护区等工程，同时加强近岸海域的海洋环境监测，提高海水水质和海洋生物多样性，重点保护海洋生物产卵场、索饵场和洄游通道等，优化海洋生物种群分布，恢复并提高海洋生态系统各级生产力。

7) 滨海湿地建设

采取种植红树林，底播培育珊瑚礁，以及建设海草床、海藻场和盐沼湿地等措施，修复或重建受损的滨海湿地。同时，通过污染防治和污染物清移等手段，整治修复污染严重的海湾和河口等海域，修复或重建海洋生物、鸟类和两栖动物的栖息地及洄游鱼类的繁殖地。

习题与思考题

1. 在环境工程中，水和水体有什么区别？水污染和水体污染有什么联系？

2. 在研究水体污染问题时，为什么除污染物质外，还要考虑溶解氧的问题？

3. 试述三种沉淀分离悬浮固体方法的沉降原理和适用范围。在日常生活中经常发现桌面特别容易积灰，即使是在高层建筑内也是如此。试应用沉淀原理分析其原因。

4. 试述气浮法处理污水的原理。这种方法有哪几种类型？哪种性质的污水宜采用气浮法？乳化油污水能否采用气浮法处理？

5. 用吸附法处理污水可以使出水极为洁净。那么，是否对处理要求高、出水要求高的污水，原则上都可以采用吸附法？为什么？

6. 为什么化学氧化法至今在污水处理上还未被大量采用？简述它的优缺点。

7. 哪些污水可采用生物处理法？简述生物处理法的机理及生物处理法对污水水质的要求。如何利用微生物的特性处理工业污水？

8. 家用水池若几天不清洗，池壁就会变得滑腻。这是什么原因？

9. 从水中去除某些离子(如脱盐)，可以用离子交换法和膜分离法。你认为当含盐浓度较高时，应该用离子交换法还是膜分离法？为什么？

10. 生物法除磷的基本原理是什么？有哪些影响因素？

11. 化学处理所产生的污泥与生物处理相比，在数量(质量及体积)上、最终处理上有什么不同？

12. 节约用水是我们每个人的责任，作为一个家庭，如何用水更合理？请你设计一套家庭节水方案。

13. 就你所在的城镇，调查一下污染城镇水环境的主要污染源，并提出相应的治理城镇水污染的综合措施。

---

① “水产种质资源”，根据中华人民共和国农业农村部的定义，是指具有较高经济价值和遗传育种价值，可为捕捞、养殖等渔业生产以及其他人类活动所开发利用和科学研究的水生生物资源。从广义上讲，包括上述水生生物的群落、种群、物种、细胞、基因等内容。

14. 雨水的收集和利用是水资源可持续利用的重要措施之一，既可以增加水资源，又可以控制雨水径流污染，改善生态环境。请组织讨论雨水的收集、处理和回用方法(如地下储雨池、地下渗水井和渗水装置、地上储雨容器、收集雨水灌溉绿地或渗入地下补充地下水等)。

15. 我国乡村的水污染特点是面广、分散，难以收集和治理。请根据人工湿地生态处理的原则，设计一种分散式的污水处理装置。

16. 目前，建设城市湿地公园(湿地园林)越来越受到重视。请收集国内外成功的城市湿地公园建设范例，并探讨湿地公园在建设城市大园林、改善生态环境方面的作用。

17. 为实现水资源的可持续利用，开展了水资源的高效开发利用和安全供给技术研究、海水淡化，以及浓海水资源化与污染近零排放的整体技术研究、污水再生利用一体化技术的集成和应用研究等。通过学习，你还有什么创新想法?

18. 随着科学技术的发展以及人们对高品质生活的追求，越来越多的居民在自家使用净水器。然而，如果使用不当，也会造成水质二次污染。应用你学到的知识讨论一下如何科学地使用净水器。

19. 目前生活中，除瓶装水外，常用的有两种方法可饮用净化水。一种是使用净水器在自家对水龙头出来的水进行净化以便饮用，另一种是由自来水厂统一提供净化水使每家每户打开水龙头就能直接饮用。请辩论一下，哪种方式更加适合于中国国情。

20. 海洋是如何被污染的？包括哪些污染源?

21. 关注塑料垃圾、塑料微粒对海洋环境、海洋生物及人类的危害。如何防治海洋塑料特别是微塑料的污染？请从国际合作、政策管理、技术治理、宣传教育(如设立专门的环境节日)等几个专题进行讨论。

22. 泰晤士河是英国第二大河，流至首都伦敦入海。在 19 世纪中叶，泰晤士河却是“臭名昭著”，因为污染而一度成为一条臭气熏天的“死河”。英国政府于 1858 年和 20 世纪 60 年代先后实施了两次长达数十年的泰晤士河治理工程，配合大自然所展现出的巨大恢复能力，竟然使这条曾经被宣告“生物性死亡”的河流重新焕发出勃勃生机，其成为世界上最清澈的城市河流之一。泰晤士河的治理是城市化、工业化背景下河流污染治理的经典案例。组织同学们了解泰晤士河的污染原因、治理过程，讨论可以从中获得哪些宝贵的经验和教训。

第 3 章　空气污染与控制

国际标准化组织(International Organization for Standard，ISO)定义的大气污染通常是指人类活动和自然过程引起某种物质进入大气中，该物质呈现出足够的浓度，达到了足够的时间并因此而危害了人体的舒适、健康和福利，或危害了环境的现象。

空气污染范围从小到大划分为 4 种：当地污染，如某一火电厂的排放污染；局地污染，如某工业区或某一城市的空气污染；广域污染，如比一个城市更大的区域的酸雨侵害；全球污染，如大气中 CO_2 浓度升高对气候的影响。

空气污染的 3 个过程是：污染物排放、空气运动的作用和对受体的影响。

3.1　概　　述

在地理学中把在地球引力作用下而随地球旋转的、厚度为 2000～3000km 的大气层称为大气圈。大气层大体上可划分为 5 层，只有最下一层平均厚度约为 12km 的对流层与人类关系最大，对流层中的 O_2、N_2、CO_2 等物质是动植物生长及人类生产、生活不可缺少的物质。这一层的气体不但密度最大，其质量约占大气质量的 3/4，还几乎集中了大气中的全部水分。云、雾、雨、雪、霜、雷、电等自然现象都发生在这一层，是天气变化最复杂的层次。同时，人们所关注的污染现象也主要发生在这一层，特别是离地面 1～2km 的近地层。详见链接 1-1“地球五大圈(1)：大气圈与水圈”。

在科技文献中，把整个大气圈内的气体称为“大气(atmosphere)”，但把近地层的气体特指为“空气(air)”，本书采用这种命名法。这样，空气污染(air pollution)指的是地表边界层内的污染；大气污染(atmospheric pollution)指的是整个大气圈(主要在平流层和对流层内)的污染，如温室气体引发的气候变暖、臭氧层破坏等。

由于“大气”是统称，一些重要的法律法规就用“大气”一词涵盖两方面的内容，如《中华人民共和国大气污染防治法》等。对于一些有具体对象或范围的标准或规范就用“空气”，如《环境空气质量标准》等[①]。

3.1.1　空气组成

空气不是单一的物质，而是多种气体的混合物。空气的组成可分为恒定组分、可变组分和不定组分。

恒定组分是指空气中的氧、氮、氩，以及微量的氖、氦、氪、氙、氡等稀有气体。可变

① 目前除重要的法律法规和涉及其他学科的术语如“大气稳定度”等采用“大气”一词外，还有一些排放标准也采用“大气”一词，可能是由于气态污染物有很多种类，如核爆炸的沉降物、温室气体、破坏臭氧层受控物质等均能上升到平流层，也可以视为进入“大气”。对于各类官方文件和直接摘自他人资料时出现的“大气”名词，本书一律不改。对于地表边界层内的气体污染及其治理，按常规采用“空气”一词。

组分是指空气中的 CO_2 和水蒸气。含有上述恒定组分及可变组分的空气认为是洁净空气。洁净空气的组成比例如表 3-1 所示。

表 3-1　洁净空气的组成

气体名称	含量(体积分数)/%	气体名称	含量(体积分数)/%
氮(N_2)	78.09	甲烷(CH_4)	$(1.0\sim1.2)\times10^{-4}$
氧(O_2)	20.95	氪(Kr)	1.0×10^{-4}
氩(Ar)	0.93	氢(H_2)	5.0×10^{-5}
二氧化碳(CO_2)	0.02～0.04	氙(Xe)	8.0×10^{-6}
氖(Ne)	1.8×10^{-3}	二氧化氮(NO_2)	2.0×10^{-6}
氦(He)	5.24×10^{-4}	臭氧(O_3)	1.0×10^{-6}

空气中的不定组分，是火山爆发、森林火灾、海啸、地震等暂时性的灾难和人类生产、生活这两方面所产生的大量尘埃、硫、硫化氢、硫氧化物、氮氧化物和盐类等有害气体与悬浮颗粒。

3.1.2　我国的大气污染防治法律法规和空气质量标准

1.《中华人民共和国大气污染防治法》

《中华人民共和国大气污染防治法》制定于 1987 年，现行版本是 2015 年第三次修订本，简称新《大气污染防治法》。新《大气污染防治法》共 8 章 129 条，涉及大气污染防治的监督管理、防治燃煤产生的大气污染、防治机动车船排放污染，防治废气、尘和恶臭污染，以及法律责任等内容，被称为“史上最严的大气污染防治法”。

新《大气污染防治法》体现出以下三大亮点。

(1) 对重点大气污染物排放实行总量控制。为了加强污染物源头治理，还将总量控制和排污许可由“两控区”[①]扩至全国。

(2) 建立区域大气污染联防联控机制。设立了重点区域大气污染联合防治专章，规定了由国家建立重点区域大气污染联防联控机制，统筹协调区域内大气污染防治工作，对大气污染防治工作实施统一规划、统一标准，明确协同控制目标。

(3) 促进科技成果转化，发挥科学技术在大气污染防治中的支撑作用。以治霾研究为例。目前我国很多科研院所、高校和部门已广泛开展雾霾研究，但数据共享难、科研遭条块化和体制性割裂、研究重复多、科技成果转化难等问题较为突出，治霾研究进展缓慢。必须打破治理雾霾的科技藩篱，促进信息共享和成果转化，让科技在治霾中发挥更大、更好的作用。

2. 空气质量标准

1)《环境空气质量标准》(GB 3095—2012)

《环境空气质量标准》是对空气环境中几种主要污染物的允许浓度的法定限制，是控制空气污染、评价环境质量、制定地区空气污染排放标准的依据。《环境空气质量标准》初订于 1996

① 见 1.2.4 节(2)最后一段文字中“1999 年开始实施‘33211’污染治理工程”的脚注。

年，2012 年进行了重大修订。

《环境空气质量标准》将空气质量分为 3 级：

一级标准：为保护自然生态和人群健康，在长期接触情况下，不发生任何危害的空气质量要求。

二级标准：为保护人群健康和城市、乡村的动植物，在长期和短期接触情况下，不发生伤害的空气质量要求。

三级标准：为保护人群不发生急慢性中毒和城市一般动植物(除敏感者外)正常生长的空气质量要求。

该标准还根据我国各地区的地理、气候、生态、政治、经济和空气污染程度，将空气环境质量区划分为 3 类：

一类区：国家规定的自然保护区、风景名胜区和其他需要特殊保护的地区。

二类区：城市规划中确定的居住区、商业交通居民混合区、文化区、一般工业区和乡村地区。

三类区：特定的工业区。

上述一、二、三类空气环境质量区一般分别执行一、二、三级标准。标准还规定了各项污染的监测分析方法。

在 2012 年的新修标准中特别强调以保护人体健康为首要目标，调整了环境空气功能区分类方案，进一步扩大了人群保护范围；调整了污染物项目及限值，增设了颗粒物(粒径≤2.5μm)浓度限值和臭氧 8h 平均浓度限值；收紧了颗粒物(粒径≤10μm)等污染物的浓度限值，收严了监测数据统计的有效性规定；更新了 SO_2、NO_2、O_3 和 PM 等污染物项目的分析方法，增加了自动监测分析方法；明确了标准分期实施的规定。2016 年 1 月 1 日是标准在全国实施的“关门时间”。

《环境空气质量标准》的发布，在中国环境保护历史上具有里程碑意义，标志着环境保护工作的重点开始从污染物排放控制管理阶段向环境质量管理阶段、从控制局地污染向区域联防联控、从控制一次污染物向控制二次污染物、从单独控制个别污染物向多污染物协同控制转变。相信这些转变不仅是环境保护的一大进步，也将是经济结构、消费模式的一大转折。

2) 《工业企业设计卫生标准》

我国政府十分重视工厂企业劳动者的健康卫生，早在 1956 年就制定了第一版《工业企业设计卫生标准》(标准-101-56)，其中规定了“居住区大气中有害物质的最高允许浓度”和“车间空气中有害物质的最高允许浓度”，适用于生产岗位，目的是保护长期进行生产的劳动者不引起急性或慢性职业病的危害。

现行的第五版《工业企业设计卫生标准》(GBZ 1—2010)强调：“工业企业建设项目的设计应贯彻《中华人民共和国职业病防治法》，坚持‘预防为主，防治结合’的卫生工作方针，落实职业病危害‘前期预防’控制制度。保证工业企业建设项目的设计符合卫生要求。工业企业建设项目的设计应优先采用有利于保护劳动者健康的新技术、新工艺、新材料、新设备，限制使用或者淘汰职业病危害严重的工艺、技术、材料；对于生产过程中尚不能完全消除的生产性粉尘、生产性毒物、生产性噪声以及高温等职业性有害因素，应采取综合控制措施，使工作场所职业性有害因素符合国家职业卫生标准要求，防止职业性有害因素对劳动者的健康损害。”

3) 《室内空气质量标准》(GB/T 18883—2022)

详见 3.4.2 节中关于《室内空气质量标准》的介绍和表 3-4。

3. 《大气污染物综合排放标准》(GB 16297—1996)

《大气污染物综合排放标准》以实现环境空气质量标准为目标，规定了 33 种大气污染物的排放限值，同时规定了标准执行中的各种要求，适用于现有污染源大气污染物排放管理，以及建设项目的环境影响评价、设计、环境保护设施竣工验收及其投产后的大气污染物排放管理。

在我国现有的国家大气污染物排放标准体系中，按照综合性排放标准与行业性排放标准不交叉执行的原则，在本标准实施后再行发布的行业性国家大气污染物排放标准，按其使用范围规定的污染物不再执行本标准。详见链接 3-1“我国大气/空气污染防治法律法规和主要的标准规范”。

链接 3–1　我国大气/空气污染防治法律法规和主要的标准规范

3.1.3　空气污染的来源和污染物

1. 空气污染的来源

空气污染的来源极为广泛。由自然灾害造成的污染多为暂时的、局部的，而由人类活动造成的污染是经常性的、大范围的。由人为因素造成的各种污染源，可分为以下四方面。

1) 工业污染源

燃料的燃烧是一类重要的空气污染来源。火力发电厂、工业和民用炉窑的燃料燃烧，主要产生 CO、SO_2、NO_x 和有机化合物等污染物。在我国，这方面排放的污染物约占总污染物的 70%以上，其中煤炭燃烧产生的占 95%以上，所以煤的直接燃烧所排放的烟尘是我国空气污染的主要特征。

其他如冶金工厂的炼钢、炼铁、有色冶炼，以及石油、化工、造船等各种类型的工矿企业的生产过程中产生的污染物，主要有粉尘、碳氢化合物(C_xH_y)[①]、含硫化合物、含氮化合物以及卤素化合物等，约占总污染物的 20%。

建筑施工工地所产生的扬尘，也是空气污染的来源之一。

2) 生活污染源

生活污染源首先是指使用化石燃料的家庭炉灶、取暖设备等。以煤为生活燃料的城市由于居民密集，以及燃煤质量差、数量多、燃烧不完全，排放出大量的烟尘和一些有害的气体，其数量可观，危害甚至超过工业污染。第二个来源是生活垃圾。垃圾在堆放过程中进行厌氧分解排出的二次气态污染物和焚烧过程中产生的废气都将污染空气。

3) 交通运输污染源

汽车、助动车、拖拉机、火车、轮船和飞机等交通工具也称为流动污染源，所排放的污染物主要有 C_xH_y、CO、NO_x、含铅污染物、苯并[a]芘等。这些污染物在阳光照射下，有些还

---

① C_xH_y 代表碳氢化合物，包括烷烃、环烷烃、烯烃、炔烃、芳烃。

可经光化学反应生成光化学烟雾，因此也是二次污染物的主要来源之一。

4) 农业污染源

农业机械运行时排放的尾气，施用化学农药、化肥、有机肥时直接逸散到空气中的有害物质，或从土壤中经分解后向空气排放的有毒、有害及恶臭气态污染物，及秸秆焚烧产生的烟尘等，均为农业污染源。

2. 主要的空气污染物

空气污染物种类很多。目前已经认定的约有 100 种空气污染物。不同时期、不同地区的空气污染物有所不同。按污染物存在的形态可分为气溶胶态污染物与气态污染物；按形成过程可分为一次污染物与二次污染物。若空气污染物从污染源直接排出，进入空气后其性质没有发生变化，则称为一次污染物；若由污染源排出的一次污染物与空气中原有成分，或几种一次污染物之间发生一系列的变化如光化学反应，形成了与原污染物性质不同的新污染物，所形成的新污染物称为二次污染物，如硫酸烟雾、光化学烟雾和霾等。

1) 气溶胶态污染物

气溶胶指固体粒子、液体粒子或它们在气体介质中的悬浮体。气溶胶态污染物分类如下。

(1) 尘粒。一般是指粒径大于 75μm 的颗粒物。这类颗粒物由于粒径较大，在气体分散介质中具有一定的沉降速度，易于沉降到地面。

(2) 粉尘。在固体物料的输送、粉碎、分级、研磨、装卸等机械过程中产生的固体颗粒物，或由于岩石、土壤的风化等自然过程中产生的悬浮于空气中的固体颗粒物，称为粉尘，其粒径一般为 10～75μm。因能靠重力作用在短时间内沉降到地面，又称“降尘”。

(3) 可吸入颗粒(PM_{10}、$PM_{2.5}$和 $PM_{0.5}$)[①]。粒径在 2.5～10μm 的固体颗粒物 PM_{10} 能长期在空气中飘浮，又称“飘尘”；粒径≤2.5μm 的固体颗粒物 $PM_{2.5}$，又称“微细颗粒”“可入肺颗粒”，它吸附力强，在空中停留时间长，是形成灰霾天气的主要原因之一。而其中粒径在 0.25～0.5μm 的固体颗粒物 $PM_{0.5}$ 是空气中危害更大的“健康杀手”[②]。

PM_{10} 和 $PM_{2.5}$(包括 $PM_{0.5}$)的比表面积[③]较大，通常富集各种重金属元素(如 Pb、Hg、As、Cd、Cr 等)和多环芳烃、挥发性有机化合物(VOCs)[④]等污染物，这些多为致癌物质和基因毒性诱变物质，危害极大。PM_{10} 颗粒对人类健康有明显的直接毒害作用，可引起人体呼吸系统、心脏及血液系统、免疫系统和内分泌系统等广泛的损伤；$PM_{2.5}$ 和 $PM_{0.5}$ 颗粒能进入人体肺泡

---

① PM 为“颗粒物”英文名称“particulate matter”的缩写。TSP 和 PM 在粒径上存在着包含关系，即 PM 为 TSP 的一部分。

② 2013 年 10 月 27 日复旦大学发布一项最新研究成果。研究报告指出，颗粒物的粒径越小，其对应的数量浓度和总表面积越大，越有可能吸附更多的有害物质进入人体。$PM_{0.5}$ 由于更细微，总体数量很大，在 $PM_{2.5}$ 浓度中占 90%以上，主要来源包括汽车尾气、有机物的二次污染等，尤其是抽烟时通过滤嘴出来的主流烟气中间的颗粒物，直径全部小于 0.5μm。

③ 比表面积的定义是单位质量(或体积)的吸附剂所具有的吸附表面积。

④ VOCs 为挥发性有机化合物，指参与大气光化学反应的有机化合物，包括非甲烷烃类(烷烃、烯烃、炔烃、芳香烃等)、含氧有机物(醛、酮、醇、醚等)、含氯有机物、含氮有机物、含硫有机物等，是形成臭氧(O_3)和细颗粒物($PM_{2.5}$)污染的重要前体物。VOCs 种类繁多、性质各异、来源复杂、行业分散，主要存在于企业原辅材料或产品中，大部分易燃易爆，部分属于有毒有害物质，但每一个行业 VOCs 排放占比最高都不会超过 30%。VOCs 排放的这些特点，给监测和治理都带来了严峻挑战。由于原料、工艺的不同，各行业 VOCs 排放特征差异性大，现有研究基础尚无法有效支撑 VOCs 的减排。这就是我国 VOCs 治理的难点所在。加强 VOCs 治理是现阶段控制 PM 和 O_3 污染的有效途径。为了全面加强 VOCs 污染防治工作，强化重点地区、重点行业、重点污染物的减排，提高管理的科学性、针对性和有效性，遏制 O_3 上升势头，促进环境空气质量持续改善，2017 年环境保护部等六部委印发了《“十三五”挥发性有机物污染防治工作方案》。

甚至血液系统，直接导致心血管疾病和改变肺功能及结构，改变免疫结构，增加重病及慢性病患者的死亡率。

(4) 烟尘。在燃料燃烧、高温熔融和化学反应等过程中形成的固体粒子的气溶胶，或因升华、焙烧、氧化等过程产生的气态物质冷凝物，也包括燃料不完全燃烧所造成的黑烟以及蒸气凝结所形成的烟雾，称为烟尘。烟尘粒子的粒径很小，一般小于 1μm。

(5) 雾尘。雾尘是小液体粒子悬浮于空气中的悬浮体的总称。这种小液体粒子一般是在蒸气的凝结、液体的喷雾、雾化及化学反应过程中形成的，粒子粒径小于 100μm。水雾、酸雾、碱雾、油雾等都属于雾尘。

在环境空气质量管理和控制中的总悬浮颗粒物(total suspended particulate，TSP)是指空气中粒径小于 100μm 的所有固体颗粒。

2) 气态污染物

以气体形态进入空气的污染物称为气态污染物。气态污染物种类极多，按其对我国空气环境的危害大小，有硫化合物、氮氧化合物(NO_x)、碳氧化合物(CO_x)、碳氢化合物(C_xH_y)及臭氧(O_3)和卤素化合物(其中的 O_3 是二次污染物)5 种类型的主要气态污染物。

(1) 硫化合物。二氧化硫(SO_2)是世界范围内空气污染的主要气态污染物，是衡量空气污染程度的重要指标之一。SO_2 是一种无色有臭味的窒息性气体，损害呼吸器官，腐蚀材料。同时，还是形成硫酸烟雾、酸雨和酸沉降的主要物质之一。

硫化氢(H_2S)主要由有机物腐败而产生；人为来源是牛皮纸浆厂、炼焦厂、炼油厂等。人为产生的 H_2S 每年约 300 万 t。采用焚烧方法消除 H_2S 实际上是把它转化为 SO_2 排入大气，现已改用回收法。H_2S 在空气中只存留几小时，很快会被氧化成 SO_2。

(2) 氮氧化合物。NO_x 种类很多，造成空气污染的主要有一氧化氮(NO)和二氧化氮(NO_2)，另外有氧化亚氮(N_2O)、三氧化二氮(N_2O_3)等。在我国，约 56%的 NO_x 来自燃煤排放。

NO_2 对人体呼吸系统有损害，刺激眼睛，达一定浓度时会引起致命的肺气肿。它既是形成酸雨的主要物质之一，又是形成空气中光化学烟雾的主要物质。

(3) 碳氧化合物。一氧化碳(CO)是城市中的主要气态污染物之一。在我国，CO 的 70%来自煤的燃烧。CO 为无色无味的窒息性气体，当浓度在 1200μL/L 以上作用 1h 能使神经麻痹，甚至有生命危险，通常称为“煤气中毒”。

二氧化碳(CO_2)是无色无味气体，高浓度 CO_2 的积累可导致麻痹中毒，甚至死亡；空气中 CO_2 浓度增高会加剧温室效应，使全球性气候发生变化。

(4) 碳氢化合物。C_xH_y 指有机废气。化石燃料低温(约 1000℃)缺氧燃烧时会产生多种致癌的 C_xH_y，油炸食品、抽烟所产生的苯并[a]芘是一种强致癌物质，城市空气中的 C_xH_y 还是形成光化学烟雾的主要成分，因此它已日益引起人们的关注。

(5) 臭氧。在近地层(距地面 10～100m)中，适量的 O_3 对清洁空气有益，但高浓度 O_3 会对空气环境造成严重污染。如果吸入过量 O_3，会损伤呼吸道和肺里的细支气管、肺泡，还会造成神经中毒，诱发淋巴细胞染色体病变等。在高速发展的城市群区域近地层，O_3 已成为主要的气态污染物之一。

3) 二次污染物

(1) 光化学烟雾。空气中 NO_x、C_xH_y 等一次污染物在紫外线的作用下发生光化学反应，生成浅蓝色的烟雾型混合物，称为“光化学烟雾”。光化学烟雾粒径细小，可归入 $PM_{2.5}$。它能刺激人眼和上呼吸道，诱发各种炎症，导致哮喘发作；伤害植物，使叶片上出现褐色斑点而病变坏死；光化学烟雾中含有过氧酰基硝酸酯(PAN)[①]、O_3 等强氧化剂，能使橡胶制品老化、染料褪色、织物强度降低等。

形成光化学烟雾的主要原因是空气中 NO_2 的光化学作用。NO_2 在紫外线照射下吸收波长为 290～430nm 的光后分解生成活性很强的新生态氧原子[O]，该原子与空气中的 O_2 结合生成 O_3，再与烯烃作用生成过氧酰基亚硝酸盐、PAN、醛类等[②]。

光化学烟雾一般发生在空气相对湿度较低、气温为 24～32℃的夏季晴天，与空气中 NO、CO、C_xH_y 等污染物的存在分不开。因此，以石油为动力燃料的工厂、汽车等污染源的存在是光化学烟雾形成的前提条件。20 世纪 40 年代首先在美国洛杉矶市发现光化学烟雾，所以其又称洛杉矶型烟雾。

(2) 硫酸烟雾。硫酸烟雾是空气中 SO_2 在相对湿度比较高、气温比较低并在有颗粒气溶胶存在时发生的。空气中的气溶胶凝聚空气中的水分，并吸收 SO_2 和 O_2，在颗粒气溶胶表面发生 SO_2 的催化氧化反应，生成亚硫酸和硫酸；生成的亚硫酸在颗粒气溶胶中的 Fe、Mn 等催化作用下继续被氧化，生成雾状硫酸粒子。

硫酸烟雾是强氧化剂，对人和动植物有极大的危害。英国从 19 世纪到 20 世纪中叶多次发生这类烟雾事件，所以硫酸烟雾也称伦敦型烟雾。

(3) 区域性复合型污染物——霾。我国《地面气象观测规范》中定义：霾是大量极细微的干尘粒等均匀地浮游在空中，使水平能见度小于 10km 的空气普遍有浑浊现象，使远处光亮物微带黄、红色，使黑暗物微带蓝色。也就是说，空气中的灰尘、硫酸、硝酸、有机碳氢化合物等微细颗粒组成的气溶胶系统造成的视觉障碍称为霾[③]。

通过对雾霾的分析表明，SO_2、NO_x 及 PM 是霾的主要成分，前两者为气态污染物，最后一项颗粒物是加重雾霾天气污染的罪魁祸首。霾的形成主要是空气中悬浮的大量细微颗粒和气象条件共同作用的结果，主要媒介是气溶胶，因此空气中气溶胶浓度高有利于形成雾霾[④]，污染物排放通常是“元凶”，天气气候条件则是“帮凶”。从气象因素看，大气环流异常、静稳天气和水平方向的静风现象增多是引起大范围、持续雾霾天气的原因；从人为因素看，污染物排放是产生雾霾天气的重要因素。工业污染和交通污染是两个主要人为因素。工业污染最典型的代表是化石燃料的燃烧；交通污染主要是汽车尾气。另外，还有扬尘(包括建筑工地、工业生产中的扬尘)。

---

① PAN 是光化学烟雾的特征污染物。PAN 能强烈地刺激眼睛，引起流泪和炎症；还能伤害植物，使多种植物叶子的背面呈青铜色或发生玻璃化。此外，PAN 能在雨水中解离出 NO_3^- 和有机物，参与降水的酸化。

② 夏季越是晴空万里、艳阳高照，越是紫外线强烈，NO_x 和 VOCs 就越容易在紫外线照射下发生二次光化学反应，产生 O_3 和其他 NO_x，形成光化学烟雾。从上海的监测结果来看，臭氧浓度与日照有很强的相关性。清晨，臭氧浓度是非常低的。白天，随着气温升高及紫外线辐射的增强，O_3 浓度会不断增加。通常，13：00～16：00 浓度会达到峰值。此后，随着紫外线辐射减弱又逐渐降低。没有光照后，O_3 浓度会在半小时内迅速降到 0。

③ 雾与霾的区别是，雾是由大量悬浮在近地面空气中的微小水滴或冰晶组成的气溶胶系统，多出现于秋冬季，是近地面层空气中水汽凝结的产物。雾的存在会降低空气透明度，使能见度恶化。如果目标物的水平能见度降低到 1000m 以内，就将悬浮在近地面空气中的水汽凝结物的天气现象称为雾。由于液态水或冰晶组成的雾散射的光与波长关系不大，因而雾看起来呈乳白色、青白色或灰色。

④ 我国各地空气气溶胶有不同的时空分布特点。冬季北方地区燃煤采暖、春季和秋季乡村地区秸秆焚烧都会造成碳气溶胶的浓度明显增加。春季，西部地区受沙尘天气影响，以沙尘气溶胶为主。华北地区工业相对比较发达，排放的 SO_2 较多，气温高可加速 SO_2 转化为硫酸盐，所以夏季华北地区硫酸盐气溶胶浓度较高。城市中大量使用汽车，所以城市硝酸盐和硫酸盐气溶胶浓度大大高于乡村。我国空气中气溶胶浓度就世界范围来说处于较高水平，有利于雾霾天气的形成。

3. 空气污染的类型

空气污染类型主要取决于所用燃料的性质和污染物的化学反应特性，但气象条件也起着重要的作用，如光(紫外线)、温度、湿度等。

根据燃料性质和空气污染物的组成和反应，可将空气污染划分4种类型：煤炭型(又称还原型)、石油型(又称汽车尾气型、氧化型)、复合型和特殊型。

(1) 煤炭型。主要污染物为煤炭燃烧时放出的烟气、粉尘、SO_2等一次污染物，以及由这些污染物发生化学反应而生成的硫酸、硫酸盐类气溶胶等二次污染物。

(2) 石油型。主要污染物来自汽车排气、石油冶炼和石油化工厂的排放。污染物为NO_2、烯烃、链状烷烃、醇、羰基化合物等，以及它们在空气中形成的O_3、各种自由基及其反应生成的一系列中间产物和最终产物。

煤炭型和石油型空气污染的特性比较见链接3-2。

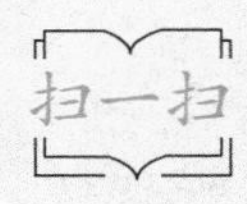

链接3–2 煤炭型和石油型空气污染特性比较

(3) 复合型。在空气复合污染中，多种污染物都以高浓度同时存在，它们之间相互耦合，发生复杂的化学反应，形成新的二次污染物。例如，霾这种以$PM_{2.5}$为特征的污染物的生命周期较长、输送距离较远，污染物排放和污染危害的地域跨越了城市甚至省际的行政边界，呈现出显著的区域性复合型污染的特征。

(4) 特殊型。特殊型指由有关工矿排放的特殊气体造成的污染。例如，磷肥厂排放的特殊气体造成氟污染，氯碱厂周围易形成氯气污染等。

3.1.4 我国环境空气污染近况与两大防治行动计划

1. 我国环境空气污染近况

我国目前的能源结构还是以煤炭为主，我国煤炭中含硫量较高，燃烧产生的空气污染物主要是烟尘和SO_2，西南地区尤甚，这是西南地区酸雨污染严重的主要原因。同时，重点区域O_3浓度呈现上升趋势，尤其是在夏秋季已成为部分城市的首要污染物；究其原因，我国以$PM_{2.5}$和O_3为特征污染物的大气复合污染形势严峻，而VOCs是上述两种主要污染物的重要前体物。2017年环境保护部对“2+26”城市的大气污染防治强化督查中发现，VOCs问题最为突出，其现已成为我国大气污染防治中的重要短板。另外，近几年我国主要大城市中机动车数量大增，机动车尾气已成为城市空气污染的一个重要来源，这也是我国近年来中东部地区雾霾高发的主要原因。

链接3–3 我国近年城市环境空气质量、雾霾污染和酸雨污染状况

2. 我国的环境空气污染两大防治行动计划

1) 《大气污染防治行动计划》

2013 年 9 月，国务院发布《大气污染防治行动计划》，简称《大气十条》。《大气十条》提出，经过五年努力，全国空气质量总体改善，重污染天气较大幅度减少。到 2017 年，《大气十条》确定的目标如期实现，全国空气质量总体改善；京津冀、长三角、珠三角等区域空气质量明显好转，也有力推动了产业、能源和交通运输等重点领域结构优化，大气污染防治的新机制基本形成。但我国的大气污染形势仍然不容乐观。从全国范围看，$PM_{2.5}$ 浓度尚未达标，NO_2 浓度下降缓慢，O_3 浓度不降反升；京津冀地区仍然是全国环境空气质量最差的地区。

总体来看，我国空气质量管理已进入 $PM_{2.5}$ 和 O_3 协同防控的深水区；能源、产业和交通结构调整的大气污染削减潜力有待进一步释放；以行政强制手段为主的环境管理制度有待进一步改善。详见链接 3-4 和链接 3-5 关于我国《大气十条》实施 5 年取得的成效和还面临的问题。

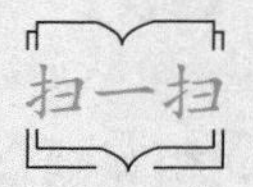

链接 3–4　我国《大气十条》实施 5 年取得的成效
链接 3–5　我国《大气十条》实施 5 年来还面临的问题

2) 《打赢蓝天保卫战三年行动计划》

2018 年 6 月，国务院发布了《打赢蓝天保卫战三年行动计划》，简称《行动计划》。《行动计划》提出[①]，经过 3 年努力，大幅减少主要大气污染物排放总量，协同减少温室气体排放，进一步明显降低细颗粒物($PM_{2.5}$)浓度，明显减少重污染天数，明显改善环境空气质量，明显增强人民的蓝天幸福感。

打赢蓝天保卫战，要紧紧抓住“四个重点”：①重点防控污染因子是 $PM_{2.5}$；②重点区域是京津冀及周边、长三角和汾渭平原；③重点时段是秋冬季和初春；④重点行业和领域是钢铁、火电、建材等行业以及“散乱污”企业、散煤、柴油货车、扬尘治理等领域。

3.1.5 空气污染综合防治措施

1) 全面规划，合理布局

影响环境空气质量的因素很多。从社会、经济发展看，涉及城市的发展规模、城市功能区的划分、经济发展类型、规模和速度、能源结构及改革、交通运输的发展和调整等各方面；从环境保护看，涉及污染源的类型、数量和分布，以及污染物排放的种类、数量、方式和特性等。因此，为了控制空气污染，必须在进行区域性经济和社会发展规划的同时，做好全面规划，采用区域性综合防治措施。

2) 推行清洁生产，实施可持续发展战略

参见 1.5.3 节“清洁生产与循环经济——我国实现可持续发展的两大基石”。

---

① 《行动计划》提出的目标指标是：到 2020 年，SO_2、NO_x 排放总量分别比 2015 年下降 15%以上；$PM_{2.5}$ 未达标地级及以上城市浓度比 2015 年下降 18%以上，地级及以上城市空气质量优良天数比率达到 80%，重度及以上污染天数比率比 2015 年下降 25%以上。

3) 加强和完善环境管理体制，严格环境管理

参见 1.7 节“环境管理与规划”。

4) 绿化造林

绿色植物是区域生态环境中不可缺少的重要组成部分。绿化造林不仅能美化环境，调节空气湿度和城市小气候，保持水土，防风固沙，在净化空气和减弱噪声方面也会起到显著作用。

5) 采用必要的空气污染净化技术

当采取各种空气污染防治措施后，空气污染物的排放浓度(或排放量)仍然达不到排放标准或环境空气质量标准时，有必要采用空气污染净化技术来控制环境空气质量。例如，可通过安装除尘、吸附、吸收等气体净化装置来治理空气中的污染物。

3.2　空气污染物的扩散

影响一个地区空气污染的因素有以下 3 个。

(1) 污染源参数。污染源参数包括污染源排放污染物的数量、组成、排放方式，排放源的密集程度、位置等。

(2) 气象条件。污染物在时空分布上还受气象条件的限制。由于气象条件不同，污染物所造成的地面污染程度差别很大。不利于污染物扩散稀释的气象条件往往会造成严重的空气污染事件，这在历史上已有许多惨痛的教训。

(3) 下垫面状况。下垫面是指空气底层接触面的性质、地形及建筑物的构成情况。不同的下垫面，其粗糙程度和热力性质均不同，会影响气流的运动并影响当地的气象条件，进而也影响空气污染物的扩散。

3.2.1　影响空气污染的气象因素

影响空气污染的气象因素有气象的动力因素和气象的热力因素。

1. 气象的动力因素

气象的动力因素主要指风和湍流。风和湍流对空气污染物在空气中的扩散和稀释起着决定性的作用。

风是空气的水平运动。风向和风速都是随机因素。风向决定污染物迁移运动的方向，风速决定污染物扩散和稀释的状况。一般地说，污染物在空气中的浓度与污染物的排放总量成正比，与平均风速成反比。若风速增加一倍，则下风侧污染物的浓度将减少一半，这是因为风速增大，加强了空气湍流的扩散稀释作用。

空气湍流指空气在主导风向上出现上下左右无规则的阵性搅动。污染物的扩散主要依靠空气湍流的作用。

从烟囱或其他污染源排放出来的烟流的形态可以了解湍流的作用。在风的作用下烟向下风方向飘移，除本身的分子扩散外，还受空气湍流的作用，使得烟流边界不断扩大，如图 3-1 所示。

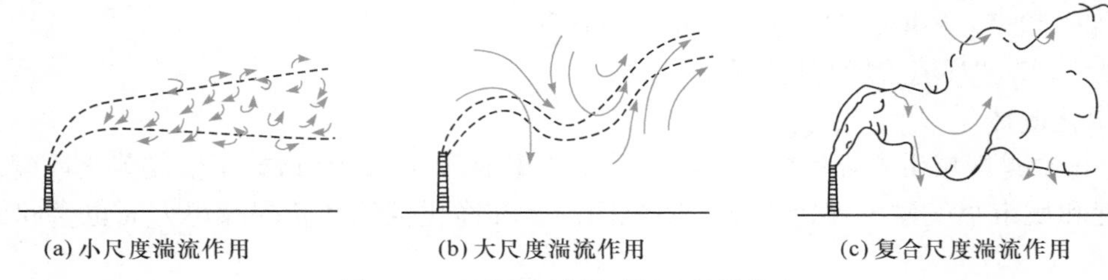

图 3-1 不同尺度湍涡时烟流扩散状态

(1) 小尺度湍流作用下的烟云扩散。如图 3-1(a)所示，当烟流处于比它尺度小的空气湍流中时，由于受小尺度湍涡的搅动，烟流不断与周围空气混掺，烟流截面尺寸逐渐扩大，浓度不断下降。

(2) 大尺度湍流作用下的烟云扩散。如图 3-1(b)所示，当烟流处于一个比它尺度大的湍流作用下时，烟流被大尺度的空气湍涡夹带，烟流本身截面尺寸变化不大。

(3) 复合尺度湍流作用下的烟云扩散。如图 3-1(c)所示，当同时存在不同尺度的湍涡时，烟流同时受几种尺度湍涡的作用，所以扩散过程进行得很快。

在空气边界层中，湍流形成方式有两种：由地面上的山丘、森林和高耸建筑等所引起的湍涡称为机械湍流，主要取决于风速和地面的粗糙度；由空气层中温度的变化引起的湍涡称为热力湍流，与大气稳定度有关。

综上所述，风速越大，湍流越强，污染物扩散稀释的速率就越快。因此，凡是有利于增大风速、增强湍流的气象条件，都有利于污染物的稀释扩散。

2. 气象的热力因素

气象的热力因素主要指大气的温度层结和大气稳定度等。

1) 温度层结和逆温

大气温度层结是指在地球表面上方垂直方向上的温度分布，也可说是垂直方向的温度梯度。太阳辐射可以透过空气而被地面直接吸收，空气直接吸收太阳的辐射热甚小，地面是空气的主要增强热源。在空气中含有吸收地面辐射热的水蒸气和固体颗粒的污染物，这都使得近地面的空气温度比上层高，所以在正常气象条件下，近地面层的温度比上层高。

气温垂直变化的这种情况可用“气温垂直递减率γ”来表示：

$$\frac{\mathrm{d}T}{\mathrm{d}z}=-\gamma \tag{3-1}$$

对于标准大气状况下对流层中的γ值，下层为 0.3～0.4℃/100m，中层为 0.5～0.6℃/100m，上层为 0.65～0.75℃/100m，整个对流层的气温垂直递减率平均为 0.65℃/100m。

然而，实际情况非常复杂。各种气象条件都可影响到气温的垂直分布。图 3-2 表示气温随高度变化的几种典型情况，总括起来有下述 3 种情况。

(1) 气温随高度的增加而降低，其温度垂直分布与标准大气相同，此时$\gamma>0$。

(2) 等温层。气温不随高度而变化，$\gamma=0$。

(3) 逆温层。气温随高度的增加而增加，$\gamma<0$。根据逆温层出现高度不同，分为接地逆温和上层逆温。

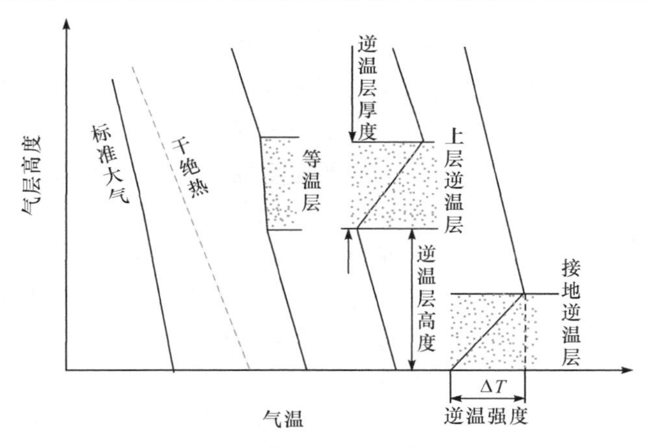

图 3-2　典型的温度层结情况

逆温形成有多种机理，较常见的为辐射性逆温。另外，还有湍流逆温、下沉逆温、平流逆温、锋面逆温、地形逆温等。实际上，逆温常是由几种原因共同作用形成的。

辐射逆温常出现在大陆区晴朗少云风小的夜间，这时地面由于强烈辐射损失而迅速冷却，近地层空气也随之冷却，但上层空气冷却较慢，形成接地逆温；日出后，地面受日光照射而增温，辐射逆温会逐渐消失，如图 3-3 所示。

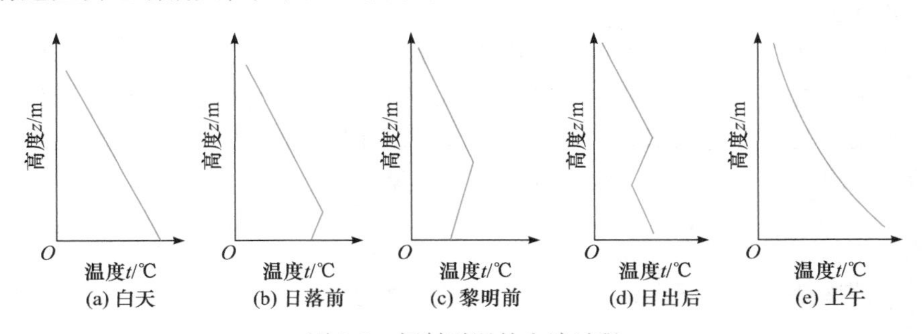

图 3-3　辐射逆温的生消过程

逆温层出现将阻止空气向上运动，使逆温层以下的污染物只能在其下方扩散，易造成高浓度污染。很多空气污染事件均发生在逆温及静风条件下，故对逆温这一现象必须予以高度重视。

2) 气温的干绝热递减率 γ_d

这里要用到“气团”的概念。气团是一个假想的空气团，它在大气中做升降运动时，因外界压力变化，其体积也相应膨胀和收缩，并引起气团本身的温度变化。该温度的变化比与外界交换热量所引起的温度变化要大得多。也就是说，可以忽略气团与其周围大气的热量交换，而把气团的运动看成绝热运动过程。

在一般情况下，一个干空气团或未饱和的湿空气团在大气中绝热上升时，因周围气压降低而膨胀，一部分热力学能用于反抗外压力做膨胀功，空气团温度下降；反之，在空气团绝热下降时，内部温度升高。干空气团在大气中绝热上升或下降时的温度变化情况相同，可用“干绝热递减率 γ_d ”来描述：

$$\gamma_d = 0.98℃/100m \tag{3-2}$$

通常近似取为 $\gamma_d = 1℃/100m$，这个数值与周围温度无关，如图 3-2 和图 3-4 中的虚线所示。

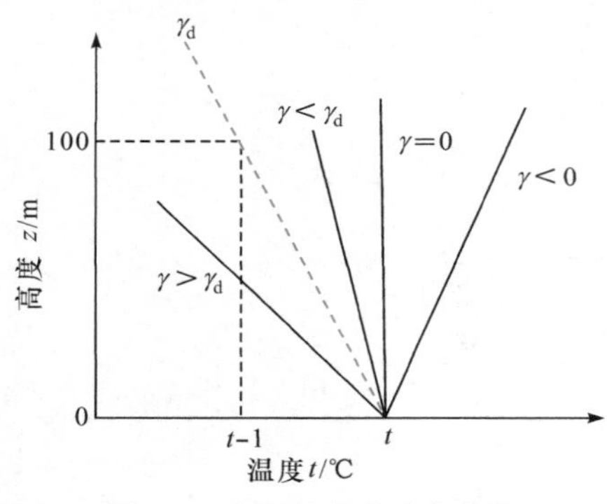

图 3-4　大气温度递减率曲线

3) 大气稳定度

大气稳定度是空气团在垂直方向稳定程度的一种度量。气层中的气团受到对流冲击力的作用，产生了向上或向下的运动，那么当外力消失后该气团继续运动的趋势将存在 3 种可能性，这可由当时的气温垂直递减率 γ 的大小决定。根据 γ 和 γ_d 的大小，就可以知道作用在上升气团上的力是浮力还是沉降力。

(1) $\gamma > \gamma_d$。上升气团比周围大气温度高，因而产生浮力，气团在垂直方向上的运动被加速，风的湍流也随之增强，这时的大气是热不稳定的，气团将加速上升。

(2) $\gamma < \gamma_d$。上升气团比周围大气温度低，因此上升气团受沉降力的作用，下降的气团受浮力的作用，气团的升降受到阻碍，这时风的湍流也变小。这种情况下的大气是热稳定状态，气团有回到原位置的趋势。

(3) $\gamma = \gamma_d$。上升或下降的气团与周围大气间没有温差，气团运动是匀速的，或可平衡在任意位置。大气呈中性状态。

(4) $\gamma < 0$。气团比周围大气温度低，出现逆温，气团下降，无法上升，处于稳定状态。

因此，当大气处于不稳定状态时，排放到大气中的污染物会被大气迅速迁移、扩散而稀释；反之，当大气处于稳定状态时，污染物就会停留在排放源附近，形成高浓度的污染。

大气污染状况与大气稳定度有很大的关系，详见链接 3-6。

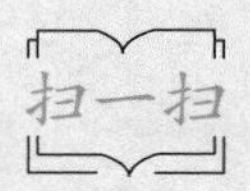

链接 3–6　大气污染状况与大气稳定度的关系

3.2.2　空气污染物的扩散与下垫面的关系

下垫面形式多种多样，有平原、丘陵、山脉、陆地、水面、沙漠、城市和乡村。下垫面情况的不同，会影响到该地区的气象条件，形成局部地区的热力环流，表现出独特的局地气象特征。同时，下垫面本身的机械作用也会影响到气流的运动。例如，下垫面粗糙，湍流就可能较强；下垫面光滑平坦，湍流就可能较弱。因此，下垫面通过影响该地区的气象条件和本身的机械作用影响着污染物的扩散。

1) 城市下垫面的影响

城市下垫面以两种基本方式改变着局地的气象特征：一个是城市的热力效应，即城市的热岛效应；另一个是城市粗糙地面的动力效应。

(1) 热力效应。城市人口稠密、工业和能耗集中、交通繁忙，加上城市建筑物为砖石水泥结构，热容量大，白天吸热强，晚上放热慢，使城市温度比周围乡村温度高，这一现象称为“热岛效应”。由于城区气温高于周围乡村，特别是低层空气温度比周围乡村空气温度高，于是城市地区热空气上升，并在高空向四周辐散，而周围乡村较冷的空气流来补充，形成城市特有的热力环流——热岛环流。这种现象在无风的夜间和晴朗平稳的天气下表现得最为明显。图3-5给出这种效应的示意图。由热岛效应构成的局部空气封闭环流将使城市的空气质量恶化。一方面城市排向空气的污染物会很快随乡村风流向城市，另一方面乡村工厂所排放的污染物也可由低层吹向市区。

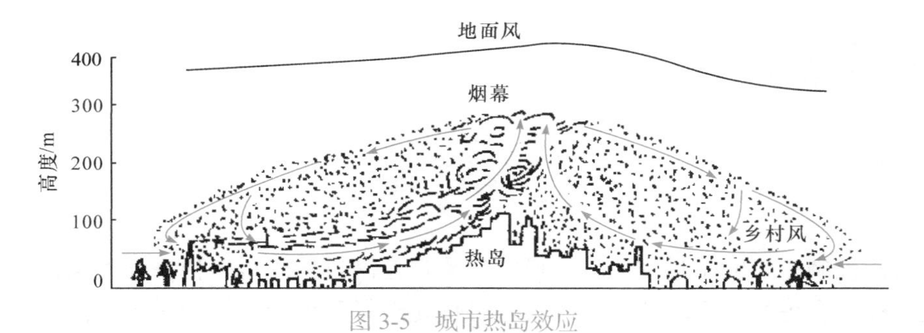

图3-5 城市热岛效应

(2) 动力效应。城市下垫面粗糙度大，对气流产生阻挡作用，使得气流的速度与方向变得很复杂，产生了更强的湍流。

城市热岛使城市上空的空气趋于不稳定，增强了热力湍流，而粗糙的下垫面又增强了机械湍流，这就使得城区的湍流程度比乡村高30%～50%。

2) 山区下垫面的影响

山区地形复杂，日照不均匀，使各处近地层空气的增热与冷却的速度不同，因而形成了山区特有的局地热力环流，它们对空气污染物的扩散影响很大。

(1) 过山气流。气流过山时，在山坡迎风面造成上升气流，山脚处形成反向漩涡；背风面形成下沉气流，山脚处形成回流区。污染源在山坡上风侧时，对迎风坡造成污染，而在背风侧，污染物会被下沉气流带至地面，或在回流区内回旋积累，无法扩散出去，很容易造成高浓度污染。

(2) 山风和谷风。在山区、盆地边缘和山地边缘都会出现山谷风。在晴朗的夜晚，山坡上辐散冷却快，贴近山坡的气流温度低，于是冷而重的空气顺坡滑向谷底，形成山风。白天，山坡接受太阳的辐射比谷地强，贴近山坡的空气温度升高，气团上升，临近谷坡的气流便顺坡而上，坡间气流下沉至谷底，形成谷风。这样，就形成了昼夜交替的成封闭循环流动的山谷风环流，其非常不利于山区的空气扩散。

3) 水陆交界区的影响

在水陆交界处(沿海、沿湖地带)，经常出现海陆风。白天，地表受热后，陆地增温比海面快，因此陆地上的气温高于海面上的气温。陆地上的暖空气上升，并在上层流向海洋，而下层海面上的空气则由海洋流向陆地，形成海风。夜间，陆地散热快，水面散热慢，形成和白天相反的热力环流，上层空气由海洋吹向陆地，而下层空气由陆地吹向海洋，即为陆风。图3-6是海陆风环状气流示意图。海陆风的环状气流不能把污染物完全输送、扩散出去，当海陆风转换时，原来被陆风带走的污染物会被海风带回原地，形成重复污染。

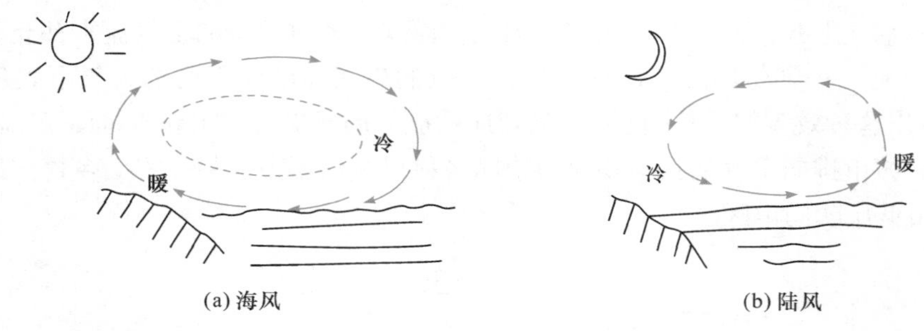

图 3-6 海陆风环状气流示意图

3.3 空气污染常规净化技术

空气污染控制的目的是达到区域环境空气质量控制目标，对多种空气污染控制方案的技术可行性、经济合理性、区域适应性等进行最优化选择和评价，从而得出最优的控制方案和工程措施。

3.3.1 颗粒污染物治理方法

净化颗粒污染物通常采用除尘装置将废气中的颗粒污染物分离出来并加以捕集和回收，并纳入生产工艺流程。应对确实无用的废物进行无害化处理，避免其成为新的污染物。

1. 除尘装置分类

除尘装置种类繁多，根据不同的原则，可对除尘装置进行不同的分类。

依照除尘装置除尘的主要机制可将其分为机械式除尘器、过滤式除尘器、湿式除尘器、静电除尘器四大类。

根据在除尘过程中是否使用水或其他液体，可将除尘装置分为湿式除尘器和干式除尘器。

按除尘效率的高低还可将除尘装置分为高效除尘器(如静电除尘器、过滤除尘器)、中效除尘器(如旋风除尘器、湿式除尘器)和低效除尘器(如重力沉降室、惯性除尘器)。

近年来，为提高对粉尘微粒的捕集效率，还出现了综合几种除尘机制的新型除尘器，如声波除尘器(详见链接 3-7“声波除尘技术原理与应用”)、热凝聚器、高梯度磁分离器等，但目前大多仍处在试验研究阶段。还有些新型除尘器由于性能、经济效果等不能推广应用，因此本节只介绍常用的除尘装置。

链接 3–7 声波除尘技术原理与应用

2. 除尘装置介绍

1) 机械式除尘器

机械式除尘器是通过质量力的作用达到除尘目的的除尘装置。质量力包括重力、惯性力和离心力，故机械式除尘器形式主要为重力沉降室、惯性除尘器和旋风除尘器。

(1) 重力沉降室。重力沉降室是利用含尘气体中粉尘自身的重力自然沉降而从气流中分离出来达到净化目的的一种装置。

图 3-7 为重力沉降室的结构示意图，含尘气流通过横断面比管道大得多的沉降室时，流速大大降低，气流中大而重的粉尘，在随气流流出沉降室之前，由于重力的作用，缓慢下落至沉降室底部而被清除。

重力沉降室是各种除尘器中最简单的一种。其粉尘沉降速度较慢，只适于分离粒径较大的粉尘，对 50μm 以上的粉尘具有较好的捕集作用，但除尘效率低，一般作为初级除尘手段。

(2) 惯性除尘器。惯性除尘是利用气流方向急剧改变时粉尘因惯性力作用而从气流中分离出来的一种除尘方法。

图 3-8 给出惯性除尘器原理。当含尘气流冲击到挡板 B_1 上时，气流方向发生改变，绕过挡板 B_1。气流中粒径较大的粉尘 d_1，由于惯性较大，不能随气流转弯，受自身重力作用下落，首先被分离出来。气流继续流动时受挡板 B_2 的阻挡，方向再次改变，向上流动，而被气流挟带的较小粉尘 d_2 由于离心力的作用撞击在挡板上而下落。显然，惯性除尘器除利用惯性力作用外，还利用离心力和重力的作用。

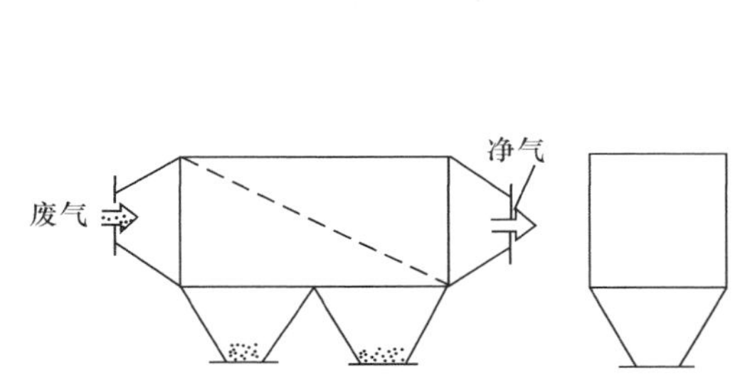

图 3-7　重力沉降室的结构示意图

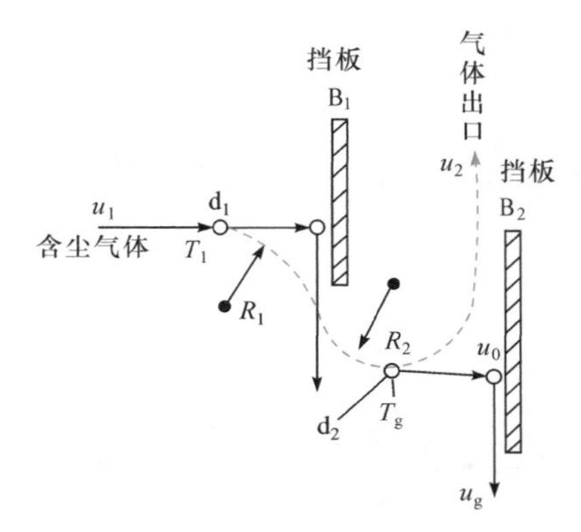

图 3-8　惯性除尘器原理

因此，惯性除尘器中的气流速度越高，气流方向转变角度越大，气流转换方向次数越多，对粉尘的净化效率就越高，但压力损失也会越大。

惯性除尘器适于非黏性、非纤维性粉尘的去除，装置结构简单，阻力较小，但分离效率较低，为 50%～70%，只能捕集 10μm 以上的粗粉尘，常用于多级除尘中的第一级除尘。

(3) 离心式除尘器(又称旋风除尘器)。离心除尘是利用旋转的含尘气流所产生的离心力将粉尘从气流中分离的气体净化方法。

图 3-9 为离心式除尘器结构示意图。普通离心式除尘器由进气管、排气管、圆柱体、圆锥体和灰斗组成。含尘气体由上部进入进气管，沿切线方向进入，受器壁约束自上而下做螺旋形运动。随气流一起旋转的粉尘获得离心力而被抛向器壁与气流分离，然后沿器壁落到锥底排尘口进入灰斗。气流进入锥体后因锥体的收缩而向除尘器的轴线靠近，切向速度提高。当气体到达锥体下部某一位置时就会以同样的旋转方向自下而上继续沿轴线做螺旋形运动，最后从上部的排气管排出。通常把下行螺旋形气流称为外旋流，上行螺旋形气流称为内旋流。

在机械式除尘器中，离心式除尘器是效率较高的一种。它适用于非黏性及非纤维性粉尘的去除，对大于 5μm 以上的颗粒具有较高的去除效率，属于中效除尘器，广泛用于锅炉高温烟气除尘、多级除尘及预除尘。它的主要缺点是对细小粉尘(< 5μm)的去除效率较低。

2) 过滤式除尘器

过滤式除尘是用多孔过滤介质来分离捕集气体中粉尘的处理方法。按滤尘方式有内部过滤与外部过滤之分。内部过滤是把松散多孔的滤料填充在框架内作为过滤层，粉尘是在滤层内部被捕集，如颗粒层过滤器就属于这类过滤器。外部过滤是将纤维织物、滤纸等作为滤料，通过滤料的表面捕集粉尘。这种除尘方式最典型的装置是袋式除尘器，它是过滤式除尘器中应用最广泛的一种。

普通袋式除尘器的结构如图 3-10 所示。用棉、毛、有机纤维、无机纤维的纱线织成滤布，用此滤布做成的滤袋是袋式除尘器中最主要的滤尘部件，滤袋的捕尘是通过以下机制完成的。

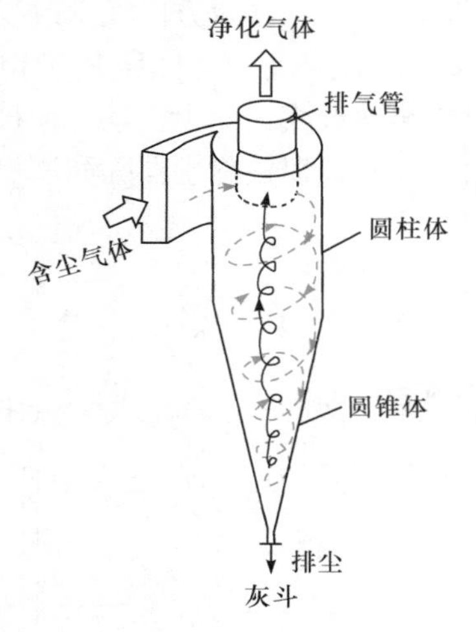

图 3-9 离心式除尘器结构示意图
→ 净化气体的螺旋形气流(内旋流)
--→ 含尘气体的螺旋形气流(外旋流)

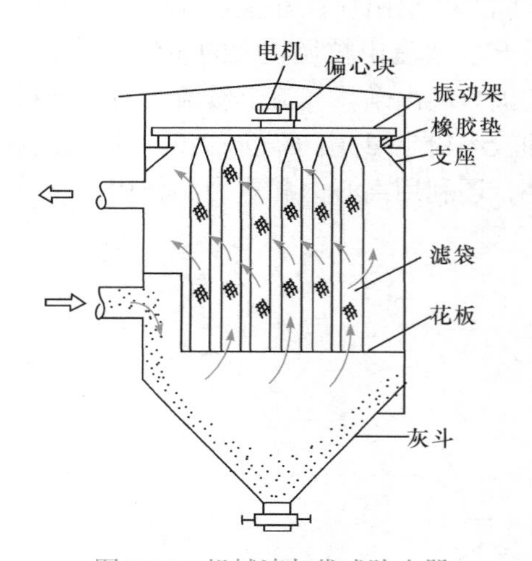

图 3-10 机械清灰袋式除尘器

(1) 筛滤作用。粉尘粒径大于滤料纤维的孔隙时，会被滤料拦截，从气流中筛滤出来，特别是粉尘在滤料上沉积到一定厚度后，形成了所谓的“粉尘初层”，这使得筛滤作用更为显著。粉尘层的存在是保证高除尘效率的关键因素。随着粉尘层的增厚，除尘效率不断提高，但气流通过阻力也不断加大，当粉尘积累到一定厚度后要进行清灰，以减少气流通过阻力。

(2) 惯性碰撞作用。粒径在 1μm 以上的粉尘有较大的惯性。当气流遇到滤料等障碍物产生绕流时，粉尘仍会因本身的惯性按原方向运动，与滤料相碰而被捕集。

(3) 扩散作用。气流中粒径小于 1μm 的小粉尘，由于布朗运动或热运动与滤料表面接触而被捕集。

(4) 静电作用。当滤布和粉尘带有电性相反的电荷时，由于静电引力，粉尘可被吸引到纤维上而捕获，但会影响滤料的清扫。

(5) 重力沉降作用。含尘气流进入除尘器后，气流速度降低，大颗粒粉尘由于重力作用而沉降下来。

在袋式除尘器中，集尘过程的完成是上述各种机制综合作用的结果。由于粉尘性质、装置结构及运行条件的不同，各种机制所起作用的重要性也就不同。

常见的袋式除尘器依清灰方式不同分为脉冲袋式除尘器、回转反吹式除尘器和简易(如机械清灰)袋式除尘器。前两种除尘器清灰效果好，滤袋使用寿命长，但投资也较大。

袋式除尘器广泛用于各种工业废气除尘中，它的除尘效率高，可大于99%，适用范围广，对细粉也有很强的捕集作用，同时便于回收干料。但袋式除尘器不适于处理含油、含水及黏结性粉尘，也不适于处理高温含尘气体，所以在处理高温烟气时需预先对烟气进行冷却，降温到100℃以下再进入袋式除尘器。

3) 湿式除尘器

湿式除尘也称为洗涤除尘，是利用液体所形成的液膜、液滴或气泡洗涤含尘气体，使粉尘随液体排出、气体得到净化的方法。

洗涤液对多种气态污染物具有吸收作用，因此它既能净化气体中的颗粒污染物，又能同时脱除气体中的气态有害物质，这是其他类型除尘器无法做到的，某些洗涤器也可以单独充当吸收器使用。

湿式除尘器种类很多，常用的有各种类型的喷淋塔、填料洗涤除尘器、泡沫除尘器和文丘里管洗涤器等。

典型的喷淋式湿式除尘器如图3-11所示，顶部设有喷水器(也有在塔身中下部装几排喷淋器)，含尘气体由下方进入，与喷头洒下的水滴逆向相遇而被捕集，净化气体由上方排出，污水由下方排出。

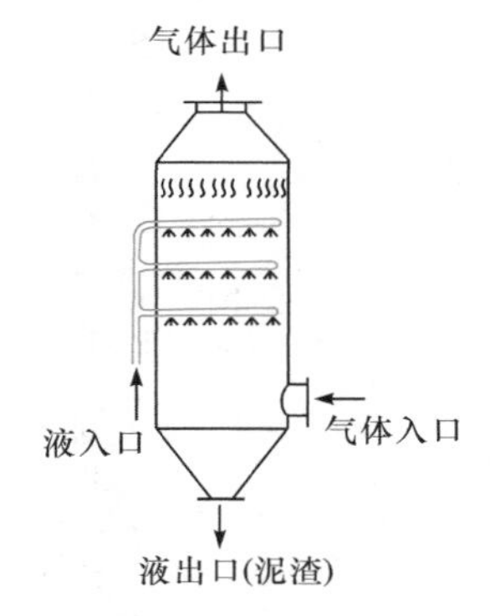

图3-11　喷淋式湿式除尘器

图3-12为文丘里管洗涤器结构示意图。它的除尘机理是使含尘气流经过文丘里管的喉径形成高速气流，并与在喉径处喷入的高压水所形成的液滴相碰撞，使粉尘黏附于液滴上而达到除尘目的，所以文丘里管洗涤器又称加压水式洗涤器。

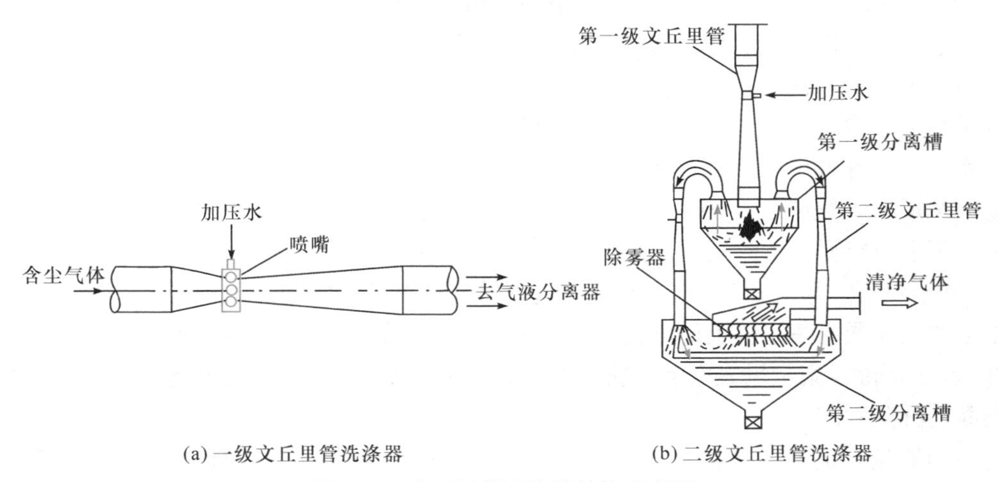

(a) 一级文丘里管洗涤器　(b) 二级文丘里管洗涤器

图3-12　文丘里管洗涤器结构示意图

湿式除尘器的优点是结构简单，造价低，除尘效率高，在处理高温、易燃、易爆气体时安全性好，在除尘的同时还可去除气体中的有害物。湿式除尘器的不足是用水量大，易产生腐蚀性液体，产生的废液或泥浆需进行处理，并可能造成二次污染；在寒冷地区和季节易结冰。

4) 静电除尘器

静电除尘是利用高压电场产生的静电力(库仑力)作用分离含尘气体中的固体粒子或液体粒子的气体净化方法。

常用的除尘器有管式与板式两大类型，均由放电极与集尘极组成，图3-13为管式电除尘器的示意图，其放电极为一用重锤绷直的细金属线，与直流高压电源相接；金属圆管的管壁为集尘极，与地相接。

静电除尘的工作原理如图 3-14 所示，它通过以下 3 个阶段达到除尘目的。

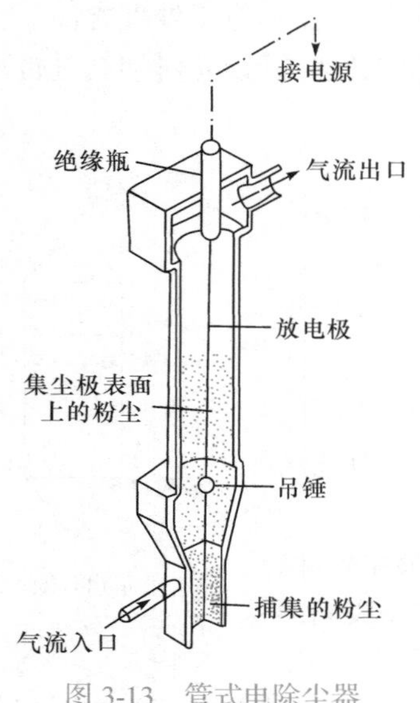

图 3-13 管式电除尘器

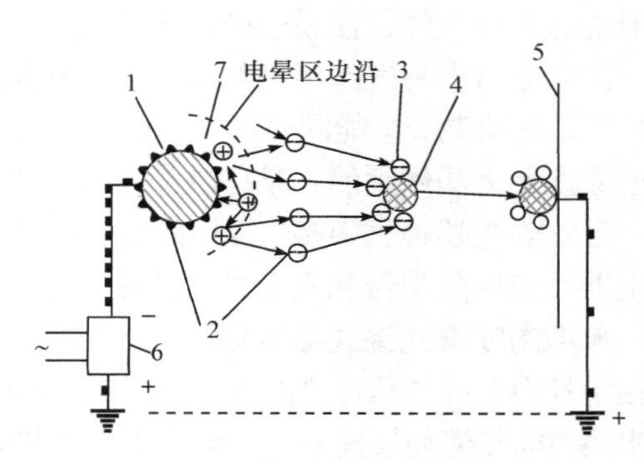

图 3-14 静电除尘的工作原理

1. 放电极；2. 电子；3. 离子；4. 尘粒；5. 集尘极；6. 供电装置；7. 电晕区

(1) 粒子荷电。在放电极与集尘极之间施以很高的直流电压时，两极间形成一非匀强电场，放电极附近电场强度很大，集尘极附近电场强度很小。在电压加到一定值时，放电极附近气体中的自由电子、正离子被加速到很高速度，使与其碰撞的中性分子电离，产生新的更多的自由电子与离子参与导电。经过不断地反复碰撞，放电极周围产生大量的自由电子与离子，发生电晕放电，在放电极表面出现青紫色光点，并发出嘶嘶声，所以放电极又称为电晕极。电晕放电生成的大量电子及阴离子在电场作用下，向集尘极迁移过程中与悬浮在空气中的粉尘相撞，带上负电荷，实现粉尘粒子的荷电。

(2) 粒子沉降。荷电粉尘在电场中受库仑力的作用向集尘极运动，到达集尘极表面后，荷电粉尘上的电荷便与集尘极上的电荷中和，放出电荷后的粉尘便沉积在集尘极表面。

(3) 粒子清除。集尘极表面上的粉尘沉积到一定厚度时，用机械振打等方法，使其脱离集尘极表面，沉落到灰斗中。

电除尘器具有优异的除尘性能：电除尘器几乎可以捕集一切细微粉尘及雾状液滴，除尘效率达 99%以上，对于粒径小于 0.1μm 的粉尘仍有较高的去除效率；电除尘器的气流通过阻力小，处理气量大；由于其所消耗的电能通过静电力直接作用于粉尘上，因此能耗也低；电除尘器还可应用于高温、高压的场合，因此被广泛用于工业除尘。电除尘器的主要缺点是设备庞大，占地面积大，一次性投资费用高，同时不适宜处理有爆炸性的含尘气体。

3. 除尘装置的技术性能指标与选择原则

1) 除尘装置的技术性能指标

技术性能指标常以气体处理量、净化效率和压力损失等参数表示。

(1) 粉尘的浓度表示(根据含尘量的大小)。①个数浓度：单位体积气体所含粉尘的个数，单位为个/cm^3。②质量浓度：单位标准体积气体所含悬浮粉尘的质量，单位为 g/Nm^3 [①]。

(2) 除尘装置的处理量。该项指标表示的是除尘装置在单位时间内所能处理烟气量的大小，是表明装置处理能力大小的参数，单位为 m^3/h 或 m^3/s。

(3) 除尘装置的效率。①除尘装置的总效率：在同一时间内，由除尘装置整体去除的粉尘量与进入装置的粉尘量的比例；②除尘装置的分级效率：装置对某一粒径为 d、粒径宽度为Δd的烟尘除尘效率。

(4) 除尘装置的压力损失。压力损失是表示除尘装置消耗能量大小的指标，也称压力降。压力损失的大小用除尘装置进出口处气流的全压差来表示。

2) 除尘装置的选择原则

(1) 选用时考虑的顺序。①要求：需达到除尘效率；②设备运行条件：包括含尘气体的性质、颗粒的特性，以及供水和污水处理的条件；③经济性；④占地面积及空间大小；⑤设备操作要求；⑥其他因素，如处理有毒、易燃物的安全性等。

(2) 除尘装置的性能比较。全面评价除尘装置性能应包括技术指标和经济指标两项内容。比较的项目有处理的粒度、压降、除尘效率、设备费用和运转费用。

图 3-15 给出各类除尘器对粗、细、极细 3 种标准粉尘[②]的除尘效率曲线，由此便可初步选

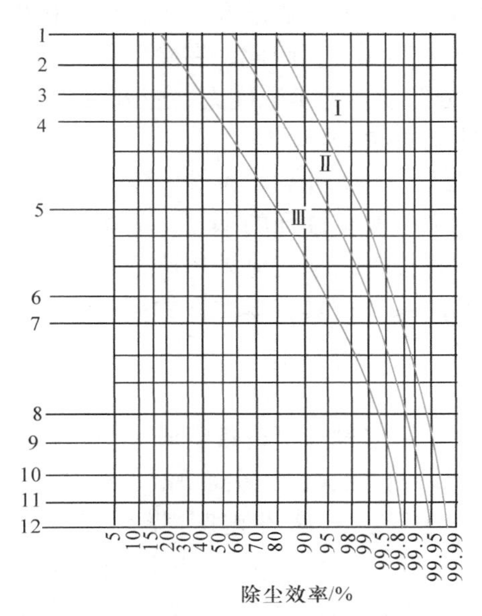

图 3-15　各类除尘器对粗、细、极细 3 种标准粉尘的除尘效率曲线

Ⅰ. 粗粉尘；Ⅱ. 细粉尘；Ⅲ. 极细粉尘；1. 惯性除尘器；2. 中效旋风除尘器；3. 低阻小旋风除尘器；4. 高效旋风除尘器；5. 喷淋式除尘器；6. 干式静电除尘器；7. 湿式静电除尘器；8. 文丘里管洗涤器(中动力)；9. 高效静电除尘器；10. 文丘里管洗涤器(大动力)；11. 脉冲袋式除尘器；12. 脉冲喷吹袋式除尘器

① 气体体积单位：Nm^3 与 m^3 区别。气体体积受温度和压力影响极大，一般气体体积是需要标注温度和压力的。Nm^3 为“标准立方米”，是指在 0℃ 1 个标准大气压下的气体体积，N 代表标准条件(normal condition)；m^3 是指实际工作状态下气体体积。气体排放浓度也有两种表示法：mg/Nm^3 是排放浓度的质量浓度表示法，毫克每标准立方米；ppm 是排放浓度的体积浓度表示法，定义为每立方米大气中含有污染物的体积数，即 ppm = cm^3/m^3，是体积百分数。大部分气体检测仪器测得的气体浓度都是体积浓度(ppm)。按我国标准规范，特别是环保部门规定，要求气体浓度以质量浓度为单位。在得知污染物分子量、气体压力和温度后，这两者是可以相互换算的。

② 3 种粉尘的中值粒径 d_{50}：粗粉尘大约为 90μm，细粉尘大约为 25μm，极细粉尘大约为 2μm。

择除尘器的种类，再查阅该类除尘器的详细性能资料，进一步确定其型号规格。

表 3-2 中比较了各种除尘装置的实用性能。

表 3-2 各种除尘装置实用性能比较

类型	结构形式	处理粒度/μm	压力降/mmH_2O	除尘效率/%	设备费用程度	运转费用程度
重力除尘	沉降式	50～1 000	10～15	40～60	小	小
惯性力除尘		10～100	30～70	50～70	小	小
离心除尘	旋风式	3～100	50～150	85～95	中	中
湿式除尘	文丘里式	0.1～100	300～1000	80～95	中	大
过滤除尘	袋式	0.1～20	100～200	90～99	中以上	中以上
电除尘		0.05～20	10～20	85～99. 9	大	小～大

注：$1mmH_2O = 9.80665Pa$。

4. 烟尘净化

1) 除尘装置选择

我国空气污染属于煤尘型。煤尘的主要来源是各种锅炉排出的烟气，这种烟气不仅成分复杂，而且温度高，可达 1000～2000℃。因此，在除尘装置的选择上应考虑以下因素。

(1) 烟气含尘浓度、粉尘分散度。含尘浓度大，应采用高效率除尘器或多级串联的形式。粉尘分散度高，则要选择高性能的除尘器。

(2) 烟气的温度、湿度、黏结性、亲水性、毒性、爆炸性、化学成分等。烟气温度很高时，必须冷却降温；所含粉尘湿度大、黏结性强的烟气，应避免采用滤袋式除尘器；属于憎水性的粉尘不宜采用湿式除尘器；毒性大的烟气应采用严密的、负压操作的、维护管理较简单的除尘器，收集的粉尘应采用闭路系统；具有爆炸性的烟气应避免高温和产生火花，其浓度要严格控制在爆炸浓度之外。

2) 净化系统

在进行粉尘治理时，往往采用多种除尘设备组成一个净化系统。一般的粉尘净化系统有如图 3-16 所示的几种基本形式。图 3-16(a)为最简单的一级净化系统，适于粉尘温度和浓度都不太高，或者对排放要求不高的场合；当粉尘温度很高需要冷却时，采用图 3-16(b)所示带冷却器的一级净化系统；当粉尘温度和浓度均较高时采用图 3-16(c)所示的二级净化系统；如果粉尘温度和浓度高，且含有较多可燃性组分时，可增加燃烧装置，宜采用图 3-16(d)所示的带燃烧室的二级净化系统。

锅炉排放烟气的控制技术已基本完善，只要选用合适的除尘器，就能达到烟气排放的环境标准要求。现以锅炉烟气净化系统为例说明。

锅炉烟气的污染物是粉尘和 SO_2 气体。粉尘主要包括未能完全燃烧的炭粒，以及由灰粒和固体可燃物微粒组成的飞灰。对不同类型的锅炉应设置不同的除尘系统。对中小型锅炉可采用一级除尘净化系统，一级除尘器主要采用旋风除尘器。对于电站的大型锅炉，由于烟气量大、粉尘浓度高、颗粒细，宜采用二级除尘净化系统：第一级除尘一般选用旋风除尘器，第二级一般采用静电除尘器、袋式除尘器或文丘里管洗涤器等。静电除尘器和袋式除尘器的初期投资较高，湿式除尘器存在腐蚀和形成水污染问题。

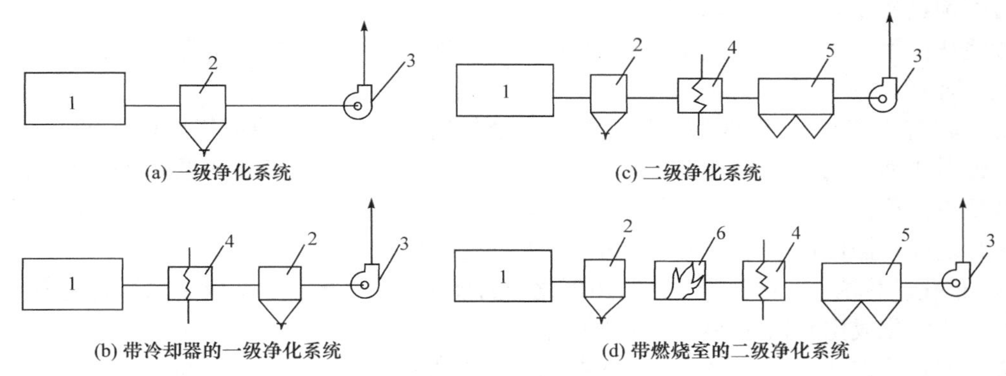

图 3-16　粉尘净化系统几种基本形式

1. 锅炉；2. 一级除尘器；3. 风机；4. 冷却器；5. 二级除尘器；6. 燃烧室

随着环境标准对粉尘排放浓度的限制越来越严，除尘器的选用也逐步向高效除尘器发展。在许多发达国家广泛地使用电除尘器和袋式除尘器，旋风除尘器已很少采用。

3.3.2　气态污染物净化方法

1. 基本净化方法

1) 物理法

冷凝法是利用物质在不同温度下具有不同饱和蒸气压的性质，通过降低废气温度或提高废气压力，使一些易于凝结的有害气体或处于蒸气态的污染物冷凝成液体，从废气中分离出来，达到净化的目的。这种方法的优点是设备简单，管理简便，回收物质比较纯净，适用于处理高浓度有害气体，特别是含单一有害组分的废气，不适宜净化低浓度有害气体。

冷凝法通常用作吸附、燃烧等净化方法的前处理，以减轻后续净化装置的负荷；或预先除去影响操作、腐蚀设备的有害组分，以及用于预先回收某些可以利用的纯物质。

2) 化学法

(1) 燃烧法。燃烧法是利用氧化燃烧或高温分解的原理把有害气体转化为无害物质的方法。这种方法可消烟除臭，工艺简单，操作方便，还可回收燃烧后产物或燃烧过程中的热量。

直接燃烧：直接将有害气体中的可燃组分在空气或氧中燃烧，变成 CO_2 和 H_2O。适宜于净化温度较高、浓度较大的有害废气。例如，炼油厂产生的废气经冷却后，可送入生产用加热炉燃烧；铸造车间的冲天炉烟气中含有 CO 等可燃组分，可作为燃料，通过换热器来加热空气，作为冲天炉的鼓风。

催化燃烧：在催化剂作用下使有害气体在 200～400℃温度下氧化分解成 CO_2 和 H_2O，同时放出燃烧热。由于是无焰燃烧，其安全性好。催化剂有铂、钯等贵重金属和非贵重金属锰、铜、铬和铬的氧化物。

在进行催化燃烧时，首先要把被处理的有害气体预热到起燃温度。预热方法可采用电加热或烟道加热。预热到起燃温度的气体进入催化床层进行反应，反应后的高温气体可引出用来加热进口冷气体，以节约预热能量。因此，催化燃烧法适于处理连续排放的有害气体。除开始处理时需要有较多的预热能量将进口气体加热到起燃温度外，在正常操作运行时，反应后的高温气体就可连续将进口气体预热，少用或不用其他能量进行预热。在处理间断排放的废气时，预热能量的消耗将大大增加。

燃烧法的不足之处是不能回收任何物质，只能回收燃烧后的能量。应用该法时要考虑经济上是否合算。

(2) 焚烧法。焚烧又称热力燃烧，是利用燃料燃烧产生的热量将废气加热至 900～1000℃高温，使其中所含的污染物分解氧化。此法必须有充足的氧、足够高的温度和适当的停留时间，并要有高度的湍动以保证燃烧完全。焚烧的优点是可除去有机物和细微颗粒物，设备简单，不足之处是操作费用高，有回火和发生火灾的可能。

(3) 催化转化法。催化转化法是利用催化剂的催化作用将废气中的有害物质转化为各种无害物质，或转化成比原来存在状态更易于去除的物质。

常用的催化转化法有催化氧化法和催化还原法两种。前者是在催化剂作用下将有害气体中的有害物质氧化为无害物质或更易处理的其他物质。详见 3.3.2 节“SO_2的净化方法”部分。后者是在催化剂作用下，一些还原性气体(如甲烷、氢、氨等)将有害气体中的有害物质还原为无害物质，详见 3.3.2 节“NO_x的净化方法”部分。

催化转化工艺流程一般包括预处理、预热、反应、余热回收等几个步骤。催化反应过程在催化反应器中进行。工业常用的催化反应器有固定床和流化床两类。用于有害气体净化的主要是固定床反应器。固定床具有床层薄、体积小、催化剂用量少、催化剂不易磨损、气体停留时间可严格控制等优点。但固定床传热性能差，床内温度分布不均匀。

催化转化法净化效率较高，在净化过程中可直接将主气流中的有害物转化为无害物，避免了二次污染。但催化剂价格较高，操作要求高，难以回收有用物质。

3) 物理化学法

(1) 吸收法。吸收法是使气体中的一种或多种组分溶解于选定的液体吸收剂中，或与吸收剂中的组分发生选择性化学反应，从而将其从气流中分离出来的操作过程。能够用吸收法净化的气态污染物主要有 SO_2、H_2S、HF 和 NO 等。用吸收法净化气体污染物，不仅是减少或消除气体污染物向大气排放的重要途径，而且也可回收有价值的产品，在气体污染物的治理中应用广泛。

吸收过程是在吸收塔内进行的。吸收设备有喷淋塔、填料塔、泡沫塔、文丘里管洗涤器等。吸收法的一般工艺有逆流工艺、循环的逆流工艺和多级串联逆流工艺，如图 3-17 所示。吸收法工艺比较复杂，吸收效率一般不高。吸收液必须经过处理以免引起二次污染。

(2) 吸附法。吸附法是利用某些多孔性固体来处理废气，使其中所含的一种或几种组分浓集在固体表面，从而与其他组分分开的方法。在吸附过程中，借助分子引力和静电力进行的吸附称为物理吸附；借助化学键力进行的吸附称为化学吸附。常用的吸附剂有活性炭、分子筛、氧化铝、硅胶和离子交换树脂等，应用最多的是活性炭。

当用活性炭作吸附剂吸附到一定程度时，吸附达到饱和，这时要对活性炭进行再生，一般通入水蒸气使吸附质脱附。脱附气体经冷凝变为液体，利用有害物质与水互不相溶的性质，将其与水分开并回收。因此，在流程布置上常采用两个吸附器并联的方法，一个进行吸附，一个进行再生，交替操作。这样，既可以处理间歇排放的废气，又可以处理连续排放的废气。

吸附过程方法简单，净化效率高，适合于净化浓度较低、气体量较小的有害气体，常用作深度净化手段，或用在联合应用几种净化方法时的最终控制手段。不足之处是再生的需要使吸附流程变得复杂，操作费用大大增加，并使操作变得很麻烦。吸附法在我国目前主要用于回收有机溶剂，同时净化废气。

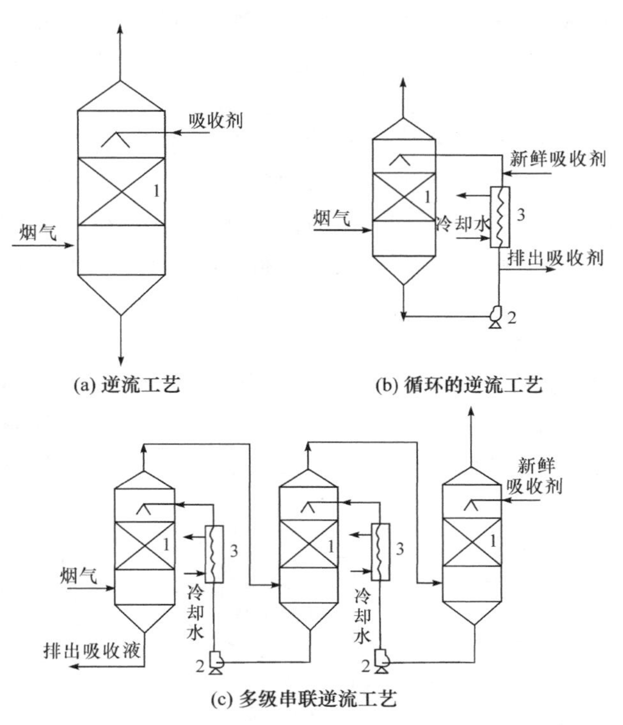

(a) 逆流工艺　(b) 循环的逆流工艺

(c) 多级串联逆流工艺

图 3-17 吸收过程的一般工艺

1. 填料层；2. 循环泵；3. 热交换器

4) 生物法

生物法是利用微生物将废气中的有害组分转化成少害或无害组分的一种净化方法。生物法不能回收废气中的有用组分，比较适用于处理低浓度($< 3mg/m^3$)或生物可降解性强的有机废气。

2. 工业废气净化方法

1) SO_2的净化方法

我国主要采用回收法，把 SO_2 变成有用物质加以回收，成本虽高，但所得副产品可以利用，并对保护环境有利。目前工业上脱硫方法主要为湿法，即用液体吸收剂洗涤烟气，吸收所含的 SO_2；其次为干法，用吸附剂或催化剂脱除废气中的 SO_2。

(1) 氨液吸收法。氨液吸收法是用氨水($NH_3 \cdot H_2O$)吸收烟气中的 SO_2，其中间产物为亚硫酸铵[$(NH_4)_2SO_3$]和亚硫酸氢铵(NH_4HSO_3)：

$$NH_3 \cdot H_2O + SO_2 \longrightarrow (NH_4)_2SO_3 + H_2O$$

$$(NH_4)_2SO_3 + SO_2 + H_2O \longrightarrow NH_4HSO_3$$

采用不同方法处理中间产物可回收不同的副产品。例如，在中间产物(吸收液)中加入 $NH_3 \cdot H_2O$，可使 NH_4HSO_3 转化为$(NH_4)_2SO_3$，然后经空气氧化、浓缩、结晶等过程即可回收硫酸铵[$(NH_4)_2SO_4$]。如果再添加石灰或石灰石乳浊液，经反应后就得到石膏。反应生成的 NH_3 被水吸收重新返回作为吸收剂。如果将$(NH_4)_2SO_3$溶液加热分解，再以 H_2S 还原，就可得到单体硫。

氨液吸收法工艺成熟，流程设备简单，操作方便，副产品很有用，是一种较好的方法，适用于处理硫酸产生的尾气，但由于氨易挥发，吸收剂消耗量大，在缺乏氨源的地方不宜采用。

(2) 石灰-石膏法(又称钙法)。采用石灰石($CaCO_3$)、生石灰(CaO)或石灰浆[$Ca(OH)_2$]的乳浊液来吸收 SO_2，生成亚硫酸钙($CaSO_3$)，经分离的亚硫酸钙可以抛弃，也可以氧化为硫酸钙($CaSO_4$)，以石膏($CaSO_4 \cdot 2H_2O$)形式回收。通过控制吸收液的 pH，可得到副产品半水亚硫酸钙($CaSO_3 \cdot 1/2H_2O$)，它是一种用途很广的钙塑材料。此法的优点在于原料易得、价格低廉，回收的副产品用途大，它是目前国内外所采用的主要方法之一。缺点是吸收系统易结垢堵塞，同时石灰浆循环量大，设备体积庞大，操作费时。

(3) 双碱法(又称钠碱法)。先用氢氧化钠、碳酸钠或亚硫酸钠(第一碱)吸收 SO_2，生成的溶液再用石灰或石灰石(第二碱)再生，可生成石膏。因为该法具有对 SO_2 吸收速度快、管道和设备不易堵塞等优点，所以应用比较广泛。双碱法工艺流程如图 3-18 所示。

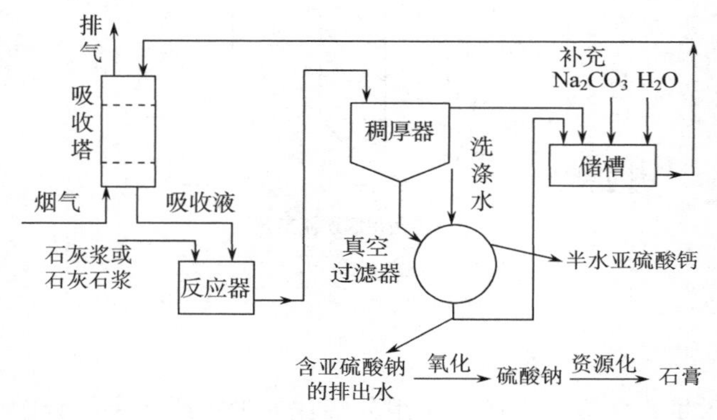

图 3-18 双碱法工艺流程

a. 双碱法的基本原理。

第一碱吸收。在吸收塔内，主要由亚硫酸钠吸收 SO_2，经再生后返回的 NaOH 以及补充的 Na_2CO_3 也吸收 SO_2。

$$Na_2SO_3 + SO_2 + H_2O \longrightarrow NaHSO_3$$

$$NaOH + SO_2 \longrightarrow Na_2SO_3 + H_2O$$

$$Na_2CO_3 + SO_2 \longrightarrow Na_2SO_3 + CO_2 \uparrow$$

第二碱再生。将离开吸收塔的溶液导入一开口反应器，加入石灰浆或石灰石浆进行反应，使 Na_2SO_3 再生进入循环溶液，再回到吸收塔去，同时生成亚硫酸钙和半水亚硫酸钙沉淀，增稠后可回收。

若加石灰浆：

$$Ca(OH)_2 + NaHSO_3 \longrightarrow CaSO_3 \downarrow + Na_2SO_3 \cdot 1/2H_2O + H_2O$$

$$Ca(OH)_2 + Na_2SO_3 \cdot 1/2H_2O \longrightarrow NaOH + CaSO_3 \cdot 1/2H_2O \downarrow$$

若加石灰石浆：

$$CaCO_3 + NaHSO_3 \longrightarrow Na_2SO_3 + CaSO_3 \cdot 1/2H_2O \downarrow + H_2O + CO_2 \uparrow$$

b. 综合利用含有 Na_2SO_3 的吸收液。将含有 Na_2SO_3 的吸收液直接送至造纸厂代替烧碱煮纸浆，这是一种综合利用的措施。也可以把含有 Na_2SO_3 的吸收液经过浓缩、结晶和脱水后回收 Na_2SO_3 晶体。还可以进行氧化(无害)处理。通入氧气，生成芒硝，可直接排入下水道。

$$Na_2SO_3 + O_2 \longrightarrow Na_2SO_4$$

c. 资源化处理。

首先，消除硫酸钠，生成石膏，有两种方法。

第一种是加入 $Ca(OH)_2$ 中和 Na_2SO_4 生成石膏：

$$Na_2SO_4 + Ca(OH)_2 + H_2O \longrightarrow NaOH + CaSO_4 \cdot 2H_2O \downarrow$$

第二种方法是加入稀硫酸：

$$Na_2SO_4 + CaSO_3 \cdot 1/2H_2O + H_2SO_4 + H_2O \longrightarrow NaHSO_3 + CaSO_4 \cdot 2H_2O \downarrow$$

通过该工艺得到的石膏称为脱硫石膏，是火力发电厂、炼油厂处理烟气中 SO_2 后的主要副产品。各国实践证明，脱硫石膏能较好地替代天然石膏，做到资源化综合利用。

其次，回收硫酸或单体硫。将吸收液中的 $NaHSO_3$ 加热分解后可获得高浓度的 SO_2，再经接触氧化后即可制得硫酸；也可用 H_2S 还原制成单体硫。

(4) 催化氧化法。催化氧化法处理硫酸尾气技术成熟，已成为制酸工艺的一部分，同时在锅炉烟气脱硫中也得到实际应用。

此法所用的催化剂是以 SiO_2 为载体的五氧化二钒(V_2O_5)。处理时，将烟气除尘后进入催化转换器，在催化剂作用下，SO_2 被氧化为 SO_3，转化效果可达 80%～90%。然后烟气经过省煤器、空气预热器放热，保证省煤器出口烟气温度达 230℃左右，以防止酸露腐蚀空气预热器。烟气进入吸收塔后，用稀硫酸洗涤吸收 SO_3，等到气体冷却到 104℃时便获得浓度为 80%的硫酸。图 3-19 为美国 Monsanto 电厂采用的干式催化氧化脱硫工艺流程。另外，还有湿式催化氧化脱硫法。

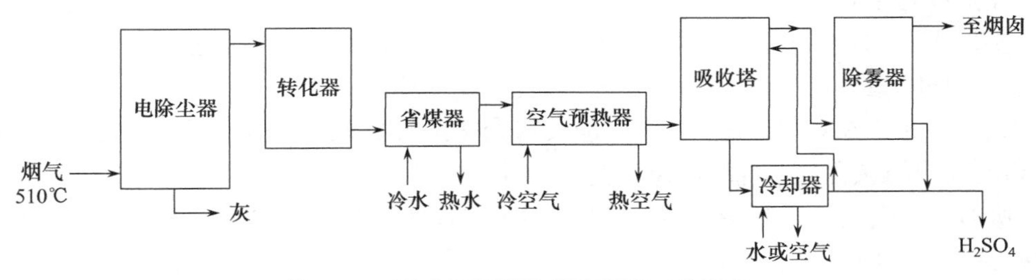

图 3-19　干式高温催化氧化脱硫工艺流程

(5) 电子束照射法。电子束照射法是新型的干法脱硫技术。该工艺流程如图 3-20 所示，由冷却工序、加氨工序、电子束照射工序和副产物分离工序组成。温度约为 150℃的烟气首先经除尘器除尘后进入冷却器，通过喷水冷却将烟气温度降至 70℃左右，既利于脱硫脱氮反应，又不会产生废液(烟气露点为 50℃，在喷水冷却器内呈气态)。其次，根据烟气中的 SO_2 和 NO_x 浓度添加适量的氨(NH_3)并送入反应器。在反应器内，烟气中的 SO_2 和 NO_x 经电子束照射，在极短时间内被氧化成中间产物 H_2SO_4 和 HNO_3，它们又与共存的 NH_3 发生中和反应生成微细颗粒$(NH_4)_2SO_4$和NH_4NO_3的混合物，微细固体颗粒经除尘器分离后，气体排放，分离出来的副产品作为氮肥使用。

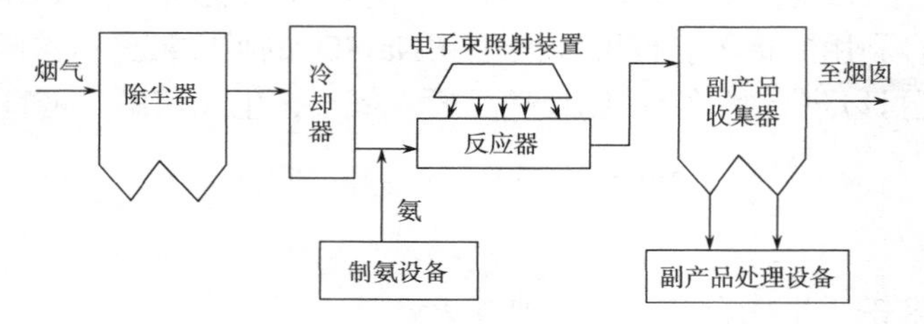

图 3-20 电子束照射法脱硫工艺流程

电子束照射法可同时脱硫脱氮，脱硫效率大于 95%，脱氮效率大于 80%；在脱硫过程中不排放污水，无二次污染；生成的副产品为氮肥；设备简单，操作方便，建设与运行成本低。

2) NO_x的净化方法

排烟中的NO_x主要是 NO。净化的方法也分为干法和湿法两类。干法有选择性催化还原法(selective catalytic reduction，SCR)、非选择性催化还原法(NSCR)、分子筛或活性炭吸附法等，湿法主要采用酸、碱液吸收法等。

(1) 选择性催化还原法。选择性催化还原法是以铂或铜、铬、铁、矾、镍等的氧化物(以铝矾土为载体)为催化剂，以氨、硫化氢、氯-氨及一氧化碳为还原剂，选择最适当的温度范围(一般为 250～450℃，视所选用的催化剂和还原剂而定)，使还原剂只是选择性地与废气中的NO_x发生反应而不与废气中的O_2发生反应。

例如，氨催化还原法，以氨为还原剂、铂为催化剂，反应温度控制在 150～250℃。主要反应为

$$NO + NH_3 \xrightarrow{Pt,150\sim250℃} N_2 + H_2O$$

$$NO_2 + NH_3 \longrightarrow N_2 + H_2O$$

用此法还可同时除去烟气中的SO_2。

(2) 非选择性催化还原法。非选择性催化还原法以铂(或钴、镍、铜、铬、锰等金属的氧化物)为催化剂，以氢或甲烷等还原性气体为还原剂，将烟气中的NO_x还原成N_2。同时，还原剂还与烟气中过剩的O_2作用，故称为非选择性催化还原法。

该法中O_2也参与反应，放热量大，应设有余热回收装置，同时在反应中使还原剂过量并严格控制废气中的氧含量。选取的温度范围为 400～500℃。

(3) 吸收法。吸收法是利用某些溶液作为吸收剂，对NO_x进行吸收。根据使用吸收剂的不同分为碱吸收法、酸吸收法等。

碱吸收法常采用的碱液为 NaOH、Na_2CO_3、$NH_3 \cdot H_2O$等，吸收设备简单，操作容易，投资少。但吸收效率较低，特别对 NO 吸收效果差，只能消除NO_2所形成的黄烟。若采用“漂白”的稀硝酸来吸收硝酸尾气中的NO_x，可以净化排气，回收NO_x用于制硝酸，一般用于硝酸生产过程中，应用范围有限。

(4) 吸附法。吸附法采用的吸附剂为活性炭与沸石分子筛。

丝光沸石分子筛是一种极性很强的吸附剂。对被吸附的硝酸和NO_x可用水蒸气置换法将其脱附。脱附后的吸附剂经干燥冷却后，可重新用于吸附操作。分子筛吸附法适于净化硝酸

尾气，可将浓度为 1500～3000μL/L 的 NO_x 降低至 50μL/L 以下，回收的 NO_x 用于硝酸的生产，是一种很有前途的方法。主要缺点是吸附剂吸附容量小，需频繁再生，因此用途也不广。

活性炭可用于吸附脱硫、吸附脱氮，也可用来联合脱硫、脱氮。图 3-21 为活性炭-氨联合脱硫、脱氮工艺流程。

反应器 A 为两段移动床反应器。烟气除尘冷却后由下而上进入第一段活性炭床层，温度为 90～150℃，SO_2 被自上而下的活性炭吸附并催化氧化为 SO_3，SO_3 与水反应生成硫酸，被活性炭吸附。可脱除烟气中 90%以上的 SO_2。在第一、第二段移动床之间喷入氨，与脱除 SO_2 后的烟气混合后进入第二段活性炭床层，氨与 NO_x 反应，NO_x 被催化还原为 N_2 和 H_2O，此段可脱除烟气中 60%～80%的 NO_x。经过脱硫脱氮的烟气可直接送去烟囱排放。反应器 A 内吸附有 H_2SO_4 的活性炭从底部输出，送入脱附器 B 中。在脱附器内首先通过非接触方式加热至 400～450℃，使 H_2SO_4 与活性炭反应放出高浓度 SO_2(脱吸)，从顶部输出以便进一步加工成硫；最后活性炭被空气冷却，从底部排出，筛除细粉后循环使用。国外已有商业应用。

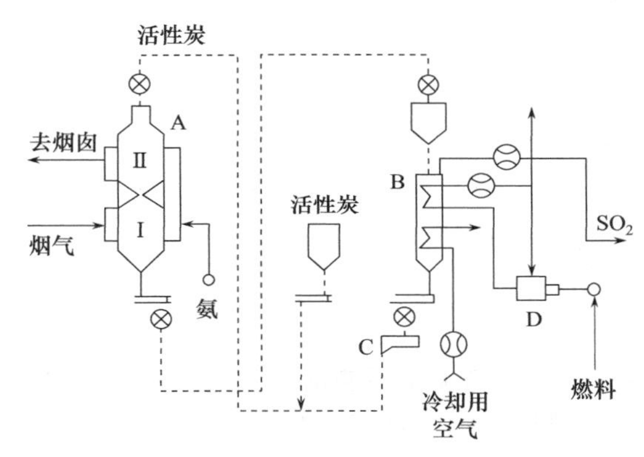

图 3-21　活性炭-氨联合脱硫、脱氮工艺流程

A. 反应器；B. 脱吸和冷却器；C. 筛子；D. 炉

3) 有机废气的生物净化方法

有机废气是指各种碳氢化合物的气体，如醛、烃、醇、酮、酯、胺、苯及同系物、多环芳烃等。这些有机废气很多具有毒性，同时是环境恶臭的主要根源。常用的净化方法包括吸收法、吸附法、燃烧法及催化燃烧法，这些与前面介绍的方法基本一致。生物处理法是最新发展起来的新型处理方法。

(1) 原理。用微生物净化有机废气主要采用好氧生物处理。与污水的生物处理过程的最大区别在于，废气中的有机物质首先要经过由气相到液相(或固体表面液膜)的传质过程，然后在液相(或固体表面生物层)中被微生物吸附降解。微生物对有机物进行氧化分解和同化合成，产生代谢物质，或溶入液相，或作为细胞的代谢能源，而 CO_2 则进入空气。处理过程如图 3-22 所示。这样，废气中的有机物便不断减少，从而得到净化。

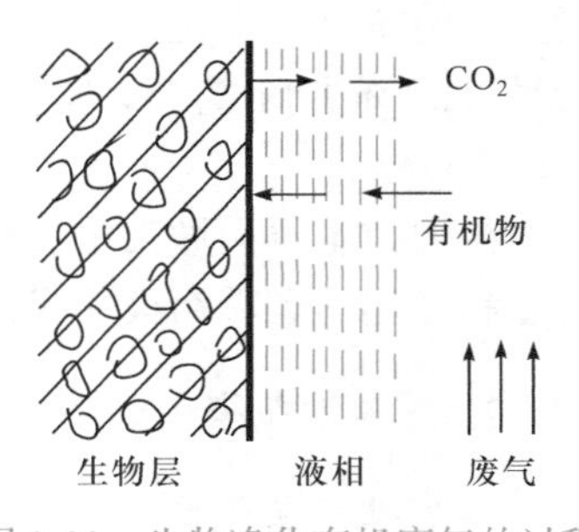

图 3-22　生物净化有机废气的过程

(2) 处理设施。生物处理法是一种比较新型的净化方法，主要的处理方法有吸收法和过滤法两种。主要的净化装置有生物涤气塔、生物滤池、生物滴滤池等。

生物涤气塔如图 3-23 所示。该装置由吸收室与再生池(活性污泥池)组成。生物涤气液自顶部淋下，使废气中污染物和氧转入液相。吸收了废气组分的涤气液流入再生池中，通气充氧后，被吸收的气态废物通过微生物氧化作用，被再生池中的活性污泥悬浮液从液相中除去。该装置适于处理净化气量较小，浓度大，易溶且生物代谢速率较低的废气。废气的脱臭效率可达 99%。

生物过滤法是利用附着在固体过滤材料表面的微生物的作用处理污染物的方法。常用的装置有生物滤池(图 3-24)、生物滴滤池等。具有一定湿度的有机废气进入生物滤池，通过 0.5～1m 厚的生物活性填料层[①]，有机污物从气相转移到生物层，进而被氧化分解。该设备简单、运行费低、管理方便，但占地多，运行 1～5 年需更换滤料。该装置适用于处理气量大、浓度低的废气，对有机废气的去除效率可高达 95%，是目前使用得最多的系统。

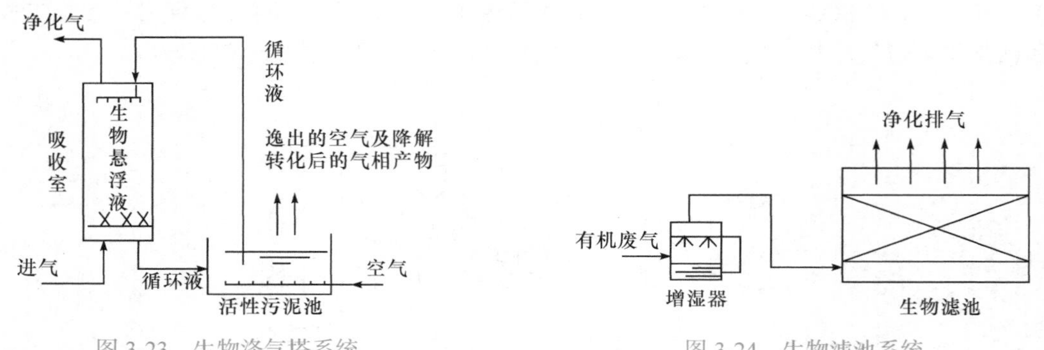

图 3-23 生物涤气塔系统　　图 3-24 生物滤池系统

另一种适用于高负荷的过滤池是生物滴滤池。它的滤层为粗碎石、塑料、陶瓷等填料和在其表面几毫米厚的生物膜。填料的比表面积为 100～300m^2/m^3，为气体通过提供大量的空间，并可降低由微生物生长及生物膜脱落引起的堵塞。

3.3.3 汽车排气净化

1. 汽车排放的污染物

汽车尾气所排放的污染物主要来源于内燃机。内燃机的排气成分随内燃机的类型及运转条件的改变而改变。汽油机中，这些有害排放物约占废气总量的 5%，柴油机中约占 1%，而一辆燃油助动车所排放的有害废气相当于 4 辆小轿车。

汽车尾气的基本成分是 CO_2、水蒸气、过剩的氧和氮。燃料含有杂质、添加剂且燃烧不完全，使得排气中还含有 CO、C_xH_y、NO_x、SO_x、PM(主要是碳粒、油雾等)、臭气(甲醛、丙烯醛等)、苯并[a]芘等有害污染物。汽车尾气中的颗粒为 PM_{10}、$PM_{2.5}$ 及 $PM_{0.5}$，碳粒直径为 0.1～10μm。

在国内主要大城市中，汽车尾气污染占空气污染的 80%。汽车尾气也是近年来我国雾霾、灰霾和光化学烟雾污染频发的罪魁祸首之一。

2. 汽车排气净化方法

汽车排气净化是减少内燃机排放废气中所含的有害成分。它可分为燃料处理技术、机内

---

① 生物活性填料层一般由具有吸附性的滤料(如土壤、动植物堆肥、活性炭)或经特殊处理的木质填料组成。

净化技术和机外净化技术 3 类方式。

1) 燃料处理技术

燃料处理是对燃料在进入气缸前进行预先处理，以期减少气缸工作过程中所产生的有害排放物的一种理想净化措施，它可以在不改变或较少改变发动机的情况下，改善排气成分。

(1) 对现用燃料的处理。在 20 世纪末，人们主要着眼于减少汽油中的含铅量。废气中的铅蒸气不仅使汽车的三元催化净化器中毒而失效，而且对人体健康危害很大。同时，汽车排放的铅还是城市空气中重要的污染物。我国从 2000 年起已经完全使用无铅汽油。

我国目前使用的汽油中烯烃含量普遍较高，容易在喷嘴处产生结焦，影响燃油喷出效果，长期使用而不定期清洁喷嘴将降低燃烧率和动力，增加排污。在汽油中加入一定比例的汽油清净剂后，可有效清除燃料系统的沉淀物和积炭，提高燃料效率，降低排污和油耗，这也是目前国际上降低车辆尾气排放的最经济有效的方法之一。

(2) 采用车用替代燃料。开发车用替代燃料主要是为了解决能源问题，在改善发动机热效率的同时，也带来了改善排放特性的可能性。

在液体替代燃料中，醇类燃料(如甲醇、乙醇)最有希望，它们具有较高的辛烷值和实现高产的可能性；气体替代燃料包括液化石油气(LPG)和压缩天然气(CNG)等，辛烷值较高，抗爆性也好，CO 和 NO_x 的排放量约为内燃机车的 50%，基本无烟，噪声也低。但是最具有应用价值的还是 H_2。

我国车用替代燃料迄今为止主要发展了煤基醇醚燃料(包括甲醇、二甲醚)、生物质液体燃料(包括乙醇和生物柴油)、天然气、煤液化(煤制油)等。根据不同地域的资源储备特点和城市发展的清洁环境需求，这些车用替代燃料都在不同的地区有试点，如山西等地试点推广了甲醇燃料；四川、北京、上海等地试点推广了天然气燃料；东北三省、安徽、湖北等地是乙醇燃料的应用试点；内蒙古则建成了迄今国内最大的煤液化项目。

氢也可以作为内燃机汽车的燃料。氢燃料发动机比汽油机的热效率高，且绝无污染。也可以用氢-氧燃料电池作汽车的动力，它具有效率高、零排放和噪声低的优点。目前关键问题是如何降低氢燃料电池汽车成本和保障安全有效地储存和运输氢气。详见 1.3.3 节和链接 3-8 “氢燃料电池汽车(FCEV)”。

链接 3-8　氢燃料电池汽车(FCEV)

采用车用替代燃料的汽车也称“清洁能源汽车”。

2) 机内净化技术

机内净化是从有害排放物的生成机理出发，对内燃机的燃烧方式本身进行改造的一种技术。例如，对内燃机的供油、点火及进排气系统进行改进和最优化匹配等，控制有害排放物的产生，使排出的废气尽可能是无害的。这是汽车排气净化的根本办法。

(1) 分层燃烧系统与电喷技术。采用汽油直接喷射实现分层燃烧的方法，不仅可以降低排气污染，还能提高燃油经济性，是汽油机最有前途的净化方法。分层燃烧的原理是让混合气的浓度有组织地分成各种层次，以适应内燃机燃烧的各个阶段，使其充分燃烧，减少有害物质。点火瞬间在火花塞间隙的周围局部注入具有良好着火条件的较浓的混合气，在燃烧室的大部分区域则为较稀的混合气。因此，为了有利于火焰传播，必须具有从浓到稀的各种空(气)燃(料)比混合气过渡，才能使燃料得到充分燃烧，从而减少废气中的有害物质。

分层燃烧，即电喷技术，是实现“电控燃油喷射”供油的一种较好的方法。

电喷发动机采用电子控制燃油喷射系统，由控制单元中的信号微处理器计算发动机在不同工况下的最佳空燃比，对混合气成分和点火定时实现最佳控制，可使排放量大幅度下降，有害物质较少。

(2) 发动机增压和增压中冷技术相结合的燃油系统。此为汽车环保新技术，可以有效地控制汽车的排放。

3) 机外净化技术

机外净化是通过附设在内燃机外部的装置对内燃机排出的废气在进入空气之前进行处理，使废气中有害成分的含量进一步降低。主要技术是在排气系统中安装三元催化净化器、微粒过滤器等。

三元催化净化装置采用能同时完成 CO、C_xH_y 的氧化和 NO_x 还原反应的催化剂，可将车用汽油发动机的 3 类有害物质排放量削减 80%～90%。采用此法可节省燃料，减少催化反应器数量，是一种技术层次高、治污效果明显的净化方法，目前已成为汽油车的必备装置。

三元催化净化器的净化效率与尾气中所含 C_xH_y、CO 和 NO_x 的比例有密切关系，因此它要求内燃机工作时把空燃比精确控制在理论空燃比附近，以实现 C_xH_y、CO 和 NO_x 同时高效净化。这种方法的不足之处是催化剂容易导致铅中毒以及对催化剂性能要求高。因此，汽车必须安装电喷系统并且使用无铅汽油，从而可获得最佳的尾气净化效果。

由于混合和燃烧方式不同，柴油机的排污成分中，C_xH_y 和 CO 比汽油机少得多，NO_x 约为汽油机的一半，但排气中的微粒却多得多，经常可见行驶中的柴油机车出现冒白烟、黑烟的现象。柴油机排气的微粒粒径分布峰值通常在 0.1μm 左右。控制柴油机的排气微粒，除燃料处理、机内净化外，还要研究微粒捕集器作为机外净化措施，这有一定难度，技术尚不是很成熟。

3. 控制汽车排气污染的综合措施

当前控制汽车排气污染的综合措施主要有以下几方面。

(1) 实施严格的汽车尾气排放标准，加快成品油质量升级措施。随着汽车和炼油技术以及人们对空气质量要求的不断提高，国家制定了越来越严格的汽车尾气排放标准。要达到汽车尾气排放标准，车辆和燃油必须同时达到相应的标准。

2018 年 1 月 1 日全国实施了国家第五阶段机动车污染物排放标准(简称国五排放标准)[①]。国家第六阶段机动车污染物排放标准(简称国六排放标准)[②]实施时间分为两个阶段：2020 年 7 月 1 日全国实施国六(A)标准，2023 年 7 月 1 日全国实施国六(B)标准。

(2) 鼓励使用清洁能源汽车。2017 年国务院总理李克强在第十二届全国人民代表大会第

---

① 我国的国三、国四和国五排放标准是参照“欧洲三号”“欧洲四号”“欧洲五号”的汽车排放标准。受控的汽车排放物主要有 C_xH_y、NO_x、CO 和 PM 等。国家标准化管理委员会测算，仅国五汽油标准实施后将大幅减少车辆污染物的排放量，预计在用车每年可减排 NO_x 约 30 万 t，新车 5 年累计可减排 NO_x 约 9 万 t。

② 国六排放标准是参照“欧洲六号”的汽车排放标准，相比国五排放标准限值，国六(A)阶段排放标准汽油车 CO 限值加严 30%；国六(B)阶段排放标准汽油车 CO 和 NO_x 限值分别加严 50%和 42%。柴油车也是同样标准。

五次会议上所做的《政府工作报告》提出“坚决打好蓝天保卫战”“鼓励使用清洁能源汽车”[①]，并首次将新能源汽车修正为“清洁能源汽车”。

清洁能源汽车具体包括：①新能源汽车。主要有纯电动汽车、增程式电动汽车、插电式混合动力汽车、氢燃料电池汽车。②清洁替代燃料汽车。主要有天然气汽车。

发展清洁能源汽车符合国家鼓励能源结构多元化的核心要求，也将为拉动清洁能源经济发展提供助力。但对各类清洁能源汽车的发展必须明确定位。以纯电驱动和氢燃料电池汽车为主，以插电式、增程式混合动力新能源汽车和天然气等清洁替代燃料汽车为过渡，逐步引导实现能源供给端全面使用清洁替代燃料和可再生绿色能源，在车辆使用端实现零排放、电动化。

已具有商业开发前景的 3 种清洁能源汽车是电动汽车(纯电动汽车与超级电容电动汽车)、混合动力汽车和氢燃料电池汽车，还有正在研制的概念车——太阳能汽车。

(3) 发展节能型乘用车。2012 年国务院印发了《节能与新能源汽车产业发展规划(2012—2020 年)》，本节简称《发展规划》。《发展规划》要求，到 2015 年，当年生产的乘用车平均燃料消耗量降至 6.9 升/百公里，节能型乘用车燃料消耗量降至 5.9 升/百公里以下。到 2020 年，当年生产的乘用车平均燃料消耗量降至 5.0 升/百公里，节能型乘用车燃料消耗量降至 4.5 升/百公里以下。要达到这个全球最严格的油耗目标，目前最可行的混合动力汽车的推广和普及势在必行，市场也将迅速起步。

(4) 发展地铁、轻轨交通与电车。加强城市公交系统的建设。在发展地铁、轻轨交通与电车的同时要注意噪声控制，尤其是轻轨交通在设计之时便应将噪声控制列入计划，以免形成新的污染源。

(5) 加强道路基础建设及交通管理。建立健全的市政建设法规及交通管理制度，减少市内过境车辆，改善行车工况，及时淘汰旧车及燃油助动车等。

(6) 推动运输结构优化调整。要优化我国的运输结构，提升铁路货运和集装箱海铁联运的比例[②]。

3.4　室内空气污染与控制

室内环境空气污染(简称“室内空气污染”)是指人类的活动造成住宅、学校、办公室、商场、宾(旅)馆、各类饭店、咖啡馆、酒吧、公共建筑物(含各种现代办公大楼)以及各种公众聚集场所(影剧院、图书馆、交通工具等)内化学和生物等因素的影响，引起人体的不舒适或对人体健康产生了伤害(如急性伤害、慢性伤害以及潜在伤害)。

---

① 2017 年 3 月的第十二届全国人民代表大会第五次会议《政府工作报告》中首次采用“清洁能源汽车”，这种叫法比“新能源汽车”更科学。我国产业界默认的“新能源汽车”基本上是指电动汽车。“新”是一个相对概念，100 年前，现在的燃油汽车也可以叫“新能源汽车”，这个表述不严谨。清洁能源汽车范畴更广，用各类技术有效降低能源消耗和尾气中有害物质排放的环保型汽车都可纳入，如电动汽车、增程式电动汽车、燃料电池汽车、氢动力汽车、天然气汽车、甲醇汽车、乙醇汽车、太阳能汽车等。表述的改变意味着清洁能源汽车将迎来更多元化的发展。

② 根据《中国大气污染防治回顾与展望报告 2018(执行报告)》，目前我国以柴油车为主的公路运输承担了 78.8%的旅客运输和 76.8%的货物运输；铁路货运比例仅占 7.7%，集装箱海铁联运的比例仅为 2%。在 2019 年《中国生态环境状况公报》“综述”中透露，据初步统计，2019 年全国铁路货运量比 2018 年增长 7.2%，其中，京津冀增长 26.2%。

现代家居环境空气污染物来源广、种类多、危害大[①]。中外研究一致表明，由于现代人有80%～90%的时间在室内度过，室内的空气污染对人体影响的严重程度是室外空气的2～4倍[②]，在某些情况下甚至可高达100倍。因此，美国国家环境保护局已把室内空气污染与空气污染、工作间有毒化学品污染和水污染并列为对公众健康危害最大的4种环境因素。

3.4.1 室内空气污染

1. 室内空气的主要污染物及其来源

室内空气污染物的种类已高达900多种，主要分为3类：①气体污染物。挥发性有机物(VOCs)是最主要的成分，还有 O_3、CO、CO_2、NO_x 和放射性元素氡(Rn)及其子体等。特别是室内通风条件不良时，这些气体污染物就会在室内积聚，浓度升高，有的浓度可超过卫生标准数10倍，造成室内空气严重污染。②微生物污染物。例如，过敏反应物、病毒、室内潮湿处易滋生的真菌与微生物。③可吸入颗粒物(PM_{10} 和 $PM_{2.5}$)。

污染物的来源大部分是由室内环境自身造成的，如人类的生理活动(呼吸、吸烟、体表散发的乳酸等)、厨房油烟、家用电器和室内装饰等方面，还有现代的生活日用品(如清洗剂、化妆品、杀虫剂等)；也有源自室外的，如一些过敏反应物、飘尘等。室内空气的主要污染物及其来源见表3-3。

表3-3 室内空气的主要污染物及其来源

污染物		污染源
气体污染物	甲醛(HCHO)	建筑材料：各种含脲醛树脂的建筑材料、隔热材料、绝缘材料等 装饰材料：木制家具、木质人造板材、墙壁涂料、油漆、黏合剂、化纤地毯等 生活用品：液化石油气的燃烧，化妆品、清洗剂、消毒剂、香烟烟雾、书刊杂志(油墨印刷)、经过处理的免烫衣物和防缩织物等
	Rn及其子体	建材(水泥、砖、地板等)、地壳本体、地下坑道中的冷气
	VOCs	涂料、化妆品、油漆、清洁剂、杀虫剂、人造地毯、鞋油、指甲油、摩丝等
	O_3	室外光化反应进入、复印机高压产生
	CO	燃料燃烧、吸烟、燃气热水器使用不当
	CO_2	燃料燃烧、吸烟、人类呼吸代谢、植物呼吸作用
	NO_x	燃料燃烧、吸烟、使用电炉
	有机氯化物	纺织物、杀虫剂、集成电路半导体元件使用的有机氯清洗剂

① 2013年10月17日，世界卫生组织下属国际癌症研究机构发布报告，首次指认室外空气污染为第一类致癌物，其在致癌方面的危险程度已经与烟草、紫外线和石棉等致癌物处于同一等级。根据国际癌症研究机构现有的最新统计数据，近年来全世界每年至少有20万人因空气污染患肺癌死亡。

② 2015年4月22日，清华大学发布国内首个室内 $PM_{2.5}$ 污染公益调研报告，该报告基于北京冬季室内空气数据采集结果显示，室内 $PM_{2.5}$ 污染比室外 $PM_{2.5}$ 污染对人体影响更大，前者是后者的4倍。报告称，在采样时段，室内 $PM_{2.5}$ 浓度是同期室外 $PM_{2.5}$ 浓度的0.67倍，日均室内 $PM_{2.5}$ 暴露量和潜在剂量为室外的4倍。就是说，平均来看，同时期室内空气质量要优于室外空气质量，但是人们在室内的停留时间很长，一天之中平均有20h在室内度过，这就意味着即使室内的即时浓度要比室外低，但一整天累积下来，室内的空气污染对人的影响更大。这个4倍是指时间累积上的总影响。

续表

污染物		污染源
微生物污染物	过敏反应物	植物花粉、孢子、动物皮毛、家畜(猫、狗等)、螨类
	真菌与微生物	人体、空调机、湿度机、家畜、不清洁的地毯
可吸入颗粒物	铅(Pb)	电池、建筑材料、电缆外套、文具、瓷器、塑料墙纸、PVC 塑料、某些玩具
	PM_{10} 和 $PM_{2.5}$	室外、石棉、燃料燃烧、吸烟、发烟蚊香、室内清扫、日化用品(如空气清新剂、臭氧剂、化妆品)等

2. 室内空气污染物的危害

室内空气污染物由于种类多、浓度低、作用时间长，对人体健康的影响是累积式的。有的污染物单独作用于人体，有的污染物之间可发生协同反应，从而对人体造成极大危害。

1) 甲醛和 VOCs

甲醛是室内最常见的 VOCs，无色，有刺激性，易溶于水，可与氨基酸、蛋白质、DNA 反应，从而破坏细胞。低浓度的甲醛即可对人体产生急性不良影响，如头痛、流泪、咳嗽等症状，高浓度的甲醛可引起过敏性哮喘。长期吸入一定浓度的甲醛还有致癌作用，如家具厂工人的呼吸道、肺、肝等的癌症发病概率高于其他工种的工人。现在，国际癌症研究机构建议将甲醛作为可疑致癌物对待。

2) Rn 及其子体

Rn 是含在土壤和岩石中的 U(铀)在衰变过程中产生的一种无色、无味、具有放射性的气体，弥漫在室内空气中的 Rn 会衰变为氡子体，它是肉眼看不见的极细微的、放射性金属粒子，随空气被吸入肺。国际癌症研究机构已确认 Rn 及其子体对人体有致癌性。在美国的调查中发现，在肺癌的病因中，Rn 仅次于吸烟名列第二。

3) 吸烟和被动吸烟

烟草中约含有 4700 种成分，其中包含大量对人体有害的物质，如焦油、尼古丁、烃类、醛类、重金属、吲哚、喹啉等。吸烟是肺癌的罪魁祸首，心脏病、食管癌、呼吸道癌、白血病的发病概率也随吸烟增加而增加。对女性来说，吸烟害处更大，尤其是孕妇，将直接对后代产生不利影响。吸烟对周围环境也有很大影响。研究证实，飘浮在烟草上方的侧流烟雾所含的污染物比吸烟者所吸入主流烟雾的污染物多几倍。被动吸烟的妇女中患肺癌的危险性增加达 50%，对儿童的危害更严重。因此，在公共场所禁止吸烟是保护环境和人体健康的必要措施。

4) 烹饪油烟和燃烧废气

烹饪油烟及其冷凝物中含有多种脂肪烃、杂环烃和芳香烃，包括甲醛、乙醛、丙二烯、苯、菲、蒽、芘、苯并[a]芘等，这些化合物或具刺激性，或对造血功能有损害，有的甚至是致癌物。大量流行病学调查研究表明，中国妇女肺癌发病率列世界前列，排除吸烟因素外，烹饪油烟是其主要危险因素之一。燃烧废气中含有 CO、CO_2、N_2O 和 PM，对人体健康均有不利影响。可参阅有关章节(如 3.1.3 节“空气污染的来源和污染物”)。

5) 真菌与微生物

研究发现，人肺可排出 20 余种有毒物质，其中 10 余种为挥发性毒物，打一个喷嚏可能会喷射出数百万悬浮颗粒，这些颗粒可以带有数千万个以上的病菌。室内环境，特别是通风不良、人员拥挤的情况下，为致病微生物(病原体)和致敏原创造了良好的滋生条件。病原体使易感人群发生感染，引起流感、流脑、猩红热等疾病。致敏原主要有螨虫和真菌两类，可导致过敏性肺炎、鼻炎、哮喘、皮肤过敏等疾病。螨虫好藏身于纯毛地毯、挂毯、床垫、沙发罩等处，真菌则易滋生于阴暗、潮湿、不通风的角落，病原体也可能寄居在家用电器(如空调系统)、纺织品中和宠物身上。

6) 可吸入颗粒(PM_{10}和$PM_{2.5}$)

详见 3.1.3 节“可吸入颗粒(PM_{10}、$PM_{2.5}$和$PM_{0.5}$)”部分。

3.4.2 室内空气的污染控制规范和质量标准

我国于 2002 年 1 月 1 日、5 月 1 日和 2003 年 3 月 1 日相继实施了《民用建筑工程室内环境污染控制规范》(GB 50325—2010)、《住宅装饰装修工程施工规范》(GB 50327—2001)和新版《室内空气质量标准》(GB/T 18883—2022)。这是一套相对完备的法律法规体系，从房屋的建筑施工到装饰评价、污染物检测都有相应规定。

《民用建筑工程室内环境污染控制规范》是我国第一部控制室内污染的国家标准，规范明文规定民用建筑竣工时必须同时接受室内环境质量的监测，不达标者一律不得备案使用，违反者将受处罚。该标准还对建筑工程室内的氡、甲醛、苯、氨、总挥发性有机物(TVOC)含量的控制指标做了具体规定。

《住宅装饰装修工程施工规范》充分体现了政策性、科学性、实用性和相关性，规范结合我国家庭装修行业的现状，集中全行业先进的、普遍适用的技术和施工工艺，特别是在关系到保护环境、保护公共利益、保护人民生命财产安全和健康等方面做了强制性的规定。

《室内空气质量标准》(GB/T18883—2022)规定了室内空气中的物理性、化学性、生物性和放射性指标及要求。这 4 类指标不仅与人体健康有关，还能影响其他空气污染物的产生和扩散，特别是物理性指标。例如，保证一定数量的新风量，就必须加强室内外空气流通，可降低室内污染物浓度；再如，控制室内相对湿度，能有效遏制室内霉菌类生物的繁殖扩散，减轻生物污染引起的室内空气质量下降。2022 年新标准新增了三氯乙烯、四氯乙烯和细颗粒物这 3 项化学性指标及要求，同时也更改了一些指标的要求；要求越高，室内居住环境就越安全。

室内空气应无毒、无害、无异常嗅味。室内空气质量指标应符合表 3-4 的规定。

表 3-4 室内空气质量指标及要求(GB/T 18883—2022)

序号	指标分类	指标	计量单位	要求	备注
01	物理性	温度	℃	22～28	夏季
				16～24	冬季
02		相对湿度	%	40～80	夏季
				30～60	冬季
03		风速	m/s	≤0.3	夏季
				≤0.2	冬季
04		新风量	$m^3/(h \cdot 人)$	≥30	—
05	化学性	臭氧(O_3)	mg/m^3	≤0.16	1 小时平均
06		二氧化氮(NO_2)	mg/m^3	≤0.20	1 小时平均

续表

序号	指标分类	指标	计量单位	要求	备注
07	化学性	二氧化硫(SO_2)	mg/m^3	≤ 0.50	1 小时平均
08		二氧化碳(CO_2)	%[a]	≤ 0.10	1 小时平均
09		一氧化碳(CO)	mg/m^3	≤ 10	1 小时平均
10		氨(NH_3)	mg/m^3	≤ 0.20	1 小时平均
11		甲醛(HCHO)	mg/m^3	≤ 0.08	1 小时平均
12		苯(C_6H_6)	mg/m^3	≤ 0.03	1 小时平均
13		甲苯(C_7H_8)	mg/m^3	≤ 0.20	1 小时平均
14		二甲苯(C_8H_{10})	mg/m^3	≤ 0.20	1 小时平均
15		总挥发性有机物(TVOC)	mg/m^3	≤ 0.60	8 小时平均
16		三氯乙烯(C_2HCl_3)	mg/m^3	≤ 0.006	8 小时平均
17		四氯乙烯(C_2Cl_4)	mg/m^3	≤ 0.12	8 小时平均
18		苯并[a]芘(BaP)[b]	ng/m^3	≤ 1.0	24 小时平均
19		可吸入颗粒物(PM_{10})	mg/m^3	≤ 0.10	24 小时平均
20		细颗粒物($PM_{2.5}$)	mg/m^3	≤ 0.05	24 小时平均
21	生物性	细菌总数	CFU/m^3	≤ 1500	—
22	放射性	氡(^{222}Rn)	Bq/m^3	≤ 300	年平均[c](参考水平[d])

a. 体积分数。

b. 指可吸入颗粒物中的苯并[a]芘。

c. 至少采样 3 个月(包括冬季)。

d. 表示室内可接受的最大年平均氡浓度，并非安全与危险的严格界限。当室内氡浓度超过该参考水平时，宜采取行动降低室内氡浓度。当室内氡浓度低于该参考水平时，也可以采取防护措施降低室内氡浓度，体现辐射防护最优化原则。Bq(贝可)，放射性活度单位，参见链接 7-4。

3.4.3　室内空气污染控制措施

室内空气污染控制措施包括源控制、通风、空气净化和种植花草植物净化(生态效应)四方面。

1) 源控制

(1) 从建筑设计和环境设计入手，推行环保设计，有效减少室内空气污染物浓度。2006 年我国第一部《绿色建筑评价标准》(GB/T 50378—2006)正式实施，现行版本是 2019 年修订版(详见链接 8-10“我国的绿色建筑现状和评价标准”)。修订版更新了绿色建筑理念，把增进民生福祉作为根本目的，突出“以人为本”的发展思想，其绿色建筑评价指标体系是对建筑全寿命期内的五大绿色性能指标“安全耐久、健康舒适、生活便利、资源节约(节地、节能、节水、节材)、环境宜居”进行综合评价。宜居的环境，室外空气质量好，也可减少室外源带来的污染。

(2) 使用不含污染或低污染的材料，合理装修，减少污染。2002 年国家发布并实施了关于室内装饰装修材料有害物质限量的 10 部强制性国家标准[①]。自 2002 年 7 月 1 日起，市场上停

① 详见链接 8-3“有关城乡环境整治与建设的法规和标准”。

止销售不符合该10项国家标准的产品。在家居环境装修中，选用低污染、高质量的绿色环保型装修材料是关键。

(3) 改变生活习惯，控制吸烟和燃烧产生的排放。不健康的生活习惯(如吸烟和高温烹饪等)都是室内空气质量下降的重要原因。因此，应杜绝在各种室内环境中吸烟，有儿童、孕妇、老人的场合更要注意；厨房内应尽量使用脱排油烟机和清洁的能源(在各种能源中，以电能最为清洁，其次为天然气、煤气等)；厨房要选用优质灶具和精制食用油，改进烹饪方式，减少油烟产生。

2) 通风

通风是借助自然作用力(自然通风)或机械作用力(机械通风)将不符合卫生标准的污浊空气排至室外或空气净化系统，同时将新鲜的空气或经过净化的空气送入室内。只要室外污染物浓度低于室内污染物浓度，加强通风换气是改善室内空气质量的既简单而又有效的方法①。新建和新装修的住宅及地铁站尤其要加强通风。

3) 空气净化

这里主要指使用空气净化器。空气净化器是指能够吸附、分解或转化各种空气污染物(一般包括$PM_{2.5}$、粉尘、花粉、异味、甲醛之类的装修污染、细菌、过敏原等)，有效提高空气清洁度的产品，主要用于楼宇、工业、医疗、商业和家庭。常用的空气净化技术主要有3类：被动型、主动型和复合型。

(1) 被动型。被动型空气净化技术是利用抽风机将室内空气抽入机器中，用物理方法，如吸附(活性炭、高压静电场等)或滤网过滤作用将空气中的烟雾微粒、花粉、灰尘等微粒去除，市场上宣传的各种带有风机滤网、静电设施的空气净化器其原理都是被动吸附过滤式空气净化器。不过，通过过滤方式捕集颗粒物的过滤网风阻较大，导致空气净化器的能耗大、噪声大。同时，活性炭柱和过滤网需定期更换。

HEPA滤网(high efficiency particulate air filter，高效率空气微粒滤芯)是一种国际公认最好的高效滤材，对直径为0.3μm(头发直径的1/200)以上的微粒去除效率可达到99.97%。其优点是有效安全、容尘量大、过滤精度高，是去除空气中颗粒污染物的最有效设备，但缺点是无法滤除有害气体，且风阻大。现广泛运用于手术室、动物实验室、晶体制造和航空等高洁净场所。

(2) 主动型。主动型空气净化技术不需要风机和滤网，不像被动式空气净化器需要等待室内空气进入才能经过过滤后再排出，而是主动地向空气中释放净化灭菌因子，通过空气自然扩散，弥漫到整个室内，达到无死角的净化。目前，技术上应用比较成熟的是负离子净化与臭氧净化技术，其他还有光触媒技术、净离子群技术和低温等离子体(可分为基本型、复合型和非对称型三种型式)空气净化技术等。

主动型净化技术的优势在于无需更换滤网、噪声小、产品使用成本低，可以24h不间断工作，同时负离子空气净化器还可以释放负氧离子，提高身体的免疫能力。劣势在于技术不够成熟，有些会产生二次污染，净化范围较小。然而，主动型净化技术发展迅速，会逐步占据空气净化的半壁江山。详见链接3-9“常用的主动型空气净化技术”和链接3-10“低温等离子体空气净化技术”。

---

① 例如，当室外$PM_{2.5}$监测值低于75μg/m³，即空气质量为优时，开窗通风有利于室内空气质量的改善。空气净化器、中央空调对室内空气净化也可起到明显作用。

链接 3-9　常用的主动型空气净化技术
链接 3-10　低温等离子体空气净化技术

(3) 复合型。“高压静电-催化耦合技术”是新研制成功的复合型空气净化技术。该技术首先通过“高压静电模块”去除空气中的 $PM_{2.5}$，然后通过“催化模块”利用空气中含有的以及高压静电释放出来的 O_3 等活性物质与甲醛等发生催化反应，将甲醛等有害气体持续高效地转化成 CO_2 和 H_2O，同时杀灭细菌和病毒，还可降低空气中的 O_3，全面改善空气质量。

4) 种植花草植物净化

花草植物净化空气的主要机理有以下三方面。

(1) 光合作用。植物叶子中所含的叶绿素在光的照射下吸收 CO_2，同时释放出 O_2，固碳释氧，改善周围空气质量。同时，植物叶片的吸热和水分蒸发(蒸腾作用)可以使其周围局部环境温度降低并调湿，调节局部气候。但是应注意，在晚上没光的环境下，植物只进行呼吸作用，反而会消耗 O_2，增加空气中的 CO_2，因此室内不能摆放太多的盆栽植物。

(2) 滞尘作用。植物能增加周围环境的相对湿度，可加速微粒沉降，而叶面上的纤毛能截留并吸滞空气中的漂浮微粒和烟尘，对空气有良好的改善作用。

(3) 吸收有害气体。植物有机体内的细胞组织有“生物合成过滤器”之称。当有害气体经叶片或茎上的气孔、皮孔进入植物体内时，植物细胞识别该气体后会释放出一种特异性蛋白质，同化或分解有害物质，达到解毒目的。例如，常青藤能吸收空气中的醛、铅、甲苯和氨等有害气体，吊兰、芦荟则是吸收甲醛的能手，雏菊、万年青可以有效消除三氟乙烯的污染，月季、蔷薇可吸收硫化氢、苯、苯酚、乙醚等有害气体等。

利用花草植物净化空气的优点是有效期长、不消耗能源、大多数无特异性、无二次污染和美化环境。其缺点主要是植物净化空气的作用范围有局限性；其次是盆栽植物基质(土壤和水)对植物的空气净化效果也有影响。

由于室内空气污染物种类繁多，治理难度大，以上介绍的各种方法在特定环境下都有其特点，在去除效果和所去除的污染物种类上存在局限性。因此，应用组合技术去除室内空气污染物必将成为室内空气净化的发展趋势。

3.5　全球性大气环境问题

大气污染发展至今已超越国界的限制，形成了全球性大气污染，成为与世界各国都有切身利害关系的问题。目前，全球性大气污染已引起普遍的关注。要解决这个问题，需要国际合作，各国协调一致行动，不论是发达国家还是发展中国家，都应为此而努力，做出贡献，在公平合理的原则上，承担各自的责任并履行义务。

酸雨、温室效应与全球性气候变暖和臭氧层破坏是困扰世界的全球性大气污染问题。

3.5.1　酸雨

酸雨又称酸沉降。它是指 pH 小于 5.6 的天然降水(湿沉降)和酸性气体及颗粒物的沉降(干沉降)。由酸沉降引起的环境酸化是 20 世纪最大的环境问题之一。

1. 酸雨的发展史

随着人口的剧烈增长和生产的发展，化石燃料的消耗不断增加，酸雨问题的严重性逐渐显露出来。20 世纪 50 年代以前，酸雨只在局部地区出现。60 年代，北欧地区受到欧洲中部工业区酸性排气的影响，出现了酸雨。60 年代末到 80 年代初，酸雨的危害全面显示，酸雨范围由北欧地区扩大至中欧地区，同时北美地区也出现了大面积的酸雨区。自 80 年代以来，世界各地相继出现了酸雨。例如，亚洲的中国、日本、韩国、东南亚各国，南美的巴西、委内瑞拉，非洲的尼日利亚、科特迪瓦等都受到了酸雨的侵害。当前酸雨最集中、面积最大的地区是北欧地区、北美地区和中国。《中国气候变化蓝皮书 2022》报告显示，1992～2021 年，我国酸雨总体呈减弱、减少趋势，2021 年全国平均降水 pH 为 5.89，全国平均酸雨和强酸雨频率均为 1992 年以来最低值，详细数据参见链接 3-3 中“3. 我国的酸雨污染情况”。

2. 酸雨的危害

(1) 酸化土壤。土壤酸化会破坏土壤结构，影响植物生长。中欧和北欧各国、美国、加拿大及我国江苏、浙江等七省(区)已出现明显的土壤酸化现象。

(2) 酸化水体。水体酸化使水中生物面临灭绝危险。例如，加拿大的 30 万个湖泊到 20 世纪末，已有近 5 万个湖泊湖水酸化，这使湖中生物完全灭绝。

(3) 破坏森林。酸雨对森林的危害在许多国家已普遍存在。全欧洲 1.1 亿 $hm^2$①的森林，有 5000 万 hm^2 受酸雨危害而变得脆弱和枯萎。

(4) 侵蚀艺术雕塑，损害建筑物和桥梁等。

(5) 影响人体健康。直接影响是刺激皮肤，并引起哮喘和各种呼吸道疾病；间接影响是污染水源，人类通过饮用而受其害；酸雨可使河流湖泊中的有毒金属沉淀，留在水中被鱼类摄入，人类食用鱼类而受其害。

链接 3-11　酸雨形成机理

3. 控制酸雨的国际行动与战略

酸雨是一个国际环境问题，单靠一个国家解决不了问题，只有各国共同采取行动，减少向大气中排放酸性污染物 SO_2 和 NO_x，才能控制酸雨污染及其危害。1979 年 11 月，在日内瓦举行的联合国欧洲经济委员会的环境部长会议通过了《控制长距离越境空气污染公约》(简称《公约》)。1983 年，欧洲及北美第 32 个国家在《公约》上签字并生效。1985 年，联合国欧洲经济委员会的 21 个国家签署了《赫尔辛基议定书》(简称《议定书》)，规定到 1993 年底，各国需要使 SO_2 排放量比 1980 年降低 30%。《议定书》于 1987 年生效。

为了综合控制燃煤污染，国际社会提倡实施系列的包括煤炭加工、燃烧、转换和烟气净化各方面技术在内的清洁煤技术，大力开发清洁能源和节能，减少 SO_2 排放量。这是解决 SO_2

① hm^2，公顷(hectare)，用于表示土地面积的单位，$1hm^2 = 10^4m^2$；更大的土地面积单位为 km^2，$1km^2 = 100hm^2 = 10^6m^2$；我国常用的表示土地面积的单位为“亩”，1 亩 $= 666.67m^2$，$1hm^2 = 15$ 亩。

排放问题最为有效的一个途径。美国从 1986 年开始实施清洁煤计划，许多电站转向燃用西部的低硫煤。日本、西欧等发达国家和地区主要采用烟气脱硫、脱硝的技术手段，减少 SO_2 和 NO_x 的排放量，并取得了成效。通过上述措施，1993 年的 SO_2 排放量比 1980 年降低 60%。这种方法代价高昂、技术复杂，许多发展中国家很难达到这个水平。

我国十分重视烟气脱硫脱硝工作。《火电厂大气污染物排放标准》(GB 13223—2011)明确了燃煤锅炉 SO_2 的排放限值为 50mg/m³，氮氧化物(以 NO_2 计)为 100mg/m³。2014 年 9 月 12 日，国家发展和改革委员会、环境保护部和国家能源局联合印发的《煤电节能减排升级与改造行动计划(2014—2020 年)》中明确要求东部地区、中部地区、西部地区新建和在役燃煤发电机组大气污染物排放浓度基本达到或接近达到燃气轮机组排放限值，即在基准氧含量 6%条件下，SO_2、NO_x 排放的质量浓度[①]分别不高于 35mg/Nm³ 和 50mg/Nm³。同时，出于更高的社会责任感，部分地方和企业提出了更高的排放要求，如 SO_2 排放低于 10mg/Nm³、NO_x 排放低于 20mg/Nm³ 等。

目前，欧美、日本、中国等国家和地区在削减 SO_2 排放方面取得了很大进展，但控制 NO_x 排放的成效尚不明显。

3.5.2 温室效应与全球性气候变暖

1. 温室效应与温室气体

太阳光以波长 300～800nm 的紫外光、可见光透过大气被地球表面吸收，地球又将吸收的热量以长波辐射的形式返回大气，其中波长为 12500～17000nm 的长波辐射被 CO_2、H_2O 等分子吸收，这种逆辐射被大气吸收的现象使地球表面温度保持在 15℃左右，这就是“温室效应”产生的原因。正是由于地球具有“温室效应”现象，地球上所有的生命受到保护。

在《联合国气候变化框架公约》中，把大气中那些吸收和重新放出红外辐射的自然和人为的气体成分称为“温室效应气体”，简称“温室气体”。大气中主要的温室气体有 H_2O(气态)、CO_2、CH_4、N_2O、O_3、CFC(氟氯烷烃，又称“氟利昂”)等。导致全球气候变暖的温室气体是指人类活动所增加的气体成分，它们是 CO_2、CH_4、N_2O 和 CFC 等，这也是人类能够主动控制的气体。这些微量气体主要吸收 7500～13000nm 的长波辐射，使地球的温度不断上升。人类活动造成的各种温室气体对全球的温室效应所起作用的比例不同，其中 CO_2 的作用占 55%、CFC 占 24%、CH_4 占 15%、N_2O 占 6%。CO_2 是主要的温室气体。

自 20 世纪以来，CO_2 的增加是最快的，人为原因主要有两个：一个是化石燃料的燃烧所排放的 CO_2 增量极快，占到排放总量的 70%；另一个是森林的毁坏。绿色植物光合作用可吸收大量的 CO_2，“碳汇”能力强，是理想的“碳库”。毁林的结果不仅使“碳汇”能力降低，而且燃烧树木，增加了 CO_2 的排放。

链接 3-12 环保领域由二氧化碳衍生的专业术语解释

① 质量浓度单位具体含义及换算方法见 3.3.1 节 3.1“除尘装置的技术性能指标”中(1)“粉尘的浓度表示”脚注。

在整个工业化进展过程中，我国的工业碳排放量比西方发达国家要低很多，但近30年来增加很快，已于2006年超过美国成为世界第一大碳排放国。但我国的人口基数大，全球碳计划在2014年9月公布的2013年度全球碳排放量数据显示，全球人均排放5t CO_2，中国人均排放6.12t CO_2，低于欧盟(6.8t)，但高于全球人均排放水平①。

2020年9月22日国家主席习近平在第七十五届联合国大会一般性辩论上表示："中国将提高国家自主贡献力度，采取更加有力的政策和措施，二氧化碳排放力争于2030年前达到峰值，努力争取2060年前实现碳中和。"

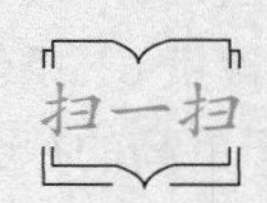

链接3-13 "碳达峰"和"碳中和"

链接3-14 我国双碳路径的10个方面和标准化提升行动计划

2. 温室效应产生的影响

首要问题是全球性气候变暖。

2013年，联合国政府间气候变化专门委员会发表了第五次评估报告。此次评估报告明确了自1958年以来全球增温0.65℃是不可争议的事实，并认为人类活动所排放的温室气体是全球增温的主要原因。该评估报告指出，大气 CO_2 浓度升高和全球变暖将增大极端天气气候事件发生的概率、洪涝和干旱的强度及其发生的频率、两极冰川融化和海平面上升，其中最明显的是海平面上升。另外，海洋吸收了大量 CO_2，导致海水酸化。全球变暖引起的生物多样性减少、多种生物灭绝或濒危等灾难性的全球性变化，已危及人类赖以生存的自然环境。

科学家预测，今后大气中的 CO_2 浓度每增加1倍，全球平均气温将上升1.5～4.5℃。而两极地区的气温升幅要比平均值高3倍左右②。到21世纪末，大气中的 CO_2 浓度完全有可能翻一番。据政府间气候变化专门委员会对全球气候变化的判断，在21世纪全球平均气温每十年将上升0.3℃，到2050年，全球平均气温将上升1℃。随着温室气体排放量的增加，全球气候变暖的趋势确实存在，其导致的各种影响也在继续增加，因此对温室气体的排放问题需要认真对待。

2015年，英国气象专家彼得·斯多特提出了"1℃空间"的理念。他指出，从前工业化时

① 2015年8月20日出版的*Nature*杂志发表了由哈佛大学、中国科学院、清华大学、英国东英吉利亚大学等24个国际研究机构协作4年完成的中国碳排放核算研究结果。结果表明，中国碳排放总量比先前估计的低约15%，重新核算后的中国碳排放量在2000～2013年比原先估计的少106亿t CO_2，这个数字相当于全球2013年碳排放总量的1/3。"实测版"中国碳排放清单是全球第一套基于同行评议和实测的发展中国家碳排放核算清单，具有重要的指标意义。这项研究结果的发表不会改变中国仍是全球最大排放国的现实，也不会扰乱中国的减排工作，而是为制定更精准的减排路线提供基础数据。全球碳计划(Global Carbon Project)在2014年9月公布了2013年度全球碳排放量数据，2013年全球人类活动碳排放量达到360亿t，创下历史新纪录。其中，碳排放总量最大的国家为中国，其次依次为美国、欧盟和印度。在人均碳排放量方面，全球人均排放5t，中国人均排放7.2t，而欧盟人均排放6.8t。按最新研究成果计算，中国人均排放量减去15%，则为6.12t，虽低于欧盟，但仍高于全球的人均水平。

② 根据俄罗斯气象部门发布的数据，属于北极圈的Verkhoyansk(上扬斯克，西伯利亚地区小镇)在2020年6月20日的气温高达100.4℉(相当于38℃)。这是自1885年开始观测气温以来的最高值。欧盟下属的哥白尼气候变化服务中心统计，北极圈2020年3～5月的平均气温比往年高出了10℃。相对于全球任何地方，北极"加热"的速度显得尤为明显。参照美国国家航空航天局(NASA)1960～2019年拍摄的卫星照片，全球平均气温上升了1℃，但北极圈的平均气温却上升了4℃。人们担忧的是，北极气温上升，会融化永冻层(permafrost，又称冰冻土层)，会从地下排出大量的 CO_2 和 CH_4，从而污染海洋和大气，这一变化会直接影响全人类。

期(1850年左右)至今，地球已经升温1℃，升温2℃是地球可承载的极限，因此，只剩下1℃空间，CO_2治理刻不容缓。

3. 控制气候变暖的国际行动和对策

1) 控制气候变化的国际协议

(1) 《联合国气候变化框架公约》。为了控制温室气体排放和气候变化危害，1992年6月在巴西里约热内卢召开的联合国环境与发展大会通过了《联合国气候变化框架公约》(简称《公约》)和其他几份有关人类社会可持续发展的纲领性文件。《公约》的目标是在一定的时间内将大气中温室气体浓度稳定在防止发生由人类活动引起的、危险的气候变化水平上，《公约》也制定了“共同但有区别”的责任原则。153个国家和欧洲经济共同体签署了《公约》，成为《公约》缔约方，由此拉开了控制全球气候变暖国际行动的序幕。

(2)《京都议定书》。1997年12月，在日本京都召开的《公约》缔约方第3届大会通过了《京都议定书》，规定了6种受控温室气体①，同时规定在2008～2012年第一承诺期内，所有发达国家应使温室气体全部排放量从1990年水平至少减少5%，对发展中国家不设置新的限排义务。有地球“生命防线”美誉的《京都议定书》于2005年2月16日正式生效，这是人类历史上第一份具有法律约束力的气候协议。

(3)《巴黎协定》。为了填补《京都议定书》第一承诺期2012年到期后世界控制温室气体排放的空白，从2007年起建立了双轨谈判机制。全球各国领袖经过两轮联合国组织的双边或多边气候谈判，终于在2015年6月从德国波恩传出了好消息。2015年12月12日，举世瞩目的巴黎气候变化大会终于通过了《巴黎协定》，对2020年后全球应对气候变化行动做出安排，这是全球共同努力应对气候变化、拯救地球，更是拯救人类自己迈出的关键一步，也是世界各国不分贫富、合作共赢的成功示范。2016年11月4日《巴黎协定》生效，国际上又有了一份具有法律约束力的气候协议。

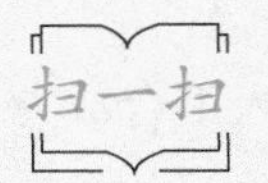

链接3-15 控制气候变化的两份重要的协议书(1)：《京都议定书》
链接3-16 控制气候变化的两份重要的协议书(2)：《巴黎协定》

2) 基本控制对策

控制全球变暖，就必须减少大气中的温室气体含量，其中关键问题是控制CO_2含量。首先需要采取有效措施减少人类活动的CO_2排放，其次需要寻找有效抵消大气中增加的CO_2的途径，也就是节能减排和固碳增汇，发展低碳经济。包括以下3种对策。

(1) 能源对策。开发高效能源技术：①发展核能与氢能；②开发利用清洁能源和替代能源；③提高能源利用效率与节能。

(2) 绿色对策。绿色对策主要包括生物固碳技术和低碳绿色生活。

生物固碳是利用植物的光合作用将无机碳即大气中的CO_2转化为有机碳(碳水化合物)，固定在植物体内或土壤中，也称为生物质利用过程(BECCS)，区别于其他人工技术。

生物固碳技术主要包括三方面：①保护现有碳库，即通过生态系统管理技术来保持生态

① 这6种受控的温室气体为：CO_2、CH_4、N_2O、CFC、PFCs(全氟化碳)和SF_6(六氟化硫)，后三类气体造成温室效应的能力最强，但对全球升温的贡献比例来说，CO_2由于含量较多，所占比例也最大，约为55%。

系统的长期固碳能力；②扩大碳库来增加固碳，主要是改变土壤利用形式，并通过选种、育种和种植技术增加植物的生产力，从而增加了固碳能力；③可持续地生产生物产品，如用生物质能替代化石能源、用微藻固定 CO_2 等。虽然生物固碳是固定大气中 CO_2 最便宜且副作用最小的方法，但是生物质腐烂或燃烧时 CO_2 会重新回到大气中。

要大力提倡低碳生活、绿色出行；推进发展低碳城市，推进绿色节能建筑设计。

(3) 人工固碳对策。目前国际上最为关注的人工固碳技术为碳捕集、利用与封存(carbon capture、utilization and storage，简称 CCUS)技术，可实现 CO_2 的循环再利用，被认为是未来大规模减排 CO_2 最重要的技术选择。

“CO_2 捕集”是指将 CO_2 从工业生产、能源利用或大气中分离出来以备后续处理的过程。随着 CO_2 捕集机制(先进溶剂、金属有机框架材料等)的深入研究，新一代捕集技术(新型膜分离技术、新型吸收技术、新型吸附技术、增压富氧燃烧技术、化学链燃烧技术等)也正式开始试验验证，使碳捕集的效率更高、能耗更低。

“CO_2 利用”是指通过工程技术手段将捕集到的 CO_2 实现资源化利用的过程。例如，CO_2 强化采油(CO_2-EOR)技术可提高石油采收率，已在我国多个油田实施；CO_2 驱替煤层气(CO_2-ECBM)技术可提高煤层气的采收；利用 CO_2 还可生产 CO_2 衍生燃料、CO_2 衍生建筑材料、CO_2 合成塑料等；利用 CO_2 提高生物制品的产量；CO_2 矿化利用[①]等。

“CO_2 封存”是指 CO_2 地质封存新技术。与传统的封存方法(将压缩 CO_2 的容器深埋到不可采煤层、深部咸水层和枯竭油气地质储层内)不同，该项新技术是直接将 CO_2 注入上述地质体内，利用地下矿物或地质条件生产或强化有利用价值的产品，同时将 CO_2 封存，对地表生态环境影响很小，具有较高的安全性和可行性。

德国林德公司在上海 2021 年第四届中国进博会上展出了自主开发的混凝土碳封存技术。其关键是在混凝土硬化过程中额外向水泥中注入 CO_2，将其永久封存在混凝土中，不能随意“跑出去”，节约水泥且不降低硬度。该技术已在阿联酋得到应用。

我国科研人员也在 CCUS 技术研究项目中取得重大成果，举例如下。

2019 年中国科学院天津工业生物技术研究所(简称天津工业生物所)在淀粉人工合成方面取得重大突破性进展，在国际上首次在实验室实现了 CO_2 到淀粉的从头合成[②]。2023 年 8 月 15 日，《科学通报》刊发了由天津工业生物所与大连化学物理研究所合作攻关最新成果：在实验室内实现了从 CO_2 到糖的精准全合成，人工合成糖迈出关键一步。

超临界 CO_2 循环发电系统具有效率高、体积小、噪声低等优点。2021 年 12 月，我国首座且是世界首座 5MW 超临界 CO_2 循环发电试验机组在陕西西安正式投运。

2022 年北京冬奥会采用 CO_2 跨临界直冷制冰机组建造了世界上“最美、最快的冰”，还实现了制冷产生的余热回收等。

CCUS 技术不仅使得燃煤电厂、水泥、钢铁等工厂的 CO_2 无处可逃，还能变“碳”为宝，对推动化石能源清洁高效利用、减少温室气体排放和应对气候变化具有重要意义。

---

① CO_2 矿化利用是指利用富含钙、镁的大宗固体废弃物(如炼钢废渣、水泥窑灰、粉煤灰、磷石膏等)矿化 CO_2 联产化工产品，在实现 CO_2 减排的同时得到具有一定价值的无机化工产物，以废治废、提高 CO_2 和固体废弃物资源化利用的经济性，是一种非常有前景的大规模固定 CO_2 利用路线。

② 中国科学院天津工业生物技术研究所马延和所长及其团队所研究的成果于北京时间 2021 年 9 月 24 日在线发表于国际学术期刊《科学》。参见正文后的参考文献。该成果目前尚处于实验室阶段。

3.5.3　臭氧层破坏

1. 臭氧层破坏及其原因

自1958年对臭氧层进行观察以来，高空臭氧层有减少的趋势。1970年以后，臭氧层减少加剧，并且全球臭氧层都呈减少趋势，冬季减少率大于夏季。1958年，英国科学家首次发现南极上空在9～10月平均臭氧含量减少50%左右，出现了巨大的臭氧空洞。

对臭氧层损耗原因比较一致的看法认为：人类活动排入大气的某些化学物质与臭氧发生作用，导致臭氧的损耗。这些物质主要有N_2O、CCl_4、CH_4、哈龙(溴氟烷烃)以及CFC(氟利昂)等，破坏作用最大的为哈龙类物质与CFC。科学家研究发现，在对流层相当稳定的CFC上升进入平流层后，在一定的气象条件下，会在强烈的紫外线作用下分解，分解释放出的氯原子与臭氧发生链式反应，不断破坏臭氧分子。一个氯原子大约可以破坏10万个臭氧分子。1989年，多国北极臭氧层考察队在北极发现了高活性粒子ClO和BrO浓度的升高与臭氧浓度的降低有着显著的对应关系，支持了这种观点。

2. 臭氧层破坏的危害

研究表明，平流层臭氧浓度减少1%，紫外线辐射量将增加2%，皮肤癌发病率将增加3%，白内障发病率将增加0.2%～1.6%。因此，臭氧层的损耗已经对人体造成伤害，并且还使农作物减产、光化学烟雾严重、海洋生态平衡受影响。目前，虽然平流层臭氧含量在减少，但对流层臭氧含量在增加。这种情况的出现，加快了一些应用材料老化速度，也加速了地球气候变暖，直接危害农作物的生长。

3. 控制臭氧层破坏的国际协议

大气中臭氧层的损耗，主要是由消耗臭氧层的化学物质引起的，因此对这些物质的生产量及消费量应加以限制，减少或停止其向大气排放，将是防止臭氧层损耗的有效措施。

1987年9月16日，加拿大的蒙特利尔会议通过了由联合国环境规划署组织制定的《关于消耗臭氧层物质的蒙特利尔议定书》(简称《蒙特利尔议定书》)，对CFC及哈龙两类中的8种破坏臭氧层的物质(简称“受控物质”)进行了限控。这项议定书得到163个国家的批准，并于1989年1月1日生效。《蒙特利尔议定书》规定，从1990年起，至少每4年各缔约方应根据可以取得的科学、环境、技术和经济资料，对规定的控制措施进行一次评估。《蒙特利尔议定书》至今已经进行4次修正和5次重要调整。例如，在1990年《蒙特利尔议定书》进行修正时，受控物质增加到六类十几种，把四氯化碳、三氯乙烷等都列为限控物质，并规定发达国家到2000年完全停止使用这些物质，发展中国家在2010年完全停止使用这些物质。在做了这样的限定后，预计到2050年，臭氧层浓度才能达到20世纪60年代的水平，到2100年后，南极臭氧洞将消失。

1995年，联合国大会指定9月16日为“国际臭氧层保护日”，进一步表明国际社会对臭氧层损耗问题的关注和对保护臭氧层的共识。

我国一直积极参与保护臭氧层的活动。我国在1991年宣布加入修正后的《蒙特利尔议定书》，在1999年11月隆重承办了第11届《蒙特利尔议定书》缔约方大会，会议通过了《北京宣言》。我国在2010年全面淘汰了5种正在生产的受控物质，替代品及替代技术的研究和开发也取得了良好的进展。国务院于2010年3月批准了环境保护部送审的《消耗臭氧层物质管理条例》，其自 2010 年 6 月 1 日施行。该条例的出台，更有利于我国履行保护臭氧层的国际法律义务，合法有效地对消耗臭氧层物质的生产、销售、使用和出口进行管理。

4. 臭氧层的修复进程

到 1994 年，南极上空的臭氧层破坏面积已达 2400 万 km^2。卫星在 2000 年观测到的面积达到了 2990 万 km^2，它是迄今为止创下的单日最高纪录。2006 年记录到臭氧空洞面积为 2950 万 km^2，相当于美国领土面积的 3 倍；2014 年，美国国家海洋和大气管理局与航空航天局共同对南极洲上空的臭氧空洞进行了持续的观察，臭氧空洞面积在 9 月 11 日达到了年度峰值，为 2410 万 km^2，几乎与 2013 年的峰值相当。联合国发布的臭氧层报告显示，臭氧层在 2000～2013 年变厚了 4%，这是自 1979 年以来首次出现这种变化，现在臭氧空洞似乎正在逐渐恢复。

2019 年哥白尼大气监测服务[①](The Copernicus Atmosphere Monitoring Service，CAMS)通过对比 1979 年以来的卫星数据和其他观测资料发现，2019 年南极上空的臭氧空洞非同寻常，是几十年来最小的。根据最新的臭氧消耗科学评估，自 2000 年以来，臭氧层以每 10 年 1%～3%的速度恢复。按照这种恢复速度，预计北半球和中纬度臭氧层空洞有望在 2030 年完全愈合[②]，南半球将在 2050 年恢复，比《蒙特利尔议定书》预计的到 2100 年后南极臭氧洞将消失提前了 50 年。这是迄今为止唯一由所有成员方通过的联合国条约《蒙特利尔议定书》所取得的空前成功。正如联合国秘书长古特雷斯所说，《蒙特利尔议定书》既是人类如何合作应对全球挑战的一个鼓舞人心的例子，也是应对当今气候危机的关键工具。

在各项国际环境条约中，《蒙特利尔议定书》是执行情况最好的一个。

臭氧层破坏出现修复的现象提醒我们，世界完全有可能通过集体行动和政策变革来解决重大的环境问题！

习题与思考题

1. 什么是空气污染？ 主要的空气污染物有哪些？它们对环境会造成什么危害？

2. 目前我国空气污染属于什么类型？ 我国空气污染比较严重的主要原因是什么？

3. 试从空气质量角度分析，在雾天或太阳还没有升起的清晨锻炼身体对健康的影响。

4. 城市热岛效应的存在对城市空气中污染物的扩散有什么影响？

5. 1955 年美国洛杉矶的光化学烟雾污染事件，让洛杉矶两天之内 400 余人丧生，全美震动。痛定思痛之后，洛杉矶开始一场艰苦异常的持续了 60 年的治霾之战。如今的洛杉矶已由“雾霾之都”变成了“天使之国”。组织同学收集相关资料，讨论洛杉矶的治霾之路给我们什么启示，我国应该如何全国上下一起努力，打一场治理雾霾的硬仗？

6. 脱硫方法有哪几大类？结合我国实际情况，你认为哪种方法可以优先采用？

---

① 哥白尼大气监测服务(CAMS)是由欧洲中期天气预报中心(ECMWF)代表欧盟提供的哥白尼地球观测计划的六项服务之一。该计划基于卫星地球观测、现场(非卫星)数据和建模，为世界各地提供有关空气污染、温室气体、太阳能及气候有关的信息服务。CAMS 将来自卫星仪器和原位传感器的测量结果与其数值模型相结合，每天提供大量的大气中的臭氧浓度以及通过臭氧洞到达地球表面具有潜在危险的紫外线辐射的监测数据，甚至还可提前 5 天预测平流层臭氧浓度。

② 据新华社 2020 年 4 月 29 日上午电，哥白尼大气监测服务研究人员报告了一个好消息，在北极上空存在一个多月的臭氧层最大空洞消失。研究人员认为，2020 年 3 月受低温天气和强烈极地涡旋影响，北极上空臭氧层出现大空洞。后来，由于这股极地涡旋“裂开”，创造了富含臭氧的空气重回极地的有利条件，使北极上空的最大臭氧层空洞愈合。

7. 生物吸收法和生物过滤法与普通的吸收法、过滤法有何不同？在什么情况下可采用生物过滤法处理气态污染物？

8. 调查一下在我们生活中 $PM_{2.5}$ 浓度最大的地方。2020 年《每日邮报》公布的一组空气中不同场所 $PM_{2.5}$ 浓度的检测报告显示，花园为 1μg/m^3，做饭的厨房为 19μg/m^3，开车的隧道为 21μg/m^3，自行车道为 26μg/m^3，商城和步行道为 31μg/m^3，机动车道为 33μg/m^3，地铁为 64μg/m^3。请分析地铁内颗粒污染来源［轨道摩擦、建筑材料、湿度大(>70%)、通风不良、缺少日照等］，并提出防护措施(戴口罩、远离站台等)。

9. 随着大量小汽车进入平民百姓的家庭，车内空气质量已引起人们的重视。调查车内空气中有哪些主要的挥发性有机物气体，它们对人体健康有哪些危害？应该采取哪些措施来降低车内的空气污染，特别是新车的车内空气污染？

10. 二噁英是一种毒性为砒霜 900 倍的微细颗粒，还具有致癌性、生殖毒性和遗传毒性，直接危害子孙后代的健康和生活，有“世纪之毒”之称。国际癌症研究机构已将其列为人类一级致癌物，必须严格加以控制。组织调研二噁英的毒性、污染来源、历史上有关的污染事件，以及预防和治理的方法。

11. 重庆地区已成为世界上酸沉降污染的重灾区，主要与局地高浓度空气污染有密切关系。由于重庆地区的能源结构及地理条件、气象条件，酸沉降污染的重要原因有：高硫煤的使用导致大量 SO_2 的排放、地形闭塞、大气扩散能力弱、对污染物的输送和稀释能力差。请你提出控制重庆地区酸沉降污染的主要措施。

12. 想一想我们个人能为碳中和、碳减排做什么。我们都属于大自然，要让地球不“碳气”，需要每一个人的主动参与。及时关电脑、打开一扇窗、自备购物袋、感受大自然、种一棵树……只要你学会做减法，即减排、减污、减负、减欲、减速，就能为“双碳承诺”贡献自己的力量。

13. 生物固碳法安全、有效、经济，并兼有巨大的生态功能。组织同学就生物固碳的各种途径，如森林固碳、草地固碳、湿地固碳、土壤固碳、海洋固碳、藻类固碳及资源化利用等方面开展专题讨论。

14. 人类所排放的 CO_2 并没有全部停留在大气中，其中约有 1/4 被海洋吸收，约 1/4 被陆地上的植被(主要是森林)吸收。因此，海洋和森林被视为地球上最大的碳汇。请分析海洋和森林吸收 CO_2 的机理；若人类排碳量持续增加，全球气候逐渐变暖，海洋和森林的“碳汇”作用还能持续下去吗？会产生什么不良后果？

15. 保护臭氧层要求我们每个人都行动起来。在日常生活中有许多含有消耗臭氧层物质或在生产中使用这些物质的物品，如冰箱、空调等制冷设备，以及泡沫、灭火剂、气雾剂、清洁剂等。请你制订出有助于保护臭氧层的个人行动计划。

第 4 章　土壤污染和退化及其防治

土壤是人类、动植物赖以生存、生活和生产最重要的物质基础，自身具有极大的稳定性和包容性。土壤具有巨大的生态、环境和经济功能，维系着整个人类的生存与发展。

目前，土壤污染和退化对我国社会经济发展、生态环境、食品安全和农业可持续发展构成严重威胁，并危害人体健康。加强土壤污染和退化的防治刻不容缓。

4.1　土壤环境概述

土壤是自然环境要素的重要组成之一，根据我国《土壤环境质量 农用地土壤污染风险管控标准(试行)》(GB 15618—2018)，土壤是“指位于陆地表层能够生长植物的疏松多孔物质层及其相关自然地理要素的综合体。”土壤是地球吸收和转化太阳能的重要过程媒介与物质载体，被称为土壤圈，详见链接 1-2“地球五大圈(2)：岩石圈、土壤圈与生物圈”。

4.1.1　土壤组成和土壤生态系统

1. 土壤组成

土壤环境是一个由固相、液相和气相物质组成的多相分散的开放体系，如图 4-1 所示。土壤固相包括土壤矿物质、土壤有机质和土壤生物。土壤生物由各类昆虫、线虫、节肢动物及土壤微生物组成。土壤液相是指土壤中的水分及溶解在其中的多种溶解性物质，可分为吸附水(为土粒吸力所阻，难以在土壤中移动)和自由水(可以在土壤中自由移动)两种。土壤气相是指土壤孔隙所存在的气态物质，由于生物活动的影响，它与空气组成不同，一般湿度较高、CO_2 含量较高、O_2 含量较低、N_2 较低。对一种适合植物生长和微生物繁殖的土壤而言，其三

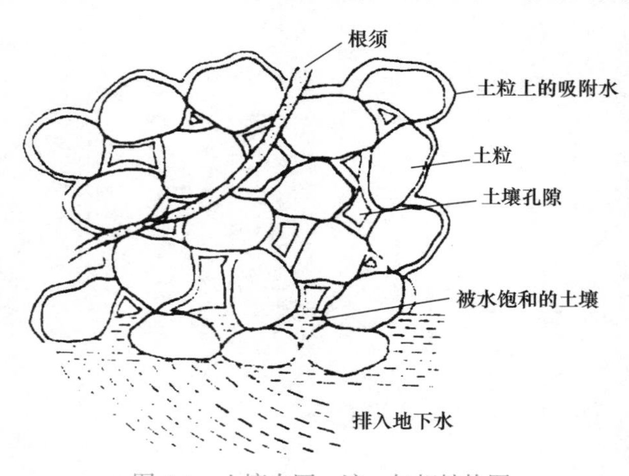

图 4-1　土壤中固、液、气相结构图

相容积比大约为固相矿物质(45%)和有机质(5%)共占一半，另一半是土壤孔隙，分别被液相和气相以各占 20%～30%的比例占据。土壤是一动态层，在层内不断地进行着复杂的化学、物理及生物活动。土壤会因气候、地形及植被的状况而进行调节。

2. 土壤生态系统

土壤是由土壤生物(以微生物、藻类、微小动物和植物为主体)与土壤环境(包括土壤矿物、空气、水分、地下水等)构成的开放的生态系统。土壤的生态系统是物质流与能量流所贯穿的一个开放性网状系统，研究的是土壤同生物与环境间的相互关系。

在陆地生态系统中，土壤是生物与环境间进行物质和能量交换的最活跃的生命层。在土壤生态系统组成中，绿色植物是主要生产者，它通过光合作用把太阳能转化为有机形态的储藏潜能，同时从环境中吸收养分、H_2O 和 CO_2，合成并转化为有机形态的储存物质；消费者主要是食草或食肉动物，如土壤原生动物、蚯蚓、昆虫类和脊椎动物中的啮齿类动物(草原地区的鼢鼠、黄鼠、兔子以及农田中的田鼠等)，它们食用现有的有机物，除小部分的物质和能量被消耗外，大部分物质和能量则仍以有机形态残留在土壤动物中；土壤系统的分解者指生活在土壤中的微生物(如细菌、真菌、放线菌、藻类等)和低等动物(如鞭毛虫、纤毛虫等)，它们从绿色植物与动物的残留有机体中吸取养分和能量，并将它们分解为无机化合物或改造成土壤腐殖质；非生物物质是指土壤矿物质、腐殖质、水分、空气等，这些是土壤生物生命活动的物质基础，属于土壤生物的环境。

土壤生态系统是陆地生态系统的核心，如果土壤生态系统功能降低或严重退化而使功能丧失，必然导致生态系统的衰亡，所以保护土壤生态系统是保护陆地生态系统与生物圈的关键。

4.1.2　土壤性质与功能

1. 土壤性质

1) 土壤物理性质

(1) 土壤质地。由不同的粒级混合在一起所表现出来的土壤粗细状况称为土壤质地(或土壤机械组成)。土壤质地分类是以土壤中各粒级含量的相对比例为标准的[①]。土壤质地可在一定程度上反映土壤矿物质组成和化学组成，同时土壤颗粒大小与土壤的物理性质有密切关系并影响土壤孔隙状况，因此对土壤水分、空气、热量的运动和养分转化有很大影响。

(2) 土壤孔隙性。土壤孔隙性是土壤孔隙的数量、大小、比例、性质的总称，分为非毛管孔隙(大)、毛管孔隙、非活性毛管孔隙 3 类土壤孔隙。调节土壤孔隙性有利于创造松紧适宜的土壤环境，对种子出苗、扎根都有重要作用。

(3) 土壤结构。土壤结构包含土壤结构体和土壤结构性。土壤结构体是指土壤颗粒或颗粒团聚形成的具有不同形状和大小的土团与土块。土壤结构性是指土壤结构体的类型、数量、稳定性、土壤孔隙状况等。

(4) 土壤耕性。土壤耕性是指土壤在耕作时和耕作以后所表现出来的性质。

(5) 土壤热性质。土壤热性质是指土壤温度随环境温度变化的性质。

① 土壤质地分类标准是根据砂粒(0.05～1mm)、粗粉粒(0.01～0.05mm)和黏粒(< 0.01mm)在土壤中的相对含量，将土壤分成砂土(粗砂土、细砂土、面砂土)、壤土(砂粉土、粉土、粉壤土、黏壤土、砂黏土)、黏土(粉黏土、壤黏土、黏土)三大类十一小类。

(6) 土壤胶体的电性。土壤胶体微粒内部一般带负电荷，形成一个负离子层。其外部由于电性吸引而形成一个正离子层，合称“双电层”。

(7) 土壤胶体的凝聚性和分散性。由于胶体的比表面和表面能都很大，为减小表面能，胶体具有相互吸引、凝聚的趋势，这就是胶体的凝聚性。但是土壤胶体微粒带负电荷，胶体粒子相互排斥具有分散性。负电荷越多，负的电动电位就越高，相互排斥的力越强，分散性也越强。

2) 土壤化学性质

(1) 土壤吸附性。土壤吸附性是指土壤能吸收和保持土壤溶液中的分子、离子、悬浮颗粒、O_2和CO_2等气体以及微生物的能力。根据吸收和保持的方式分为机械吸收、物理吸收、化学吸收、离子交换吸附、生物吸收5种类型。

(2) 土壤酸碱性。根据土壤的酸碱度可以将其划分为9个等级，如表4-1所示。我国土壤的pH大多在4.5～8.5，并有由南向北pH递增的规律性。

表4-1 土壤酸碱度分级

土壤酸碱度分级	pH	土壤酸碱度分级	pH
极强酸性	<4.5	弱碱性	7.0～7.5
强酸性	4.5～5.5	碱性	7.5～8.5
酸性	5.5～6.0	强碱性	8.5～9.5
弱酸性	6.0～6.5	极强碱性	>9.5
中性	6.5～7.0		

(3) 土壤缓冲性能。土壤缓冲性能是指土壤具有缓和其酸碱度发生变化的能力，它可以保持土壤反应的相对稳定。一般土壤缓冲能力的排序为腐殖质土 > 黏土 > 砂土。

(4) 氧化还原性。由于土壤中存在着多种氧化性和还原性无机物质及有机物质，使其具有氧化性和还原性，可以用氧化还原电位E_h[①]来衡量。$E_h > 330mV$：氧化体系起主导作用，土壤处于氧化状态。$E_h < 300mV$：还原体系起主导作用，土壤处于还原状态。土壤中的氧化剂为游离氧、高价金属离子和硝酸根等；土壤中的还原剂为土壤有机质及其在厌氧条件下的分解产物和低价金属离子。

(5) 土壤养分。土壤养分是指由土壤提供的植物生长所必需的营养元素，能被植物直接或者转化后吸收。土壤养分可大致分为大量元素、中量元素和微量元素，包括氮(N)、磷(P)、钾(K)、钙(Ca)、镁(Mg)、硫(S)、铁(Fe)、硼(B)、钼(Mo)、锌(Zn)、锰(Mn)、铜(Cu)和氯(Cl)13种元素养分。

3) 土壤肥力

土壤肥力是指在植物生长全过程中，土壤供应和协调植物生长所需的水分、养分、空气、热量的能力。它们之间相互联系和相互制约。土壤具有肥力是其最本质的特征，是其区别于其他事物的标志，是和生物进化同步发展的。

(1) 自然肥力。指土壤在自然因子(气候、生物、地形等)综合作用下所具有的肥力。

(2) 人为肥力。土壤在人为条件熟化(耕作、施肥、灌溉等)作用下所表现出来的肥力。

① 土壤的氧化还原电位E_h值在300～330mV是过渡带，氧化与还原基本持平，谁也不占优势。

土壤肥力的发挥与环境条件、社会经济条件、科学技术条件密切相关。

4) 土壤质量

土壤质量是指土壤提供植物养分和生产生物物质的土壤肥力质量，容纳、吸收、净化污染物的土壤环境质量，以及维护保障人类和动植物健康的土壤健康质量的总和。土壤质量的内涵不仅包括作物生产力、土壤环境保护，还包括食物安全及人类和动物健康。土壤质量概念类似于环境评价中的环境质量综合指标，从整个生态系统中考察土壤的综合质量。它不只是把食物安全作为土壤质量的最高标准，还关系到生态系统稳定性，地球表层生态系统的可持续性，是与土壤形成因素及其动态变化有关的一种固有的土壤属性。

2. 土壤功能

土壤的主要功能如图 4-2 所示。

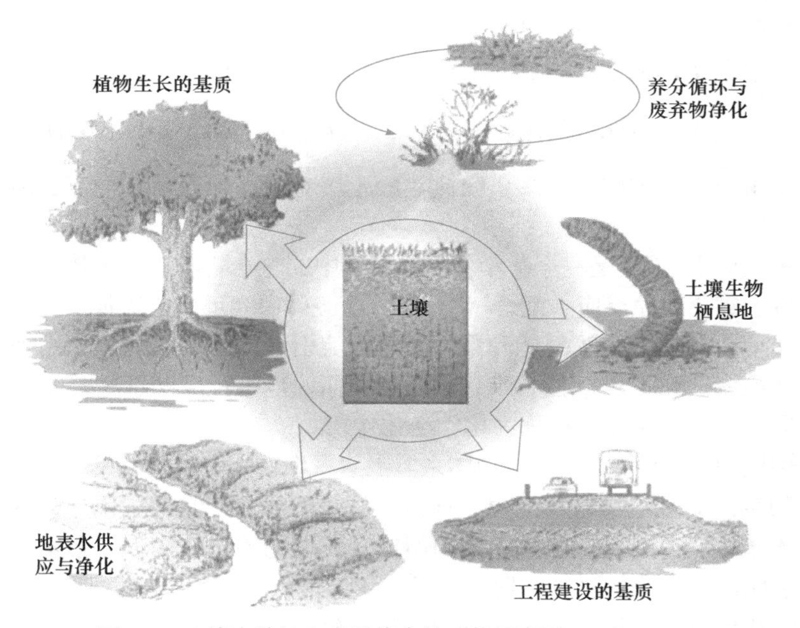

图 4-2　土壤在陆地生态系统中的功能示意图(Brady，2000)

1) 生产功能

土壤可以固定植物根系，具有肥力，能够促进作物生长，进行农业生产。这是土壤被人类最早认识的功能之一，包括农业、林业生产，粮食作物和经济作物生产。因此，生产功能是土壤的首要功能。土壤是绿色生命的源泉，是微生物、动物和植物的家，也是人类赖以生产、生活和生存的物质基础。

2) 生态功能

土壤圈在地壳上位于岩石圈的最表层，覆盖在大陆外层，对整个地球表面系统起重要的缓冲和稳定作用。

从图 4-2 可见，土壤的生态功能可以简单地概括为：①维持生物活性和多样性。②废弃物的再循环利用。③缓解、消除有害物质。有机、无机污染物通过土壤的过滤、吸附、固定、降解，降低污染物的环境风险。④调控水分循环系统。⑤稳定陆地生态平衡。

3) 自净功能

土壤的自净功能是土壤所具有的自身更新的能力。按土壤自净作用机理的不同，可分为以下 4 种净化作用。

(1) 物理净化作用。土壤是一个多相的疏松多孔体，犹如天然的大过滤器，因而进入土壤中的难溶性固体污染物可被土壤机械阻留；而可溶性污染物又可被土壤水分稀释，从而毒性减小或被土壤固相表面吸附(指物理吸附)，也可能随水迁移至地表水或地下水层；某些污染物可挥发或转化成气态物质，在土壤孔隙中迁移、扩散，甚至迁移进入大气。这些净化作用都是物理过程。

(2) 物理化学净化作用。土壤是一个胶体体系。某些可呈离子态的污染物质如重金属、化学农药进入土壤后，与土壤胶体上原来吸附的阳离子、阴离子之间发生离子交换吸附。污染物的阳离子、阴离子被交换吸附到土壤胶体上，降低了土壤溶液中这些离子的浓度，相对减轻了有害离子对植物生长的不利影响。

$$(\text{土壤胶体})Ca^{2+} + HgCl_2 \longrightarrow (\text{土壤胶体})Hg^{2+} + CaCl_2$$

$$(\text{土壤胶体})3OH^- + AsO_4^{3-} \longrightarrow (\text{土壤胶体})AsO_4^{3-} + 3OH^-$$

一般土壤中带负电荷的胶体较多，因此一般土壤对阳离子或带正电荷的污染物的净化能力较强。

(3) 化学净化作用。土壤是一个化学体系。土壤中的化合物与进入土壤的污染物质可发生凝聚与沉淀反应、氧化还原反应、配合-螯合反应、酸碱中和反应、置换反应、水解反应、分解反应和化合反应或者由太阳辐射能和紫外线等能流引起的光化学降解作用等。通过这些化学反应，污染物或者转化成难溶性、难解离性物质而使危害程度和毒性减小，或者分解为无毒物或营养物质。这些净化作用统称为化学净化作用。

(4) 生物净化作用。土壤是一个生物体系。土壤微生物是土壤生物的主体。土壤中存在着大量依靠有机物生活的微生物，如细菌、真菌、放线菌等，它们有氧化分解有机物的巨大能力。污染物进入土壤后，在这些微生物体内酶或分泌酶的催化作用下，会发生各种各样的分解反应。这些反应统称为生物降解作用，这是土壤环境自净作用中最重要的净化途径之一。

上述自净作用使进入土壤中的污染物减少或消失。但土壤的自净能力有限，一旦超过了限度就会造成危害。某些重金属和农药等污染物在土壤中虽然也可以发生一定的迁移、转化，但最终并不能完全降解、消失，它们仍然蓄积在土壤中，造成土壤污染。

4) 工程功能

土壤是道路、桥梁、隧道、水坝等一切建筑物的基地与地基。“地基”的首要条件是坚实稳固。另外，土壤又是工程建筑的原始材料，几乎 90%以上的建筑材料是由土壤提供的。

5) 社会功能

在人类唯一家园——地球上，如果没有这薄薄的表层土壤，地球将与其他星球一样，几乎毫无生命痕迹。因此，土壤资源不仅具有自然属性，同时具有经济属性和社会属性。

4.1.3 土壤环境容量

1) 土壤环境元素背景值

1990 年出版的《中国土壤元素背景值》中定义“土壤环境元素背景值”(简称土壤环境背景值、土壤元素背景值或土壤背景值)为未受人类污染影响的土壤自身的化学元素和化合物的含量。它反映土壤环境质量的原始状态，是检验过去和预测未来土壤环境演化的基础性资料，也是判断土壤中化学物质的行为与环境质量的必要基础数据。

实际上土壤背景值只能代表土壤某一发展、演变阶段的一个相对意义上的数值，即严格按照土壤背景值研究方法所获得的尽可能不受或少受人类活动影响的土壤化学元素的原始含量。

2) 土壤临界含量与土壤环境容量内涵

“土壤临界含量”是土壤容纳污染物的最大负荷量，是土壤环境容量的决定性因素之一。

“土壤环境容量”又称污染物的“土壤负载容量”，是一个发展的概念。土壤环境容量属于一种控制指标，随环境因素的变化以及人们对环境目标期望值的变化而变化。目前，关于土壤环境容量的概念可概括为两种观点。一种观点认为，污染物质在土壤中的含量未超过一定浓度时，在作物体内不会产生明显的累积效应或造成危害作用，只有当含量超过一定浓度之后，才有可能产生超过食品卫生标准的作物或作物受到危害而减产。因此，土壤存在一个可承纳一定污染物而不致污染作物的量。一般将土壤所允许承纳污染物质的最大负荷量称为土壤环境容量。另一种观点是从生态学观点出发，认为在不使土壤生态系统的结构和功能受到损害的条件下，土壤中所能承纳污染物的最大负荷量。土壤环境容量是对污染物进行总量控制和目标管理的重要手段，是限制人类破坏土壤资源的主要指标。

土壤环境容量不是一个固定值而是一个范围值，它主要取决于土壤背景值、土壤最大负荷量、土壤环境的净化功能和缓冲性能等因素。

3) 土壤环境容量的应用

(1) 制定土壤环境质量标准。

(2) 制定农田灌溉水质标准。

(3) 土壤质量评价基础(无公害基地)。

(4) 进行土壤污染预测。

(5) 对污染物总量控制，制定“三废”(废水、废气、废渣)农田排放标准。

(6) 制定含污染物的农用化学品累计施用量。

4.1.4　我国的土地资源

土地资源是指已经被人类利用和可预见的未来能被人类利用的土地。土地资源既具有自然属性，又具有社会属性，是人类的生产资料和劳动对象，所以也称为“财富之母”。

1) 我国的土地资源特点

(1) 绝对数量较大，人均占有量小。我国内陆土地总面积约 960km^2(144 亿亩)，居世界第三位，但人均占有土地面积不到 11 亩，还达不到世界人均水平(约 40 亩)的 1/3。

(2) 地形条件复杂，区域差异明显，为综合发展农林牧副渔业生产提供了有利的条件。

(3) 难以开发利用和质量不高的土地比例较大。以耕地为例，我国大约有 20 亿亩的耕地，中低产耕地大约占耕地总面积的 2/3。

(4) 耕地后备资源严重不足。上海、天津、海南、北京可供开垦的未利用土地接近枯竭。

2) 土地资源的分类

土地资源的分类有多种方法。若按地形，可分为高原、山地、丘陵、平原、盆地等；若按土地利用类型，可分为已利用土地、宜开发利用土地和暂时难利用土地等，为今后深入挖掘土地资源的生产潜力、合理安排生产布局提供基本的科学依据；若按土地资源利用类型，一般分为耕地、林地、牧地、水域、城镇居民用地、交通用地、其他用地(渠道、工矿、盐场等)以及冰川和永久积雪、石山、高寒荒漠、戈壁和沙漠等。

我国东南部是全国耕地、林地、淡水湖泊、外流水系等的集中分布区，耕地约占全国的90%，土地垦殖指数较高；西北部以牧业用地为主，80%的草地分布在西北半干旱、干旱地区，垦殖指数低。

我国在全国国土调查中把全国主要地类分为 8 类，它们是耕地、园地、林地、草地、湿地[①]、城镇村及工矿用地、水域及水利设施用地和交通运输用地。

3) 我国的三次全国国土调查

土地调查是查实土地资源的重要手段，也是后续开展土地利用及社会经济发展决策的基本依据。

我国目前共进行了 3 次全国国土调查。第一次调查是从 1984 年 5 月开始，到 1997 年底结束，由于经济困难，计算机技术刚刚起步，因此进度缓慢。第二次调查[②]于 2007 年 7 月 1 日启动，于 2009 年底完成。第三次调查[③]从 2017 年起开展，至 2019 年底完成。

2021 年 8 月 26 日，自然资源部公布第三次全国国土调查主要数据成果。数据显示，我国耕地[④]面积 19.179 亿亩，园地面积 3 亿亩，林地面积 42.6 亿亩，草地面积 39.67 亿亩，湿地面积 3.5 亿亩，建设用地面积 6.13 亿亩。与“二调”数据相比，10 年间，生态功能较强的林地、草地、湿地、河流水面、湖泊水面等地类合计增加了 2.6 亿亩，可以看出我国生态建设取得积极成效。

4.1.5 我国土壤污染防治的法律法规和土壤标准

1. 我国土壤污染防治的法律法规

1) 《中华人民共和国土壤污染防治法》

2018 年 8 月 31 日第十三届全国人民代表大会常务委员会第五次会议表决通过了《中华人民共和国土壤污染防治法》，简称《土壤污染防治法》，自 2019 年 1 月 1 日起施行。

《土壤污染防治法》是我国首次制定土壤污染防治的专门法律，填补了我国土壤污染防治立法的空白，完善了我国生态环境保护、污染防治的法律制度体系。该法明确规定了土壤污染防治的基本原则，落实了土壤污染防治政府责任，建立了土壤污染责任人、土壤污染状况普查和监测、土壤有毒有害物质防控、土壤污染的风险管控和修复、土壤污染防治基金 5 项防治基本制度。

2) 《中华人民共和国黑土地保护法》

2022 年 6 月 24 日，第十三届全国人民代表大会常务委员会第三十五次会议通过了《中华

---

① 湿地是《第三次全国国土调查主要数据公报》中新增的一级地类，包括 7 个二级地类：红树林地、森林沼泽、灌丛沼泽、沼泽草地、沿海滩涂、内陆滩涂和沼泽地。它和林地、荒漠植被、物种都在首次划定的生态保护红线内。参阅链接 1-7“我国生态环境管控方案——‘三线一单’”。

② “2009 年 12 月 31 日”为我国第二次全国国土调查(简称“二调”)的标准时点。

③ “三调”(“第三次全国国土调查”简称)的标准时点为 2019 年 12 月 31 日。“三调”全面采用优于 1m 分辨率的卫星遥感影像制作调查底图，广泛应用移动互联网、云计算、无人机等新技术，创新运用“互联网+调查”机制，全流程严格实行质量管控，历时 3 年，21.9 万调查人员先后参与，汇集了 2.95 亿个调查图斑数据，全面查清了全国国土利用状况。

④ 耕地是饭碗田，要坚持最严格的耕地保护制度，守牢 18 亿亩耕地红线。耕地红线守的不仅是耕地数量，同样也是耕地质量和生态。

人民共和国黑土地保护法》，简称《黑土地保护法》，自 2022 年 8 月 1 日起施行。

《黑土地保护法》的制定是为了保护黑土地资源，稳步恢复提升黑土地基础地力，促进资源可持续利用，维护生态平衡，保障国家粮食安全。本法所称黑土地，是指黑龙江省、吉林省、辽宁省、内蒙古自治区的相关区域范围内具有黑色或者暗黑色腐殖质表土层，性状好、肥力高的耕地。

3) 《中华人民共和国土地管理法》

《中华人民共和国土地管理法》简称《土地管理法》，是一部关系亿万农民切身利益、关系国家经济社会安全的重要法律。《土地管理法》确立的以土地公有制为基础、耕地保护为目标、用途管制为核心的土地管理基本制度总体上是符合我国国情的，实施以来，在保护耕地、维护农民土地权益、保障工业化城镇化快速发展方面发挥了重要作用。

2019 年 8 月 26 日，第十三届全国人民代表大会常务委员会第十二次会议审议通过了《中华人民共和国土地管理法》(修正案)，简称新《土地管理法》，自 2020 年 1 月 1 日起施行。新《土地管理法》坚持土地公有制不动摇，坚持农民利益不受损，坚持最严格的耕地保护制度和最严格的节约集约用地制度，在充分总结农村土地制度改革试点成功经验的基础上，做出了多项重大突破①。该法的修改对促进乡村振兴和城乡融合发展具有重大意义。

4) 《中华人民共和国土地管理法实施条例》

与新《土地管理法》相配套的《中华人民共和国土地管理法实施条例》(第三次修订)，简称新《土地管理法实施条例》，自 2021 年 9 月 1 日起施行。

新《土地管理法实施条例》对耕地、土地征收、集体土地入市都做出了明确的规定。例如，严格控制耕地转为非耕地、明确耕地保护的责任主体、建立耕地保护补偿制度、细化土地征收程序、明确集体经营性建设用地入市交易规则、保障农村村民的宅基地权益、持续优化建设用地审批流程、完善临时用地管理和加大土地违法行为处罚力度等。

我国的其他相关法律中也有有关土壤污染防治的条例，如《中华人民共和国环境保护法》(2014 年版)第 33 条，《中华人民共和国农业法》第 58 条等。

2. 土壤标准

1) 《土壤环境质量标准》

《土壤环境质量标准》于 1995 年首次发布。2018 年第一次修订，调整了标准名称，并分为两部标准：《土壤环境质量 农用地土壤污染风险管控标准(试行)》②(GB 15618—2018)，简称《农用地标准》，以及《土壤环境质量 建设用地土壤污染风险管控标准(试行)》(GB 36600—2018)，简称《建设用地标准》，自 2018 年 8 月 1 日起开始实施。

《农用地标准》以确保农产品质量安全为主要目标，为农用地分类管理服务。将农用地划分为优先保护类、安全利用类和严格管控类，实施农用地分类管理，创造性提出了两条线(即

① 乔思伟. 2019-08-27. 农村土地制度实现重大突破[N]. 中国自然资源报.

② 2016 年出台的《土壤污染防治行动计划》(见 4.2.3 节《土壤污染防治行动计划》)明确要求土壤污染防治坚持“预防为主，保护优先，风险管控”。这个思路汲取了国外几十年土壤污染治理与修复的经验和教训。为充分体现《土十条》风险管控的思路，《农用地标准》《建设用地标准》均采用了“土壤污染风险管控标准”的名称。

“筛选值”和“管制值”)的标准，分别制定农用地土壤污染风险筛选值和风险管制值[①]，以及监测、实施和监督要求，适用于耕地土壤污染风险筛查和分类。园地和牧草地可参照执行。

《建设用地标准》以人体健康为保护目标，规定了保护人体健康的建设用地土壤污染风险筛选值和管制值。建设用地土壤污染风险是指建设用地上居住、工作人群长期暴露于土壤中污染物，因慢性毒性效应或致癌效应而对健康产生的不利影响。构成风险有三要素，即污染源、暴露途径和受体(如人群)。例如，土壤存在污染，如果采取隔离措施，人不接触，也就是说切断了暴露途径，那么土壤污染对人的健康风险消除或大大降低。

2) 其他有关土壤的标准

其他有关土壤的标准有各类用地质量评价标准和农用“三废”控制标准等，请参阅链接4-1“我国土壤污染防治法律法规和主要的土壤环境质量标准”。

链接 4–1　我国土壤污染防治法律法规和主要的土壤环境质量标准

4.2 土壤污染

人为因素导致某些物质进入陆地表层土壤，引起土壤化学、物理、生物等方面特性的改变，影响土壤功能和有效利用，危害公众健康或者破坏生态环境的现象，称为“土壤污染”。

4.2.1 土壤污染的来源和特点

1. 土壤污染的来源

土壤污染的来源可分为天然污染源和人为污染源，后者是土壤污染研究和污染土壤修复的主要对象。按照污染物进入土壤的途径，土壤污染的来源可分为以下4类。

1) 污水灌溉

生活污水和工业污水中含有N、P、K等许多植物所需要的养分，合理地使用污水灌溉农田，一般有增产效果。但污水中还含有重金属、酚、氰化物等多种有毒有害的物质，污水如果没有经过必要的处理而直接用于农田灌溉，就会污染土壤。

2) 大气沉降

大气中的有害气体主要是工业生产中排出的有毒废气。它们通过沉降或降水进入土壤，造成污染。它们的污染面积大，会对土壤造成严重污染。工业有毒废气参见3.1.3节“工业污染源”部分。

3) 固体废物的堆放

详见5.1.1节“污染土壤”部分。

---

① “风险筛选值”的基本内涵：农用地土壤中污染物含量等于或者低于该值的，对农产品质量安全、农作物生长或土壤生态环境的风险低，一般情况下可以忽略。对此类农用地，应切实加大保护力度。“风险管制值”的基本内涵：农用地土壤中污染物含量超过该值的，食用农产品不符合质量安全标准等农用地土壤污染风险高，原则上应当采取严格管控措施。

4) 农用化学品的施用

农用化学品污染主要包括化肥、农药和塑料农膜的不正确施用。

氮肥、钾肥中重金属含量较低而磷肥中含有较多的有害重金属，特别是镉(Cd)，多数磷矿石含镉量为 5100mg/kg，大部分或全部进入肥料中。化肥原料中含有放射性元素，化肥的使用将放射性扩散到农田土壤中，经过食物链最终被人体摄取。

农药污染主要是有机氯农药污染、有机磷农药污染和有机氮农药污染。环境中农药的残留浓度一般是很低的，但通过食物链生物浓缩可使生物体内的农药浓度提高几千倍甚至几万倍。

大量残留在土壤里的塑料农膜碎片，在 15～20cm 土层形成不易透水、透气的难耕作层，而最关键的是它们无法降解，使我国生态环境为此付出了沉重的代价，加速了耕地的“死亡”。

5) 其他污染源

(1) 养殖动物粪便对土壤的污染。详见链接 5-3“畜禽粪污的科学处理和资源化利用”。

(2) 污染场地的大量存在。随着城市面积的扩大，以前远在郊区的化工企业进入了城区。这些企业搬迁或是停产后，原厂址的土地处置都是问题。过去多年由于设备陈旧、工业“三废”排放以及生产过程中“跑冒滴漏”[①]等，已经有大量有毒有害物质进入土壤。

2. 土壤污染的特点

土壤污染不同于空气、水体等污染，根据其自身结构特性，一般具有隐蔽性、滞后性、积累性、不可逆转性以及难治理性等几方面特性。

1) 隐蔽性和滞后性

土壤是否被污染以及被污染的程度，需要对土壤进行采样并进行多项检测或者对土壤周围生物的健康状况进行检查后才能发现，所以土壤污染一直以来很容易被人们忽视，往往土壤污染的情况被发现后为时已晚[②]。

2) 积累性

污染物在空气和水体中，一般都比在土壤中更容易迁移、扩散和稀释，这使得污染物在土壤中不断积累而超标，同时也使土壤污染具有很强的地域性，需要较长的时间才能降解。

3) 不可逆转性

大多被污染的土壤都有重金属超标和农药过量使用的情况。重金属一旦进入土壤，不经过非常复杂的工序是比较难以去除的。许多农业生产所产生的化学物质也需要 100～200 年时间才能降解。农药残留在土壤中不仅具有毒性，还很难被降解。

4) 难治理性

空气和水体污染一般在对污染源进行合理的切断与处理后就能够防治此类污染。但是土壤内部的污染物一般降解难度大，就算进行切断污染源，对已经存在的污染物质治理也是一项较为困难的工作。不同于空气、水体污染通过稀释和自净作用实现对污染环境的控制，

① “跑冒滴漏”是指液态或气态的化工原料、中间体和产品在储存、生产、运输过程中，由于容器或管道腐蚀或密封不严，或者压力、流量过大而产生泄漏。通常，小量称滴、漏，大量称跑、冒。

② 例如，1966 年冬至 1977 年春，沈阳-抚顺污水灌区发生的石油、酚类以及后来张土灌区的镉污染，造成大面积的土壤毒化、水稻矮化、稻米异味、含镉量超过食品卫生标准。经过十余年的艰苦努力，包括施用改良剂、深翻、清灌、客土、选择品种等各种措施，才逐步恢复其部分生产力，付出了大量的劳力和代价。

土壤污染要通过换土、淋洗土等方法进行全面的治理，这些治理方法周期长、工作变数大，造成土壤治理工作效果不明显，同时也会造成一定程度上成本费用的增加[①]。

5) 后果严重性

由于土壤污染的隐蔽性或潜伏性以及它的不可逆性或长期性，其往往通过食物链危害动物和人体的健康。据报道，土壤和粮食的污染与一些地区居民肝大之间有着明显的关系，污灌引起的污染越严重，人群的肝大率越高。一些土壤污染事故严重威胁着粮食生产，三氯乙醛污染是一个比较典型的事例，它是施用含三氯乙醛的废硫酸生产的普通过磷酸钙肥料引起的，其中万亩以上的污染事故在山东、河南、河北、辽宁、苏北、皖北等地多次发生，轻则减产，重则绝收，损失惨重。

4.2.2 土壤污染危害及污染现状

1. 土壤污染危害

土壤与人类的生活息息相关。人类赖以生存的农业绝大部分离不开土壤。而人类的居住环境、工业化进程中需要的场地和资源也离不开土壤。因此，如果土壤受到污染，就会带来多方面的问题和后果。

(1) 土壤的物理、化学性质发生改变。长期大量使用氮肥，会造成土壤酸化板结、耕地退化、耕层变浅、耕性变差、保水肥能力下降、生物学性质恶化等，使得土壤中营养物质成分的比例失调。

(2) 导致农作物产量下降，品质变差，并威胁食物安全。化肥、农药的大量使用会造成土壤有机质含量下降、土壤板结，从而导致农产品产量下降。土壤污染尤其是重金属污染和 POPs[②]的污染，可通过农作物的吸收、富集或食物链中的生物放大作用导致食品安全问题。

(3) 危害人体健康。土壤污染会使污染物在农作物或水中积累，并通过食物链富集到动物体，最后进入人体，从而引发各种疾病，尤其是重金属污染具有隐蔽性、长期性和不可逆性等特点，在人体某些器官中累积，具有“三致”危害。近年来，我国镉米、血铅、铬渣、砷毒等重金属污染事件进入集中多发期，恶性肿瘤发病率等呈逐年升高趋势，甚至“怪病”频现，在很大程度上源于包括土壤在内的环境污染。

(4) 影响土壤生态安全。土壤污染影响植物、土壤动物(如蚯蚓)和微生物(如根瘤菌)的生长与繁衍，影响正常的土壤生态过程和生态服务功能，不利于土壤养分转化和肥力保持，影响土壤的正常功能。土壤中的污染物容易在风力、地表径流及淋溶或淋滤作用下进入水体中，导致地表水体污染、地下水污染、大气环境质量下降和生态系统退化等其他次生生态环境问题，直接危害生态安全。

(5) 影响我国经济发展。住宅、商业、工业等建设用地的土壤污染还可能通过经口摄入、呼吸吸入和皮肤接触等多种方式危害人体健康；污染场地未经治理直接开发建设，会给有关

---

① 例如，“骨痛病”事件所在的日本富山县从 1975 年开始了对这些被镉污染土壤的修复工作，方法是从附近的神冈山区取来干净的土覆盖到原土壤上方，把镉土埋到 25cm 深的地下。严格地说，这不叫修复而叫“客土”，因为被污染的土壤仍然埋在地下。经过统计，富山县有 856 hm^2 土地需要修复，这是一项浩大的工程，如果把被置换的土堆到一起，它的长是 1km、宽是 1km、高将近 4km，大卡车要运输 10 万次。治理的费用已经用去了约 420 亿日元，将近 30 亿元。但这还不是终点，因为直到今日这项工程仍未完成。

② 持久性有机污染物(POPs)见 2.5.3 节“微塑料污染的危害”部分的脚注。

人群造成长期的危害；土地资源受到污染后会减损房地产价值。亚洲开发银行在 2006 年的报告中认为我国农业土壤污染造成的直接经济损失占全国 GDP 的 0.5%～1%。由于土壤的污染，许多粮食和蔬菜的农药残留浓度及重金属残留浓度都比较高，农产品品质大幅下降。根据国家质量监督检验检疫总局 2000 年的数据，当年因农药残留和重金属超标被退回的出口农产品金额就达 74 亿美元，直接影响了我国对外经济贸易的发展。

2. 土壤污染现状

2014 年 4 月 17 日，环境保护部和国土资源部发布了首次全国土壤污染状况调查公报①。调查结果显示，全国土壤环境状况总体不容乐观，部分地区土壤污染较重，耕地土壤环境质量堪忧，工矿业废弃地土壤环境问题突出。南方土壤污染重于北方，长江三角洲、珠江三角洲、东北老工业基地等部分区域土壤污染问题较为突出，西南、中南地区土壤重金属超标范围较大。从土壤利用类型看，全国土壤点位超标率的首次调查结果如表 4-2 所示。

表 4-2　全国土壤点位超标率的首次调查结果　(单位：%)

	总点位超标率	轻微污染点位比例	轻度污染点位比例	中度污染点位比例	重度污染点位比例
全国土壤	16.1	11.2	2.3	1.5	1.1
耕地土壤	19.4	13.7	2.8	1.8	1.1
林地土壤	10.0	5.9	1.6	1.2	1.3
草地土壤	10.4	7.6	1.2	0.9	0.7
未利用地土壤	11.4	8.4	1.1	0.9	1.0

注：点位超标率是指土壤超标点位的数量占调查点位总数量的比例。

从污染物类型看，以无机型为主，有机型次之，复合型污染比例较小。无机污染物超标点位数占全部超标点位数的 82.8%。从污染物超标情况看，Cd、Hg、As、Cu、Pb、Cr、Zn、Ni 8 种无机污染物点位超标率分别为 7.0%、1.6%、2.7%、2.1%、1.5%、1.1%、0.9%、4.8%，其中 Cd、Hg、As、Pb 4 种无机污染物含量分布呈现从西北到东南、从东北到西南方向逐渐升高的态势。六六六、滴滴涕、多环芳烃 3 类有机污染物点位超标率分别为 0.5%、1.9%、1.4%。在调查的 690 家重污染企业用地及周边的 5846 个土壤点位中，点位超标率为 36.3%，主要涉及黑色金属、有色金属、皮革制品、造纸、石油煤炭、化工医药、化纤橡塑、矿物制品、金属制品、电力等行业。

4.2.3　我国土壤污染防治目标和行动计划

土壤污染防治是防止土壤遭受污染和对已污染土壤进行改良、治理的活动。

① 根据国务院决定，2005 年 4 月至 2013 年 12 月，环境保护部会同国土资源部开展了首次全国土壤污染状况调查。调查的范围是除香港、澳门和台湾地区以外的陆地国土，调查点位覆盖全部耕地，部分林地、草地、未利用地和建设用地，实际调查面积约 630 万 km^2。调查采用统一的方法、标准，基本掌握了全国土壤环境总体状况。

1. 土壤污染防治总体目标和基本原则[①]

1) 总体目标

我国土壤污染防治的总体目标是：改善土壤环境质量、保障农产品质量和建设良好人居环境。

2) 基本原则

我国土壤污染防治的基本原则是：预防为主，防治结合；统筹规划，重点突破；因地制宜，分类指导；政府主导，公众参与。具体措施见链接 4-2。

链接 4-2　土壤污染防治的具体措施

2. 《土壤污染防治行动计划》

2016 年 5 月，国务院发布《土壤污染防治行动计划》，简称《土十条》，确定了十项措施 35 条行动计划。其工作目标：到 2020 年，全国土壤污染加重趋势得到初步遏制，土壤环境质量总体保持稳定，农用地和建设用地土壤环境安全得到基本保障，土壤环境风险得到基本管控。到 2030 年，全国土壤环境质量稳中向好，农用地和建设用地土壤环境安全得到有效保障，土壤环境风险得到全面管控。到本世纪中叶，土壤环境质量全面改善，生态系统实现良性循环。主要指标：到 2020 年，受污染耕地安全利用率达到 90%左右，污染地块安全利用率达到 90%以上。到 2030 年，受污染耕地安全利用率达到 95%以上，污染地块安全利用率达到 95%以上。

4.3　土壤污染治理与修复

土壤污染治理与修复[②]的目的是改善农用田土壤环境质量，保障粮食、蔬菜等农产品质量安全，为老百姓的“米袋子”“菜篮子”甚至“水缸子”安全提供基本保障；改善居住、娱乐、商业等建筑用地环境质量，保障人们生活、娱乐等空气和水的安全，最终保障人们的身体健康。因此，土壤污染修复对经济社会发展和国家生态安全具有重要意义。

4.3.1　土壤污染治理与修复技术概述

在 20 世纪 70 年代后期，以土壤环境化学为基础的土壤治理技术应运而生。这项技术不仅对土壤污染进行治理使其不危及人类健康，更着力于恢复土壤的功能，因而名为“土壤修复技术”。

---

① 摘选自 2008 年 6 月 6 日环境保护部发布的文件《关于加强土壤污染防治工作的意见》。

② 修复与治理是有区别的。土壤修复是使遭受污染的土壤恢复正常功能的技术措施。修复的对象是被污染物——土壤；治理的对象是污染物——重金属、有机物等。所有的修复都是治理，但有些治理不是修复，如焚烧法等，污染物没了，土壤也被破坏了。因此修复应该是治理的终极目标或最高目标。但在具体的方法中，往往很难分清是治理还是修复，在资料中用得也乱。本书试图给修复与治理一个界定：把对土壤功能无伤害的污染物处理方法称为修复技术，把对土壤功能有伤害的污染物处理方法称为治理技术。

土壤修复是指利用物理、化学和生物的方法转移、吸收、降解和转化土壤中的污染物，使其浓度降低到可接受水平，或将有毒有害的污染物转化为无害的物质。

降低污染危害的原理：①改变污染物在土壤中的存在形态或同土壤的结合方式，降低其在环境中的可迁移性与生物可利用性。②降低土壤中有害物质的浓度。

修复方法可分为物理法、化学法、生物法以及复合法、农业生态法等。也可按操作地点归为两大类："原位治理与修复技术"和"异位治理与修复技术"(农用田土壤污染治理与修复主要以原位治理与修复技术为主)。

优先治理与修复的重点目标污染物为重金属污染土壤和有机污染土壤。

近年来，人们开始从整个生命周期来评估一种修复技术，从而提出"绿色修复"的概念。绿色修复技术强调在污染场地修复的任何阶段，为获得环境效益最大化而需采取环境友好的措施和技术，如保护自然资源、使用环境友好型产品、减少和重复利用材料、减少能源或使用可再生能源以及减少各种污染物排放等。

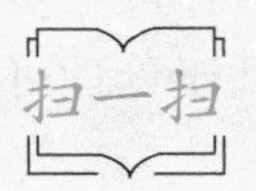

链接 4-3　我国土壤污染修复技术的选用原则和面临的困难

4.3.2　土壤重金属污染治理与修复技术

治理与修复土壤重金属污染的原理大致有两种：①改变重金属在土壤中的存在形态，使其固定，降低其在环境中的迁移性和生物可利用性。②从土壤中去除重金属，减少土壤中重金属总量。常用的治理重金属的方法有以下 4 种。

1. 物理治理技术

1) 淋洗法

该方法是应用最多、使用最早、技术最成熟的物理修复方法。采用淋洗液(包括无机溶液清洗剂、复合清洗剂、清水、表面活性剂等)对土壤进行淋洗，使重金属从土壤中溶解到淋洗液中，再对从土壤中流出的淋洗液进行回收处理。此法简便、成本低、处理量大、见效快，适用于大面积重度污染土壤治理，尤其是轻质土和砂质土。但在去除重金属的同时，易造成地下水污染及土壤养分流失。因此，既能提取各种形态重金属又不破坏土壤养分的淋洗液，将为该方法修复重金属污染土壤提供广阔的应用前景。

2) 换土法

换土方法有：①客土法，在污染土壤上覆盖大量清洁土壤。②换土法。把污染土壤取走换上清洁土壤。③翻土法，将污染的表土深翻至底土层。④去表土法，将污染的表土移去，效果好，不受土壤条件限制，但需大量人力、物力，投资大并存在二次污染问题；同时肥力会有所降低，应多施肥料补充肥力。

重金属污染物大多富集于地表数厘米或耕作层，采用客土、翻土、换土、隔离和去表土法，可获得理想的修复效果。但此法耗费大量劳动力，并需要丰富的客土来源，排出的土壤还要妥善处理，否则会造成二次污染。因此，这种方法只适用于小面积污染土地。据报道对 1hm^2 面积的污染土壤进行客土治理，每 1m 深土体需耗费高达 800 万～2400 万美元。

3) 电热处理法

该方法利用高频电压产生电磁波，再通过电磁波作用产生热能，使一些有机物和具有挥发性的重金属如Hg(沸点357℃)、As(沸点614℃)从土壤颗粒内解吸出来，从而达到治理的目的，适用于治理受Hg或Se(沸点685℃)等可挥发性重金属污染的土壤。这种方法虽然操作简单、技术成熟，但能耗大、操作费用高，也会影响土壤有机质和水分含量，引起土壤肥力下降，同时重金属蒸气回收时易对空气造成二次污染。

4) 电动修复技术

详见2.4.4节“电动修复技术”部分。

5) 玻璃化技术

该方法是指通过向污染土壤插入电极，对污染土壤固相组分给予1600～2000℃的高温处理，使有机污染物和部分无机污染物如硝酸盐、硫酸盐和碳酸盐等得以挥发或热解，而从土壤中去除的过程，无机物污染(如重金属和放射性物质等)被包覆在冷却后形成化学性质稳定的、不渗水的坚硬玻璃体中；热解产生的水分和热解产物由气体收集系统收集后作进一步的处理。此技术适用于非耕地、含水量较低、污染物深度不超过6m的土壤，但不适于处理可燃有机物含量超过5%～10%的土壤。

2. 化学修复技术

1) 改良修复

(1) 无机质改良修复。无机质改良剂主要包括3种：①石灰、钢渣、高炉渣、粉煤灰等碱性物质。通过对重金属的吸附、氧化还原、拮抗或沉淀作用降低土壤中重金属的生物有效性。②羟基磷灰石、磷矿粉、磷酸氢钙等磷酸盐。可增加离子吸附和沉降，减少水溶态含量及生物毒性。③天然、天然改性或人工合成的沸石、膨润土等矿物。天然沸石对土壤中重金属具有很强的吸附能力，能降低植物对重金属的吸收。

无机质改良修复具有投入较低、速度快、操作简单的特点，对大面积中、低度污染的农田土壤具有较好的效果。但采用无机改良剂进行土壤改良往往需要较大的施入量，在某些情况下，可能诱发新的环境问题[①]。

(2) 有机质改良修复。有机质改良剂按其来源不同可分为第一性生产废弃物(作物秸秆、枯枝落叶等)、第二性生产废弃物(畜禽粪便等)、工副业有机废料(农畜产品加工废弃物)和人类生活废弃物(城乡生活垃圾、人粪尿等)4类。它们具有的活性基团(如COO—、—OH、—C═O、—NH_2、═NH、≡PO_4、—S—、—O—等)很容易作为配位体与重金属元素Zn、Mn、Cu、Fe等络合或螯合，钝化土壤中的重金属，使土壤中水溶态和交换态的重金属明显减少，特别是胡敏酸，它能与2价、3价的重金属形成难溶性盐类。有机质作为还原剂，可促进土壤中的Cd形成硫化镉沉淀，还可使毒性较高的Cr^{6+}转为低毒Cr^{3+}。有机质改良剂对提高土壤肥力具有十分重要的意义，且取材方便、经济，因此有机质改良法可兼顾环境、经济和社会效益，是一个很好的土壤重金属污染治理的方向。

① 例如，磷灰石的大量施用会使土壤累积较多的磷，对周围水体造成潜在的威胁。在一些修复过程中土壤过度石灰化，会使土壤中重金属离子浓度长期升高并导致农作物减产。在土壤中添加沸石或类似沸石的硅酸盐物质，可导致土壤溶液中可溶性有机碳(DOC)浓度升高，最后使土壤中镉和锌的淋溶性加大。

2) 固定稳定化法

固定稳定化法是向土壤中添加钝化剂，通过对重金属的沉淀、化学吸附、离子交换络合、氧化还原反应等一系列反应，降低重金属活性和生物有效性，减小重金属污染危害，如原位化学还原技术①等。

3) 淋洗法

这里指化学淋洗法，是将含有助剂、酸碱试剂和络合剂的溶液淋洗在污染土壤上，达到修复的作用。此淋洗液可改变污染物与土壤的吸附-解吸性能，使其与溶液发生化学反应，促使土壤污染物的去除②。

化学修复方法虽然简单易行，但其不足在于它只是改变了重金属在土壤中的存在形态，却没有把重金属从土壤中真正分离出来。如果土壤环境发生变化，容易使其再度活化引起“二次污染”。

3. 生物修复技术

1) 植物修复技术

植物修复技术见 2.2.2 节“植物处理”部分，植物修复原理见链接 2-7“植物处理技术原理及在污水处理中的应用”中的植物稳定(固定)、植物挥发和植物提取(萃取)。

植物修复法在技术和经济上都优于传统的物理或化学方法，修复成本低，对环境扰动小，能绿化环境，具有良好的社会、经济、环境综合效益，适用于大规模污染土壤的修复，属于真正意义上的绿色修复技术。

2) 微生物修复技术

利用微生物对土壤中重金属元素具有的特殊富集和吸收能力来修复污染土壤。

3) 动物修复技术

动物修复技术是指利用蚯蚓、线虫、甲螨等土壤动物直接吸收、转化和分解重金属污染物，改善土壤理化性质，增强土壤肥力。这种技术环保、安全，不会破坏土壤结构，可以改良土壤。然而，动物活动范围大，易受光照影响，低等动物吸收重金属后，有可能再次释放到土壤中造成二次污染，使动物修复技术应用受到限制。

4. 农业生态修复技术

1) 农艺修复技术

农艺修复技术是指因地制宜地改变耕作制度，通过选择重金属含量少的化肥，增施能够固定重金属的有机肥，调整作物品种，以减少农作物对重金属吸收。

(1) 合理施用化肥。选用不同类型的化肥可以作为控制作物吸收重金属的一种措施。

(2) 施用生物有机肥。生物有机肥是指特定功能微生物与主要以动植物残体为来源并经无害化处理、腐熟的有机物料复合而成的一类兼具微生物肥料和有机肥效应的肥料。生物有机

---

① 原位化学还原技术是指利用化学还原剂将污染物还原为难溶态，从而降低污染物在土壤环境中的迁移性和生物可利用性。通常是向土壤中注射液态还原剂、气态还原剂或胶体还原剂等使土壤下表层变为还原条件，可溶性还原剂有亚硫酸盐、硫代硫酸盐、羟胺以及 SO_2、H_2S 等，胶体还原剂有 Fe^0 和 Fe^{2+}，其中 SO_2、H_2S 和 Fe^0 胶体三大还原剂应用广泛。

② 虽然同为“淋洗法”，由于淋洗液不同，原理也就不同。物理法中是“溶解”，化学法中是污染物与淋洗液发生“化学反应”。

肥中富含有机质，可以改善土壤的理化性状，增加土壤的肥力，而且有机质对重金属离子有很强的吸附和螯合作用，可以提高土壤对重金属的缓冲性，减少植物对其吸收。

(3) 秸秆还田。秸秆在腐熟分解过程中产生的有机酸(如胡敏酸、富里酸、氨基酸等)和糖类及含氮、硫杂环化合物能与金属氧化物、金属氢氧化物及矿物的金属离子发生络合反应，形成化学和生物学稳定性不同的金属有机络合化合物，通过改变土壤重金属的形态降低其生物有效性，从而减少其对土壤生物和农作物的毒害。

需要指出的是，新鲜秸秆在腐熟过程中会产生各种有机酸，对作物根系有毒害作用，因此应施入适量的石灰，中和产生的有机酸，而且使用的秸秆应是在未受重金属污染的地区所收获的，防止秸秆中的重金属进入土壤，形成二次污染。

(4) 调整种植制度。不同种类的植物生理学特性不同，对土壤重金属的吸收效应存在一定的差异。根据不同作物对重金属元素吸收效应的特点，针对土壤重金属污染程度的不同，有选择地种植作物，有利于降低土壤重金属对农产品的污染，使受污染的农田得到合理的利用[①]。调整作物种类也是减轻农田土壤重金属危害的有效措施。

(5) 筛选重金属低积累作物品种和耐性作物品种，降低人类健康受重金属危害的风险。

(6) 深耕、深翻措施。深耕、深翻土壤可使聚集在表层的重金属物分散到更深的土层，达到稀释的目的。而且经过太阳暴晒，也可有效地杀死虫卵等病原微生物和有害杂草。通过深耕、深翻，可以降低土壤容重，调节土壤的含水量，加速土壤有机物的腐殖化过程，提高土壤有机质的含量，还可提高土壤的全氮、速效磷和速效钾的含量。它适用于土壤重金属背景值较低或土壤底层重金属浓度较低的污染耕地。

深耕、深翻措施应与增施有机肥结合起来，这样不仅可以改善土壤的结构，促进土壤矿物质的风化，提高地力，而且可以使根系生长的深度增加，形成较厚的根层，促进作物生长。

2) 生态修复技术

生态修复技术是指通过调节诸如土壤水分、pH 和 E_h[②]等生态因子，实现对土壤重金属所处环境介质的调控，从而改变重金属的生物有效性。土壤中的重金属多为过渡元素，它们的化合价多有变价，随农用田土壤 pH 和 E_h 等环境条件的变化，常有不同的化合态和结合态。而且形态不同的重金属，其稳定性和生物有效性也有很大差异。因此调节土壤的 pH 和 E_h，降低重金属的活性和生物有效性，是农用田土壤重金属污染修复可行的措施。

(1) 控制土壤水分，调节土壤 E_h。土壤 E_h 对变价重金属元素的活动性有很大的影响，尤其是根际 E_h，可以改变重金属的价态和存在形态，并影响根系的吸收性能和重金属在土壤中的溶解度，从而降低土壤重金属的危害。

(2) 施用石灰，调节土壤 pH。加入石灰性物质，提高土壤 pH，促进重金属生成碳酸盐、氢氧化物沉淀，降低土壤中重金属的有效性，从而抑制作物对重金属的吸收。

需要注意的是，在田间施用石灰时要同时考虑作物种类和土壤性质，不宜连续大量施用石灰，否则可能会引起土壤有机质分解过速、腐殖质不易积累，致使土壤结构变坏，还可能在表土层下形成碳酸钙和氢氧化钙胶结物的沉淀层，反而不利于作物生长。此外，施用石灰的后效值得进一步研究。

---

① 例如，对于污染严重、不适宜种植粮食作物的地区，可以开展苗木花卉的生产；而对于污染较轻的区域，可以种植耐重金属较强的品种，减少农作物对重金属的吸收，降低重金属对人类健康的危害。

② 氧化还原电位 E_h 的含义见 4.1.2 节“氧化还原性”部分。

链接 4–4　土壤重金属污染的联合治理与修复技术

4.3.3　土壤有机污染治理与修复技术

1. 物理治理与修复技术

1) 挖掘填埋法

挖掘填埋法也即换土法。这种方法显然未能从真正意义上达到清除污染物的目的，只不过是将污染物进行了一次转移，且费用高。但是对一些特别有害物质的清除，采用这种方法还是可行的。

2) 土壤蒸气浸提(气相抽提)修复技术

当液体污染物泄漏后，其将在土壤中产生横向和纵向的迁移，最后存留在地下水界面上的土壤颗粒和毛细管之间。在污染土壤内引入清洁的空气产生驱动力，利用污染物在土壤固相、液相和气相间的浓度梯度，在气压降低的情况下，将其转化为气态的污染物排出土壤的过程，如图 4-3 所示，该技术一般采用的方法是在污染区打几口井，一部分井用于通风进气，另一部分井用于抽气，在抽气的真空系统上装上净化装置以避免造成二次污染。可用于去除不饱和土壤中挥发性有机组分(VOCs)污染，适用于高挥发性有机物和一些半挥发性有机物污染土壤的修复，如汽油、苯和四氯乙烯等污染的土壤。该技术成熟，对高挥发性有机物的处理效果好，对低挥发性有机物的处理效果较差，对土壤渗透性要求高。

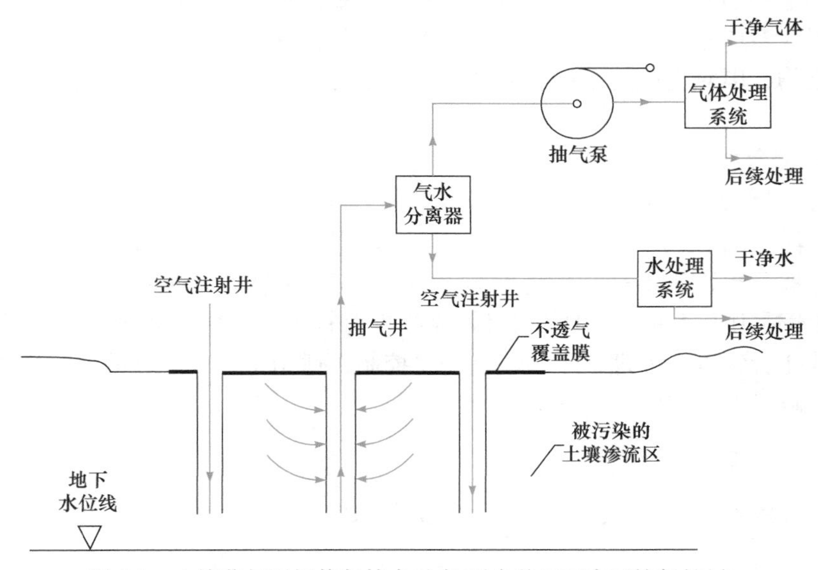

图 4-3　土壤蒸气浸提修复技术示意(引自美国国家环境保护局)

3) 淋洗法

(1) 表面活性剂淋洗法。主要利用表面活性剂的两种作用：一是利用胶束的增溶作用提高难溶性有机污染物在土壤水中的表观浓度；二是通过降低表面张力，提高有机污染物的迁移能力，使土壤中有机污染物向表面活性剂淋洗液中迁移，去除土壤中的有机污染物。

(2) 有机溶剂萃取法。利用有机溶剂萃取土壤中的污染物，然后对有机相内的物质进行分离。用有机溶剂萃取法治理被农药污染的土壤，效果较好。

2. 化学治理与修复技术

1) 化学焚烧法

化学焚烧法是最为常用的有机污染土壤的治理方法。该法虽能完全分解污染物，但在去除污染的同时，土壤的理化性质也遭到了破坏，使土壤无法被重新利用。

2) 化学栅防治法

化学栅近年来才开始受到重视，是防治土壤污染的新方法之一。该方法是将既能透水又具有吸附或沉淀污染物的固体化学材料置于废弃物或污染堆积物底层或土壤次表层的蓄水层，使污染物留在固体材料内，从而控制污染物扩散，净化污染源。根据化学材料的理化性质，将化学栅分为 3 种类型：使污染物在其上发生沉淀者为沉淀栅，使化学污染物在其上发生吸附者为吸附栅，既有沉淀作用又有吸附作用者为混合栅。

3) 光降解法

光降解法在 20 世纪 80 年代后期开始用于环境污染控制领域，与传统处理方法相比，具有高效和污染物降解完全等优点，日益受到人们的重视。目前，光降解法主要用于水污染的治理上。光降解法用于土壤污染的治理，主要集中在农药的降解研究上，因为农药的光降解是衡量农药毒害残留性的一个重要指标。该技术能耗低，无二次污染，但技术成熟度不高。

4) 化学氧化技术

化学氧化技术指将化学氧化剂注入土壤中，氧化其中污染物质，使污染物降解或转化为低毒、低移动性产物的修复技术。一般用于修复严重污染的场地或污染源区域，如修复被油类、有机溶剂、多环芳烃、POPs、农药以及非水溶性氯化物等长期存在于土壤中、很难被生物降解的污染物，但对土壤的结构和成分会造成不可逆的破坏。常用的化学氧化剂有芬顿试剂、臭氧等。

5) 热力学修复技术

通过直接或间接热交换，将污染介质及其所含的有机污染物加热到足够的温度(150～540℃)，使污染物从污染介质中挥发或燃烧、热解，去除或破坏土壤中有毒物质的过程，按温度高低可分为低温热处理技术(土壤温度为 150～315℃)和高温热处理技术(土壤温度为 315～540℃)。该技术适用于处理土壤中挥发性和半挥发性有机污染物，如农药、石油烃、多氯联苯等高沸点氯代化合物等，处理效率高，过程易控制，适用于较难处理的重污染土壤，但能耗高、费用高，破坏土壤结构和生态系统。

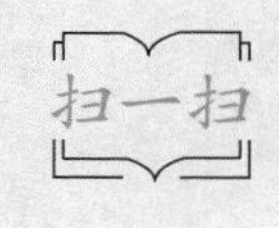

链接 4-5　案例：有机污染土壤修复的 3 个典型项目

3. 微生物治理与修复技术

1) 原位治理与修复方法

(1) 投菌法。直接向遭受污染的土壤接入污染物降解菌，同时提供这些细菌生长所需的营养物质，就地将污染物降解。

(2) 生物培养法。就地定期向土壤投加过氧化氢和营养物质，使土壤中微生物通过代谢将污染物完全矿化[①]为 CO_2 和 H_2O。

(3) 生物通气法。在污染的土壤上打至少两口井，安装鼓风机和抽真空机，将空气强排入土壤，然后抽出，土壤中有毒挥发物质也随之去除。在通入空气时另外加入一定量的氨气，为生物提供氮源以增加其降解污染物的活性。该方法与土壤蒸气浸提(气相抽提)修复技术有相似之处，但它强调了微生物的作用。

(4) 农耕法。对污染土壤进行耕耙处理，施入肥料，灌溉，加石灰调节酸度，为微生物代谢提供一个良好的环境，促进生物降解作用的进行，从而净化污染土壤。该方法费用低，操作简单，但污染物易扩散，故主要适用于土壤渗透性差、土壤污染较浅及污染物易降解的污染区。

2) 异位治理方法

(1) 预制床法。在不泄漏的平台上铺上石子和沙子，将受污染的土壤以 15～30cm 的厚度平铺在平台上，加上营养液和水，必要时加上表面活性剂，定期翻动充氧，处理过程中渗漏的水回灌于上层土。该方法实质上是农耕法的一种延续，但需改用预制床以防止污染物的迁移扩散。

(2) 堆肥法。它是传统堆肥和生物治理的结合，依靠微生物使有机物向稳定的腐殖质转化，是一种高温有机物降解的固相过程。一般是将土壤和一些易降解的有机物，如粪肥、稻草、泥炭等混合堆制，加石灰调节酸度，经发酵使大部分污染物降解。

(3) 生物反应器法。把污染土壤移到生物反应器中，加 3～9 倍的水混合使之呈泥浆状，再加必要的营养物质和表面活性剂，鼓入空气充氧，强烈搅拌使微生物与污染物充分混合，降解完成后快速过滤脱水。该方法处理效果和速度都优于其他方法，但费用极高，且对高分子量的多环芳香烃治理效果不理想，目前尚在实验室阶段。

(4) 厌氧处理法。对一些污染物，如三硝基甲苯、多氯联苯(PCBs)，好氧处理不理想时，可采用厌氧处理法，但厌氧处理法存在对工艺条件要求较为严格，投资较大，处理过程中可能产生毒性更大、更难降解的物质，易造成二次污染等缺点，所以在污染土壤治理工作中的应用比较少。

4. 植物修复技术

植物修复原理详见链接 2-7“植物处理技术原理及在污水处理中的应用”。

1) 植物降解

紫苜蓿、柳枝稷、酥油草、芦苇等植物对 PCBs 有降解作用。

2) 根际降解

土壤中多氯联苯的降解与紫苜蓿、柳枝稷、酥油草、芦苇等植物根际微生物的作用有关[②]。

---

① 矿化作用是在土壤微生物作用下，土壤中有机态化合物转化为无机态化合物过程的总称。矿化作用在自然界的碳、氮、磷和硫等元素的生物循环中十分重要。

② 疏水性有机污染物由于难以被植物根系吸收转运而大量积累在植物根际，根际修复通常在此类有机污染物修复中占主导作用。$^{14}CO_2$ 连续标记植物与密闭根-土壤系统研究表明，植物光合作用产物的 40%以上通过根系释放到根际土壤中，供相关的生物群代谢利用。根际环境中的微生物密度比非根际土壤中通常大 2～4 个数量级，并表现出更广泛的代谢活性。

不少研究证明许多根际区的农药降解速度快且降解率高，与根际区微生物的生物量增加呈正相关，发现微生物联合群落比单一群落对化合物的降解有更广泛的适应性。

3) 植物挥发

杂交白杨树可以通过根的吸收有效提取溶液中的二噁英，通过植物蒸腾作用从叶面上挥发，可去除污染土壤中 76%～83%的二噁英。

链接 4-6 15 种常见土壤地下水修复技术(1)：1～7
链接 4-7 15 种常见土壤地下水修复技术(2)：8～15

4.4 土壤退化与防治

在《联合国防治荒漠化公约》第一部分第一条中指出：土地退化是指由于使用土地或由于一种营力或数种营力结合致使干旱、半干旱和亚湿润干旱地区雨浇地、水浇地或草原、牧场、森林和林地的生物或经济生产力和复杂性下降或丧失，其中包括：①风蚀和水蚀致使土壤物质流失；②土壤的物理、化学和生物特性或经济特性退化；③自然植被长期丧失。

退化的概念是和可持续性联系在一起的。不会引起退化的土地利用才是可持续的土地利用。可持续的土地利用既取决于土地资源的性质，又取决于土地的利用和管理方式。土壤退化是土壤生态遭受破坏最明显的标志，也是全球最严重的环境问题之一。

1994 年 12 月 19 日第 49 届联合国大会通过 49/115 号决议，从 1995 年起把每年的 6 月 17 日定为“世界防治荒漠化与干旱日”，旨在进一步提高世界各国人民对防治荒漠化重要性的认识，唤起人们防治荒漠化的责任心和紧迫感。

《中华人民共和国防沙治沙法》是为预防土地沙化、治理沙化土地、维护生态安全、促进经济和社会的可持续发展而制定的法律，于 2001 年 8 月 31 日首次颁布，自 2002 年 1 月 1 日起施行，现行版本是 2018 年修正版。

2022 年 12 月 6 日，国家林业和草原局等七部门联合印发《全国防沙治沙规划(2021—2031 年)》，提出了防沙治沙的总体思路和具体目标，对于推进我国生态文明建设、保障国家生态安全、建设美丽中国、全面落实联合国 2030 年可持续发展议程、实现人与自然和谐共生的现代化具有重要意义。

《中华人民共和国水土保持法》是为预防和治理水土流失，保护和合理利用水土资源，减轻水、旱、风沙灾害，改善生态环境而制定。1991 年首次颁布，现行版本是 2010 年修正版。

4.4.1 土壤退化概述

1. 土壤退化类型

我国把土壤退化分为土壤沙化、土壤盐碱化、土壤侵蚀、土壤污染[①]，以及不包括上述各项的土壤性质恶化(可细分为土壤沼泽化或潜育化和土壤酸化)和固体废弃物堆积、耕地的非农业占用等导致的 6 类土壤退化。

---

① 详见 4.2 节“土壤的污染”和 4.3 节“土壤污染治理和修复”。

1) 土壤沙化

“土壤沙化”是在干旱、半干旱及部分半湿润地区，人类不合理的经济活动和脆弱的环境相互作用而引起的土地退化与土地资源丧失的生态恶化过程。其主要特点和标志是土地的风蚀沙化，最终导致地表出现类似沙漠的景观。沙漠化现状及治理见 4.4.2 节“沙漠化土壤及其治理”。

2) 土壤盐碱化

“土壤盐碱化”是指土壤含盐量太高而使农作物减产或不能生长。盐碱地成因、分类及治理见 4.4.3 节“盐碱化土壤及其治理”。

3) 土壤侵蚀(或水土流失)

“土壤侵蚀”是指主要在水、风等营力作用下，土壤及其疏松母质(特别是表土层)被剥蚀、搬运、堆积(或沉积)的过程。

土壤侵蚀类型的划分通常以外力性质为依据，可分为水力侵蚀(水蚀)、重力侵蚀、冻融侵蚀和风力侵蚀(风蚀)等。其中，水蚀是最主要的一种形式，习惯上称为“水土流失”；风蚀次之。在比较干旱、植被稀疏的条件下，当风力大于土壤的抗蚀能力时，土粒就被悬浮在气流中而流失。

根据 2021[①]年全国水土流失动态监测成果，全国水土流失面积 267.42 万 km^2。其中，水力侵蚀面积为 110.58 万 km^2，风力侵蚀面积为 156.84 万 km^2。按侵蚀强度分，轻度、中度、强烈、极强烈和剧烈侵蚀面积分别占全国水土流失总面积的 64.4%、16.6%、7.4%、5.5%和 6.1%。

防治土壤侵蚀的措施有：因地制宜开展植树造林，将种灌植草、自然植被保护和封山育林相结合；生物措施与工程措施相结合；水土保持与合理的经济开发相结合，并以小流域为治理单元逐步进行综合治理。

4) 土壤沼泽化或潜育化

“土壤沼泽化或潜育化”是指土壤上部土层 1m 内，因地表或地下长期处于浸润状态，土壤通气状况变差，有机质因不能彻底分解而形成一层灰色或蓝灰色潜育土层，称为沼泽化或潜育化，这是我国南方水稻种植地区的土壤退化现象。土壤沼泽化降低了有机质的转化速度，使土壤中还原性有害物质增加、土壤温度降低、通气性差、土壤微生物活性减弱等。

防治土壤沼泽化的途径，首先，应从生态环境治理入手，如开沟排水、消除渍害；其次，多种经营，综合利用，因地制宜。其治理模式有稻田-水产养殖系统；水旱轮作；合理使用化肥，多施磷肥、钾肥、硅肥。

5) 土壤酸化

“土壤酸化”是土壤性质恶化的表现之一，指人为活动使土壤酸度增强的现象。土壤中的酸性物质来源于：①长期施用酸性化肥；②酸性矿物的开采；③化石燃料燃烧排放的酸性物质通过干、湿沉降进入土壤环境。对于酸沉降引起的土壤酸化，要从根本上控制酸性物质的排放量，这已成为全球性的环境问题。

酸化土壤的重要改良措施是施加石灰，中和其酸性和提高土壤对酸性物质的缓冲性。水旱轮作、农牧轮作也是较好的生态恢复措施。同时，要针对原因进行防治。例如，对于施酸性肥料引起的酸化，要合理施肥，不偏施酸性化肥；对于矿山废弃物引起的土壤酸化，要妥

① 截至 2022 年《中国生态环境状况公报》发布时，2021 年水土流失动态监测成果为最新数据。

善处理尾矿，消灭污染源。

链接 4–8　土壤退化的自然因素和社会因素

2. 土壤退化的危害

1) 土壤退化加剧土壤资源短缺，影响食物安全

水土流失使耕地面积减少，沙漠化使得土地的营养力度不断降低，土地的有机质及 N、P、K 等都不断减少和损失，土壤每年流失的 N、P、K 超过全国的施用量，土壤的肥力也不断下降；土壤发生盐碱化会使得土壤中的多种水解酶活性和土壤呼吸能力被抑制，还会破坏土壤的稳定性和渗透能力，使得土壤物理性质及化学性质遭到破坏，严重影响作物的生长，最终导致生产力降低，对人们的生产生活质量产生严重影响。

2) 土壤退化加剧自然灾害，影响生态安全

(1) 草地退化引起生态环境强烈恶化。草地退化与干旱、沙化、虫鼠害等相互影响和反馈，危及草地生态安全。

(2) 草地退化导致草原雪灾频繁发生。草地牧草因高度低而被埋在雪下，给牲畜啃食带来困难，牲畜啃不到牧草因饥饿而死亡。

(3) 盐碱化土壤、沙漠化土壤与大风配合形成“白尘天气”“沙尘暴天气”。裸露的盐碱化土壤与沙化土壤都是沙尘暴的物源，可以造成更广泛的大气污染、水污染和下风地区的土壤污染，危害人体健康。

3) 土壤退化加剧贫困程度，影响社会安全

土壤退化会导致农业、林业等产业的生产力降低，人们的收入水平降低，对社会生活的影响更为严重，还造成沙漠化严重的地区人员伤亡或者失踪。

4) 土壤退化降低固碳能力，加剧气候暖干化

土壤退化造成原有碳储量丧失和固碳能力下降，加剧气候升温，造成地面反照率增大，土壤水分蒸发增强，加速地表空气水分的散失，降低地表和土壤湿度。

链接 4–9　退化生态系统的恢复与重建原则

4.4.2　沙漠化土壤及其治理

1. 我国的沙漠化现状

我国是世界上沙漠化危害最严重的国家之一。我国在 1997 年就把沙漠化防治作为一项基本国策纳入国民经济和社会发展计划。中国科学院分别在 1982 年和 2000 年对沙漠化土地的成因进行了定量分析，其中樵采滥伐占 31.8%，滥垦荒占 25.4%，过牧占 28.3%，水系改变占 6%，工矿交通建设占 3%，沙丘前移占 5.5%；国家林业和草原局分别于 1994 年和 1999 年组织完成了第一次和第二次全国荒漠化和沙化监测工作，其成果为全国生态建设和防沙治沙工

作提供了决策依据，并初步建立了较为完善的全国荒漠化和沙化监测体系。进入 21 世纪，我国荒漠化和沙化监测工作步入了科学化、规范化和制度化的轨道。以 5 年为一个监测期，开展常态化的监测工作。表 4-3 列出了第三～第六次的 4 次监测结果。

表 4-3　我国对荒漠化和沙化土地监测结果

公报编号	监测期	数据截止年份	荒漠化土地				沙化土地			
			总面积/万 km²	占国土总面积/%	净减少面积/km²	年均减少面积/km²	总面积/万 km²	占国土总面积/%	净减少面积/km²	年均减少面积/km²
3	2000 年初至 2004 年底	2004 年底	263.62	27.46	37924	7585	173.97	18.12	6416	1283
4	2005 年初至 2009 年底	2009 年底	262.37	27.33	12454	2491	173.11	18.03	8587	1717
5	2010 年初至 2014 年底	2014 年底	261.16	27.20	12120	2424	172.12	17.93	9902	1980
6	2015 年初至 2019 年底	2019 年底	257.37	26.81	37880	7577	168.78	17.58	33352	6670

注：第三次《中国荒漠化和沙化状况公报》中的“净减少面积”是第三次监测期的数据截至年份 2004 年底与第二次监测期的数据截至年份 1999 年底的数据相比的结果，余类推。

资料来源：摘自历次《中国荒漠化和沙化状况公报》。

表 4-3 中第六次的监测结果表明，自 2004 年以来，我国首次实现所有调查省份荒漠化和沙化土地“双逆转”，面积持续“双缩减”，程度持续“双减轻”，荒漠生态系统呈现“功能增强、稳中向好”态势[①]。但我国土地荒漠化和沙化问题仍是当前我国最为严重的生态问题，防治形势依然严峻：①面积大，治理任务艰巨；②沙区生态脆弱，保护与巩固任务繁重；③荒漠化的人为因素依然存在；④农业用水和生态用水矛盾凸显。如何改善荒漠区和沙区生态环境、促进区域协调发展，仍有不少问题需要探讨研究。

2. 沙漠化土壤的治理

沙漠化是全球生态环境恢复最大的难题。沙漠化治理是关乎国土生态安全及国民经济和社会可持续发展的战略问题。

沙漠治理的关键是防风固沙，保护已有植被，并且在沙漠地区有计划地栽培沙生植物，造固沙林。

1) 机械沙障固沙

机械沙障固沙又称沙障、风障，是用柴草、秸秆、黏土、树枝、板条、卵石等物料在沙面上做成障蔽物，是消减风速、固定沙表的有效的工程固沙措施。主要有草方格沙障、黏土沙障、篱笆沙障、自立式沙障、平铺式沙障、化学方法固沙等。采用机械沙障固沙，必须与栽植固沙植物结合，才能长期固沙。主要作用是固定流动沙丘和半流动沙丘。这种办法主要是在受流沙严重威胁的交通线、居民点、重要工矿基地、农田以及为保护固沙植物生长时采用。

2) 风力治沙

以风的动力为基础，人为地干扰控制风沙的蚀积搬运，因势利导，变害为利，亦称“风

① 例如，我国沙区土地平均植被盖度在第六次监测期为 20.22%，较第五次监测期上升 1.90 个百分点。植被盖度大于 40%的沙化土地呈现明显增加的趋势，5 年间累计增加 791.45 万 hm²，与第五次调查期相比增加了 27.84%。

力拉沙”。其特点是以输为主，应用空气动力学原理，采用各种措施，降低粗糙度，使风力变强，减少沙量，使风沙流非饱和，造成地表风蚀，将沙粒移出或移至设计区域。

具体实施方法：①渠道防沙。设置地埂，合理营造护渠林。②拉沙修渠筑堤。设置高立式紧密沙障，降低风速，促进沙粒沉积，加高沙障，使其高度增加，直到达到渠顶高度。③拉沙改土，利用风力拉平沙丘。对于地势较高的沙丘，以沙粒输出为目的；对于丘间低地，以积沙为目的。

3) 水力治沙

以水为动力，按照需要使沙粒进行输移，消除沙害。通过人为控制影响流速的坡长、坡度、流量及地面粗糙度的各项因子，使水流大量集中，形成股流，产生沟谷侵蚀，通过沟底下切和沟坡坍塌，上游的沙粒被输移到下游平坦及低洼地上，流速降低沉积。

可以实施的方法有引水拉沙修渠、引水拉沙造田和引水拉沙筑坝等。

4) 以沙治沙

以沙治沙是指在治理沙漠的过程中，通过采取一定的方式和手段，将沙漠砂石加以利用，从量上减少沙漠化的危害，从而达到治沙的目的。常用的途径：利用沙漠石英砂和粉煤灰制备烧结砖；也可直接利用沙漠细砂、普通水泥、发泡剂等材料生产泡沫混凝土。

5) 以水治沙

要根治沙漠必须以水治沙， 有了充足的水资源才能根治沙漠，开发沙漠，变沙漠为绿洲。

以水治沙是指通过对当地水资源的合理利用和采取调水措施引水以解决荒漠地区水资源不足，达到治理沙漠的目的。

6) 植物(或生物)措施

植物固沙措施是利用植树种草，来稳定沙体，增加地面覆盖率，达到固沙的目的，防止风沙危害，提高土壤肥力的一种根本性措施，是改造利用沙化土地行之有效、被广泛采用的一种方法。通过飞播固沙技术、封沙育草技术、防风阻沙技术、防护林(网)的营造技术，在沙漠边缘地带造防风林，以削弱沙漠地区的风力，阻止沙漠扩张；可以防止风蚀，固定流沙，保护农田、牧场；改造气候，改良土壤，变沙荒地为农牧业生产基地，实现生产燃料、饲料、食物和药材的目的。

链接 4-10 “三北”防护林体系工程

7) 农业措施

农业措施主要包括改变种植作物、少耕免耕、不同作物间作、留茬覆盖等技术，在一些自然条件相对较好的沙化地区，采用节水技术发展沙区高效农业，提高水资源利用率，同时也能保护沙漠化地区的生态环境。

8) “沙改田”土壤改良措施

土壤改良共分两个阶段：①保土阶段。采取工程或生物措施，使土壤流失量控制在容许流失量范围内。②改土阶段。其目的是增加土壤有机质和养分含量，改良土壤性状，提高土壤肥力。

改土措施主要是种植豆科绿肥作物或多施农家肥。沙区侵蚀土壤磷素很缺，种植绿肥作物改土时必须施用磷肥。运用土壤学、农业生物学、生态学等多种学科的理论与技术，改善土壤性状、提高土壤肥力，为农作物创造良好的土壤环境条件。土壤结构改良是通过施用天然土壤改良剂(如腐殖酸类、纤维素类、沼渣等)和人工土壤改良剂(如聚乙烯醇、聚丙烯腈以及植物纤维黏合剂①等)来促进土壤团粒的形成，改良土壤结构，提高肥力和固定表土，保护土壤耕层，防止水土流失。

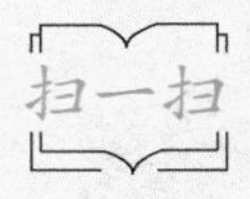

链接 4-11　沙漠化治理模式

4.4.3　盐碱化土壤及其治理

20 世纪末，我国约有盐碱土地面积 3.7×10^5km²，潜在盐碱土面积 1.7×10^5km²，分别占全国可利用土地面积的 4.88%、2.24%。盐碱地主要分布于东北地区、华北地区、西北地区及长江以北沿海部分地区。

随着我国盐碱地分布范围的增加，农业经济发展越发缓慢，因此，守住耕地红线，治理与开发盐碱地是亟须解决的科学难题。“海水稻”的发现和培育成功，使部分盐碱地得到有效利用②。

1. 盐碱地成因

1) 自然原因

(1) 气候条件。在干旱或半干旱地区，降水量的减少，以及蒸发量的增加，很容易让水中溶解的盐分在土壤表层聚集。

(2) 地理条件。地形变化对盐碱土的构成也有极大影响。地形高低变化，促使地表水与地下水运动也产生了变化，此时盐分的移动与聚集也有改变。以大地形为例，水溶性盐会跟随水从高处向低处流动，并在低洼地产生聚集。而在小地形中，土壤积盐情况正好相反，盐分会聚集在部分小凸区域。

(3) 土壤质地与地下水。质地粗细影响着土壤毛管水运动的高度与速度，通常情况下壤质土相比黏土、沙土，上升速度快，高度也高。

(4) 河流与海水。在河流与渠道两边的土地，会因为河水的侧渗增加地下水位，最终产生大量积盐。而沿海区域会因为海水的浸渍构成滨海盐碱地。

2) 人为原因

(1) 对农田进行漫灌浇水，在低洼地区进行灌溉不重视排水，引发地下水位的不断上升，造成表层盐分的积累，这种造成土壤盐碱化的过程被称为次生盐渍化。

---

① 参考文献：a. 易志坚. 2016. 沙漠“土壤化”生态恢复理论与实践[J]. 重庆交通大学学报(自然科学版), 35(0z1): 27-32. b. Yi Z, Zhao C. 2016. Desert “soilization”: An eco-mechanical solution to desertification[J]. Engineering, 2(3): 270-273.

② 海水稻(耐盐碱水稻)，是指能在盐(碱)浓度 0.3%以上的盐碱地生长且单产可达 300 kg/亩以上的一类水稻品种。1986 年，广东海洋大学研究员陈日胜在湛江海边发现了第一株野生海水稻，申请了农牧渔业部植物新品种专利，定名为‘海稻 86’，这被袁隆平院士评价为继杂交稻之后水稻行业的又一次重大革命性突破。2021 年正式启动海水稻的产业化推广和商业化运营，拟用 8～10 年时间实现 1 亿亩盐碱地改造整治目标，实现“亿亩荒滩变良田”。

(2) 在灌区水旱相间种植，而且水田周围没有设置防渗水措施，导致旱田地区的地下水位升高，造成旱田区域的土壤盐渍化。

(3) 肥料运用不科学。很多人对氮磷钾等化肥的随意搭配，也会造成该地区的土壤盐渍化。

(4) 人口的不断增加，对自然资源的需求也不断增加，土地不合理的开垦、地下水的不适当利用，并且修筑水库也会抬高周围的地下水位，破坏盐生植物，造成土壤中水分蒸发速度变快，积盐速度随之也变快，这些人为活动因素都会在一定程度上造成土壤盐碱化。

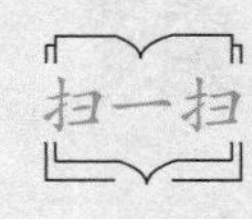

链接 4-12　盐碱地防治原则

2. 盐碱地分类

盐碱地分为盐土和碱土两大类。按盐碱土壤中盐分的主要来源、土壤水盐运动种类等自然条件，可将盐土分为典型盐土、滨海盐土、草甸盐土、沼泽盐土、洪积盐土、残余盐土、潮盐土和碱化盐土 8 个盐土亚类；碱土分为草甸碱土、草原碱土、镁质碱土和龟裂碱土 4 个碱土亚类。

3. 盐碱地治理

通过明确盐碱地形成原因，在治理盐碱地时要提出综合措施，其中包含水利措施、生物措施、农业管理措施以及采用物理方法或化学方法的改良技术等。

1) 水利措施

(1) 灌水洗盐技术。根据耕地土壤盐分具有“盐随水来，盐随水去”的基本运行规律，通过农田灌水的方式，使盐分随水下渗，并通过明沟排水系统[①]排到农田之外。该技术应用于高地势盐碱地净化，可充分发挥排水洗盐的优势，并且在使用过程中，可进行土层深挖，并利用秸膜实现覆盖隔离及养料隔绝作用。究其根本，无论何种处理方式，盐碱地的土壤结构依旧无法为植物生长提供足够养分，要建立盐碱地生态区，水资源及肥料等都是植物生长必需条件，需要外界加强。

(2) 排水洗盐技术。依旧是基于“盐随水来，盐随水去”的水盐运动规律，在明沟排水技术发展的基础上，进一步出现地下暗排管这种技术，利用暗管使田间多余的水分通过接头或管壁滤水微孔渗入管内排走，控制地下水位，调节地下水水盐动态，改善土壤的理化性质，从而防止土壤次生盐渍化的发生。

(3) 竖井排灌技术。布设井群，抽汲地下水，使地下水位下降并控制地下水位，防治灌溉土地次生盐碱化或排除高矿化地下水。

(4) 劣质水灌溉。我国淡水资源有限，开发利用咸水进行灌溉是缓解淡水资源短缺的重要内容。采用灌溉淋碱方式，降低盐碱地含盐量，使得土壤盐分低于植物耐盐度，就可以周年内不发生积盐。

(5) “改排为蓄”的治理模式。这是盐碱地改良的新的治理理念，在农田区域内控制排水，通过循环压盐，使得土壤中盐分向深层转移，减少耕作层的盐分含量。

---

① 农田的排水系统主要有 3 种形式，详见链接 4-13“盐碱地排水技术”。

链接 4-13　盐碱地排水技术

2) 生物措施

(1) 盐碱地耐盐植物种植与修复技术。种植耐盐碱植物是一种盐碱地生态修复的有效方法。耐盐植物种植能增加地表覆盖，改善盐碱地微生态环境，抑制盐分表聚。同时，耐盐植物的根系可以分泌出有机酸来平衡土壤的酸碱性，分泌出甜菜酶和过氧化物酶等酶类，这些酶类可以分解土壤中的盐分，降低土壤 pH。耐盐植物还可以吸收土壤中的盐分来降低土壤中的含盐量。

(2) 盐碱地微生物治理与修复技术。利用微生物活性修复盐碱地是研究热点，微生物菌剂被认为可以显著降低土壤 pH 和含盐量，同时可以提高盐碱地植物成活率。微生物菌肥中含有大量的有益微生物，可抑制土壤积盐，促使土壤养分含量和土壤微环境发生变化，改善土壤微生态系统，增强土壤肥力，对改良盐碱化土壤起到积极的作用。

3) 农业管理措施

(1) 水旱轮作。水旱轮作是指在同一田地上有顺序地轮换种植水稻和旱作物的种植方式。水旱轮作不仅可以调控土壤水盐运动、控制盐分过量表聚，而且能使土壤理化性状及养分状况都得到明显改善，是一条改良利用盐碱地的有效途径。

(2) 植树造林。可以在盐碱地植树造林，通过树木的蒸腾作用来降低地下水位，而且在盐碱地种植树木，可以防风固沙，防止土壤返盐。

(3) 草畜培肥。可在盐碱地种草养畜。首先牧草可以起到培肥地力和改良土壤的双重作用。其次可以利用牧草加工成为饲料来养牛、羊、猪等家畜，这些家畜的粪便可以增加土壤有机质，能使牧草更好地生长，形成一个良性循环，有利于盐碱地的治理和农牧业的发展。

4) 物理改良

物理改良的机理是通过深耕、砂土压实、松散土壤和大田等措施平整土地，破坏土壤毛细通道，阻止盐分向地表积聚。

(1) 土体重构工程。沙土具有结构疏松、含盐量低的性状，沙土与盐碱含量高的土壤混合，能够有效降低土壤含盐量，改善盐碱地土壤结构。覆沙压盐其实质是利用沙土结构疏松，毛管孔隙大、破坏原有盐碱土壤的毛细作用，限制下部土层中的盐分向上部耕作层移动。

(2) 客土转换技术。客土转换技术，就是寻找优良的土壤来对盐碱地块进行改良，把优良的土壤铺到盐碱地中，厚度大约在 20cm。整个过程下来，传统盐碱地治理需要三年时间，改良效果还受其他多方面影响。参见 4.3.2 节“换土法”部分。

链接 4-14　我国用“盐水灌溉法”破解环渤海地区的千年盐碱地

(3) 植被覆盖改良技术。根据盐碱地的特点，控制土壤中水分的蒸发，就可以减少盐分在土表的积聚，调节盐分分布，从而改良盐碱地。可将作物秸秆覆盖于盐碱地表，阻止土壤水分与大气直接接触，有效减少土壤水分蒸发，还可以降低热量传递，降低土表温度；也可以使用地膜、水泥硬壳覆盖。采用这些措施后还可促进作物播种出苗率，在提高产量方面有积极的作用。

(4) “上膜下秸”隔盐技术。盐碱地地膜覆盖配合秸秆深埋改良技术，简称“上膜下秸”改良技术，即地表进行地膜覆盖，地下40cm处埋设秸秆层，以达到保墒抑盐的目的。该技术可淡化耕作层，为作物根系生长提供良好的土壤环境，为保苗、壮株、增产打下坚实基础。

5) 化学改良

采用化学改良剂如石膏、过磷酸钙，酸性物质如硫、硫酸铝和其他类型的改性剂如腐殖酸、糠醛残留物等，改善土壤的酸碱性等性质，从而达到治理的目的。化学改良剂在一定程度上能够改变土壤的结构，增加土壤脱盐的速度；也可以通过改变可溶性的盐基成分来改变土壤的酸碱度。例如，盐碱化土壤加入含钙的物质来置换土壤胶体表面吸附的钠，或者加入酸性的改良剂。还有专家提出，磷石膏可以增加土壤中的微量元素，促使植物生长，也能有效地改善盐碱地。

盐碱地治理要成功，必须要综合考虑土壤的含盐量和酸碱度、土壤盐分的构成、土壤的透水情况、地下水位的高低、灌溉水的矿化度和酸碱度、适宜种植的作物以及合理控制改良成本等诸多因素。例如，同样在含盐5‰的盐碱土壤种植棉花，在以硫酸钠为主的内陆盐碱地(代表地新疆)，棉花产量可以达到中产或高产的水平，而在以氯化钠为主的滨海盐碱地(代表地山东东营)，棉花产量几近绝收。再如，用同样的水量冲洗盐碱地，对土壤透水性好的地块改良效果远远好于土壤透水性差的地块。上述情况决定了改良盐碱地必须因地制宜，采用综合措施才能实现盐碱地的有效改良。

习题与思考题

1. 试论述土壤圈的重要性，以及人类生活与土壤的关系。

2. 叙述土壤基本理化性状和土壤生物活性与土壤污染物转化的关系。

3. 什么是土壤的自净作用？举例说明土壤在环境中的作用与地位。

4. 有机污染物生物修复的种类有哪些？

5. 分析城市生活垃圾对土壤环境的影响。

6. 污水灌溉对土壤有何不利的影响？如何既充分利用污水资源又防治污水灌溉对环境的污染？我国未来利用污水灌溉的前景如何？

7. 试论土壤环境质量、土壤污染的防治与农业可持续发展的关系。

8. 污染土壤的修复技术可以分为几类？什么是原位修复技术?什么是异位修复技术？上述修复技术对土壤肥力有何影响？哪些技术实施后会彻底破坏土壤肥力？

9. 有机污染土壤可以选择的修复技术有哪几种？各有什么特点？

10. 重金属污染土壤可以选择的修复技术有哪几种？各有什么特点？

11. 农药污染土壤的途径有哪些？农药残留对环境的影响有哪些？

12. 调查现用除雪剂的主要成分及其对土壤的影响。

13. 熟悉土壤污染物，研究利用化工副产品及其废物生产农用化肥、农药等可能产生的问题。如何预防？

14. 由于焚烧秸秆会产生大量二氧化碳、氮氧化物和硫化物等气体，和很多悬浮颗粒物，对大气环境造成严重污染，因此，在2008年，我国正式明令禁止焚烧秸秆、推行秸秆还田。这是一项受到争议的环保政策。由于我国地域辽阔，气候相差极大，无视地域差别推行秸秆还田造成农作物严重的病虫害和减产等负面影响。

焚烧秸秆可以烧死虫卵和草籽，减少病虫害和杂草。还田秸秆在耕种前未转化为有机肥，秸秆发酵期造成土壤保水性降低与农作物争养分等危害，影响农作物正常生长。请调查自己家乡秸秆还田对农业的影响，如耕种成本，农作物生长，农药和化肥使用量等，调查自己家乡秸秆还田对大气和土壤环境的影响。了解国外对秸秆焚烧的政策，提出适合自己家乡的秸秆处理方法，实现秸秆处理资源化、有利于农作物生长、 有利于土壤和大气环境向好发展相统一。

15. 调查校内及其周边存在哪些土壤污染的来源。减少或杜绝对土壤的污染，你有什么好的建议？

16. 重庆交通大学易志坚教授从力学视角提出通过颗粒约束改变颗粒物质力学状态的方法来改变沙化壤的性质，即把离散状态的沙子，通过约束，转化为固体(干土团)和流变体(稀泥巴)，从而使其成为能够种植植物的“土壤”。研究团队经过 7 年的反复试验，研发了一种以自然生物为原料的植物性纤维黏合材料。一盘散沙加上这种约束材料，加水拌和，可使沙漠表层沙子获得土壤的生态-力学属性，具有与土壤一样的存储水分、养分、空气和微生物的能力，可以让植物的根系在其中生长，成为植物生长环境的理想载体(注意，并不是让它变成真正的土壤)。这个研究成果已经在内蒙古阿拉善盟乌兰布和沙漠的 25 亩试验地中取得成功。请你阅读易教授的相关论文[4.4.2 节“‘沙改田’土壤改良措施”部分的脚注]，谈一谈易教授研究成果的机理、大面积推广的可能性和可能遇到的困难。

第5章 固体废物的处理和利用

5.1 概　述

《中华人民共和国固体废物污染环境防治法》(2020年修正版)中定义，固体废物是指“在生产、生活和其他活动中产生的丧失原有利用价值或者虽未丧失利用价值但被抛弃或者放弃的固态、半固态和置于容器中的气态的物品、物质以及法律、行政法规规定纳入固体废物管理的物品、物质。经无害化加工处理，并且符合强制性国家产品质量标准，不会危害公众健康和生态安全，或者根据固体废物鉴别标准和鉴别程序认定为不属于固体废物的除外。”

固体废物污染防治一头连着减污，另一头连着降碳，是生态文明建设的重要内容，也是深入打好污染防治攻坚战的重要任务。

5.1.1 固体废物特性与危害

1. 固体废物的特性

由于固体废物的呆滞性大，扩散性小，对环境的影响主要通过水、气和土壤进行。固体废物不同于污水和废气，其特性如下。

1) 固体废物的双面性

固体废物既是空气、水体和土壤污染的“终态”，又是这些环境污染的“源头”。例如，一些有害气体或飘尘，通过治理，最终富集成为废渣。这些“终态”物质中的有害成分，在长期的自然因素作用下，又会转入空气、水体和土壤，成为空气、水体和土壤环境污染的源头。

2) 固体废物来源广泛，处置难度大

固体废物的来源涉及国民经济和社会民生各个方面，成分复杂，物理性状(体积、流动性、均匀性、粉碎程度、水分、热值等)多样，处置有难度。同时，由于贴近生活，人们司空见惯，较少关注，往往是造成危害时才引起重视，此时再处理就非常困难了。

3) 固体废物的资源性

从充分利用自然资源的观点来看，所有被称为“废物”的物质，是“放在错误地点的原料”，都是有价值的自然资源，应该通过各种方法和途径使之得到充分利用。今天被人们称为“废物”的物质，只是由于受到技术或经济等条件的限制，暂时还无法加以充分利用。近代许多国家已把固体废物视为“二次资源”或“再生资源”，把利用废物代替天然资源作为可持续发展战略中的一个重要组成部分。

2. 固体废物对环境的危害

我国传统的垃圾消纳倾倒方式是一种“污染物转移”方式。由于现有的垃圾处理场的数量和规模远远不能适应城乡垃圾增长的需求，大部分垃圾仍呈露天集中堆放状态，对环境即时的和潜在的危害很大，污染事故频出。具体有下列几方面。

1) 侵占土地，破坏地貌和植被

固体废物需占地堆放，破坏了地貌、植被和自然景观。随着我国工农业生产的发展和城乡人民生活水平的提高，固体废物占地的矛盾日益突出。

2) 污染土壤

废物任意堆放或没有适当的防渗措施的填埋会严重污染处置地的土壤。因为固体废物中的有害组分很容易经过风化、雨雪淋溶、地表径流侵蚀，产生高温和有毒液体渗入土壤，能杀害土壤中的微生物、破坏微生物与周围环境构成的生态系统，导致草木不生。未经严格处理的生活垃圾直接用于农田时，会破坏土壤的团粒结构和理化性质，致使土壤保水保肥能力降低，后果严重。

3) 污染水体

固体废物不但含有病原微生物，在堆放腐败过程中还会产生大量的酸性和碱性有机污染物，并会将废物中的重金属溶解出来，是有机物、重金属和病原微生物三位一体的污染源。任意堆放或简易填埋的固体废物，其内含的水和淋入的雨水所产生的渗滤液流入周围地表水体与渗入土壤，会造成地表水和地下水的严重污染。固体废物若直接排入河流、湖泊或海洋，又会造成更大的水体污染——不仅减少水体面积，而且还妨害水生生物的生存和水资源的利用。

4) 污染空气

在大量垃圾堆放的场区，一些有机固体废物在适宜的温度和湿度下被微生物分解，释放出有害气体，造成堆放区臭气冲天、老鼠成灾、蚊蝇滋生；固体废物本身或在处理(如焚烧)时会散发毒气和臭味。例如，煤矸石的自燃曾在各地煤矿多次发生，散发出大量的 SO_2、H_2S、CO、CO_2、NO_x 等气体，造成严重的空气污染。由固体废物进入空气的放射尘，一旦侵入人体，还会由于形成内辐射引起各种疾病。

5.1.2 《中华人民共和国固体废物污染环境防治法》

《中华人民共和国固体废物污染环境防治法》简称《固废法》，最早于 1996 年实施。现行版本是 2020 年修订本，以下称“新《固废法》”。新《固废法》健全了固体废物污染环境防治长效机制，用最严格制度最严密法治保护生态环境。

新《固废法》明确了固体废物污染环境防治坚持减量化、资源化和无害化原则；强化了政府及其有关部门监督管理责任；明确了目标责任制、信用记录、联防联控、全过程监控和信息化追溯等制度；强化了产生者责任；增加了排污许可、管理台账、资源综合利用评价等制度；还明确了国家要逐步实现固体废物零进口。

新《固废法》用了 4 章篇幅阐述了“工业固体废物”“生活垃圾”“建筑垃圾、农业固体废物等”“危险废物”污染环境的防治制度。

在法律责任方面，新《固废法》对违法行为实行严惩重罚，提高罚款额度，增加处罚种类，强化处罚到人，同时补充规定一些违法行为的法律责任。

新《固废法》抓住了防治的关键，是一部符合实际、切实管用的好法律。

链接 5-1　我国固体废物污染防治法律法规和主要的标准规范

5.1.3　固体废物的来源与分类

人们在资源开发和产品制造过程中，必然产生废物，大多数产品经过使用和消费后都会变成废物。固体废物有多种分类方法，一般根据其性质、状态和来源进行分类。新《固废法》按固体废物的来源和性质把固体废物分为以下几类。

1) 工业固体废物

工业固体废物是指在工业生产活动中产生的固体废物。一般工业固体废物特指在工业生产活动中产生的除危险废物之外的固体废物。

2) 生活垃圾

生活垃圾是指在日常生活中或者为日常生活提供服务的活动中产生的固体废物，以及法律、行政法规规定视为生活垃圾的固体废物。

3) 建筑垃圾、农业固体废物等

建筑垃圾为建设单位、施工单位新建、改建、扩建和拆除各类建筑物、构筑物、管网以及居民装饰装修房屋过程中产生的弃土、弃料和其他固体废物；农业固体废物是在农业生产活动中产生的秸秆、废弃农用薄膜、农药包装废弃物以及畜禽粪污等农业固体废物。此外，还有快递、外卖包装废弃物等。

4) 危险废物

详见 5.3.1 节“危险废物概述”。

表 5-1 列出了固体废物的分类、来源和主要组成物。

表 5-1　固体废物的分类、来源和主要组成物

分类	来源	主要组成物
一般工业固体废物	矿山、选冶	废矿石、尾矿、金属、废木、砖瓦灰石等
	冶金、交通、机械、金属结构等工业	金属、矿渣、砂石、模型、芯、陶瓷、边角料、涂料、管道、绝热和绝缘材料、黏结剂、废木、塑料、橡胶、烟尘等
	煤炭	矿石、木料、金属等
	食品加工	肉类、谷物、果类、菜蔬、烟草等
	橡胶、皮革、塑料等工业	橡胶、皮革、塑料、布、纤维、染料、金属等
	造纸、木材、印刷等工业	刨花、锯末、碎末、化学药剂、金属填料、塑料、木质素等
	石油化工	化学药剂、金属、塑料、橡胶、陶瓷、沥青、油毡、涂料等
	电器、仪器仪表等工业	金属、玻璃、木材、橡胶、塑料、化学药剂、研磨料、陶瓷、绝缘材料等
	纺织服装业	布头、纤维、橡胶、塑料、金属等
	建筑材料	金属、水泥、黏土、陶瓷、石膏、砂石、纸、纤维等
	电力工业	炉渣、粉煤灰、烟尘等

续表

分类	来源	主要组成物
生活垃圾	居民生活	食物垃圾、纸屑、布料、木料、庭院植物修剪物、金属、玻璃、塑料、陶瓷、燃料、灰渣、碎砖瓦、废器具、粪便、杂品
	商业、机关	管道、碎砌体、沥青及其他建筑材料，废汽车，废电器，废器具，以及类似居民生活栏内的各种废物
	市政维护、管理部门	碎砖瓦、树叶、金属、锅炉灰渣、污泥、脏土等
	水处理厂	污泥
建筑垃圾	建设单位、施工单位	新建、改建、扩建和拆除各类建筑物、构筑物、管网等
	居民房屋	装饰装修房屋过程中产生的弃土、弃料和其他固体废物
农业固体废物	农林	稻草、秸秆、蔬菜、水果、果树枝条、糠秕、落叶、废物料、人畜粪便、禽粪、农药等
	水产	腥臭死禽畜、腐烂鱼、虾、贝壳、水产加工污水、污泥等
危险废物	核工业、核电站、放射性医疗单位、科研单位	金属、含放射性废渣、粉尘、污泥、器具、劳保用品、建筑材料；含有易爆、易燃、腐蚀性、放射性的废物等
	工业危险废物	含汞废渣、含铬废渣、可燃性危险废物以及石棉等
	医疗废物	分为感染性、病理性、损伤性、药物性和化学性 5 种医疗废物

5.1.4　我国一般工业固体废物的产生现状

我国固体废物具有产生量大、占地多、危害大和回收利用率低的特点。表 5-2 为 2013～2019 年我国大、中城市一般工业固体废物的产生及利用情况。

表 5-2　2013～2019 年我国大、中城市一般工业固体废物的产生及利用情况

年份	信息发布城市数/个	年产生量/亿 t	综合利用量[a]		处置量[a]		储存量		倾倒丢弃量	
			综合利用量/亿 t	利用率/%	处置量/亿 t	处置率/%	储存量/亿 t	储存占比/%	倾倒丢弃量/万 t	占比/%
2013	261	23.83	14.65	61.79	7.08	29.86	1.99	8.33	57.85	0.02
2014	244	19.2	12.0	61.9	4.8	24.7	2.6	13.4	13.5	<0.1
2015	246	19.1	11.8	60.2	4.4	22.5	3.4	17.3	17.0	<0.1
2016	214	14.8	8.6	48.0	3.8	21.2	5.5	30.7	11.7	<0.1
2017	202	13.1	7.7	42.5	3.1	17.1	7.3	40.3	9.0	<0.1
2018	200	15.5	8.6	41.7	3.9	18.9	8.1	39.3	4.6	<0.1
2019	196	13.8	8.5	55.9	3.1	20.4	3.6	23.6	4.2	<0.1

注：摘自生态环境部 2014～2020 年发布的《全国大、中城市固体废物污染环境防治年报》，每年的《全国大、中城市固体废物污染环境防治年报》均于 12 月底发布，公布前一年的工业固废产生和利用数据。

a. 根据各省(区、市)上报的信息发布汇总数据，包含部分城市对往年储存的一般工业固体废物的利用和处置量。

由表 5-2 可见，从 2013 年起，我国工业固体废物高速增加的趋势得到有效遏制，出现了

年产生量逐年下降的良好趋势①；从综合利用这方面看，综合利用率②并不高，但综合利用仍然是处理一般工业固体废物的主要途径；从储存量和储存占比看，从2013年起有大幅度提高，因此对历史堆存的一般工业固体废物一定要加大力度进行有效利用和处置，尽早消化。因为我国是采煤和用煤大国，每年仅煤炭开采就会产生相当于当年煤产量10%的煤矸石。我国已把这样一类固体废物专列为"大宗(无机)工业固体废物"(详见5.2.2节"大宗工业固体废物资源化利用"部分)，重点对其实施资源化利用。

5.1.5 固体废物全过程控制管理和"三化"防治原则

新《固废法》中第四条明确指出，"固体废物污染环境防治坚持减量化、资源化和无害化的原则。任何单位和个人都应当采取措施，减少固体废物的产生量，促进固体废物的综合利用，降低固体废物的危害性。"

"三化"防治原则是新《固废法》确立的一个重要原则，这部法律的重大制度、重要规定都是围绕"三化"原则来设计和运行的。"三化"之中，首先是"无害化"，这是以人民为中心，保障人民身体健康和生命安全的必然要求，也是固体废物从产生、收集、处理到再利用的全过程都必须遵循的底线原则。"减量化"是固体废物防治的最佳途径，少产生甚至不产生固体废物是最经济、对环境破坏最小的办法。"资源化"就是除害兴利、变废为宝，是固体废物防治的治本之策，也是关系到国家能源资源安全、推进高质量发展、实现高水平自立自强的战略问题。

根据防治法要求，更要加强管理，从废物的产生、收集、运输、储存、再利用、处理直至最终处置实施全过程控制管理。这种整体管理观念就是把被动的废物末端处理转移到主动防止废物产生上来。固体废物的全过程管理模式如图5-1所示。

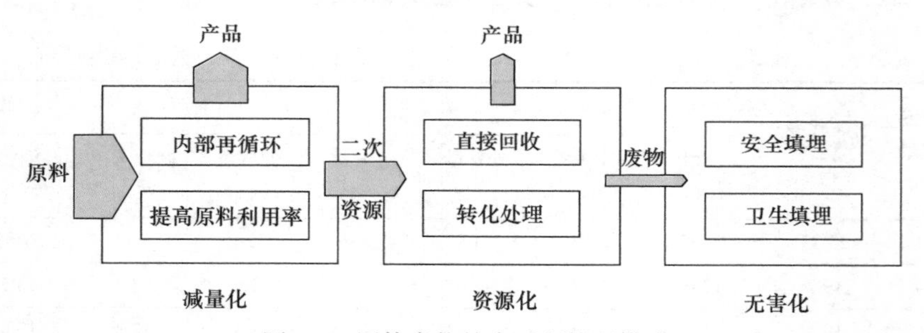

图5-1 固体废物的全过程管理模式

1. 固体废物减量化

减量化可通过下面4个途径实现。

(1) 选用合适的生产原料，采用清洁能源，实施清洁生产。

(2) 采用无废或低废工艺，从源头上消除或减少废物的产生。

---

① 参见本书第四版第163页"表4-2 2005～2014年全国工业废物产生及利用情况"。2012年为最高值，以后逐年下降。由于该表中的"年产生量"是包含危险废物在内的全部工业固体废物，所以"年产生量"在数值上与本书的表5-2对不上，但变化的趋势是一致的。

② 综合利用率 = 综合利用量/(产生量 + 综合利用往年储存量)。

(3) 提高产品质量和使用寿命，减少废弃的废物数量。

(4) 实现资源的综合开发和利用。从自然资源开发利用的起点，综合运用一切有关的现代科技成就，进行资源综合开发和利用的全面规划和设计，从而进行系统的资源联合开发和全面利用，这是最根本、最彻底、最理想的减量化过程。

2. 固体废物资源化

1) “资源化”概念

固体废物的“资源化”是指对固体废物进行综合利用，使之成为可利用的二次资源。基本任务是采取工艺措施从固体废物中回收有用的物质和能源。固体废物资源化是固体废物的主要归宿。可参见链接 5-4 和链接 5-5“大宗工业固体废物资源化利用(1)和(2)”。

资源化应遵循的原则是：①进行资源化的技术是可行的，资源化的产品应当符合国家相应产品的质量标准；②经济效益比较好，有较强的生命力，废物应尽可能在排放源就近利用，以节省废物在存放、运输等过程的投资；③资源化的环境效益，资源化过程的二次污染要明显小于固体废物的直接污染。

2) 资源化系统

资源化系统是指从原材料经加工制成的成品，经人们的消费后成为废物，又引入新的生产、消费循环系统。就整个社会而言，就是生产—消费—废物—再生产的不断循环的系统。

资源化系统的构成如图 5-2 所示。整个系统可以分为两大部分。

第一部分称为“前期系统”。在此系统中被处理的物质不改变其性质，是利用物理的方法(如分选、破碎等技术)对废物中的有用物质进行分离提取回收。此系统回收又可分为两类：一类是保持废物的原形和成分不变的回收利用；另一类是破坏废物的原形，从中提取有用成分加以利用。

第二部分称为“后期系统”。它是把前期系统回收后的残余物质用化学或生物学的方法，使废物的物性发生改变而加以回收利用，采用的技术有燃烧、分解等，比前期系统要复杂，成本也高。后期系统也可分为两类：一类是以回收物质为主要目的，使废物原料化、产品化而再生利用；另一类是以回收能源为目的。当然这两种目的有时不能截然区分，应视主要作用而分类。

根据图 5-2 给出的资源化系统原理，在具体设计一个资源化综合处理系统时，需考虑各分系统之间的相互作用、相互影响，同时还必须考虑环境卫生、政治、人民生活等社会因素，才能使固体废物的资源化和回收利用获得最佳效果。

3. 固体废物无害化

固体废物无害化是对固体废物管理的最后一个环节，基本任务是对回收利用筛选下来的不可回收的固体废物通过工程处理，达到不损害人体健康、不污染周围自然环境的目的，如垃圾的焚烧、卫生填埋、堆肥，粪便的厌氧发酵，有害废物的热处理和解毒处理等。

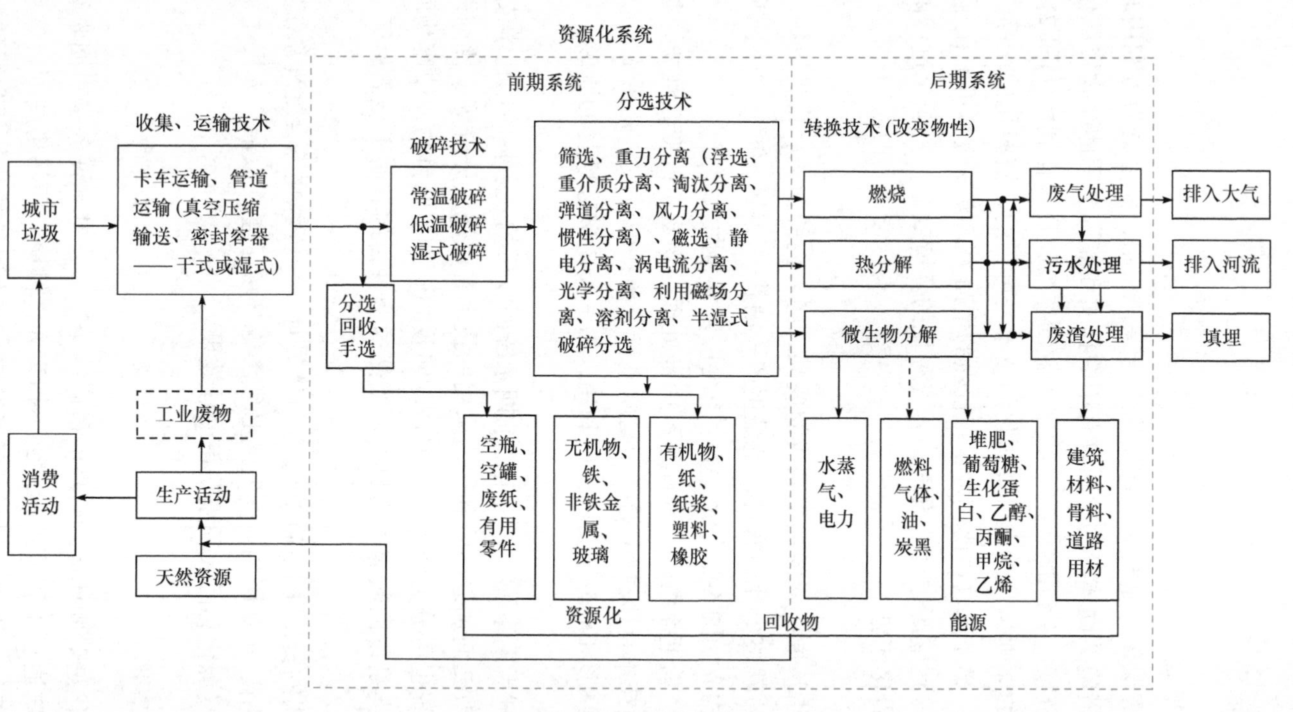
资源化系统
前期系统
后期系统
城市垃圾
收集、运输技术
卡车运输、管道运输(真空压缩输送、密封容器——干式或湿式)
破碎技术
常温破碎
低温破碎
湿式破碎
分选回收、手选
分选技术
筛选、重力分离（浮选、重介质分离、淘汰分离、弹道分离、风力分离、惯性分离）、磁选、静电分离、涡电流分离、光学分离、利用磁场分离、溶剂分离、半湿式破碎分选
转换技术(改变物性)
燃烧
热分解
微生物分解
废气处理
污水处理
废渣处理
排入大气
排入河流
填埋
空瓶、空罐、废纸、有用零件
无机物、铁、非铁金属、玻璃
有机物、纸、纸浆、塑料、橡胶
水蒸气、电力
燃料气体、油、炭黑
堆肥、葡萄糖、生化蛋白、乙醇、丙酮、甲烷、乙烯
建筑材料、骨料、道路用材
资源化
回收物
能源
消费活动
工业废物
生产活动
天然资源

图5-2 资源化系统

5.2　固体废物常规处理技术

固体废物处理是指通过物理、化学和生物等方法，使固体废物形式转换、资源化利用以及最终处置的一种过程。按其处理目的分为预处理、资源化处理和最终处置。

5.2.1　预处理技术

固体废物预处理主要是采用物理方法将固体废物转变成便于运输、储存、回收利用和处置的形态。预处理常涉及固体废物中某些成分的分离和浓集，因此也是一种回收材料的过程。

1) 压实技术

压实是利用外界压力作用于固体废物，达到增大容重、减小表观体积的目的，以便于降低运输成本、延长填埋场寿命的预处理技术。这种方法通过对废物施加 200～250kg/cm^2 的压力，将其做成边长约 1m 的固化块，外面用金属网捆包后，再涂上沥青层。这种处理方法不仅可以大大减少废物的容积，还可以改善废物运输和填埋操作过程中的卫生条件，并可以有效地防止填埋场的地面沉降。然而，对于含水率较高的废弃物，在进行压实处理时会产生污染物浓度较高的废液。

压实技术适用于处理压缩性能大而恢复性小的固体废物，如金属加工工业排出的各种松散废料(车屑等)，后来逐步发展到处理城乡垃圾如纸箱、纸袋等。

2) 破碎技术

破碎技术是利用外力使大块固体废物分裂为小块的过程，通常用作运输、储存、资源化和最终处置的预处理。其目的是使固体废物的容积减少，便于运输；为固体废物分选提供所要求的入选粒度，以便回收废物的其他成分；使固体废物的比表面积增加，提高焚烧、热分解、熔融等作业的稳定性和热效率；防止粗大、锋利的固体废物对处理设备的损坏。经破碎后固体废物直接进行填埋处置时，压实密度高而均匀，可以加快填埋处置场的早期稳定化。

破碎的方法主要有挤压破碎、剪切破碎、冲击破碎以及由这几种方式组合起来的破碎方法。这些破碎方法各有优缺点，对处理对象的性质也有一定程度的限制。例如，挤压破碎结构简单，所需动力消耗少，对设备磨损少，运行费用低，适于处理混凝土等大块物料，但不适于处理塑料、橡胶等柔性物料；剪切破碎适于破碎塑料、橡胶等柔性物料，但处理容量小；冲击破碎适于处理硬质物料，破碎块比较大，对机械设备磨损也较大。对于复合材料的破碎，可以采用压缩-剪切或冲击-剪切等组合式破碎方式。

这些破碎方式都存在噪声高、振动大、产生粉尘等缺点，对环境有不利的一面。近年来，为了减少和避免上述缺点，提出了低温破碎的方法——将废物用液氮等制冷剂降温脆化，再进行破碎。但目前在处理成本方面还存在较多的问题，有待进一步解决。

3) 分选技术

固体废物分选是实现固体废物资源化、减量化的重要手段，通过分选可以提高回收物质的纯度和价值，有利于后续加工处理。根据物质的粒度、密度、磁性、电性、光电性、摩擦性、弹性及表面润湿性等特性差异，固体废物分选有多种不同的分选方法。常用的分选方法有以下几种。

(1) 筛分。利用废物之间粒度的差别通过筛网进行分离。

(2) 重力分选。利用废物之间重力的差别对物料进行分离。按介质的不同，重力分选又可以分为重介质分选、跳汰分选[①]、风力分选和摇床分选等。

(3) 磁力分选。利用铁系金属的磁性从废物中分离回收铁金属。

(4) 涡电流分选。将导电的非磁性金属置于不断变化的磁场中，金属内部会发生涡电流并相互之间产生排斥力。这种排斥力随金属的固有电阻、磁导率等特性和磁场密度的变化速度而不同，从而起到分选金属的作用。

(5) 光学分选。利用物质表面对光反射特性的不同进行分选。

4) 脱水和干燥

固体废物的脱水主要用于污水处理厂排出的污泥及某些工业企业所排出的泥浆状废物的处理。脱水可达到减容及便于进行运输的目的，以利于进一步处理。详见 5.4.2 节“污泥的脱水和干化”部分。

固体废物经破碎、分选之后对所得的轻物料需进行能源回收或焚烧处理时，必须进行干燥处理。详见 5.4.2 节“污泥的干燥”部分。

5.2.2 资源化处理技术

1. 有机固体废物资源化处理技术

1) 热化学处理

热化学处理是利用高温破坏和改变固体废物的组成与结构，使废物中的有机有害物质得到分解或转化的处理，是实现有机固体废物处理无害化、减量化、资源化的一种有效方法。目前，常用的热化学处理技术主要有焚烧、热解、气化和湿式氧化等。

(1) 焚烧。焚烧法是对固体废物高温分解和深度氧化的综合处理过程。由于固体废物的物理性质和化学性质相当复杂，其组成、热值、形状、燃烧状况等均随时间和区域的不同而有较大的变化，同时焚烧后产生的尾气和灰渣也会随之改变。因此，固体废物的焚烧设备要求适应性强，操作弹性大，并有一定程度的自动调节功能。

焚烧法的优点是可以回收热能，同时减少 80%～90%可燃性废物的体积，彻底消除有害细菌和病毒，破坏有毒成分，使其最终成为化学性质稳定的无害化灰渣。它的缺点是只能处理含可燃物成分高的固体废物，否则必须添加助燃剂，使运行费提高；容易造成二次污染，特别容易产生二噁英。为了减少二次污染，要求焚烧设施必须配置控制污染的设备，这又进一步提高了设备的投资和处理成本。

适合焚烧的废物主要是不适于安全填埋或不可再循环利用的危险废物，如医院和医学实验室产生的需特别处理的带菌废弃物(详见 5.3.5 节“医疗废物焚烧处置技术”部分)、难以生物降解的、易挥发和扩散的、含有重金属及其他有害成分的有机物等。

(2) 热解。热解技术是利用多数有机物在 500～1000℃高温且缺氧条件下会发生裂解的热不稳定性特征，使有机废物转化为分子量较小的组分。工业中木材和煤的干馏、重油的裂解就是应用了热解技术。

用热解法处置固体有机废物将会产生气液固 3 种相态的产物。气态产物有 H_2、CH_4、C_xH_y、CO 等可燃气体；液态产物有焦油、燃料油及丙酮、乙酸、乙醛等成分；固态产物主要为固体碳。

该法的主要优点是能够将废物中的有机物转化为便于储存和运输的有用燃料，且尾气排

① 跳汰分选是指在交变水流中按密度的不同进行分级分选固体物料的过程，在煤矿选煤中广泛应用。

放量和残渣量较少，不易生成二噁英，是一种低污染的资源化技术。城乡垃圾、污泥、工业废料(如塑料、树脂、橡胶)以及农林废料、人畜粪便等含有机物较多的固体废物都可以采用热解方法处理。

热解和焚烧都是热化学转化过程，主要区别在于：①焚烧是放热过程，热解是吸热过程；②焚烧是在有氧条件下进行的，而热解是在无氧或缺氧条件下进行的；③焚烧的产物主要是 CO_2 和 H_2O，热解的产物主要是 3 种相态的、可燃的低分子化合物；④焚烧产生的热量大的可用于发电，热量小的只可加热水或产生蒸气，且只能就近利用，而热解产生的燃料油及燃料气、固体碳便于储藏及远距离输送。

(3) 气化。气化技术是一种新型的固体废物处理技术，是将固体废物中有机成分在绝氧或缺氧条件下与气化剂在气化炉内发生热化学反应生成可燃气体(CO、H_2、CH_4 等)和灰渣的过程。典型工艺包括气化燃烧技术、气化熔融技术和等离子气化技术，特别适合处理生活垃圾。详见链接 5-2“固体废物气化技术的典型工艺”。

链接 5-2 固体废物气化技术的典型工艺

气化过程所需的空气量小于焚烧所需的量，因此产生的烟气浓度低于焚烧过程，还能有效克服二噁英污染问题，利于环保；气化过程生成的燃料为单一燃气，可用于发电、采暖、供居民生活燃气等，为城乡生活垃圾热能的综合利用提供了新的方式。因此，气化技术可实现固体废物处理无害化、减量化和资源化，是一种具有较大发展前景的固体废物处理技术。

(4) 湿式氧化。湿式氧化又称“湿式燃烧法”，是一种无害化处理方法，适用于有水存在的有机物料如污泥等。湿式氧化技术是将流动态的有机物料置于密闭反应器中，在适当的温度和压力条件下通入空气或氧气作氧化剂快速将有机物氧化为无机物。排放的尾气中主要含 CO_2、N_2、过剩的 O_2 和其他气体，残余液中包括残留的金属盐类和未完全反应的有机物。湿式氧化包括水解、裂解和氧化等过程。由于有机物的氧化过程是放热过程，所以反应一旦开始，就会在有机物氧化放出的热量作用下自动进行，不需要再投加辅助燃料。

湿式氧化具有不产生粉尘和煤烟；灭毒除毒彻底；有利于生物化学处理；氧化液的脱水性能好，氨、氮含量较高；氧化气不含有害成分；反应时间短等优势。不足之处是设备费用和运转费用较高。

2) 生物处理

生物处理技术是利用微生物对固体废物的氧化分解作用。它不仅可以使有机固体废物转化为能源、食品、饲料和肥料，还可以从矿物废渣中提取金属，是固体废物处理资源化的有效而又经济的技术方法。目前应用比较广泛的有堆肥化、沼气化、废纤维素糖化等。

(1) 好氧生物转化——堆肥化处理。堆肥是依靠自然界广泛分布的细菌、放线菌、真菌等微生物，人为地促进可生物降解的有机物向稳定的腐殖质转化的生化过程。堆肥化的产物称为堆肥，是一种土壤改良肥料。它具有改良土壤结构，增大土壤容水性、减少无机氮流失、促进难溶磷转化为易溶磷、增加土壤缓冲能力、提高化学肥料的肥效等多种功效。

根据堆肥化过程中微生物对氧的需求，可分为厌氧堆肥与好氧堆肥两种。

厌氧堆肥原理类似于污水处理中的厌氧消化过程，可保留较多氮，工艺也简单，但堆制周期过长(10个月以上)，容易产生难闻的恶臭味，仅适用于小规模农家堆肥，是我国乡村的传统堆肥方法。

好氧堆肥因具有堆肥温度高、基质分解比较彻底、堆制周期短、异味小等优点而被广泛采用。按照堆肥方法的不同，好氧堆肥又可分为露天堆肥和快速堆肥两种方式。

好氧堆肥技术通常由前处理、主发酵(一次发酵)、后处理、后发酵(二次发酵)、脱臭与储藏5个工序组成，工艺流程简图如图5-3所示。

前处理：通过手选、磁选、振动筛选去除粗大物料，回收有用物质，调整好碳氮质量比和水分，接种酶种等。

一次发酵：采用机械通风，发酵期为10天，60℃以上(最高可达70～80℃)高温保持5天。此阶段可杀死大部分病原体、寄生虫卵和蚊蝇卵，同时氧化降解有机物，达到堆肥无害化。此为整个生产过程的关键，应控制好通风、温度、水分、C/N、C/P及pH等发酵条件。

后处理：用筛分、磁选等方法去除堆肥中残存的塑料、玻璃、金属等非堆腐物。

二次发酵：经一次发酵的堆肥除去杂质后，送去二次发酵仓进行二次发酵，其中未被分解的有机物继续分解，同时可脱水干燥。20天左右达到“熟化”。

脱臭与储藏：在堆肥过程中应采用臭气过滤装置除臭以减少对周围环境的影响。熟化后的堆肥可加工成颗粒储藏。

二次发酵的堆肥化技术需要建造许多发酵仓，一次性投资较大。我国在城市垃圾处理中已广泛应用该技术来处理城市生活垃圾。

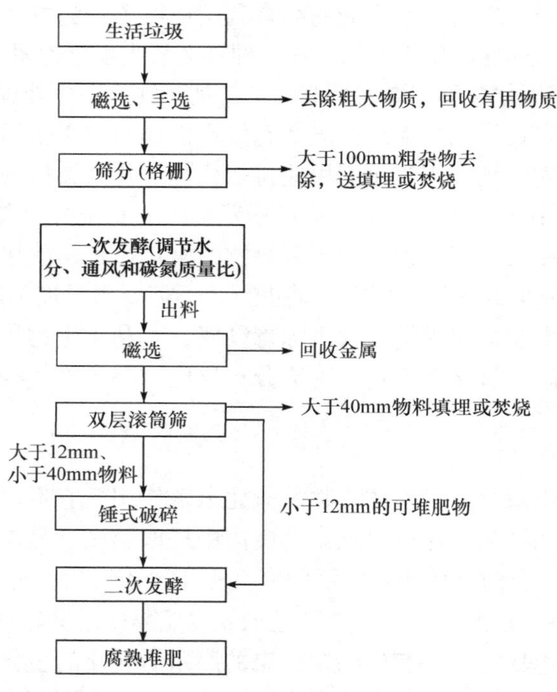

图5-3　二次发酵的堆肥化技术工艺流程

(2) 厌氧消化法——沼气化处理。厌氧消化法的基本原理与污水的厌氧生物处理(参见2.2.2节“厌氧生物处理”和5.5.3节“厌氧消化处理与沼气回收”部分)相似，是在完全隔绝氧气的条件下，利用多种厌氧菌的生物转化作用使废物中可生物降解的有机物分解为稳定的无毒物质，同时获得以 CH_4 为主的沼气，它是一种比较清洁的能源，而沼气液、沼气渣又是理想的有机肥料。

(3) 废纤维素糖化技术。废纤维素糖化是利用酶水解技术使纤维素转化为单体葡萄糖，然后通过生化反应转化为单细胞蛋白及微生物蛋白的一种新型资源化技术。

天然纤维素酶水解顺序如下：

$$\text{天然纤维素}\xrightarrow{C_1}\text{纤维素碎片}\xrightarrow{C_x}\text{纤维素二糖}\xrightarrow{\beta\text{-葡萄糖化酶}}\text{葡萄糖}(C_6H_{10}O_5)_n$$

结晶度高的天然纤维素在纤维素酶 C_1 的作用下分解成纤维素碎片(降低聚合度)，经纤维素酶 C_x 的进一步作用分解成纤维素二糖(聚合度小的低糖类)，最后靠 β-葡萄糖化酶作用分解为葡萄糖。

据估算，世界纤维素年净产量约 1000 亿 t，废纤维素资源化是一项十分重要的世界课题。日本、美国已成功地开发废纤维素糖化工艺流程，如图 5-4 所示。

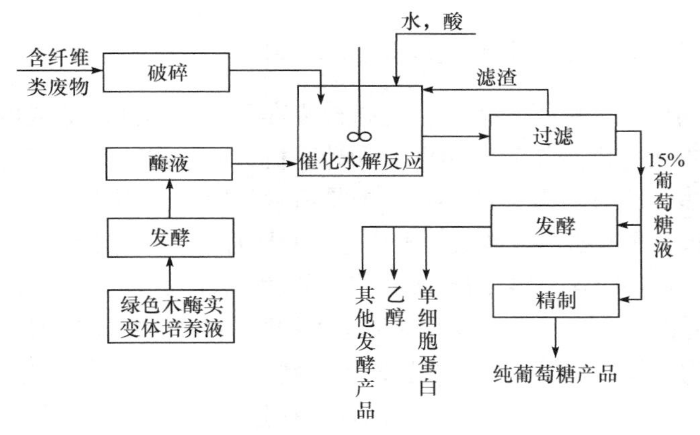

图 5-4　废纤维素糖化工艺流程

链接 5-3　畜禽粪污的科学处理和资源化利用

2. 大宗工业固体废物资源化利用

大宗工业固体废物是指我国各工业领域在生产活动中年产生量在 1000 万 t 以上、对环境和安全影响较大的固体废物，如尾矿、煤矸石、粉煤灰、冶金渣(高炉渣、钢渣)和化工废渣(硫铁矿烧渣、电石渣)等。但它们是可再次利用的资源。详见链接 5-4 和链接 5-5。

链接 5-4　大宗工业固体废物资源化利用(1)：尾矿和煤矸石

链接 5-5　大宗工业固体废物资源化利用(2)：粉煤灰、冶金渣和化工废渣

《大宗工业固体废物综合利用“十二五”规划》将大宗工业固体废物综合利用纳入了节能环保战略性新兴产业范畴，对大宗工业固体废物资源综合利用的意义给予了高度肯定。国家

发展和改革委员会等十四部委联合发布的《循环发展引领行动》，明确提出推动大宗工业固体废物综合利用，建设工业固体废物综合利用产业基地，大力推进多种工业固体废物协同利用。这为工业固体废物综合利用产业发展提供了政策保障。

大宗工业固体废物的环境治理和综合利用产业是一个多学科、多行业、多领域、多地域、多产业相互交叉、相互渗透的新产业，其综合利用产品市场潜力巨大，水泥混凝土及其制品产业仍是利废的最有效途径；综合利用产品的高技术加工、高性能化、高值化是大趋势；多种固体废物协同利用和区域产业协同发展是产业未来发展的主要模式。

目前，水泥工业、建材行业已经利用本行业设施开展固体废物利用协同处理实践。其他行业，如利用炼铁高炉处理铬渣和废塑料、煤焦油、含铁矿渣和矿砂，利用电厂锅炉处理污水厂污泥等，也已经取得了很好的效果。可以期待未来多种固体废物协同处置将有长足的发展，实现固体废物产生者、处理者和处置设施拥有者的三赢局面，并推动工业固体废物综合利用产业向纵深发展。

3. 废弃电器电子产品回收、拆解处理和循环利用

电器电子废弃物俗称“电子垃圾”，是指被废弃不再使用的电器或电子设备，主要包括电冰箱、空调、洗衣机、电视机等家用电器和计算机、通信电子产品等电子科技的淘汰品。电子废弃物种类繁多，大致可分为两类：一类是所含材料比较简单，对环境危害较轻的废旧电子产品，如电冰箱、洗衣机、空调机等家用电器及医疗、科研电器等，这类产品的拆解处理相对比较简单；另一类是所含材料比较复杂，对环境危害比较大的废旧电子产品，如电视机显像管内的铅，电脑元件中含有的砷、汞和其他有害物质，手机中的砷、镉、铅及其他多种具有生物累积性的有毒物质等。如果电子垃圾长期得不到无害化处理，危险物质会缓慢释放到土壤和水中，治理难度极大。电子垃圾危害巨大，但其中也富含不少贵重金属，值得回收利用。

废弃电器电子产品中也有许多有用的资源，如铜、铝、铁及各种稀贵金属、玻璃和塑料等，具有很高的再利用价值。通过再生途径获得资源的成本大大低于直接从矿石、原材料等冶炼加工获取资源的成本，而且节约能源。加强废弃电器电子产品的回收利用，对于减少环境污染、发展循环经济、克服资源短缺对我国经济发展的制约具有重要意义。

我国的《废弃电器电子产品回收处理管理条例》于2011年1月1日正式实施。该条例指出，国家将建立废弃电器电子产品处理基金，用于废弃电器电子产品回收处理费用的补贴，电器电子产品生产者、进口电器电子产品的收货人或者其代理人应当按照规定履行废弃电器电子产品处理基金的缴纳义务；国家对废弃电器电子产品实行多渠道回收和集中处理制度，并对处理实行资格许可制度。该条例及相关配套措施的施行，将使废弃电器电子产品的回收处理得到规范，并带动家用电器回收和处理行业向前发展。

链接5-6　我国对废弃电器电子产品回收处理的实施措施

4. 废塑料污染治理

石油基塑料被称为“迄今为止人类最糟糕的发明，没有之一”。塑料制品的广泛应用带

来了新的材料界的革命，但同时难以降解的废塑料的不当处置造成了严重的环境污染。现在大量的塑料垃圾流入海洋，对海洋生物造成严重危害。残留在环境中的塑料垃圾经过长期风化裂解形成小于 5mm 或 1mm 甚至纳米级的微塑料，微塑料对环境和生物的危害已越来越受到人们的重视。参阅 2.5.3 节“微塑料污染的危害”部分。

其实，废塑料是一种可以回收利用的资源，对其治理关键是做好前期垃圾分类工作。塑料焚烧会产生二噁英，污染空气，填埋处置需要 200～400 年才能降解，因此不能和其他干垃圾或生活垃圾混在一起燃烧或填埋。

1) 废塑料常用的处理方法

(1) 再生利用。熔融成型制成再生塑料制品。

(2) 改性利用。加入填料对废塑料进行改性以增大应用范围，如合成木材等。

(3) 裂解转化。可回收不同的化工原料，如芳烃、石蜡油等，甚至可转化为汽油、煤油，是一种很有发展前途的研究方向。

(4) 生产建筑材料。例如，轻质保温砖①是将破碎的热塑性废旧聚氯乙烯塑料掺和在普通烧砖用的黏土中，在烧制过程中塑料化为灰烬，砖里产生许多孔状空隙，使其质量变轻，保温性能提高。又如，高密度砖是将回收的装香波、酒、矿泉水、饮料等塑料瓶，使用模塑工艺生产出高密度的塑料砖块。与普通砖相比，具有抗震、寿命长、质量轻、成本低等优点，可节省 30%的建筑费用。

(5) 用作燃料。采用高炉喷吹废塑料技术，既可用作还原剂将铁矿石还原成铁，又可部分代替煤、油和焦炭用作燃料。

(6) 用于发电。制成垃圾固形燃料(RDF)用于发电，效果理想。

但要彻底解决“白色污染”问题，就要研究开发可降解的新型塑料。

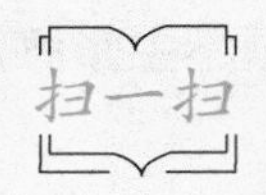

链接 5-7 高炉喷吹废塑料技术和垃圾固形燃料技术

2) 废塑料治理主要目标

到 2025 年，塑料污染治理机制运行更加有效，地方、部门和企业责任有效落实，塑料制品生产、流通、消费、回收利用、末端处置全链条治理成效更加显著，白色污染得到有效遏制。在源头减量方面，商品零售、电子商务、外卖、快递、住宿等重点领域不合理使用一次性塑料制品的现象大幅减少，电商快件基本实现不再二次包装，可循环快递包装应用规模达到 1000 万个。在回收处置方面，地级及以上城市因地制宜基本建立生活垃圾分类投放、收集、运输、处理系统，塑料废弃物收集转运效率大幅提高；全国城镇生活垃圾焚烧处理能力达到 80 万 t/d 左右，塑料垃圾直接填埋量大幅减少；农膜回收率达到 85%，全国地膜残留量实现零增长。在垃圾清理方面，重点水域、重点旅游景区、乡村地区的历史遗留露天塑料垃圾基本清零。塑料垃圾向自然环境泄漏的现象得到有效控制。

3) 废塑料治理主要方针政策

2001 年国家经济贸易委员会发布“禁塑令”《关于立即停止生产一次性发泡塑料餐具的

---

① 轻质保温砖见参考文献：蔡玮玮，汪群慧. 2012. 废塑料资源化技术及其研究进展[J]. 环境保护与循环经济，32(8)：8-10. 高密度砖见参考文献：郑宁来. 2007. 废旧塑料的新应用[J]. 国外塑料，(7)：78.

紧急通知》；2007 年国务院办公厅发布“限塑令”《国务院办公厅关于限制生产销售使用塑料购物袋的通知》。

从 2020 年开始，我国加大了对塑料污染的治理处置力度。

2020 年 1 月，国家发展和改革委员会、生态环境部联合印发《关于进一步加强塑料污染治理的意见》(又称“升级版限塑令”)，提出了要按照“禁限一批、替代循环一批、规范一批”的思路，着重强调塑料制品的源头减量、循环使用、再生利用和环保处置。

2020 年 7 月，国家发展和改革委员会、生态环境部等九部委联合印发了《关于扎实推进塑料污染治理工作的通知》，强调确保如期完成 2020 年底塑料污染治理各项阶段性目标任务。

2021 年 9 月国家发展和改革委员会、生态环境部印发《“十四五”塑料污染治理行动方案》，进一步完善了塑料污染全链条治理体系和治理部署，压紧压实了部门和地方责任，推动塑料污染治理在“十四五”时期取得更大成效。

5.2.3 最终处置

固体废物的处置是指最终处置或安全处置，是固体废物污染控制的末端环节，解决固体废物的归宿问题。固体废物处置对防治固体废物的二次污染起着十分关键的作用。一些固体废物经过处理与资源化，总会有部分残渣很难再加以利用，这些残渣往往又富集了大量有毒有害成分；还有些固体废物目前尚无法利用，它们都将长期保留在环境中。为了控制其对环境的污染，必须进行最终处置，使之最大限度地与生物圈隔离。

固体废物处置可分为海洋处置和陆地处置两大类。

1. 海洋处置

海洋处置主要分为海洋倾倒与远洋焚烧两种方法。近年来，随着人们对保护环境生态重要性认识的加深和总体环境意识的提高，海洋处置已受到越来越多的限制。我国不主张海洋处置。

1) 海洋倾倒

海洋倾倒是利用海洋的巨大环境容量，将废物直接投入海洋的处置方法。海洋处置需根据有关法规，选择适宜的处置区域，结合区域的特点、水质标准、废物种类与倾倒方式，进行可行性分析、方案设计和科学管理，以防止海洋受到污染。

2) 远洋焚烧

远洋焚烧是利用焚烧船将固体废物运至远洋处置区进行船上焚烧的处置方法。远洋焚烧船上的焚烧炉结构因焚烧对象而异，需专门设计。废物焚烧后产生的废气通过净化装置与冷凝器，冷凝液排入海中，气体排入大气，残渣倾入海洋。这种技术适于处置易燃性废物，如含氯有机废物等。

2. 陆地处置

陆地处置主要包括土地耕作、深井灌注及土地填埋等。

1) 土地耕作处置

土地耕作处置是利用表层土壤的离子交换、吸附、微生物降解以及渗滤液浸出、降解产物的挥发等综合作用机制处置工业固体废物的一种方法。该技术具有工艺简单、费用适宜、设备易于维护、对环境影响小、能够改善土壤结构、增长肥效等优点，主要用于处置含盐量低、不含毒物、可生物降解的有机固体废物。

2) 深井灌注处置

深井灌注是指把液状废物注入地下与饮用水和矿脉层隔开的可渗性岩层内。一般废物和有害废物都可采用深井灌注方法处置，但它主要用来处置那些实践证明难于破坏、难于转化、不能采用其他方法处理处置或者采用其他方法费用昂贵的废物。深井灌注处置前，需使废物液化，形成真溶液或乳浊液。

深井灌注处置系统的规划、设计、建造与操作主要分废物的预处理、场地的选择、井的钻探与施工，以及环境监测等几个阶段。

3) 土地填埋处置

土地填埋是从传统的堆放和填地处置发展起来的一项最终处置技术。工艺简单、成本较低、适于处置多种类型的废物，填埋后的土地可重新用作停车场，游乐场、高尔夫球场等，目前已成为一种处置固体废物的主要方法。该法的主要缺点是：填埋场必须远离居民区；回复的填埋场将因沉降而需不断地维修；埋在地下的固体废物，通过分解可能会产生易燃、易爆或毒性气体，需加以控制和处理。

土地填埋处置种类很多。按填埋地形特征可分为山间填埋、土地填埋、废矿坑填埋；按填埋场的状态可分为厌氧填埋、好氧填埋、准好氧填埋；按法律可分为卫生土地填埋和安全土地填埋等。填埋场的基本设施包括：废弃物坝、雨水集排水系统(含渗滤液集排水系统、渗滤液处理系统)、释放气处理系统、入场管理设施、入场道路、环境监测系统、飞散防止设施、防灾措施、管理办公设施、隔离设施等。其技术关键是填埋场的防渗漏系统，以保证将废物永久安全地与周围环境隔离。

(1) 卫生土地填埋。卫生土地填埋适于处置一般固体废物。用卫生填埋来处置城市垃圾，不仅操作简单、施工方便、费用低廉，还可同时回收 CH_4 气体，产生的 CH_4 经脱水→预热→去除 CO_2 后可作为能源使用。因此，卫生土地填埋法已在国内外得到广泛应用。

卫生土地填埋场除着重考虑防止渗滤液的渗漏外，还需解决降解气体的释出控制、臭味和病原菌的消除等问题。垃圾填埋后，会产生 CH_4 和 CO_2 气体，以及 H_2S 等有害或有臭味的气体。当有氧存在时，CH_4 气体浓度达到 5%～15%就可能发生爆炸，所以必须及时排出产生的气体。卫生土地填埋采用两种排气方法：可渗透性排气和不可渗透阻挡层排气。如图 5-5 所示，图 5-5(a)为可渗透性排气系统，在填埋物内利用比周围土壤容易透气的砾石等物质作为填料建造排气通道，产生的气体先水平方向运动，然后通过此通道排出。图 5-5(b)为不可渗透

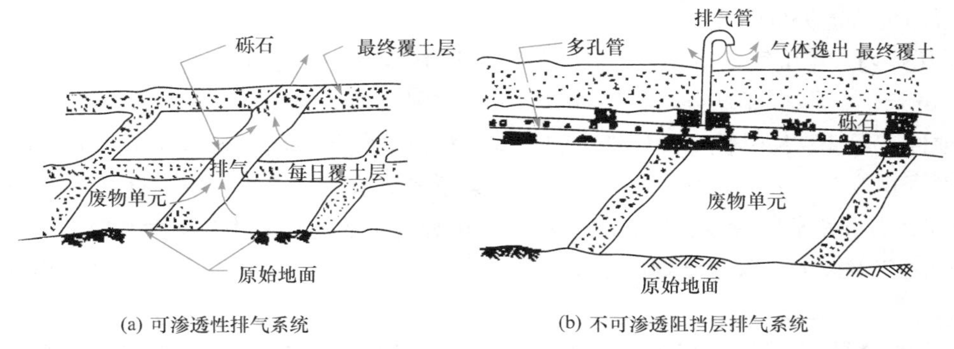

(a) 可渗透性排气系统　(b) 不可渗透阻挡层排气系统

图 5-5　卫生土地填埋场的两种排气系统

阻挡层排气系统，在不透气的顶部覆盖层中安装排气管，排气管与设置在浅层砾石排气通道或设置在填埋物顶部的多孔集气支管相连接，可排出气体。

(2) 安全土地填埋。安全土地填埋是一种改进的卫生土地填埋方法，主要用来处置危险废物，它对防止填埋场地产生二次污染的要求更为严格。图 5-6 为典型的已经完成并已关闭的安全土地填埋场结构剖面图。可以看出，填埋场内必须设置人造或天然衬里防渗系统，下层土壤或土壤与衬里结合渗透率小于 10^{-8}cm/s；最下层的填埋物要位于地下水位之上；要采取适当措施控制和引出地表水；要配备渗滤液收集、处理及监控系统；采用覆盖材料或衬里以防止气体随意逸出，但要设置排气口收集填埋气实现资源化，如发电等；要记录所处置废物的来源、性质及数量，将不相容的废物分开处置，以确保其安全性。安全土地填埋在国外进行了多年的研究，已成为危险废物的主要处置方法。

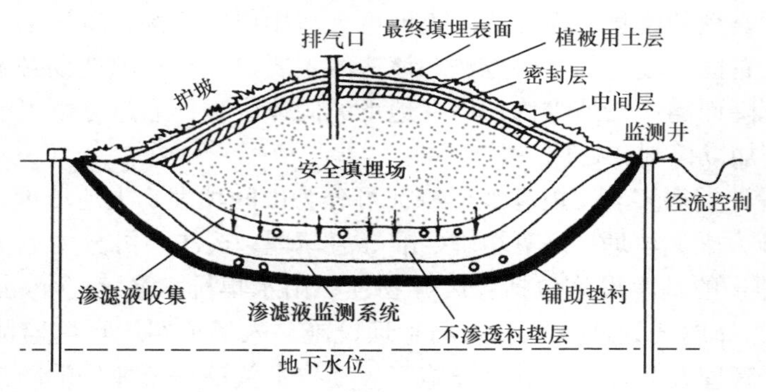

图 5-6 安全土地填埋场结构剖面图

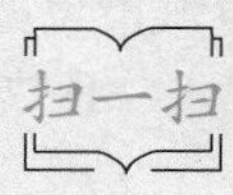

链接 5-8 案例：上海老港固废基地(1)：垃圾填埋场今昔

5.3 危险废物的处理

5.3.1 危险废物概述

根据新《固废法》和《危险废物鉴别标准 通则》(GB 5085.7—2019)[①]，具有以下 3 种情形之一者即可认定为危险废物。

(1) 凡是列入《国家危险废物名录》的废物种类都是危险废物。

(2) 虽未在《国家危险废物名录》中，但是根据国家规定的危险废物鉴别标准和鉴别方法，具有腐蚀性、毒性、易燃性、反应性中一种或一种以上危险特性的固体废物，属于危险废物。

危险废物按性质分为爆炸、易燃、助燃、刺激性、有毒、有害、腐蚀性和石棉(详见链接 5-9“为什么石棉是危险废物？”)8 类。按来源可分为工业危险废物与医疗废物两大类。其中工业废物占 70%以上、医疗废物占 14%；工业危废中，废酸废碱占 30%，石棉废物占 14%，

① 《危险废物鉴别标准 通则》(GB 5085.7—2019)(简称《通则》)，以及《危险废物鉴别技术规范》(HJ 298—2019)(简称《技术规范》)是危险废物鉴别体系中的两项重要标准(见链接 5-1)。《通则》规定了危险废物鉴别的程序和判别规则，是危险废物鉴别标准体系的基础；《技术规范》规定了危险废物鉴别过程样品采集、检测和判断等技术要求，是规范鉴别工作的基本准则。

有色金属冶炼废物占 10%；来源行业中，化学原料与产品制造占 19%，有色金属冶炼占 15%，废金属矿采选占 14%，造纸业占 13%。

链接 5-9　为什么石棉是危险废物?

(3) 对未列入《国家危险废物名录》且根据危险废物鉴别标准无法鉴别，但可能对人体健康或生态环境造成有害影响的固体废物，由国务院生态环境主管部门组织专家认定。

危险废物不同于一般的固体废物，具有一定的危险性，所以要对危险废物实行重点控制和严格管理。危险废物的环境污染防治包括产生、贮存、运输、利用、处置几个环节，必须要根据其特性，采取“因废制宜、分类控制”的污染防治原则。根据新《固废法》第八十一条：“收集、贮存危险废物，应当按照危险废物特性分类进行。禁止混合收集、贮存、运输、处置性质不相容而未经安全性处置的危险废物。”

企业作为危险废物污染防治的责任主体，应按照《危险废物贮存污染控制标准》(GB 18597—2023)、《危险废物收集 贮存 运输技术规范》(HJ 2025—2012)等标准规范对危险废物贮存设施建设、运行和管理阶段实施有效管控，避免环境风险。

5.3.2　危险废物管理法律条文

1) 《中华人民共和国固体废物污染环境防治法(2020 修正版)》第六章

新《固废法》第六章“危险废物”从法律层面上对危险废物污染环境防治制度进行了完善，规定危险废物分级分类管理、信息化监管体系、区域性集中处置设施场所建设等内容。加强危险废物跨省转移管理，通过信息化手段管理、共享转移数据和信息，规定电子转移联单，明确危险废物转移管理应当全程管控、提高效率。

2) 《中华人民共和国刑法》第三百三十八条

《中华人民共和国刑法》第三百三十八条“污染环境罪”：违法国家规定，排放、倾倒或者处置有放射性的废物、含传染病病原体的废物、有毒物质或者其他有害物质，严重污染环境的，处三年以下有期徒刑或者拘役，并处或者单处罚金；情节严重的，处三年以上七年以下有期徒刑，并处罚金。

链接 5-10　《巴赛尔公约》与危险废物的越境转移

5.3.3　我国工业危险废物产生现状

由表 5-3 可见，从 2013 年起，我国工业危险废物的年产生量和储存量出现高速增加的趋势。对工业危险废物而言，综合利用和处置几乎各占 50%，是处理工业危险废物的主要途径。但是综合利用能力和处置能力不强，赶不上年产生量的增加，造成了储存量的大幅度提高，所以对工业危险废物的处理必须予以充分重视。

表 5-3 2013～2019 年我国大、中城市工业危险废物的产生及利用情况

年份	信息发布城市数/个	年产生量/万 t	综合利用量[a]		处置量[a]		储存量	
			综合利用量/万 t	利用率/%	处置量/万 t	处置率/%	储存量/万 t	储存占比/%
2013	261	2937.05	1589.02	53.84	1209.31	40.97	153.29	5.19
2014	244	2436.7	1431.0	58.2	889.5	36.2	138.0	5.6
2015	246	2801.8	1372.7	48.3	1254.3	44.1	216.7	7.6
2016	214	3344.6	1587.3	45.3	1535.4	43.8	380.6	10.9
2017	202	4010.1	2078.9	48.6	1740.9	40.7	457.3	10.7
2018	200	4643.0	2367.3	43.7	2482.5	45.9	562.4	10.4
2019	196	4498.9	2491.8	47.2	2027.8	38.5	756.1	14.3

注：a. 根据各省(区、市)上报的信息发布汇总数据，包括部分城市对历史堆存的危险废物进行的有效利用和处置。

资料来源：中华人民共和国生态环境部 2014～2020 年发布的《全国大、中城市固体废物污染环境防治年报》。每年的《全国大、中城市固体废物污染环境防治年报》均于 12 月底发布，公布前一年的工业危险废物产生和利用数据。

5.3.4 危险废物常规处理技术

危险废物依其危险特性的不同而分为不同的种类，对于不同种类的危险废物，必须根据其特性，实施适合其特性的污染防治要求。如果对性质相异的各类危险废物均采取相同的污染防治措施，则不仅不能有效控制污染，反而可能会扩大或加重污染危害。

我国危废处理方式基本以无害化处理和资源化利用为主。

危险废物常规处理步骤包括分类、预处理和最终无害化处置，如图 5-7 所示。经分类后，金属、油脂、染料、溶剂等有回收利用价值的废物可直接被资源化利用；预处理包括物理法、化学法等；预处理后的危险废物才能进入焚烧或填埋等最终处置设施中。

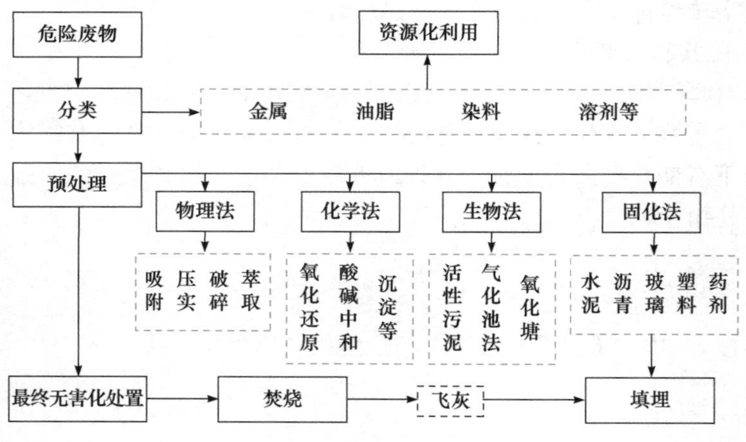

图 5-7 危险废物常规处理技术路线

1. 危险废物预处理技术

1) 物理法

物理法是利用危险废物的物理性质上的差异，采用吸附、破碎、压实、萃取等方式将有害成分进行分离或浓缩，以利于集中处理或综合利用的方法。

2) 化学法

化学法是根据危险废物的化学性质，通过酸碱中和、氧化还原以及沉淀等方式，将有害物质转化为无害的最终产物。

3) 生物法

许多危险废物是可以通过生物降解来解除毒性的，解除毒性后的废物可以被土壤和水体接受。

4) 固化法

固化法是利用物理或化学法将危险废物固定或包容在惰性固体基质内，使之呈现化学稳定性或密封性的一种无害化处理方法。固化后的产物应具有良好的机械性能、抗渗透、抗浸出、抗干、抗湿、抗冻、抗溶等特性。

根据用于固化的凝结剂不同，此法又分为以下几种。

(1) 水泥固化法。水泥固化是以水泥为固化剂将危险废物进行固化的一种处理方法。将污泥(危险废物和水的混合物)与水泥通过混合泵混合，水泥便与污泥中的水发生水化反应生成凝胶，将有害污泥微粒包容，并逐步硬化形成水泥固化体。

水泥固化法费用低，操作简单，固化体强度高、长期稳定性好，对受热和风化有一定的抵抗力，特别适用于固化含有害物质的污泥。

水泥固化法的缺点：水泥固化体的沥滤率较高，需作涂覆处理；由于污泥中含有一些妨碍水泥水化反应的物质，如油类、有机酸类、金属氧化物等，为保证固化质量，必须加大水泥的配比量，结果固化体的增容比较高；有的废物需进行预处理和投入添加剂，使处理费用增高。

(2) 塑料固化法。以塑料为凝结剂，将含有重金属的污泥固化而将重金属封闭起来，同时又可将固化体作为农业或建筑材料加以利用。

塑料固化法的特点是常温操作，增容比小，固化体的密度也较小，且不可燃。此法优点是既能处理干废渣，又能处理污泥浆。主要缺点是塑料固化体耐老化性能差，固化体一旦破裂，污染物浸出就会污染环境，所以处置前都应有容器包装，从而增加了处理费用。此外，在混合过程中释放的有害烟雾会污染周围环境。

(3) 水玻璃固化法。以水玻璃[①]为固化剂、无机酸类(如硫酸、硝酸、盐酸等)为辅助剂，利用水玻璃的硬化、结合、包容及吸附的性能，与一定配比的有害污泥混合进行中和与缩合脱水反应，形成凝胶体，可将有害污泥包容，并逐步凝结硬化形成水玻璃固化体。

水玻璃固化法具有工艺操作简便、原料价廉易得、处理费用低、固化体耐酸性强、抗透水性好、重金属沥滤率低等特点。

(4) 沥青固化法。沥青固化以沥青为固化剂，与危险废物在一定的温度、配料比、碱度和搅拌作用下发生皂化反应，使危险废物均匀地包容在沥青中，形成固化体。

经沥青固化处理所生成的固化体孔隙小、致密度高，性能稳定，有害物质的沥滤率比水泥固化体低，且固化时间短。主要缺点：沥青在固化时，由于导热性差，加热蒸发的效率不高；若污泥中所含水分较多，蒸发时会有起泡现象和雾沫夹带现象，容易排出废气，发生污

① 水玻璃是硅酸钠的水溶液。硅酸钠是一种可溶性的无机硅酸盐。水玻璃涂在金属表面会形成碱金属硅酸盐及 SiO_2 凝胶薄膜，使金属免受外界酸、碱等的腐蚀，还可用作填料、织物防火剂和黏合剂等。

染，所以对于水分含量大的污泥，在进行沥青固化之前，要通过分离脱水的方法使水分降到50%～80%。沥青还具有可燃性，加热蒸发时必须防止沥青过热而引起更大的危险。

(5) 药剂稳定化技术。近年来国际上提出了采用高效的化学稳定化药剂进行无害化处理的概念，其成为危险废物无害化处理领域的研究热点。

药剂稳定化技术主要应用于重金属危险化学品废物的预处理，目前为止发展的重金属稳定化技术主要包括 pH 控制技术、氧化/还原电势控制技术和沉淀技术。技术的主要作用机理是在一定的药剂作用下改变废物中重金属的化合态，使其性能稳定，如改进螯合剂的结构和性能，使其与废物中危险成分之间的化学螯合作用得到强化，进而提高稳定化产物的长期稳定性。同时，药剂稳定化处理技术的增容比小于等于 1，这对后续处理很有利。

2. 危险废物最终处置方法

1) 填埋法

安全填埋是一种处理危险废物的较好的方法。

2) 焚烧法

对于有毒有害的有机固体废物最好用焚烧法处理，详见 5.2.2 节“焚烧”部分。

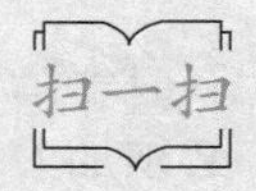

链接 5-11　具有毒性或易燃性危险废物的回收处理与利用举例

5.3.5　医疗废物处理处置技术

医疗废物共分 5 类：感染性废物、病理性废物、损伤性废物、药物性废物、化学性废物，已列入《国家危险废物名录(2021 版)》。

医疗废物具有空间污染、急性传染和潜伏性传染等特征，其病毒的危害是生活垃圾的几十倍甚至上百倍，若管理不严或处置不当，医疗废物极易造成对水体、土壤和空气的污染，极易成为传播病毒的源头，并造成疫情的扩散。

1. 我国医疗废物产生现状

如表 5-4 所示，近年来，我国的医疗废物出现了增加的趋势，尤其是在一线城市和经济发达的沿海省(市、区)，然而大部分城市的医疗废物处置都达到了 100%。

表 5-4　2013～2019 年我国大、中城市医疗废物的产生及利用情况

年份	信息发布城市数/个	年产生量/万 t	处置量/万 t	产生量排名前三的城市	产生量排名前三的省(市、区)
2013	261	60.38	60.91	上海、北京、广州	浙江、广东、山东
2014	244	62.2	60.7	北京、上海、广州	广东、浙江、河南
2015	246	69.7	69.5	北京、上海、广州	广东、浙江、江苏
2016	214	72.1	72.0	上海、北京、成都	广东、江苏、浙江
2017	202	78.1	77.9	上海、北京、杭州	浙江、广东、江苏

续表

年份	信息发布城市数/个	年产生量/万 t	处置量/万 t	产生量排名前三的城市	产生量排名前三的省(市、区)
2018	200	81.7	81.6	上海、北京、杭州	广东、浙江、江苏
2019	196	84.3[a]	都得到及时妥善处置	上海、北京、广州	—

注：a. 有少部分城市只上报了医疗废物的处置量，没有上报产生量；大部分城市的医疗废物处置都达到了 100%。

资料来源：中华人民共和国生态环境部 2014～2020 年发布的《全国大、中城市固体废物污染环境防治年报》。每年的《全国大、中城市固体废物污染环境防治年报》均于 12 月底发布，公布前一年的医疗废物产生和利用数据。

2. 常用的医疗废物处理处置技术

常用医疗废物处理处置技术分为焚烧处置技术和非焚烧处理技术。

1) 医疗废物焚烧处置技术

医疗废物焚烧处置技术是指采用高温热处理方式，使医疗废物中的有机成分发生氧化/分解反应，实现无害化和减量化。该技术主要包括热解焚烧技术和回转窑焚烧技术，其作业方式又分为连续作业和间歇作业。该技术适用于感染性、损伤性、病理性、化学性和药物性医疗废物的处置。

根据《医疗废物焚烧炉技术要求(试行)》(GB 19218—2003)，焚烧炉应具有完整的烟气净化装置。烟气净化装置应包括酸性气体去除装置、除尘装置及二噁英控制装置，并具有防腐蚀措施。除尘装置应优先选择布袋除尘器；如果选择湿式除尘装置，必须配备完整的污水处理设施；不得使用静电除尘和机械除尘装置。

医疗废物集中焚烧处置单位污水排放应符合《污水综合排放标准》(GB 8978—1996)要求。清洗、消毒产生的污水和厂区初期雨水应收集处理后排放，并符合《医疗机构水污染物排放标准》(GB 18466—2005)要求。

2) 医疗废物非焚烧处理技术

非焚烧处理技术主要包括高温蒸气处理技术、微波处理技术和化学处理技术。

(1) 高温蒸气处理技术。利用蒸气释放出的潜热使病原微生物发生蛋白质变性和凝固，对医疗废物进行消毒处理的过程。此过程要求杀菌室内处理温度不低于 134℃、压力不小于 220kPa(表压)，同时相应处理时间不应少于 45min。该技术主要包括先蒸气处理后破碎和蒸气处理与破碎同时进行两种工艺形式。先蒸气处理后破碎的工艺流程包括进料、预排气、蒸气供给、消毒、排气泄压、干燥、破碎等工艺单元，该技术具有投资少、运行费用低、操作简单、环境污染小等特点。该技术适用于处理感染性和损伤性医疗废物；不适用于处理病理性、药物性、化学性医疗废物，也不适用于处理 Hg 和挥发性有机物(VOCs)含量较高的医疗废物。

高温蒸气处理过程必须配套废气处理单元，使微生物、VOCs、重金属等污染物的去除率在 99.999%以上；并能够消除处理过程中产生的异味。一般宜设尾气高效过滤、吸附装置等，依据具体情况可考虑增设 VOCs 化学氧化装置和在高效过滤装置上游增设中效或低效过滤装置等；可考虑采用药剂去除蒸气处理过程中的异味，也可根据实际需要设置脱臭装置。

厂区清洗、消毒产生的污水、作业区初期雨水以及经过消毒处理后的废液等应按医疗机构产生污水处理，符合《医疗机构水污染物排放标准》的要求。

对于高温蒸气处理后的医疗废物，可作为一般的生活垃圾进行最终处置，严禁回收利用。若进行卫生填埋处置，当地的卫生填埋场宜划出专区用于医疗废物填埋。医疗废物填埋后其表面应铺一层生活垃圾或其他覆盖材料，铺设厚度不宜小于 125cm，尽可能避免人与填埋的医疗废物直接接触。

(2) 微波处理技术。通过微波振动水分子产生的热量实现对传染性病菌的灭活，对医疗废物进行消毒处理。该技术具有杀菌谱广、无残留物、除臭效果好、清洁卫生等特点。该技术适用于处理感染性、损伤性、病理性(人体器官和传染性的动物尸体等除外)医疗废物；不适用于处理药物性、化学性医疗废物。通常有单独微波处理技术和微波＋高温蒸气组合技术两种工艺流程。微波＋高温蒸气组合技术的工艺流程通常包括进料、破碎、微波(微波＋高温蒸气)消毒、脱水等工艺单元。

根据《医疗废物微波消毒集中处理工程技术规范》(HJ 229—2021)，“微波消毒处理厂必须设冷库，冷藏库的温度要求 3～7℃，冷藏库可与暂时贮存库合并建设，冷藏库未启动制冷设备时，可用作暂时贮存库”。

采用微波消毒法处理医疗废物时，配套的废气净化装置及要求与化学消毒法相同。

医疗废物微波消毒处理的最终产物是较为干燥的无害医疗废物，可送生活垃圾处理厂处理，具体方式可根据当地生活垃圾的处置方式而定，禁止再利用。

(3) 化学处理技术。化学消毒是指利用化学消毒剂杀灭病原微生物的消毒方法。该技术具有投资少、运行费用低、操作简单、对环境污染小等特点。该技术适用于感染性、损伤性医疗废物的处理。医疗废物化学处理工艺流程包括进料、药剂投加、化学消毒、破碎、出料等工艺单元。

化学消毒可以分为干式化学消毒法和湿式化学消毒法两种，化学消毒药剂可采用石灰粉、次氯酸钠、次氯酸钙、二氧化氯等，但必须依据《医疗废物化学消毒集中处理工程技术规范》(HJ 228—2021)中所提出的消毒效果，确保在消毒过程中实现传染性病菌杀灭或失活。优先选用石灰粉等干式化学消毒药剂。

采用化学消毒法处理医疗废物时，配套的废气净化装置过滤器耐温不低于 140℃，过滤效率应在 99.999%以上。过滤器应设置进出气阀、压力表和排水阀，设计流量应与处理规模相适应。

化学消毒处理厂的污水排放要求与集中焚烧处置单位污水排放要求相同。

医疗废物化学消毒处理的最终产物是较为干燥的无害医疗废物，可送生活垃圾处理厂处理，禁止再利用；最终处置方式与高温蒸汽处理后的医疗废物相同。

3. 医疗废物处理处置新技术

1) 电子辐照技术

电子辐照技术是通过高能脉冲破坏活体生物细胞内的脱氧核糖核酸(DNA)，改变分子原有的生物学或化学特性，对医疗废物进行消毒。该技术具有成本低、处理量大、无有害物质残留、操作安全、可控性强等特点。该技术目前已应用于医疗用品消毒领域。

2) 高压臭氧技术

高压臭氧技术是以臭氧为消毒剂，在高压作用下进行医疗废物的消毒处理。影响该技术应用的关键因素是臭氧的浓度水平。通过电脑程控装置，确保处置舱的臭氧浓度达 2000mg/m^3，消毒时间大于 10min。该技术适用于感染性、损伤性和部分病理性医疗废物的处理，在一些国家已有商业化应用。

3) 等离子体技术

等离子体技术通常包括两种方式：一种是通过直流高压产生快脉冲高能电子，达到破膜、分子重组、除臭和杀菌的效果；另一种是通过对惰性气体施加电流使其电离而产生辉光放电，在极短时间内达到高温，使医疗废物迅速燃烧完全。该技术具有减容率高、适用范围广、处置效率高、有害物质产生少等特点。该技术的系统稳定性有待验证与提高。

5.4 污泥处理

污泥是一种含有微生物的固液混合废弃物，在城市系统中，污泥主要来自城市污水处理厂、城市自来水厂、河湖疏浚、城市排水管道等。污泥集中了污水中的大部分污染物，不仅含有有毒物质，如病原微生物、寄生虫卵及重金属离子等，也可能含有可利用的物质，如 N、P、K、有机物等植物营养素。这些污泥若不妥善处理，会造成二次污染。

新《固废法》有关污泥的条款有：

第七十一条　城镇污水处理设施维护运营单位或者污泥处理单位应当安全处理污泥，保证处理后的污泥符合国家有关标准，对污泥的流向、用途、用量等进行跟踪、记录，并报告城镇排水主管部门、生态环境主管部门。

第七十二条　禁止擅自倾倒、堆放、丢弃、遗撒城镇污水处理设施产生的污泥和处理后的污泥。

禁止重金属或者其他有毒有害物质含量超标的污泥进入农用地。

从事水体清淤疏浚应当按照国家有关规定处理清淤疏浚过程中产生的底泥，防止污染环境。

5.4.1 污泥性质与处置指导思想

1. 污泥性质

污泥的特点是颗粒较细，相对密度接近 1，呈胶体结构；按其来源可分为生污泥、活性污泥和熟污泥。

从初次沉淀池排出的污泥称生污泥或新鲜污泥，含水率在 95%左右。从二次沉淀池或生物处理构筑物中排出的污泥主要由细菌胶团等微生物组成，呈凝胶态，称活性污泥，含水率为 96%～99%。以上两类污泥不易脱水，化学稳定性差，容易腐化发臭。

自消化池和双层沉淀池排出者称消化污泥或熟污泥。此类污泥由生污泥或活性污泥经厌氧分解后生成，含水率约为 95%，性能稳定，不易腐臭。

污泥中水的存在形式大致分为 4 种。

(1) 间隙水。又称自由态水，约占污泥含水率①的 70%，是浓缩和消化去除的主要对象。

(2) 毛细水。污泥固体颗粒接触表面之间和固体自身裂隙中存在的各类毛细结合水，约占污泥含水率的 20%，需用机械脱水方法去除。

(3) 吸附水。由污泥颗粒表面张力作用所吸附的水，较难去除，只有通过改变污泥颗粒的

① 含水率是污泥中所含水的质量与污泥总质量之比的百分数，含固率是污泥中固体或干泥的质量与污泥总质量之比的百分数。

物理性状、降低颗粒的表面张力的方法去除。

(4) 结合水。存在于污泥颗粒内部的水，只有通过干化和焚烧的方法，打破化学键才能使这部分水彻底去除。结合水和吸附水约占污泥含水率的10%。

2. 污泥处置指导思想

《城镇生活污水处理设施补短板强弱项实施方案》第三条“主要任务”中第3点为“加快推进污泥无害化处置和资源化利用”。在污泥浓缩、调理和脱水等减量化处理基础上，根据污泥产生量和泥质，结合本地经济社会发展水平，选择适宜的处置技术路线。限制未经脱水处理达标的污泥在垃圾填埋场填埋；在土地资源紧缺的大中型城市鼓励采用“生物质利用 + 焚烧”处置模式；将垃圾焚烧发电厂、燃煤电厂、水泥窑等协同处置方式作为污泥处置的补充；推广将生活污泥焚烧灰渣作为建材原料加以利用；鼓励采用厌氧消化、好氧发酵等方式处理污泥，经无害化处理满足相关标准后，用于土地改良、荒地造林、苗木抚育、园林绿化和农业利用①。

5.4.2 污泥的处理处置方法

在污泥排入环境前必须对其进行处理和处置②，使有用物质得到回收和利用，使有毒有害物质转化为无毒无害物质。污泥处理遵循减量化、资源化和无害化的原则，常用方法有浓缩、消化、脱水、干燥和焚烧等。应针对污泥性质综合考虑后采用适当的处理工艺。污泥处理的一般方法和流程如图5-8所示。一般污泥处理费用占污水处理厂全部运行费用的20%～30%，所以对污泥的处理必须予以充分重视。

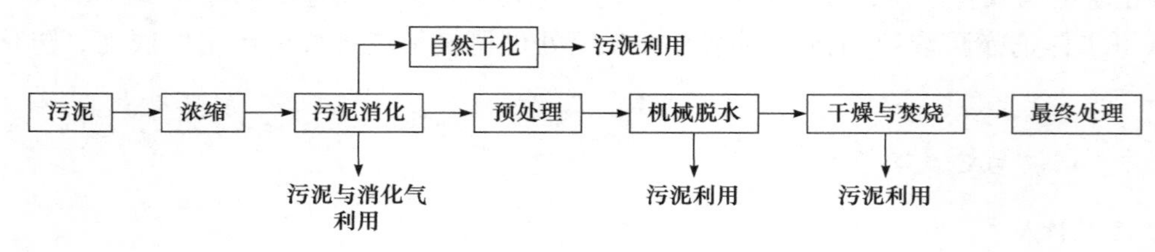

图5-8 污泥处理的一般流程

1. 污泥的浓缩

污泥浓缩的目的是去除污泥中的自由水。经浓缩后的污泥近似糊状，仍保持流动性，但含水率降低，体积缩小，为后续处理建立有利条件。

污泥浓缩方法有重力沉降法、气浮法和机械离心浓缩法。

最常用的浓缩法是重力沉降法。让污泥在浓缩池中通过重力沉降作用达到与水分离的目的。沉淀于池底的颗粒物由刮泥板刮集，经排泥口由泵输送至消化池或干化场。重力浓缩法可使含固率为0.3%～2.5%的稀污泥浓缩至含固率为3%～6%的污泥，体积缩小2～5倍。在池内停留时间为6～8h。此法简便、费用低，但占地面积大、效率较低。

---

① 中华人民共和国农业行业标准《有机肥料》(NY/T 525—2021)，自2021年6月1日起实施。该标准中规定，制备有机肥料生产原料禁止选用粉煤灰、钢渣、污泥、生活垃圾(经分类陈化后的厨余废弃物除外)、含有外来入侵物种物料和法律法规禁止的物料等存在安全隐患的禁用类原料。这就是说，污泥不经过无害化处理并满足相关标准后是不可以回归农田的。

② 在排水工程中，改变污泥性质称为处理，而安排出路称为处置。

气浮法是依靠微小气泡与污泥颗粒产生黏附作用，使污泥颗粒的密度小于水而上浮并得到浓缩，此法适用于疏水性污泥以及浓缩时易发酵的剩余活性污泥。

机械离心浓缩法是利用污泥中固、液相的密度不同，在高速旋转的离心机中受到不同的离心力使两者分离而达到浓缩目的。离心浓缩机呈全封闭式，可连续工作。一般用于浓缩剩余活性污泥等难脱水物。污泥在机内停留时间约 3min，出泥含固率可达 4%以上。

2. 污泥的消化

污泥的消化处理是在人工控制下通过微生物的代谢作用使污泥中高分子有机物转变为低分子氧化物，减少高能量有机物含量，并改善污泥的脱水性，使污泥性质趋于稳定。消化的方法可分为厌氧和好氧两种。最常用和最经济的污泥生物消化方法是厌氧消化法。厌氧消化法的主要设备是消化池及其附属设备(参见 2.2.2 节“厌氧生物处理”部分中图 2-10“固定盖式消化池构造”)。污泥的厌氧消化包括水解、酸化、产乙酸、产甲烷等过程。经过厌氧消化，40%～50%的污泥固体被分解，大部分病原微生物和寄生虫卵被杀死。消化污泥是一种很好的土壤调节剂，它含有一定的灰分和有机物，能提高土壤肥力和改善土壤结构，按《有机肥料》要求(参见 5.4.1 节“污泥处置指导思想”部分的脚注和链接 4-1)，进行合理资源利用。所产生的沼气(甲烷)用作燃料和能源。

3. 污泥的脱水或干化

污泥脱水或干化的作用是去除污泥中的毛细水和吸附水，从而缩小体积，减轻质量，有利于运输和后续处理。污泥的脱水或干化有自然蒸发法和机械脱水法两种。一般将自然蒸发法称为污泥干化，机械脱水法称为污泥脱水。

1) 自然蒸发法

在晒泥场(又称污泥干化场)上，将污泥铺成薄层。污泥所含水分一部分向空中散逸，另一部分穿经其下的砂层、卵石层渗入土壤，并沿埋在地层下的排水管汇集输往处理单元。这种方法可使污泥的含水量由原来的 96%～98.5%降至 65%～80%。这时的污泥已无流动性，其状似湿土，适合用于农田作肥料，在干旱少雨地区尤为适宜。

污泥的干化周期依赖污泥性质、地区气候与季节情况，一般为十至数十天。由于自然蒸发法简单，但占地面积大，受气候影响大，卫生条件差，一般仅用于小型处理场。

2) 机械脱水法

在机械脱水之前需投加混凝剂(污泥调理)，如 $FeCl_3$，或高分子絮凝剂，如聚合氯化铝、聚丙烯酰胺等，使污泥呈凝聚状，减少其亲水性，以改善污泥的脱水特性，提高效率。经过机械脱水后，污泥的体积可以减少至原有体积的 1/10 以下，污泥的含固率提高至 20%～30%。机械脱水的特点是占地面积小，工作效率高，卫生条件好，是污泥脱水的主要方向。

污泥机械脱水的常用方法有压滤脱水法、真空吸滤脱水法和离心脱水法。相应的设备很多，以带式压滤机应用最多，发展也最快，其次为转筒式螺旋离心脱水机及自动板框压滤机等。

另外，冻结-融化法也是污泥调理措施之一，能破坏污泥的亲水胶体结构，并大幅度提高脱水率。

4. 污泥的干燥

污泥经脱水干化后，其含水率为65%～85%，体积还较大，仍有继续腐化的可能。污泥干燥是去除脱水污泥中绝大部分毛细水、吸附水和结合水的方法。一般采用加热干燥法，在300～400℃的高温下将脱水污泥的含水率降至10%～25%，这样既缩减了污泥体积，便于包装运输，又不破坏肥分，还杀灭了病原菌和寄生虫卵，有利于卫生。

用于污泥干燥的设备有转筒式干燥器、多层床干燥器、快速干燥器及 Sevar 干燥器(美国和欧洲的专利产品)。

5. 污泥的无害化、资源化处置方法

1) 焚烧

污泥的焚烧处理可将干燥污泥中的水分全部除去，使有机成分完全无机化，最后残留物减至最少。这是一种无害化处理方法，但成本较高，只有在别无他法可施时方予考虑。目前焚烧技术已经相当成熟，亟须解决的热点问题是回收污泥燃烧放出的热量和提高尾气处理的方法。最常用设备有竖式多级焚烧炉、流化床焚烧炉、回转窑炉式焚烧炉、喷雾焚烧炉等。

2) 湿式氧化

详见 5.2.2 节“湿式氧化”部分。

3) 低温干化

污泥因含有丰富的有机物质而具有较高的热值，但是有大量水分存在时，污泥的热值无法得到利用；如果将污泥含水率降低到一定程度，污泥的热值就可以作为资源利用并产生经济价值。污泥低温干化新技术能安全有效地减少污泥的含水率，且环保、稳定，能满足污泥处理量大的要求，为污泥无害化、减量化、资源化处理开辟了新途径。该技术已在国内十多个污泥处理工程中得到应用。详见链接 5-12“污泥低温干化技术及资源化利用”。

链接 5-12　污泥低温干化技术及资源化利用

5.5　生活垃圾的处理

城市生活垃圾按其所含成分(按质量)分别为废纸(40%)、黑色和有色金属(3%～5%)、餐厨垃圾(25%～40%)、塑料(1%～2%)、织物(4%～6%)、玻璃(4%)，以及其他物质。大约 80%的生活垃圾为潜在的原料资源。

因此，首要的是，转变公众的传统思维，树立垃圾是资源的观念；其次，建立垃圾分类回收体系，生活垃圾回收再利用是改善环境、资源利用的双赢措施，但前提是对垃圾进行有效的分类，而垃圾的分类需要全民都行动起来；最后，发展垃圾综合处理技术，通过有效的资源化技术开发利用，变废为宝，缓解资源短缺的矛盾，同时也解决垃圾围城危机。

目前，我国生活垃圾最终处置方式以卫生填埋、焚烧和堆肥为主。

5.5.1　生活垃圾管理条例

新《固废法》第四章“生活垃圾”从法律层面上明确国家推行生活垃圾分类制度，确立生活垃圾分类的原则。统筹城乡，加强乡村生活垃圾污染环境防治。规定地方可以结合实际制定生活垃圾具体管理办法。

《城市生活垃圾处理及污染防治技术政策》是根据新《固废法》和国家相关法律、法规制定的技术政策，用以引导城市生活垃圾处理及污染防治技术发展，提高城市生活垃圾处理水平，防治环境污染，促进社会、经济和环境的可持续发展。

2017 年 10 月 18 日，国家机关事务管理局等 5 部委印发了《关于推进党政机关等公共机构生活垃圾分类工作的通知》，同年 12 月 20 日住房和城乡建设部发布了《关于加快推进部分重点城市生活垃圾分类工作的通知》。一场涉及全体公民的生活垃圾全程分类活动在我国全面展开。早在 2012 年 3 月 1 日《北京市生活垃圾管理条例》就开始实施。2019 年 7 月 1 日《上海市生活垃圾管理条例》正式生效，实行生活垃圾强制分类。2020 年 7 月 1 日北京市实行新版《北京市生活垃圾管理条例》，对垃圾分类提出了更高的要求。同时各省级也先后出台了结合本地区实际情况的垃圾分类有关政策文件。因此，“垃圾分类”入选了“2019 年中国媒体十大流行语”。

针对生活垃圾的处理处置及资源化利用等活动出台了一系列标准法规，见链接 5-1“我国固体废物污染防治的主要行政法规和标准规范”。

5.5.2　生活垃圾分类处理

1. 我国生活垃圾处理现状

目前，我国城市生活垃圾人均年产量达 450～500kg，并按 8%～9%的速度高幅度增长①，远高于发达国家城市的 3.2%～4.5%增长率。垃圾增多的原因一方面是人们生活和消费水平提高了，另一方面是消费观念陈旧和扔垃圾几乎是免费的。

表 5-5 为 2012～2018 年我国城市生活垃圾清运量及无害化处理②情况统计表③，从表中可以看出，我国生活垃圾清运量年平均增长率达 5.6%，无害化处理率到 2018 年已达 99.0%，看起来局势良好。但仔细分析处理方法就看出：我国的焚烧处理能力逐年增加，2018 年占比已接近 50%；而填埋处理的占比仍高达 51.3%，这不仅要占用大量宝贵土地资源，还易造成二次污染；在我国，其他无害化处理方法主要指堆肥，占比只有 3.0%，还大有潜力可挖。这说明我国的生活垃圾处理实际上并没有做到源头减量化、资源化和真正意义上的无害化。

---

① 据统计，2013 年全球城市生活垃圾的产生量约 13 亿 t，其中中国约 1.7 亿 t。预计到 2025 年，全球将增加至每年约 22 亿 t，其中中国约 5.1 亿 t。

② 我国城市生活垃圾无害化处理方式中填埋和焚烧占绝对多数，其他无害化处理方式是指回收利用、好氧堆肥、厌氧消化、热解气化等。

③ 表 5-5 中城市生活垃圾清运量的数据摘自前瞻产业研究院的报告。制表时还参考了生态环境部的《全国大、中城市固体废物污染环境防治年报》和国家发展和改革委员会的《中国资源综合利用年度报告》中有关数据，发现前者与前瞻产业研究院的数据有些出入，可能是收集数据的渠道不同引起的，但两者差别不大，变化趋势基本一致；后者仅找到 2012 年和 2014 年两份，数据与前瞻产业研究院的报告是一致的。比较下来前瞻产业研究院的数据较全面，可用作参考。

表 5-5 2012～2018 年我国城市生活垃圾清运量及无害化处理情况

年份	清运量		无害化处理总量		无害化分类处理统计					
					填埋处理		焚烧处理		堆肥等无害化处理	
	清运量/万 t	增速/%	无害化处理总量/万 t	占比/%	处理量/万 t	占比/%	处理量/万 t	占比/%	处理量/万 t	占比/%
2012	17080.9	4.2	14489.5	84.8	10512.5	61.5	3584.1	21.0	392.9	2.3
2013	17238.6	0.9	15394.0	89.3	10492.7	60.9	4633.7	26.9	267.6	1.5
2014	17860.2	3.6	16393.7	91.8	10744.3	60.2	5329.9	29.8	319.5	1.8
2015	19141.9	7.2	18013.0	94.1	11483.1	60.0	6175.5	32.3	354.4	1.8
2016	20362.0	6.4	19673.8	96.6	11866.4	58.3	7378.4	36.2	429.0	2.1
2017	21520.9	5.7	21034.1	97.7	12073.6	56.0	8463.3	39.3	533.2	2.4
2018	22801.8	6.0	22565.3	99.0	11706.0	51.3	10184.9	44.7	674.4	3.0

资料来源：根据前瞻产业研究院数据整理。

2. 垃圾分类是实现垃圾源头减量化和资源化的重要环节

垃圾分类是指按照垃圾的成分、属性、利用价值、对环境影响以及现有处理方式的要求，分为不同类别的若干种类。欧美发达国家与国内城市的垃圾分类经验告诉我们：垃圾分类是垃圾进行科学处理的前提，为垃圾的减量化、资源化、无害化处理奠定基础。

垃圾分类是当下制约我国环保事业发展的瓶颈之一，也是造成环境污染、资源再利用困难的根源之一。近年来，我国正加速推进垃圾分类工作，垃圾分类政策早有出台。特别是 2019 年以来，在政策的指导下和社会环境形势的驱动下，根据城乡实际特点，分别采取不同的分类收运方法，有效解决现行城乡生活垃圾混合收集清运的单一模式，形成垃圾分类回收资源化利用的产业化格局。

垃圾分类收集的作用如下。

(1) 通过分类投放、分类收集，把有用物资，如纸张、塑料、橡胶、玻璃、瓶罐、金属以及废旧家用电器等从垃圾中分离出来重新回收、利用，变废为宝，能最大限度地实现垃圾资源利用，减少垃圾处置量，改善生态环境质量。

(2) 分类后的垃圾便于分类处置，实现资源化。如对有机垃圾进行堆肥发酵处理生产出优质有机肥，有利于改善土壤肥力、减少化肥施用量；对热值较高的可燃垃圾进行焚烧处置，可以发电供热或制冷等；最后才是对没有回收利用价值的无机垃圾进行填埋处置。

(3) 通过垃圾分类，让人们学会节约资源、利用资源、关注环境保护问题，养成良好的生活习惯并提高个人的素质。这也是社会文明水平的一个重要体现。

垃圾分类是对垃圾收集处置传统方式的改革，是对垃圾进行有效处置的一种科学管理方法，关系广大人民群众生活环境，关系节约使用资源，是实现垃圾源头减量化和资源化的重要环节，必将成为当前和今后垃圾管理变革的发展趋势。

5.5.3 生活垃圾资源化

1. 再生资源的回收利用

利用垃圾有用成分作为再生原料有着一系列优点，其收集、分选和富集费用要比初始原料开采和富集的费用低几倍，可以节省自然资源，避免环境污染，尤其是废旧物资[1]。例如，废纸是造纸的再生原料，每处理利用 100 万 t 废纸，可避免砍伐 600km^2 森林；从 120～130t 罐头盒可回收 1t Sn(锡)。处理垃圾所含废黑色金属，可节省铁矿石炼钢所需电能的 75%，节省水 40%，而且能显著减少对空气的污染，降低矿山和冶炼厂周围堆积废石的数量；利用城市建筑垃圾可以再生建材、生产骨料和免烧砖；废弃的电器电子产品称为“资源类废物”，国家出台政策，组织回收、拆解处理和循环利用(参见 5.2.2 节“废弃电器电子产品回收、拆解处理和循环利用”部分)。

2. 能源的回收利用

1) 作为煤的辅助燃料

从总的趋势看，生活垃圾中的有机成分比例逐渐上升。不少国家的生活垃圾中有机成分占 60%以上。其中，如废纸、塑料、旧衣物等热值较大，因此以垃圾为煤的辅助燃料，可用来生产蒸气和发电。

2) 热处理技术和能源回收

热处理技术是对生活垃圾进行无害化、减量化和资源化最为重要而有效的手段，主要包括焚烧、热解和气化 3 种方式。

(1) 焚烧。焚烧是目前世界各国广泛采用的生活垃圾处理技术，不仅大大减小垃圾体积，还可以将垃圾对土壤和地下水的影响降至最低；同时垃圾焚烧后产生的热能可用于发电或供热。表 5-6 列出生活垃圾与几种典型燃料的热值与起燃温度，由表中数据可见，生活垃圾起燃温度较低，有适度热值，具备焚烧与热能回收的条件。因此，采用焚烧技术处理生活垃圾，回收热资源，具有明显的潜在优势。

表 5-6　生活垃圾与几种典型燃料的热值与起燃温度

燃料	热值/(kJ/kg)	起燃温度/℃
生活垃圾	9300～18600	260～370
煤炭	32800	410
氢	142000	575～590
甲烷	55500	630～750
硫	1300	240

作为循环经济的一种体现，垃圾发电不仅是先进的垃圾处置方式，也会产生巨大的经济效益。按预测的垃圾热值，每吨垃圾可发电 300kW · h 以上。如果我国能将垃圾充分有效地用于发电，每年将节省标准煤 5000 万～6000 万 t。在目前能源日渐紧缺的情况下，利用焚烧垃圾产生的热能作为热源有着现实意义。

图 5-9 是生活垃圾处理焚烧-发电系统流程图。首先垃圾进厂之前经过严格的分选，有毒有害垃圾、建筑垃圾、工业垃圾不能进入。符合规格的垃圾在卸料厅经过自动称量计量后卸入巨大的封闭式垃圾储存器内；然后用抓斗把垃圾投入进料斗中，落入履带并进入焚烧炉，垃圾在这里进行充分燃烧，产生的热能把锅炉内水转化为水蒸气，通过汽轮发电机组转化为电能输出。

① 废旧物资指的是从城市居民、工矿企业、机关团体收购的物主不再使用但有利用价值的弃物。

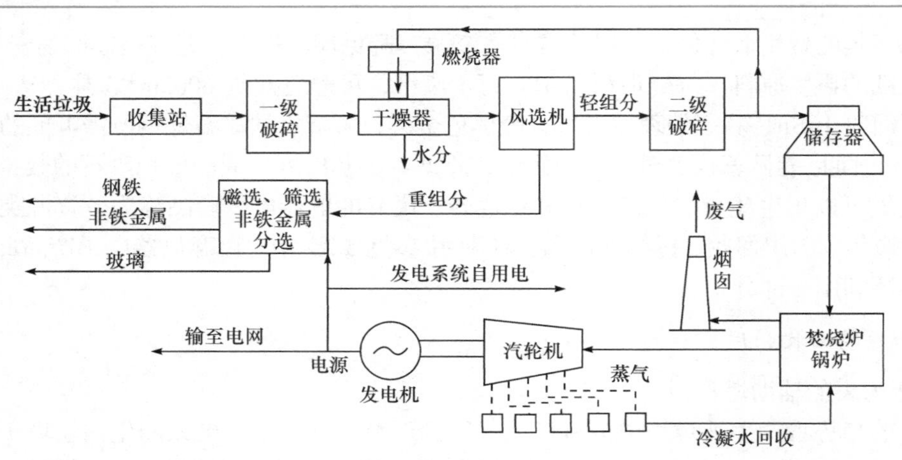

图 5-9 生活垃圾处理焚烧-发电系统流程

垃圾焚烧主要问题是“二次污染”。垃圾焚烧后虽然可以把炉渣和灰分中的有害物质降低到最低程度，但却向空气排放有害物质[①]并向周围散布灰尘。因此，垃圾焚烧工厂必须配备消烟除尘装置以降低向空气排放的污染物质，一次性投资较大。

(2) 热解。对成分复杂且不均匀的生活垃圾的热解的规模化、产业化应用还有很长一段路要走。参见 5.2.2 节“热解”部分。

(3) 气化。气化技术是生活垃圾焚烧最具潜力的替代技术。参见 5.2.2 节“气化”部分和链接 5-2“固体废物气化技术的典型工艺”。

3) 厌氧消化处理与沼气回收

通过厌氧菌的生物转化作用，可将生活垃圾中大部分可生物降解的有机质转化为能源产品——沼气，沼气是含有大量 CH_4 的可燃气体，CH_4 既是温室气体，又是一种能源，如果沼气不进行利用而排向大气，既浪费了能源，又污染了环境。沼气回收是生活垃圾又一资源化途径。

垃圾性状与污泥不同，故在消化处理前必须先进行配料与浆化处理以适应厌氧消化操作，同时须在制浆前对垃圾进行分选与处理，去除不适于厌氧处理或者有毒害作用的物质。垃圾厌氧消化处理与沼气回收基本流程如图 5-10 所示，包含 3 项主要操作：垃圾预处理、配料制浆、厌氧消化处理和沼气回收。

4) 填埋与填埋气的资源化

填埋是一种生活垃圾最终处置方式，可以根据各地所能提供的基础条件，采用不同的填埋方式，满足作业和消纳的要求。目前，生活垃圾多采用卫生填埋方法。

填埋法存在的主要问题是所产生的填埋气(LFG)，其主要成分是 CH_4 和 CO_2，会成为爆炸隐患。填埋不能产生效益，还需要不断投入管理运营费用并占用土地资源。

其实，LFG 是一种宝贵的可再生资源。LFG 含 40%～60%的 CH_4，其热值与煤气的热值相近，$1m^3$ LFG 的能量相当于 0.24L 柴油或 0.31L 汽油的能量，它不仅是清洁燃料，而且辛烷值高，着火点高，可采用较高的压缩比。使用时首先要净化，去除 LFG 中含有的有毒且对机

① 垃圾焚烧是二噁英的主要排放源之一。二噁英具有不可逆的“三致”毒性，对人体健康具有极大危害。我国在 2000 年发布的《城市生活垃圾处理及污染防治技术政策》中规定了“垃圾应在焚烧炉内充分燃烧，烟气在后燃室应在不低于 850℃的条件下停留不少于 2 秒”“烟气处理宜采用半干法加布袋除尘工艺”等控制措施，可有效减少二噁英的排放。

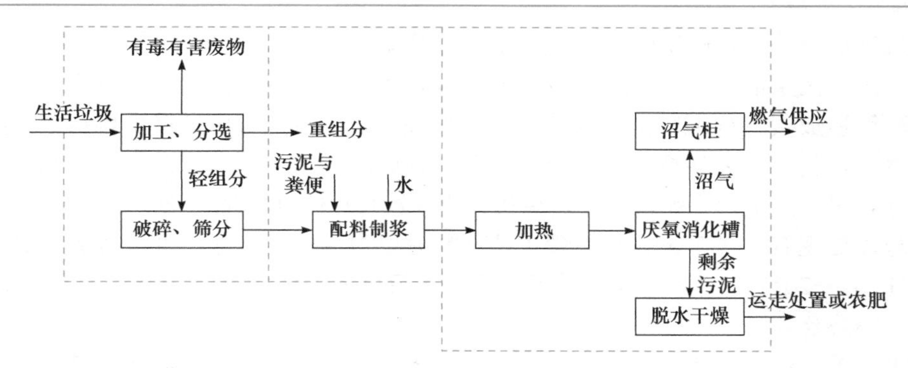

图 5-10　生活垃圾的厌氧消化处理

械设备有腐蚀作用的 H_2S、CO_2 和 H_2O 等成分，可采用吸附法、吸收法、分子筛分离等方法。然后储存于钢瓶中以备使用。汽车的发动机经过适当改装便可将 LFG 作为燃料。巴西里约热内卢在 20 世纪 80 年代便建成 LFG 充气站向全市汽车供气。

LFG 发电技术目前已比较成熟，工艺操作便捷，LFG 燃烧完全，排放的二次污染气体少，LFG 发电工艺流程如图 5-11 所示。

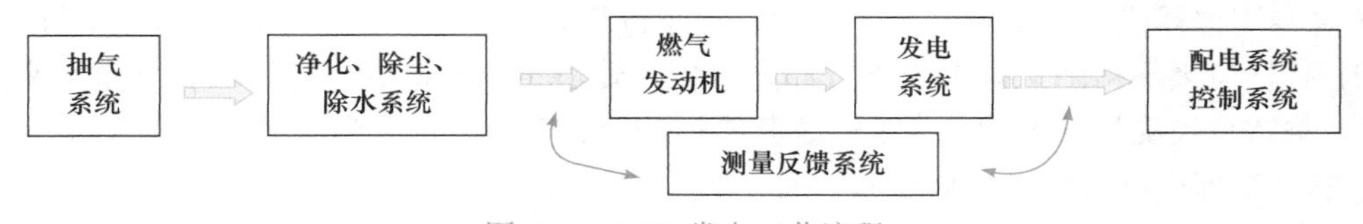

图 5-11　LFG 发电工艺流程

3. 机械化好氧堆肥

生活垃圾堆肥通常在工厂采用机械化好氧堆肥工艺，包括发酵、熟化、加工与储存 4 个阶段，如图 5-12 所示。把经过加工处理与材料回收后的垃圾加入机械发酵池中，采用机械搅拌与强制通风的方法，使之快速发酵。因为在熟化后的肥料中尚含有少量未被分离的塑料、玻璃、陶瓷等不利于施肥的杂物碎片，且肥料颗粒不均匀，所以需进一步经过破碎、筛分等处理去除杂质并使颗粒均匀化，同时使肥料的含水率小于 30%。

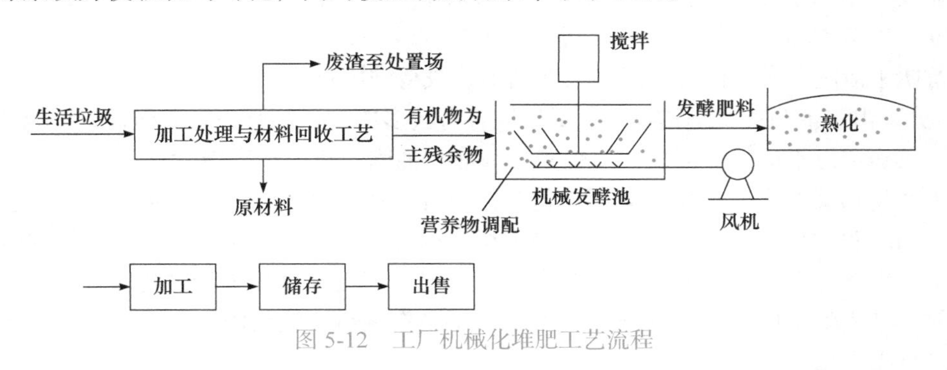

图 5-12　工厂机械化堆肥工艺流程

5.5.4　餐厨垃圾资源化

“餐饮垃圾”是指餐馆、饭店、单位食堂等饮食剩余物，以及后厨的果蔬、肉食、油脂、面点等的加工过程废弃物；“厨余垃圾”是指家庭日常生活中丢弃的果蔬及食物下脚料、剩菜剩饭、瓜果皮等易腐有机垃圾。两者总称“餐厨垃圾”。

由于我国居民生活习惯，餐厨垃圾的产生量较大，含水率高，易腐烂发臭，不及时有效处理会给环境造成很大危害。由于利益驱使，很多餐馆饭店把餐厨垃圾出售给小商贩加工成食用油和禽畜饲料，有的甚至直接喂猪，严重影响居民的饮食安全。因此，必须规范餐厨垃圾的收集和处理，真正做到无害化、资源化，避免饮食风险和环境污染。

餐厨垃圾处理有多种工艺，在处理工艺选择时要遵循我国行业标准《餐厨垃圾处理技术规范》(CJJ 184—2012)：“做到工艺技术先进、运行可靠、消除风险、控制污染、安全卫生、节约资源、经济合理”。

具体讲，餐厨垃圾处理主体的工艺选择应符合下述 3 条规定：①技术成熟、设备可靠；②资源化程度高、二次污染及能耗小；③符合无害化处理要求。

1. 餐厨垃圾的收集、运输和预处理

1) 餐厨垃圾的收集和运输要求[①]

由于餐饮垃圾含水、含油量较大，因此在收集和运输时必须注意以下要求。

(1) 餐饮垃圾必须单独收集，不得与其他垃圾混合；实施分类收集和分类运输；宜采用密闭、防腐专用容器盛装，采用密闭式专用收集车进行收集；运输途中不得泄漏和遗撒。

(2) 餐饮垃圾不得随意倾倒、堆放和直接排入管道，以免造成环境污染和管道堵塞。

(3) 餐饮垃圾腐烂速度快，为了避免其腐烂变质，需要对每天产生的餐饮垃圾进行及时收集并运输至处理厂进行处理，做到日产日清。

(4) 煎炸废油单独收集以利于资源回收和降低回收成本。

2) 餐厨垃圾的预处理

餐厨垃圾杂质较多，需要预处理将杂质去除。另外，根据不同的处理工艺，也需要将其中的水、油、盐分等物质去除。预处理工艺有分选、破碎、分离泔水油、提炼地沟油、湿热处理和干热处理等。

(1) 分选与破碎。分选的目的是使餐厨垃圾中不可降解物含量小于 5%，保证后续的餐厨垃圾处理工艺的可靠性和资源化产品的质量。如果采用湿式厌氧工艺，则需将餐厨垃圾破碎至较小粒度，以利于提高物料的流动性；如果采用干式厌氧工艺，则不需将餐厨垃圾破碎至太小粒度，以节省运行费用。另外，餐厨垃圾黏性较大，易于在表面粘连、结垢，因此要求破碎设备便于清洗、及时清洗，防止长期结垢造成清洗困难。

(2) 分离泔水油与提炼地沟油。餐厨垃圾含有较多的食用油脂，应根据餐厨垃圾处理的主体工艺要求确定泔水油的分离工艺。餐厨垃圾液相油脂分离收集率应大于 90%。分离出的油脂可以生产生物柴油、工业用油或用于化工原料等工业产品生产原料，但不能生产食用油或食品加工油。餐饮单位厨房下水道清掏物可用于提炼地沟油。由于清掏污物中同时含有各种脏物和霉变毒素等，地沟油的提炼应符合以下规定：①提炼过程中产生的废气应妥善处理，达标排放；②提炼出的地沟油和残渣均不得用于制作饲料或饲料添加剂；③提炼后的残渣和废液应进行无害化处理。

① 目前我国主要是对餐饮垃圾进行收集处理，因此餐厨垃圾的收集和运输要求主要是针对餐饮垃圾。在有效实施生活垃圾分类后，所产生的厨余垃圾的收集和运输要求基本同餐饮垃圾，所以小标题中仍采用“餐厨垃圾”这个名称。

链接 5-13　地沟油制备生物柴油

(3) 湿热处理与干热处理，杀灭餐厨垃圾中的病原菌。湿热处理是利用高温蒸汽对餐厨垃圾进行加热蒸煮处理，同时还可将其中的大分子难降解的有机物水解为易于被动植物吸收的小分子易溶性物质，有利于餐厨垃圾脱油和脱水性能的提高；湿热处理的处理温度宜为 120～160℃，时间不少于 20min。干热处理可对餐厨垃圾进行干燥脱水、加热灭菌，物料温度宜为 95～120℃，由于干热处理为间接加热，物料温度的上升需要一定时间，因此在此温度下物料的停留时间不应小于 25min。但干热温度不宜超过 120℃，以防止有机物焦煳。

2. 常用的餐厨垃圾资源化处理

餐厨垃圾资源化常用的处理技术均属于生物处理法。

1) 生物菌种制剂的安全性

用于处理餐厨垃圾的微生物菌应是国家相关部门列表允许使用的菌种。在用生物处理垃圾时要特别注意生物菌种制剂的安全性和有效性问题。特别是安全性问题，要把好两个关：一是投放安全生物菌的关，二是排出无害残存物的关。要保证投进去的是无害菌(这由研制部门把关)。同时，由于垃圾投进去时本身很可能带上有害菌，在整个“消化”垃圾的过程中，有益菌繁殖了，有害菌也繁殖了，“消化”到最后的垃圾残存物就有可能带上致病菌。因此在运行过程中要严格控制好垃圾与菌种的比例、温度、湿度、pH 等，以保证从机器里排出来的残存物是安全的，这由环境卫生部门在技术上和使用上把关。

世界各国在生物处理垃圾方面均非常谨慎。1996 年全球有 160 个国家参加并签订《生物安全协定书》，限定要在保持生命物种平衡的基础上使用生物制品。我国也制定了《中国生物制剂安全条例》。上海还具体制定了《有机垃圾生化处理菌种使用管理办法》以加强对生物细菌的管理工作。

2) 常用的餐厨垃圾生物处理法技术

(1) 厌氧消化处理技术。

与污水、污泥的厌氧消化相比，餐厨垃圾的含固率[①]高，因此在处理工艺和设备上有特殊的要求。厌氧消化前餐厨垃圾破碎粒度应小于 10mm，并应混合均匀。

餐厨垃圾厌氧消化工艺按照消化物料含固率不同可分为湿式和干式，按照物料温度分为高温和中温。

控制含固率是厌氧发酵工艺的关键技术之一。湿式工艺的物料含固率一般控制在 8%～18%，干式工艺物料含固率控制在 18%～30%。对于物料停留时间，湿式工艺控制在 15 天以上，干式工艺控制在 20 天以上可保证有机物降解率。

餐厨垃圾中的碳氮比对消化过程影响很大。大部分产甲烷菌可以利用 CO_2 作为碳源，生成甲烷；氮源方面只能利用氨态氮，而不能利用复杂的有机氮化合物。一般情况下，消化物料碳氮比控制在(25～30)∶1、pH 控制在 6.5～7.8，可使厌氧发酵达到最佳状态，保证厌氧发酵的效果。

① 这里是指物料中含有的干物质的质量比率，ratio of dry solid to total material (TS)。

中温厌氧消化(30～40℃)和高温厌氧消化(50～60℃)分别是生化速率最高和产气率最大的区间。操作时物料温度误差应控制在 ±2℃。

餐厨垃圾厌氧消化器，特别是干式厌氧消化处理系统中物料的搅拌是技术关键。搅拌可以使物料均一化，提高物料与细菌的接触，加速消化器底物的分解，及时释放滞留的沼气。但物料的高含固率给搅拌装置的选择和动力的配置带来了困难。目前在厌氧消化器中主要的搅拌方式有机械搅拌、发酵液回流搅拌和沼气回流搅拌。

对厌氧发酵产生的沼气进行资源化利用；工艺中产生的沼液和残渣应得到妥善处理，不得对环境造成污染。

(2) 好氧生物处理技术。

餐厨垃圾由于含水、盐、油、氮等物质较多，直接进行好氧堆肥可行性较差，需要进行适当调节。例如，与园林废弃物、秸秆、粪便等有机废弃物混合堆肥可节省水分调节和碳氮比调节的费用，且可实现其他有机废弃物的集中共处理，有利于资源节约和二次污染控制。

餐厨垃圾采用好氧堆肥方式处理时，物料粒径应控制在 50 mm 以内，含水率宜为 45%～65%，碳氮比宜为(20～30)：1。堆肥过程中产生的残余物应进行回收利用，不可回收利用的部分应进行无害化处理。

生活垃圾好氧堆肥需执行《生活垃圾堆肥处理技术规范》(CJJ 52—2014)，此规范也适用于餐厨垃圾的好氧堆肥。参见链接 5-1。

(3) 饲料化处理技术。

餐厨垃圾易腐烂变质，如果用餐厨垃圾制作饲料，应尽量减少存放时间，并及时处理，以防其发生霉变，产生黄曲霉毒素①等有害物，影响饲料产品质量。因此处理前，应对其进行检测，发生霉变的餐厨垃圾及过期变质食品不得进入饲料化处理系统。

对饲料化处理的餐厨垃圾需进行有效的预处理，预处理后的杂物含量应小于 5%；还必须设置病原菌杀灭工艺。故选择以饲料化为主处理工艺的餐厨垃圾处理厂应考虑对霉变餐厨垃圾和过期食品的无害化处理措施。

(4) 外来微生物菌处理技术。

我国广泛开展研究餐厨垃圾的外来微生物菌处理技术，已成功地研制出符合我国国情的餐厨垃圾生化处理系统并进行了运行，取得了很好的效果。

举一例说明。上海餐余垃圾处理技术有限公司开发研制的“一元三相三品法餐厨垃圾资源化循环利用系统(OTT 法)”运用微生物发酵、高温高压蒸煮灭菌、干燥粉碎一体化技术，使水分汽化后，从中提取液态油脂用于生物柴油原料或工业用油脂原料，固态物干燥和粉碎后制成饲料原料，并同步利用循环回收沥出的废液制成有机肥料。整个过程达到污染“零排放”。在 2010 年上海世界博览会期间，该公司每天为世博园区处置数十吨餐厨垃圾。

---

① 黄曲霉是一种常见霉菌，广泛存在于自然界，潮湿易发霉的植物和食品中都会存在。同时，一些发酵食品因为发酵过程本身就易产生黄曲霉毒素。但在一般状态下，黄曲霉本身毒性并不大，高温即可杀灭。但在黄曲霉达到一定浓度后，其产生的代谢物就会产生毒素，该毒素会破坏人体免疫系统，引起肝脏病变甚至致癌。黄曲霉毒素是霉菌的二级代谢产物，1993 年就被世界卫生组织国际癌症研究机构划定为 1 类致癌物。其中，黄曲霉毒素 B1 毒性和致癌性最强，而黄曲霉毒素 M 1 是黄曲霉毒素 B1 的代谢物。为防止黄曲霉毒素对饲料的污染，要求餐厨垃圾在进入饲料化处理系统前进行检测，对发生霉变的部分餐厨垃圾和过期食品采取其他处理措施，决不能用于制作饲料。

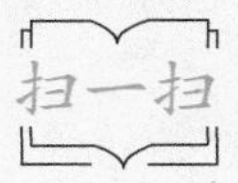

链接 5–14　案例：上海老港固废基地(2)：综合利用发展之路

链接 5–15　案例：上海老港固废基地(3)：华丽转身

习题与思考题

1. 固体废物对人类生存环境会造成什么样的危害?

2. 调查一下你所在校园的垃圾组成，并提出合适的处理处置方案。

3. 分析比较处理固体废物的 3 种气化法的工作原理、技术要求、无害化程度、资源化程度、经济性和适用范围。

4. 举例说明厌氧消化法在固体废物处理中的应用，并和好氧堆肥法进行比较。

5. 我国有“自行车王国”之誉，现在大量破旧不堪的自行车(包括共享单车)已经成为一种新的“公害”。请讨论如何通过法规或市场引导和合适的工艺技术，使其得到妥善处理并再生利用。

6. 垃圾分类调研。请你选择好一个对象(家庭、校园、小卖部、食堂或饭店、商店或超市、办公室等)，每天将垃圾分类、称重，累计统计 7 天的结果，并讨论怎样分类好。

7. 每到深秋总有大量的落叶和修剪下来的树枝被焚烧，造成空气污染。请你为落叶与修剪下来的树枝设计一种再利用的方案。

8. 一方面森林资源越来越匮乏，另一方面在城市中每天产生大量的“木垃圾”：装修废料、淘汰的家具、木器加工厂的下脚料、绿色枝丫等。“木垃圾”已取代废塑料、废纸、金属、玻璃等，成为继“餐厨”以外数量最大的城市垃圾品种。请你设计如何开发利用越来越多的“木垃圾”，建立资源节约型的“木循环”系统。

9. 2012 年中国汽车流通协会发布的报告显示，我国每年有 200 多万辆汽车达到报废年限，其中只有 50 万辆汽车被回收，大部分报废汽车依然“超期服役”，还有通过“非法拼装”重新上路，成为“马路杀手”和耗油、污染的“凶手”。请组织同学讨论怎么对废旧汽车进行合理的回收处理，既能保证不污染环境，又能实现资源的综合利用。

10. 在我们的生活中处处存在微塑料。组织关于微塑料的专题讨论，如“关注身边的微塑料”“微塑料的危害”“如何控制、治理环境中的微塑料”等。

11. 数十年的航天发展，又出现了一类新的固体废物“太空垃圾”(space debris、orbital debris 或 space junk)。太空垃圾是宇宙空间中除正在工作着的航天器外无用的人造物体，包括运载火箭和航天器在发射过程中产生的碎片与报废的卫星，航天器表面脱落的材料，航天器逸漏出的固体、液体材料，火箭和航天器爆炸、碰撞过程中产生的碎片等。太空垃圾不仅无时无刻不对卫星、航天飞机及国际空间站造成损害，还会制造出更多的碎片形成恶性循环。如果我们没有任何补救措施，不远的将来将很难继续维持人类的空间活动。迄今为止科学家已提出多种太空垃圾清除和脱轨的方法，包括接触法(机械臂回收、系绳网捕获、电动系绳捕获)和非接触法(激光摧毁、等离子束喷射等)。除了前述的清除法，能否从法律和技术上做到‘源头减量’？例如，制定和签署相关的国际公约、实施发射运载部件的回收再利用、研究服役期满航天器自动返回地球的技术等。请同学们关注这类垃圾，将来能积极投身于“太空环保”这项全新的技术领域，营造并维护一个安全的空间环境，造福地球。

第 6 章　噪声污染与控制

6.1　概　　述

《中华人民共和国噪声污染防治法》(2021 版)中“噪声”是指在工业生产、建筑施工、交通运输和社会生活中产生的干扰周围生活环境的声音；通俗地讲就是“人为噪声”。“噪声污染”是指超过噪声排放标准或者未依法采取防控措施产生噪声，并干扰他人正常生活、工作和学习的现象。

6.1.1　噪声和噪声污染的特点

噪声的特点有两个：一是声音的强弱和频率变化无一定规律，如大多数机械设备发出的声音；二是会干扰或妨碍人的正常活动或对人体有不同程度的伤害作用的声音，如激昂的音乐对正在休息的人来说就是噪声。

噪声污染与由污染物导致的空气污染、水污染不同。噪声污染的特点如下。

(1) 噪声污染是局部的，多发性的。除飞机噪声等特殊情况外，一般从声源到受害者的距离很近，不会影响很大的区域。例如，汽车噪声污染以城市街道和公路干线两侧最严重。

(2) 噪声污染是物理性污染，没有污染物，也没有后效作用，即噪声不会残留在环境中。一旦声源停止发声，噪声也就消失。

(3) 噪声一般不直接致命或致病，它的危害是慢性的和间接的。

(4) 噪声的再利用问题很难解决。目前仅是利用机械噪声进行故障诊断，即通过对运动机械产生噪声的水平和频谱的测量分析评价机械机构完善程度与制造质量。

6.1.2　《中华人民共和国噪声污染防治法》与噪声污染防治标准体系

1) 《中华人民共和国噪声污染防治法》

1996 年我国首颁《中华人民共和国环境噪声污染防治法》，简称《噪声法》，对噪声污染防治的监督管理，工业噪声、建筑施工噪声、交通运输噪声和社会生活噪声的污染防治做出了具体规定，健全了我国噪声污染防治的基本法律制度，是制定各种噪声标准的基础。

2021 版《中华人民共和国噪声污染防治法》又称“新《噪声法》”，自 2022 年 6 月 5 日起施行。与原法相比，除将“环境噪声”改为“噪声”①外，还在增加防治对象、调整适用范围、加强源头防控和噪声分类管理、加大处罚力度等方面做了重大修改，其中最应当被重视的是“强化政府职责”和“加大处罚力度”两项。

---

① 新《噪声法》删除了原法名称中“环境”两字。因为扰民需要防治的是“人为噪声”而不是“自然环境噪声”。新《噪声法》明确法律规范的对象是“人为噪声”，聚焦于需要运用法律手段解决的噪声污染，是对噪声污染防治行为的更严要求。

2) 噪声污染防治标准体系

我国已经制定的一系列噪声污染防治标准是噪声控制的基本依据。人们希望生活在没有噪声干扰的安静环境中，但是完全没有一点声音不仅不可能，也没有必要[①]。需要的是，把高强度噪声降低到对人无害的程度，把一般噪声降低到对脑力活动或休息不产生干扰的程度，这就需要有一系列噪声污染防治标准。

国家推进噪声污染防治标准体系的建设，分为质量标准、控制标准和排放标准 3 类。

质量标准是保障人体健康、环境安宁的必要限值，是衡量声环境是否受到污染的判据，它是人们希望达到的理想声环境；控制标准是在采取噪声控制措施后仍达不到质量标准的情况下允许的噪声值，是对噪声进行监督管理的依据；排放标准是针对噪声源制定的管制标准。

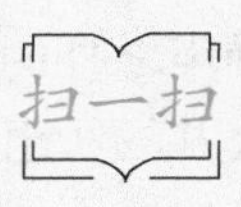

链接 6–1　我国噪声污染防治法和主要的标准规范

6.1.3　噪声的来源和现状

1) 交通运输噪声

交通运输噪声是指机动车、铁路机车车辆、城市轨道交通[②]车辆、机动船舶、航空器等交通运输工具在运行时产生的干扰周围生活环境的声音。城市噪声中约有 2/3 以上由交通运输产生。2008 年以后城市道路交通声环境质量有较大改善，城市道路交通声环境质量稳中有升。昼间道路交通噪声强度为一级和二级的城市比例之和已升至 97%左右，四级和五级的城市比例之和小于 1%，但夜间为 20%以上，如表 6-1 所示。

表 6-1　2017～2022 年全国地级及以上城市道路交通声环境质量监测状况

年份		监测城市数/个	等效声级平均值/dB(A)	城市道路交通声环境质量各级别城市所占比例/%				
				一级	二级	三级	四级	五级
2017	昼间	324	67.1	65.7	27.8	5.9	0.3	0.3
2018	昼间	324	67.0	66.4	28.7	4.0	0.9	0
	夜间	321	58.1	47.0	17.4	11.5	13.7	10.3
2019	昼间	322	66.8	68.6	26.1	4.7	0.6	0
2020	昼间	324	66.6	70.1	25.6	4.0	8.3	0
2021	昼间	324	66.5	71.6	24.7	2.8	0.9	0
2022	昼间	324	66.2	77.8	19.8	2.1	0.3	0

注：本节表 6-1～表 6-3 中的监测数据与分类所依据的标准是《声环境质量标准》(GB 3096—2008)和《环境噪声监测技术规范 城市声环境常规监测》(HJ 640—2012)。详见链接 6-1。

资料来源：2017～2022 年《中国生态环境状况公报》。

① 例如，在全消声室待上一段时间，周围寂静无声，你会觉得耳朵发闷心发慌，会听到自己剧烈的心跳声，时间一长会引起恐惧，甚至疯狂。

② 《城市公共交通》中明确了城市轨道交通包括地铁系统、轻轨系统、单轨系统、有轨电车、磁浮系统、自动导向轨道系统、市域快速轨道系统，以及随着交通系统的发展已出现的一些其他新交通系统。

2) 工业噪声

工业噪声是指在工业生产活动中产生的干扰周围生活环境的声音，生产活动泛指生产工人利用机器设备对原材料进行加工和装配，生产出市场所需的各种产品的活动。不仅直接对生产工人带来危害，对附近居民影响也很大[①]。普查结果表明，我国有些工厂的生产噪声在90dB(A)左右，有的超过 100dB(A)。

3) 建筑施工噪声

建筑施工噪声主要是各种建筑机械工作时产生的噪声。这类噪声虽是临时的、间歇性的，但在居民区施工，对居民的生理和心理损害很大。例如，打桩机、空压机等大型建筑设备在运转时噪声均达 100dB(A)以上。

4) 社会生活噪声

社会活动噪声是指人为活动产生的除工业噪声、建筑施工噪声和交通运输噪声之外的干扰周围生活环境的声音，扰民最为严重。新《噪声法》中新增两个规定：①在公共场所组织或开展娱乐、健身等活动应遵守区域、时段、音量等规定，如果对周边生活环境造成干扰，经劝阻调解不改正的可处罚款。②新建居民住房的房地产开发经营者应当在销售场所公示住房可能受到噪声影响的情况以及采取或者拟采取的防治措施，并纳入买卖合同。新建居民住房的房地产开发经营者应当在买卖合同中明确所销售住房共用设施设备位置和建筑隔声情况。

到 2022 年，城市功能区声环境质量总体向好，昼间的状况一般要比夜间好些，如表 6-2 和表 6-3 所示。功能区噪声限值和声质量分级标准见链接 6-1。

表 6-2 2017～2022 年全国地级及以上城市区域声环境质量监测状况

年份		监测城市数/个	等效声级平均值/dB(A)	城市区域声环境质量各级别城市所占比例/%				
				一级	二级	三级	四级	五级
2017	昼间	323	53.9	5.9	65.0	27.9	0.9	0.3
2018	昼间	323	54.4	4.0	63.5	30.7	1.2	0.6
	夜间	319	46.0	1.3	37.9	53.9	5.3	1.6
2019	昼间	321	54.3	2.5	67.0	28.7	1.9	0
2020	昼间	324	54.0	4.3	66.4	28.7	0.6	0
2021	昼间	324	54.1	4.9	61.7	31.5	1.9	0
2022	昼间	324	54.0	5.0	66.3	27.2	1.2	0.3

资料来源：2017～2022 年《中国生态环境状况公报》。

表 6-3 2017～2022 年全国地级及以上城市声环境功能区达标率

年份	监测城市数/个		平均达标率/%	各类城市声环境功能区达标率/%					
				0 类	1 类	2 类	3 类	4a 类	4b 类
2017	311	昼间	92.0	76.7	86.7	92.1	96.7	73.3	97.7
		夜间	74.0	58.3	73.3	82.5	86.9	52.0	71.6
2018	311	昼间	92.6	71.8	87.4	92.8	97.5	94.0	100.0
		夜间	73.5	56.3	71.6	82.2	87.6	51.4	78.4
2019	311	昼间	92.4	74.0	86.1	92.5	97.1	95.3	95.8
		夜间	74.4	55.0	71.4	83.8	88.8	51.8	83.3

① 举个例子：工业噪声的管理部门是环保局，此时如果我的邻居将一楼的住宅改成了制衣作坊，以前只能向警察投诉，但更改之后，就可以直接向环保局投诉。

续表

年份	监测城市数/个		平均达标率/%	城市各类功能区声环境质量达标率/%					
				0 类	1 类	2 类	3 类	4a 类	4b 类
2020	311	昼间	94.6	75.5	89.1	94.8	98.9	97.3	95.7
		夜间	80.1	57.4	75.3	88.1	91.9	62.9	81.2
2021	324	昼间	95.4	87.5	89.9	95.4	98.5	98.3	98.1
		夜间	82.9	59.4	78.2	89.5	93.1	66.3	81.7
2022	324	昼间	96.0	—	91.1	96.2	98.9	98.5	—
		夜间	86.0	—	83.1	93.2	94.6	70.4	—

资料来源：2017～2022 年《中国生态环境状况公报》。

6.1.4　噪声污染的危害

1) 对人体生理的影响

噪声直接的生理效应是噪声引起听觉疲劳直至耳聋。在噪声长期作用下，听觉器官的听觉灵敏度显著降低，称为“听觉疲劳”，经过休息后可以恢复。若听觉疲劳进一步发展便是听力损失，分轻度耳聋、中度耳聋甚至完全丧失听觉能力。例如，人耳如果突然暴露在高强度噪声(140～160dB)下，常会引起鼓膜破裂，双耳可能完全失聪。

噪声间接的生理效应是诱发一些疾病。噪声会使大脑皮质的兴奋和压抑失去平衡，引起头晕、头疼、耳鸣、多梦、失眠、心慌、记忆力减退、注意力不集中等症状，临床上称为“神经衰弱症”；噪声还会对心血管系统造成损害，引起心跳加快、血管痉挛、血压升高等症状；噪声使人的唾液、胃液分泌减少，胃酸降低，引起胃肠功能紊乱，从而易患胃溃疡和十二指肠溃疡。

2) 对人体心理的影响

噪声的心理效应反映在噪声干扰人们的交谈、休息和睡眠，从而使人产生烦忧，降低工作效率，对那些要求注意力高度集中的复杂作业和从事脑力劳动的人影响更大。另外，噪声分散了人们的注意力，容易引起工伤事故，尤其是在噪声强度超过危险警报信号和行车信号时(即噪声的“掩蔽效应”)，更容易发生事故。

3) 对生产活动的影响

噪声对语言通信的影响很大，轻则降低通信效率，影响通信过程，重则损伤人们的语言听力。强噪声会损坏建筑物，干扰自动化机器设备和仪器。实践证明，噪声强度超过 135dB 会对电子元器件和仪器设备有影响；当噪声强度达到 140dB 时，对建筑物的轻型结构有破坏作用，达到 160～170dB 时使窗玻璃破碎。这是由于在特强噪声作用下，机械结构或固体材料在声频交变负载的反复作用下会产生声疲劳以致出现裂痕或断裂。在航天航空事业中，噪声疲劳还可能造成飞机及导弹失事等严重事故。

6.2　噪声的量度

6.2.1　表征声的基本物理量

噪声的本质是声音，具有声的一切声学特性和规律。因此，描述噪声的基本物理量也就是声的基本物理量。

1) 声波、周期与频率

声源振动时激励它周围的弹性介质(空气、水、固体)质点振动，在质点的相互作用下，四周的弹性介质就产生交替的压缩和膨胀过程并逐渐向外传播而形成声波。从广义来看，声学现象实质上就是弹性介质质点所产生的一系列力学振动过程的表现，如图 6-1 所示。在空气中传播是空气声，在水中传播是水声，在固体中传播则是固体声。噪声中涉及的绝大部分是空气声。本章研究的空气声学，属于最基础的“理想流体介质中小振幅声波”①。

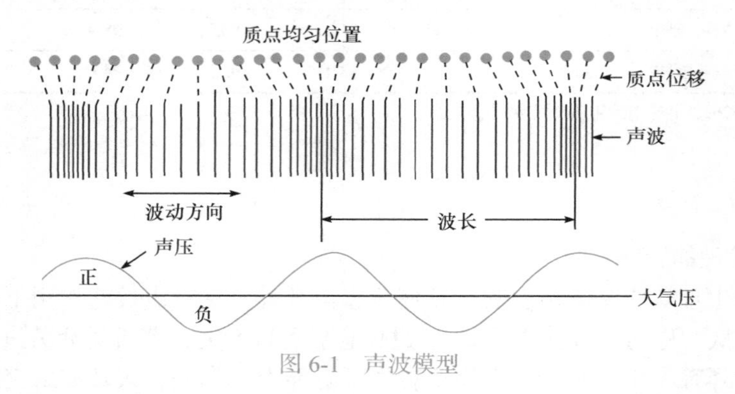

图 6-1 声波模型

声源振动的周期为往复一次的时间间隔，用字母 T 表示，单位是 s；声源振动的频率为 1s 内振动的次数，用字母 f 表示，单位是 Hz。显然，周期和频率互为倒数关系，即

$$T=\frac{1}{f} \quad 或 \quad f=\frac{1}{T} \tag{6-1}$$

频率的高低反映了声调的高低。频率高，声调尖锐；频率低，声调低沉。人耳能听到的频率范围为 20～20000Hz，这一范围的声音称为“可听声”，20Hz 以下的声音称为“次声”，20000Hz 以上的声音称为“超声”，次声和超声人耳都听不到。人耳对噪声的反应是，对低频噪声容易忍受，对高频噪声则感到烦躁。

2) 波长与声速

声波的波长是周期波两相邻等压点之间的距离，用字母 λ 表示，单位为 m；声速是指声波 1s 内传播的距离，用字母 c 表示，单位是 m/s。

频率、波长和声速三者之间的关系为

$$c=f\lambda \tag{6-2}$$

声速与传播声音的弹性介质种类、介质温度有关，如表 6-4 所示。

① “理想流体介质中小振幅声波”这个物理模型有 4 个假设：a. 介质为理想流体，无黏滞性，即声波在其中传播时无能量耗损。b. 介质是均匀连续的，宏观上是静止的，即静态参数如压强 P_0、密度 ρ_0 是常数。c. 声波的传播过程是绝热过程。d. 介质中传播的是小振幅波，即声压 p 远小于静态压强 P_0，质点位移 ξ 远小于声波波长 λ 等。空气噪声完全符合这 4 个假设。水声基本符合这个模型，可以采用本章所介绍的基本物理量进行描述，不过要做些改变。固体声不能用该模型，空气声和水声中的大振幅波也不适用此模型。

表 6-4　不同密度弹性介质中的声速(标准大气压下，介质温度为 20℃)

弹性介质	空气	氧气	水	低强度钢	混凝土	砖	软木	软橡胶
声速 c/(m/s)	344.8	317	1.48×10^3	5.1×10^3	3.1×10^3	3.6×10^3	500	400
密度 ρ/(kg/m³)	1.18	1.43	1×10^3	7.8×10^3	2.6×10^3	1.8×10^3	250	1.03×10^3

3) 声压与声强

声压是描述声音强度的物理量。声波在空气中传播，空气分子在其平衡位置附近振动，形成疏密相间的波，空气分子的疏密度变化又引起空气密度和压强发生相应的变化，密处的压力比大气压稍高，疏处则稍低。这种由声音的传播引起的空气压力相对于大气压力的压力增值，称为“声压”，记作 p ，单位[①]是 Pa。

声波在空气中传播时形成压缩和稀疏交替变化，所以压力增值是正负交替变化的，称为瞬时声压 $p(t)$ 。通常所讲的声压是取瞬时声压在相当长时间 T 内的均方根值，称为“有效声压”（p_e），计算公式为

$$p_e = \sqrt{\frac{1}{T}\int_0^T p(t)^2 \mathrm{d}t} \quad \text{(Pa)} \tag{6-3}$$

声强也是描述声音强度的物理量。声强是指在垂直于声波传播方向上的单位面积单位时间内通过声波的平均能量，用 I 表示，单位为 W/m²。在自由场中任意一点的声强与有效声压关系为

$$I = \frac{p_e^2}{\rho c} \quad (\text{W/m}^2) \tag{6-4}$$

式中，ρ 为介质密度，kg/m³；c 为此介质中声速，m/s。它们的乘积“ρc”具有阻抗的量纲，称为“介质的特性阻抗”，在声学中是十分有用的物理量。20℃时空气的特性阻抗为 415Rayl[②]。

4) 声功率

声功率是描述声源性质的物理量，表示声源在单位时间内向外辐射的总声能，用 W 表示，单位为 W，它与声强的关系为

$$W = \oint_S I \mathrm{d}S \quad \text{(W)} \tag{6-5}$$

式中，S 为包围声源的封闭面积，m²。

6.2.2　噪声的量度和评价方法

对噪声的量度和评价不仅与噪声的客观物理本质有关，也与人类的主观感觉有关。因而可分为两类方法：一类是把噪声单纯地作为物理扰动，用描述声波的客观特性的物理量反映，这是噪声的客观量度；另一类涉及人耳的听觉特性，根据听者感觉到的刺激来描述，称为噪声的主观评价。

1. 噪声的客观量度

噪声强弱的客观量度用声压、声强和声功率等物理量表示。声压、声强和声功率等物理

① Pa 为法定单位，1Pa = 1N/m²。较早的文献中用 μbar 表示声压单位，1Pa = 10μbar，1bar = 10^6μbar。

② Rayl(瑞利)为非法定单位，1Rayl = 10(Pa · s)/m。

量的变化范围非常宽广，在实际应用中一般采用对数标度，以 dB 为单位，分别用声压级、声强级和声功率级等无量纲的量来度量噪声。

1) 声压级与声强级

人耳刚能听到的声压定义为听阈声压，等于 2×10^{-5}Pa；使人耳感到疼痛的声压定义为痛阈声压，大小为 20Pa，两者相差 100 万倍。用一个倍比关系的对数量表示，则称为声压级(L_p)，单位为 dB。

$$L_p = 20\lg\frac{p_e}{p_0}\quad(\text{dB})\tag{6-6}$$

式中，p_0 为基准声压，取听阈声压为基准声压，等于 2×10^{-5}Pa。

这样，听阈声压级为 0dB，痛阈声压级为 120dB。室内相距 1m 的谈话声约 65dB。

声强级 L_I 为

$$L_I = 20\lg\frac{I}{I_0}\quad(\text{dB})\tag{6-7}$$

式中，I_0 为基准声强，也称听阈声强，等于 10^{-12}W/m^2。听阈的声强级为 0dB，痛阈的声强级为 120dB。在空气中，同一列波的声压级与声强级在数值上几乎相等。常见的声源及其相应的声压级如表 6-5 所示。

表 6-5 空气中声压和相应的声压级

声压/Pa	声压级/dB	典型声源
200.0	140	喷气发动机试车间
20.0	120	喷气式飞机起飞点(距离 100ft[①])
6.32	110	普通飞机(距离 400ft)
0.632	90	摩托车(距离 25ft)
0.200	80	垃圾处理
0.0632	70	城市交叉路口
0.0200	60	一般交谈
0.00632	50	典型的办公室
0.00200	40	生活房间(不开电视)
0.000632	30	夜间特别安静的卧室

2) 声功率级

声功率级 L_W 的数学表达式为

$$L_W = 10\lg\frac{W}{W_0}\quad(\text{dB})\tag{6-8}$$

式中，W_0 为基准声功率(10^{-12}W)。

① 英尺，符号为 ft；英寸，符号为 in。1ft = 12in = 0.3048m；1in = 25.4mm。

2. 噪声的主观评价

1) 响度级与人耳等响曲线

声压级只反映了人对声音强度的感觉，不能反映人对频率的感觉。人们感觉声音响不响，不仅与声压有关，而且与频率也有关。例如，对同样是 70dB 的 1000Hz 纯音和 100Hz 纯音，人们感觉 1000Hz 纯音要“响亮”，这说明声音响亮的程度是由声压级和频率两个因素共同决定的。响度级就是一个能够把声压级和频率用一个概念统一起来的量，用 L_N 表示，单位为“方”(phon)。

响度级定义以 1000Hz 纯音为基音。例如，如果有一个声音听起来与这个 1000Hz 纯音一样响，此声音响度级的“方”数便等于该 1000Hz 纯音的声压级的分贝数。

利用和基准纯音比较的方法，可获得整个可听声频率范围内的响度级，在分别以声压级、频率为纵、横坐标的平面内，把响度相等的各类顺序连接所得到的一组光滑曲线，称为“等响曲线”。图 6-2 为国际标准化组织(ISO)公布的“人耳等响曲线”。等响曲线族中每根曲线都代表着一系列声压级不等、频率不同而响度级却一样的声音。最下面一条等响曲线是听阈曲线。由图 6-2 可见，人耳对低频反应比较迟钝，在 3～4kHz 附近特别灵敏，所以高频声对人耳损伤较严重，这就是高频噪声为噪声治理主要对象的原因。

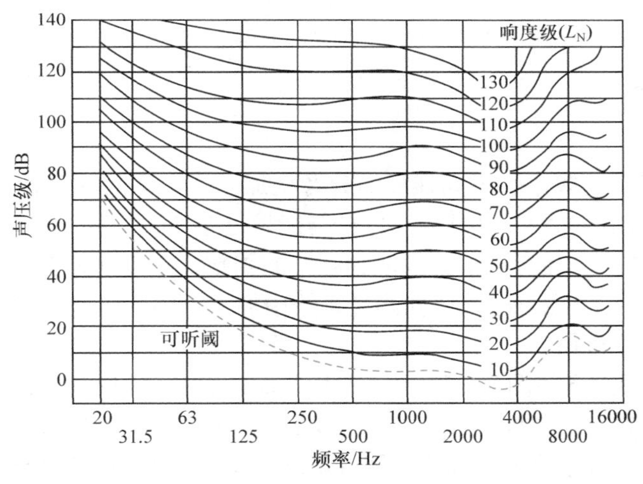

图 6-2 人耳等响曲线

2) 计权声级

噪声响度级的计算十分复杂。为了能用仪器直接反映人的主观响度感觉的评价量，在噪声测量仪器——声级计中设计了一种特殊的滤波装置，它模拟人耳的响度频率特性，当含有各种频率的声波通过时，它对不同频率成分的衰减是不一样的，这种滤波器称为“计权网络”。通过计权网络测得的声压级已不再是客观物理量的声压级，而称为“计权声压级”，简称声级。通用的有 A、B、C 和 D 四种计权网络，相应地就有 A、B、C 和 D 四种计权声级。

A 计权网络是模拟人耳对 55dB 以下低强度噪声的响应，它使 500Hz 以下低频声有较大的衰减，而高频不衰减，甚至稍有放大，这样得到的声级数称为“A 声级”，记作 dB(A)。由于它能较好地反映出人们对噪声强度和频率的主观感觉，而且也与人耳听力损伤的程度相对应，因此在噪声卫生标准中普遍采用 A 计权声级。B 计权网络是模拟人耳对 55～85dB 的中等强度噪声的响应，它使接受的声音通过时低频段有一定的衰减。C 计权网络是模拟人耳高等强度噪声的响应，D 计权网络是对响度参量的模拟，专用于飞机噪声的测量。如果不用频率计权测得的分贝值，或者说用线性响应测得的分贝值，就是反映客观物理量声压级。

A、B 和 C 计权网络主要差别在于低频成分的衰减程度，A 衰减最多，B 其次，C 最少。A、B 和 C 计权声级特性曲线如图 6-3 所示。A、B 和 C 三条曲线分别对应于 40 方、70 方和 100 方的等响曲线的反曲线。由于计权曲线的频率特性是以 1000Hz 为参考计算衰减的，因此它们均相交于 1000Hz。

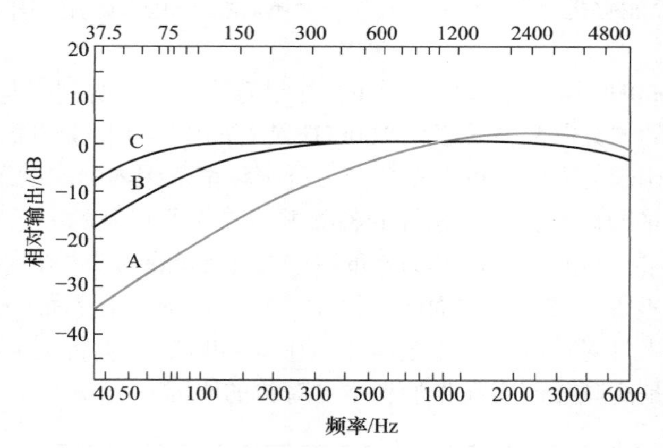

图 6-3　A、B 和 C 计权声级特性曲线

3. 噪声的频谱分析

1) 频谱

声音通常由许多不同频率、不同强度的分音叠加而成。不同的声音含有的频率成分和各个频率上的声能强度是不同的，这种频率成分与能量分布的关系称为“频谱”。将噪声的强度(声压级)按频率顺序展开，使噪声的强度成为频率的函数，并考查其波形，称为“噪声的频谱分析”(或“频率分析”)；测量时需要在测量系统中加入对频率有选择特性的仪器。这样，组成的仪器称为“频率分析仪”。

3 种典型的噪声源频谱如图 6-4 所示，其中图 6-4(a)是由频率离散的分音组成的线状谱，每一根线表示一列分音，横坐标为其频率，纵坐标为其强度(如声压级值)；图 6-4(b)是由频率在一定范围内连续的分音组成的连续谱；图 6-4(c)是由线状谱和连续谱叠加而成的复合谱。

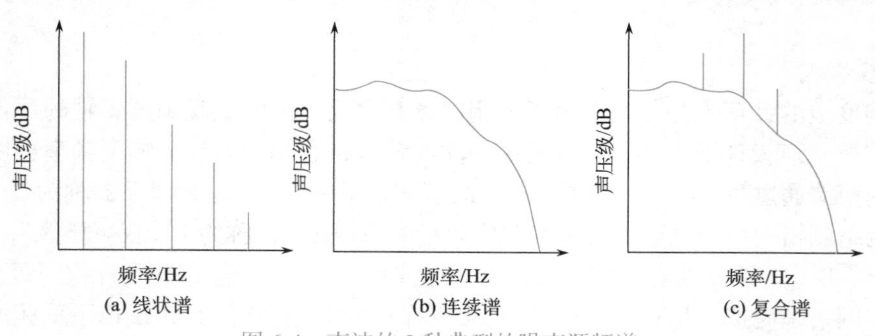

图 6-4　声波的 3 种典型的噪声源频谱

2) 频程

可听声的频率范围很宽，为方便起见，常在连续频率范围内划分为若干个频带，频带的上限频率 f_1 和下限频率 f_2 之差称为频带宽度 Δf，它与中心频率 f_m 的比值称为“频带相对宽

度”(或“相对带宽”)。

在对噪声作频谱分析时，通常采用两种类型：①恒定带宽。保持频带宽度恒定，常用于在频率变化不大的范围内作频谱分析，所用带宽较窄，在 4～20Hz 的数量级。②恒定相对带宽。保持频带相对宽度恒定，常用于在宽广的频率范围内作频谱分析，采用的是倍频程数 n。倍频程数 n 与频率的关系为

$$2^n = \frac{f_2}{f_1} \qquad n = \log_2 \frac{f_2}{f_1} \qquad f_{\mathrm{m}} = \sqrt{f_1 f_2} \tag{6-9}$$

式中，n 为正实数。$n=1$ 时称为“倍频程”；$n=3$ 时称为“1/3 倍频程”。常用的倍频程和 1/3 倍频程的上下限频率值和中心频率值如表 6-6 所示。

表 6-6　倍频程和 1/3 倍频程的频率值　(单位：Hz)

倍频程			1/3 倍频程		
下限频率	中心频率	上限频率	下限频率	中心频率	上限频率
22	31.5	44	22.4	25	28.2
			28.2	31.5	35.5
			35.5	40	44.7
44	63	88	44.7	50	56.2
			56.2	63	70.8
			70.8	80	89.1
88	125	177	89.1	100	112
			112	125	141
			141	160	178
177	250	355	178	200	224
			224	250	282
			282	315	355
355	500	710	355	400	447
			447	500	562
			562	630	708
710	1000	1420	708	800	891
			891	1000	1122
			1122	1250	1413
1420	2000	2840	1413	1600	1778
			1778	2000	2239
			2239	2500	2818
2840	4000	5680	2818	3150	3548
			3548	4000	4467
			4467	5000	5623
5680	8000	11360	5623	6300	7079
			7079	8000	8913
			8913	10000	11220
11360	16000	22720	11220	12500	14130
			14130	16000	17780
			17780	20000	22390

3) 频谱分析的用途

噪声频谱分析能清晰地表示出一定频带范围内的声压级分布情况，了解噪声的成分和性质。通过频谱分析有助于了解噪声源特性。频谱中各峰值所对应的频率或频带就是由某噪声源造成的。找到了主要峰值噪声源，就为噪声控制提供了依据，参见 6.3.5 节“有源噪声控制”。

6.2.3 常用的噪声评价量

1) 等效连续 A(计权)声级 L_{Aeq}

在声场内一固定位置上，将某一时段起伏变化或不连续的 A 声级变化用能量时间平均的方法加以描述，则称为这段时间内的等效连续 A(计权)声级，简称等效 A 声级，用以评定非稳态噪声强度及非连续噪声源的噪声强度。计算公式如下：

$$L_{Aeq}=10\lg\left(\frac{1}{T_1-T_2}\int_{T_2}^{T_1}10^{0.1L_p}\mathrm{d}t\right)\quad [\mathrm{dB(A)}] \tag{6-10}$$

式中，T_2、T_1 分别为噪声测量的起始时间、终止时间；L_{Aeq} 为在 T_2～T_1 等效连续 A(计权)声级；L_p 为测到的连续变化的 A 声级。

在实际测量中一般采用等间隔采样，如每隔 5s 读一个数，因此可采用式(6-11)计算等效连续 A 声级：

$$L_{Aeq}=10\lg\left(\frac{1}{n}\sum_{i=1}^{n}10^{\frac{L_i}{10}}\right)\quad [\mathrm{dB(A)}] \tag{6-11}$$

式中，L_i 为第 i 次读取的 A 声级数值；n 为取样总数。

2) 昼夜等效噪声级 L_{dn}

昼夜等效声级是对昼夜的噪声能量加权平均而得到的。由于人们在夜间对声音比较敏感，因此夜间测得的所有声级都要加上 10dB(A)作为补偿。计算公式为

$$L_{dn}=10\lg\left[\frac{5}{8}\times10^{0.1\overline{L}_d}+\frac{3}{8}\times10^{0.1(\overline{L}_n+10)}\right]\quad [\mathrm{dB(A)}] \tag{6-12a}$$

式中，$\overline{L}_d$、$\overline{L}_n$ 分别为昼间、夜间测得的噪声的等效连续 A(计权)声级平均值。或者有

$$L_{dn}=10\lg\left[\frac{\sum_{i=1}^{n_1}10^{0.1L_i}}{n_1}+\frac{\sum_{j=1}^{n_2}10^{0.1\left(L_j+10\right)}}{n_2}\right]\quad [\mathrm{dB(A)}] \tag{6-12b}$$

式中，L_i、L_j 分别为昼夜的第 i 个、第 j 个 A 声级；n_1、n_2 分别为昼间、夜间测得的 A 声级的个数。

夜间时间为 22：00～7：00，昼间时间为 7：00～22：00，或根据当地政府的规定。

3) 噪声污染级 L_{NP}

噪声污染级既包含噪声能量的评价，如 L_{Aeq}，又包含噪声涨落的影响，常用作道路交通噪声、航空噪声和许多公共场所噪声的评价。计算公式为

$$L_{NP}=L_{Aeq}+K\sigma\quad [\mathrm{dB(A)}] \tag{6-13}$$

其中，

$$\sigma=\sqrt{\frac{1}{n-1}\sum_{i=1}^{n}\left(L_i-\overline{L}\right)^2}\quad [\text{dB(A)}]$$

式中，σ 为规定时间内噪声瞬时声级的标准偏差，dB(A)；$\overline{L}$ 为算术平均声级，dB(A)；L_i 为第 i 次声级，dB(A)；K 为常数，一般取 2.56。

由式(6-13)看出，L_{NP} 中的第一项与噪声能量的累积有关，第二项与噪声的涨落程度有关。

4) 单次事件噪声暴露级 L_{AE} 或 L_{SE}

对于由单个噪声构成的噪声环境，如飞机噪声、火车噪声、轮船噪声等，可采用单次事件噪声暴露级来描述这种单次噪声的污染程度。

单次事件噪声暴露级定义为一个在 1s 内的声音与单次事件噪声能量相等的平均 A 声级[①]。计算公式为

$$L_{AE}=10\lg\left[\frac{\int_{T_2}^{T_1}10^{0.1L_A(t)}\,\mathrm{d}t}{T_0}\right]\quad [\text{dB(A)}] \tag{6-14}$$

式中，T_2、T_1 分别为噪声事件作用开始、结束的时间，s；$L_A(t)$ 为单次事件噪声 A 计权声级的时间函数，dB(A)；T_0 为参考时间，一般不注明时取 $T_0=1\text{s}$。

链接 6-2　声品质和噪声烦恼度概念

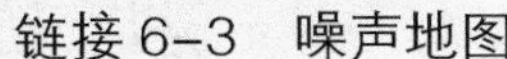

链接 6-3　噪声地图

6.3　噪声控制技术

噪声污染的发生必须有 3 个要素：噪声源、噪声传播途径和接受者。只有这 3 个要素同时存在才构成噪声对环境的污染和对人的危害。控制噪声污染必须从这三方面着手，既要对其分别进行研究，又要将它们作为一个系统综合考虑。优先的次序是噪声源控制、噪声传播途径控制和接受者防护。噪声控制的一般程序：首先进行现场调查，测量现场的噪声级和频谱；然后按有关的标准和现场实测数据确定所需降噪量；最后制定技术上可行、经济上合理的控制方案。

6.3.1　噪声控制的一般原理

1. 噪声源控制

控制噪声污染最有效的方法是从控制声源的发声着手。通过研制和选用低噪声设备、改

① 单次事件噪声暴露级 L_{AE} 用能量观点评价单次噪声事件的污染程度。例如，一列火车甲的通过时间为 10s，记录到噪声总能量为 E(dB)；另一列火车乙的通过时间为 20s，记录到的噪声总能量也为 E(dB)。按单次事件噪声暴露级 L_{AE} 评价时，需把总能量折合到 1s 时间内进行比较，则这两列火车的 L_{AE} 是相同的；若计算它们的等效连续 A(计权)声级 L_{Aeq}，则火车乙仅为火车甲的 1/2。因此，L_{AE} 常用来描述波动性较大的一次噪声事件的污染程度。

进生产加工工艺、提高机械设备的加工精度和安装技术，以及对振动机械采用阻尼隔振等措施，可减少发声体的数目或降低发声体的辐射声功率，这是控制噪声的根本途径。

当前对声环境影响最广泛的噪声源就是交通运输工具，因此汽车、铁路、飞机的降噪技术是当前噪声源控制研究的重点对象。

2. 噪声传播途径控制

由于技术和经济原因，当从噪声源上难以实施噪声控制时，就需要从噪声传播途径上加以控制。

1) 基本措施

(1) 合理布局。在城市规划时把高噪声工厂或车间与居民区、文教区等分隔开。在工厂内部把强噪声车间与生活区分开，强噪声源尽量集中安排，便于集中治理。

(2) 充分利用远场声场[①]强度随距离衰减的规律。例如，距离大于噪声源最大尺寸 3～5 倍以外的地方，若距离增加一倍，噪声衰减 6dB。因而在厂址选择上把噪声级高、污染面大的工厂或车间设在远离需要安静的场所的地方。

(3) 利用高频噪声指向性特点降低接受者处的噪声强度。高频噪声的指向性较强，可通过改变机器设备安装方位降低对周围的噪声污染。如图 6-5 所示，当高频噪声源出口方向正对着接受者(如住宅区)时，接受者处的噪声最高；若将噪声源出口方向转过一个较大的角度，不正对接受者，则接受者处的噪声将大幅度降低。

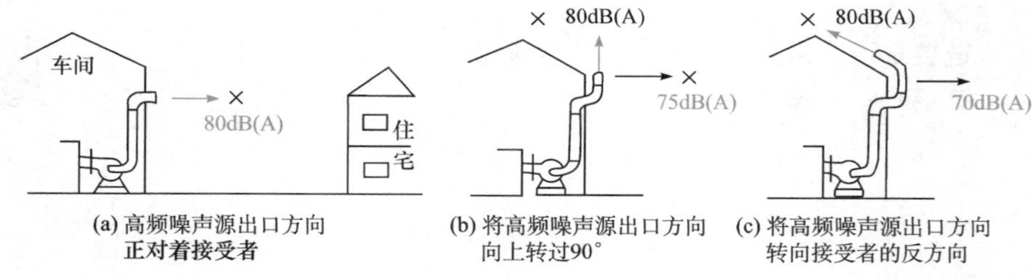

图 6-5 高频声源指向性的影响

(4) 利用天然屏障、绿化阻止噪声传播。例如，可利用山岗、土坡、树木等天然地形；在噪声严重的工厂和施工现场周围或交通道路两侧设置足够高度的围墙或隔声屏；城市绿化不仅美化环境，净化空气，而且一定密度和宽度种植面积的树丛、草坪也能减少噪声污染。一般的宽林带(几十米甚至上百米)可以降噪 10～20dB。在城市里可采用绿篱、乔(灌)木和草坪的混合绿化结构，宽度 5m 左右的平均降噪效果可达 5dB。

(5) 采用局部降噪技术措施。在上述措施均不能满足环境要求时，可采用局部声学技术来降噪，如吸声处理、隔声、消声、隔振、阻尼减振等。这要对噪声传播的具体情况进行分析后综合应用这些措施，才能达到预期降噪效果。

2) 交通噪声的传播途径及控制方法

在公路两边一般都设有隔声屏、林带或建筑物，可用“障碍物”统一表示，如图 6-6 所示。

---

① 当观察点与声源距离 r 大于一定值时，声场声压级的大小与距离 r 成反比，这个距离称为“远近场临界距离 r_g”。当 $r > r_g$ 时，观察点处于声源的远场，此时若距离增加一倍，声压级衰减 6dB。例如，无限大障板上圆形活塞辐射声场的 r_g 理论计算式为 $r_g = a^2/\lambda$(a 为活塞振动源的半径，λ为声波长)。在工程中常用经验公式，把噪声源视为点源，如正文中的例子。

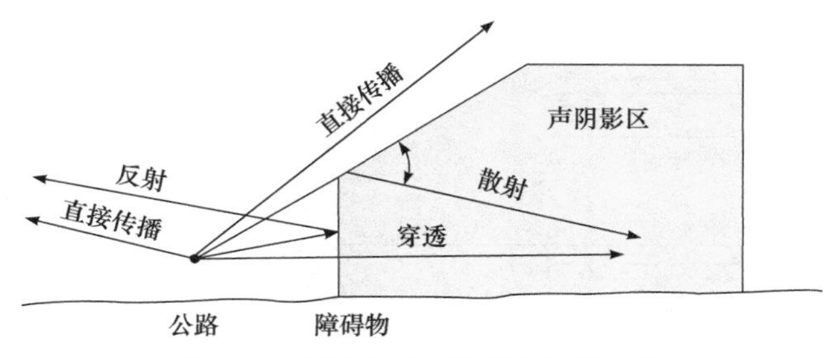

图 6-6　交通噪声的传播途径示意图

从图 6-6 可以看出，噪声有沿直接路径传播、散射、直接穿透障碍物和反射 4 条传播途径。例如，在障碍物上方，噪声沿直接路径传播，接受者可清楚地看见声源，此时，噪声强度只是随距离衰减的规律略有减弱。噪声经过障碍物顶端时会发生散射(弯曲)而进入图 6-6 中的声阴影区；若障碍物长度有限，噪声也会从两侧边缘处发生散射而进入声阴影区。噪声直接穿透障碍物进入声阴影区，障碍物的隔声性能越好，进入声阴影区的噪声强度也越小。同时，如果障碍物面对声源的面吸声性能好，也可降低穿透噪声的强度。提高障碍物表面的吸声性能可降低反射噪声的强度，但对位于声阴影区的接受者而言意义不大。

因此，障碍物能有效降低进入声阴影区的噪声，各种形式的障碍物特别是隔声屏的设计是降低交通噪声最有效的方法。

3) 楼板撞击声的传播途径及控制方法

一幢大楼里若有一家在装修，不管相隔多少层，你总会觉得撞击声就在隔壁、底楼或顶楼发出的一样。那么，撞击声的传播途径是怎样的呢？

如图 6-7 所示，楼板受到撞击时激发楼板振动，这种振动能在楼板或墙体中传播，这就是“固体声”，这种固体声也可以向空气辐射而成为“空气声”。反之，空气中的声波也可以激发结构的振动而产生固体声，两者可以互相转换。在环境工程中，把固定设备排放的噪声通过建筑物结构传播至噪声敏感建筑物室内激发的室内噪声称为“结构传播固定设备室内噪声”①，简称“结构传播噪声”，以前通常称为“结构噪声”。

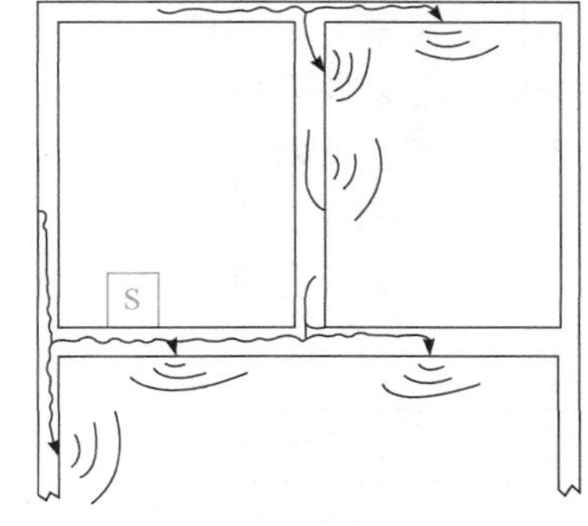

图 6-7　振动设备引起的结构传播噪声和传播途径

S 为撞击或振动源，箭头为振动的传播与声辐射途径

控制结构噪声涉及声学、振动、模态等多门学科，比较复杂。简单地讲，可从三方面入手。首先是对振动源采取隔振隔声措施，以减少它产生的振动和噪声；其次是隔断振动在固体中的传播途径，如在固体声的传播途径上加弹性层或留有一定缝隙使固体声在传播过程中由于阻尼的增加或阻抗的变化而产生能量衰减或部分反射；最后是对楼板辐射面进行处理，如在基层楼板上附加弹性面层、垫层或在楼板下加吊平顶。降低楼板撞击声的 3 种典型结构如图 6-8 所示。

3. 接受者防护

在某些特殊条件下，若无法采取以上两种措施降噪时，可采取接受者防护的被动办法，即佩戴护耳器，如耳塞、耳罩或头盔等，或采取轮班作业，缩短在高噪声环境中的工作时间。

---

① 参见《环境噪声监测技术规范 结构传播固定设备室内噪声》(HJ 707—2014)。

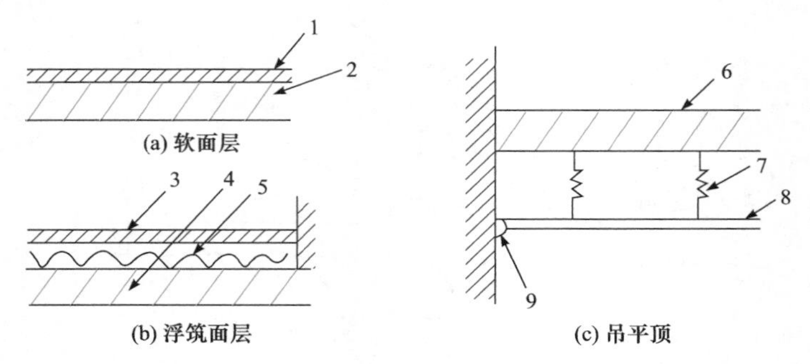

图 6-8 降低楼板撞击声的 3 种典型结构

1. 软面层；2, 6. 楼板；3. 浮筑面层；4. 基层楼板；5. 弹性垫层；7. 吊钩；8. 吊平顶；9. 弹性密封条

6.3.2 吸声技术

声源发出的声波遇到顶棚、地面、墙面及其他物体表面时，会发生声波反射。声波在室内多次反射形成叠加声波，称为"混响声"。特别是在无装饰的大厅和大车间内，混响声的存在使室内任何声源的噪声级比室外旷野的噪声级明显提高。如果在墙面或顶棚上饰以吸声材料或吸声结构，混响声就会被吸收，室内的噪声级也就相应降低。这种控制噪声的方法称为"吸声降噪"。

1. 多孔吸声材料及其制品

表征材料/结构吸声性能的参数是"吸声系数 α"。声波在介质中传播过程中遇到各种材料/结构，一部分声能被反射，一部分声能进入材料/结构内部被吸收，还有一部分声能透射到另一侧。定义吸声系数 α 为入射声能和反射声能的差值与入射声能之比值，α 取值 0～1。$\alpha=0$ 表示声能全反射，材料/结构不吸声；$\alpha=1$ 表示没有反射，材料/结构吸收全部声能。

1) 多孔吸声材料

多孔吸声材料是主要的吸声材料，表 6-7 分类列出了常用吸声材料及其用途。

表 6-7 多孔吸声材料基本类型

	主要种类	常用材料举例	使用情况
纤维材料	有机纤维材料	动物纤维，毛毡	价格昂贵，使用较少
		植物纤维：麻绒、海草、椰子丝	防火、防潮性能差，原料来源丰富，价格便宜
	无机纤维材料	玻璃纤维：中粗棉、超细棉、玻璃棉毡	吸声性能好，保温隔热，不自燃，防潮防腐，应用广泛
		矿渣棉：散棉、矿棉毡	吸声性能好，松散的散棉易因自重下沉，施工扎手
	纤维材料制品	软质木纤维板、矿棉吸声板、岩棉吸声板、玻璃棉吸声板、木丝板、甘蔗板等	装配式施工，多用于室内吸声装饰工程
颗粒材料	砌块	矿渣吸声砖、膨胀珍珠岩吸声砖、陶土吸声砖	多用于砌筑截面较大的消声器
	板材	珍珠岩吸声装饰板	质轻、不燃、保温、隔热、强度偏低
泡沫材料	泡沫塑料	聚氨酯泡沫塑料、脲醛泡沫塑料	吸声性能不稳定，吸声系数在使用前须实测
	水泥基复合材料	以硅酸盐水泥、无机矿物添加剂和发泡剂等为主要原料，根据多孔吸声机理制备出的吸声材料	耐候性好，成本低，可制成各种形状的预制板；应用于铁路、公路、隧道、高架桥区域吸声
	其他	泡沫玻璃	强度高，防水，不燃，耐腐蚀，价格昂贵，使用较少
		加气混凝土	微孔不贯通，使用较少

在工程上，平均吸声系数 $\bar{\alpha}$ 值(选取 6 个倍频程中心频率 125Hz、250Hz、500Hz、1000Hz、2000Hz 和 4000Hz 的吸声系数的算术平均值)大于 0.2 的材料才能称为吸声材料。吸声材料的吸声系数与频率有关，表 6-8 列出了在这 6 种倍频程中心频率下常用多孔材料的正入射吸声系数 α_0。

表 6-8　6 种倍频程中心频率下常用多孔材料的正入射吸声系数 α_0

材料名称	厚度/cm	容重/(kg/m³)	倍频程中心频率/Hz					
			125	250	500	1000	2000	4000
超细玻璃棉(棉径 4μm)	2	20	0.04	0.08	0.29	0.66	0.66	0.66
	4	20	0.05	0.12	0.48	0.88	0.72	0.66
	5	15	0.05	0.24	0.72	0.97	0.90	0.98
	10	15	0.11	0.85	0.88	0.83	0.93	0.97
矿渣棉	5	175	0.25	0.33	0.70	0.76	0.89	0.97
甘蔗纤维板	1.5	220	0.06	0.19	0.42	0.42	0.47	0.58
	2	220	0.09	0.19	0.26	0.37	0.23	0.21
工业毛毡	1	370	0.04	0.07	0.21	0.50	0.52	0.57
	3	370	0.10	0.28	0.55	0.60	0.60	0.59
	5	370	0.11	0.30	0.50	0.50	0.50	0.52
	7	370	0.18	0.35	0.43	0.50	0.53	0.54
聚氨酯泡沫塑料	3	45	0.07	0.14	0.47	0.88	0.70	0.77
	5	45	0.15	0.35	0.84	0.68	0.82	0.82
	8	45	0.20	0.40	0.95	0.90	0.98	0.85
水泥基复合材料	2.5	—	—	0.07	0.20	0.92	0.60	—
	5	—	—	0.34	0.98	0.86	0.93	—
	10	—	—	0.42	0.40	0.40	0.40	—

多孔吸声材料利用材料内部松软多孔的特性来吸收一部分声能。当声波进入多孔吸声材料的空隙后，能引起材料空隙中的空气和材料的细小纤维发生振动。由于空气与孔壁的摩擦阻力、空气的黏滞阻力和热传导等作用，相当一部分声能就会转变成热能而耗散，从而多孔吸声材料起着吸收声能的作用。

多孔吸声材料对于中高频声波有很大的吸声作用。使用时要加护面板或织物封套，并要有一定厚度，如 3～5cm；用于低频吸声时最好为 5～10cm，还要有一定容重，不能太松或太实。在实际应用时，若把多孔吸声材料布置在离刚性壁一定距离处，即在材料背面留有一定深度的空腔，相当于增大了材料的有效厚度，可以改善低频声的吸收效果。一般来说，多孔吸声材料受潮后吸收性能下降。

2) 多孔吸声结构

在工程中，常把多孔吸声材料做成各种吸声制品或结构，常见的结构如下。

(1) 有护面的多孔材料吸声结构。有护面的多孔材料吸声结构主要由骨架、护面层、吸声层等组成，如图 6-9 所示。骨架用木筋、角铁或薄壁型钢制成，其规格大小视吸声结构面积大小而定。吸声层常用超细玻璃棉、矿渣棉等多孔材料，厚度取 5～10cm，外包玻璃布、细布等透气性好的织物。外表面需加上护面板，既能防止机械损伤，又便于清扫，也能起到美化室内的装饰作用。护面板可用穿孔钢板、穿孔塑料板(胶合板)、钢板拉网、金属丝网等。为不影响吸声效果，护面板的穿孔率①在不影响板材强度的条件下尽可能加大，一般不小于20%，孔的形状大小不起主要作用。

为防止水、尘、油雾等物堵塞多孔材料表面，可采用厚度小于0.04mm、单位面积质量小于$2kg/m^2$的柔软薄膜，如涤纶等纤维、聚乙烯等塑料、人造革、金属箔等薄膜包覆吸声材料。只要薄膜不与多孔材料整个表面贴紧，就不会影响多孔材料的性能，有时对高频吸声有影响，但对低频吸声是有利的。

(2) 空间吸声体。空间吸声体是由框架、吸声材料和护面结构做成具有各种形状的单元体，如图6-10所示。它们悬挂在有声场的空间。吸声体朝向声源的一面可直接吸收入射声能，其余部分声波通过空隙绕射或反射到吸声体的侧面、背面，因此空间吸声体对各个方向的声能都能吸收，吸声系数较高，而且省料、装卸灵活。工程上常把空间吸声体做成固定产品，用户只要按需要购买成品悬挂起来即可。

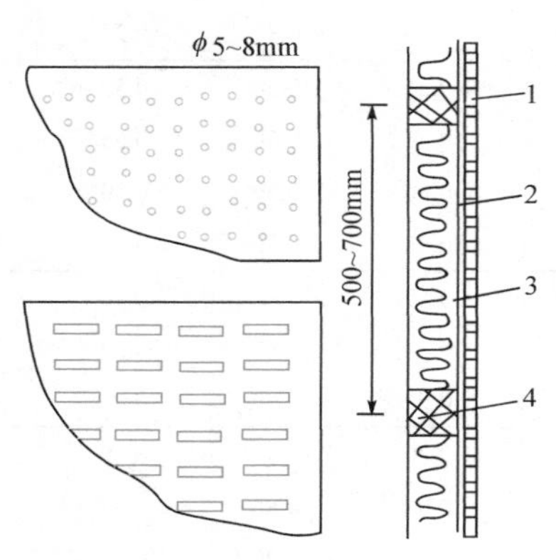

图6-9 有护面的多孔吸声材料吸声结构
1. 穿孔板；2. 轻织物；3. 多孔材料；4. 木龙骨

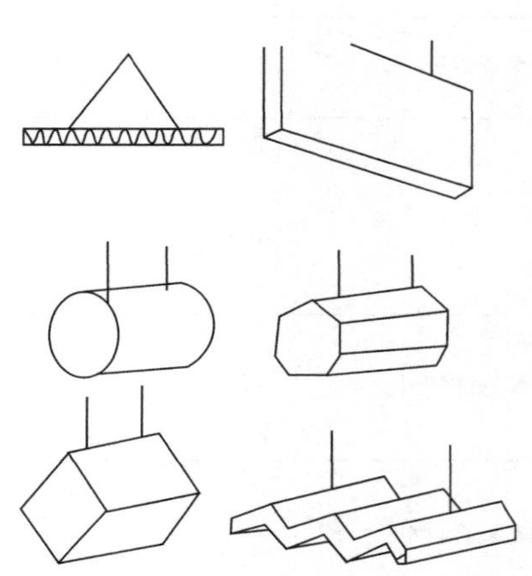

图6-10 空间吸声体示意图

实验和工程实践表明，当悬挂的吸声体面积与治理车间面积之比为35%左右时，其吸声效率最高。空间吸声体悬挂的位置应尽量接近声源，其下缘离顶棚的距离以取车间净高度的1/5或1/7为宜，注意不要影响车间的采光、照明、吊车及设备维修。吸声体分散悬挂优于集中悬挂，特别是对中高频吸声效果可提高40%～50%。空间吸声体适用于大而噪声源分散的车间，降噪效果可达10dB左右。

(3) 吸声尖劈。吸声尖劈是一种楔形的空间吸声体，它的吸声性能十分优良，用于要求吸声层的吸声系数尽可能接近1的声学实验室——消声室里。

尖劈的基本结构包括劈部和基部两部分。劈部长度l由所需的最低截止频率而定，当l大于所需截止频率波长λ的1/4时，所有高于截止频率的声波的吸声系数可高达0.99。例如，劈部长度取80～100cm时，最低截止频率为70～100Hz。单个尖劈的底部宽度b一般在20cm左右。尖劈的基部是劈部底部的延伸部分，其高度a约为劈部长度l的1/4，以保证到达劈部底部的残余声能量能被完全吸收，同时还可增加吸声尖劈的结构强度。吸声尖劈的骨架由直径

① 穿孔率是指穿孔板上穿孔的总面积占板的总面积的比例。

4～6mm 的钢筋焊接而成，其劈部填以密度小的多孔吸声材料，基部装填密度大的吸声材料，外部罩以塑料高纱袋、玻璃布袋或麻布袋。两个吸声尖劈组合在一起的结构如图 6-11 所示。

尖劈的吸声原理是利用结构特性阻抗的逐渐变化。尖劈端面的特性阻抗接近于空气的特性阻抗，根据阻抗匹配原理，入射声波顺利进入尖劈内部。在前进过程中，尖劈的等效特性阻抗逐渐过渡到吸声材料的特性阻抗，使得高于截止频率的声波几乎全部被吸收，吸声系数可高达 0.99。

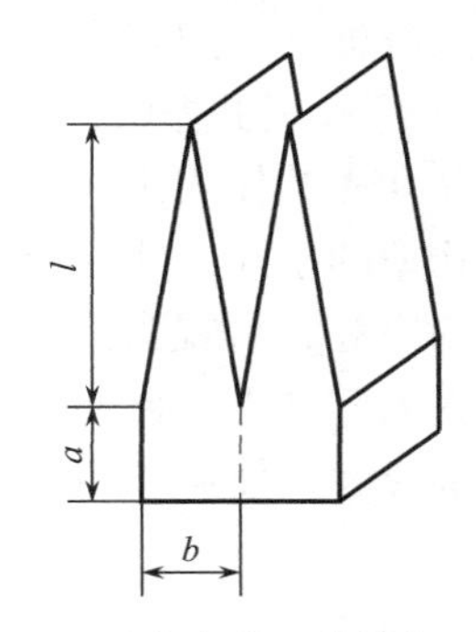

图 6-11　吸声尖劈立体结构示意图
a. 尖劈基部的高度；*b*. 尖劈底部的宽度；*l*. 劈部长度

2. 共振吸声结构

共振吸声结构是利用共振原理做成的各种吸声结构，用于对低频声波的吸收。最常用的共振吸声结构可分为单个共振式吸声结构(包括薄膜、薄板共振吸声结构)和穿孔板吸声结构(微穿孔吸声结构单独介绍)。

1) 薄板共振吸声结构

把薄的金属板、胶合板、塑料板甚至纸质板材的周边固定在框架上，背后设置一定深度的空气层，就构成薄板共振吸声结构，如图 6-12 所示。薄板相当于重物(质量)，空气层相当于弹簧。当声波入射到板面时，迫使板产生振动，引起薄板和空气层这一系统的振动，将一部分振动能转变为热能耗散掉。当入射声波的频率与板结构系统的固有频率一致时产生共振，此时的吸声系数最大。薄板共振吸声结构的共振频率 f_0 一般在 80～300Hz，属低频吸声。在实际工程中 f_0 可用式(6-15)估算：

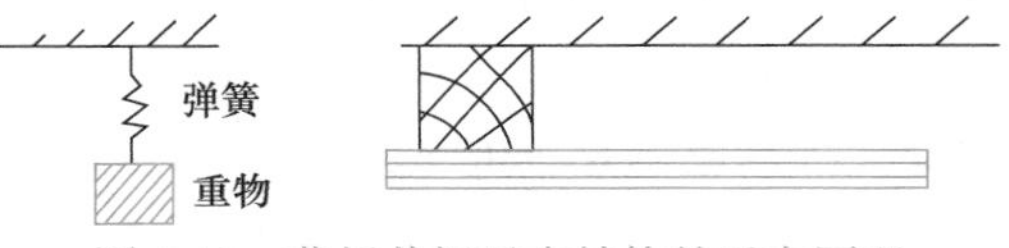

图 6-12　薄板共振吸声结构的吸声原理

$$f_0 = \frac{600}{\sqrt{md}} \quad (\text{Hz}) \tag{6-15}$$

式中，m 为薄板面密度，kg/m^2；d 为板后空气层厚度，cm。

常用薄板共振吸声结构的吸声系数如表 6-9 所示。

表 6-9　常用薄板共振吸声结构的吸声系数

材料与构造	倍频程中心频率/Hz					
	125	250	500	1000	2000	4000
三合板，空气层厚度 5cm，木龙骨间距 45cm×45cm	0.21	0.73	0.21	0.19	0.08	0.12
五合板，其他同上	0.08	0.52	0.17	0.06	0.10	0.12
三合板，空气层厚 10cm，其他同上	0.59	0.38	0.18	0.05	0.04	0.08
草纸板，板厚 2cm，空气层厚 5cm，其他同上	0.15	0.49	0.41	0.48	0.51	0.64
草纸板，空气层厚 10cm，其他同上	0.50	0.48	0.34	0.32	0.49	0.60
木丝板，板厚 3cm，其他同上	0.15	0.49	0.41	0.38	0.51	0.64
木丝板，空气层厚 3cm，其他同上	0.05	0.30	0.81	0.63	0.70	0.91
刨花压轧板，厚 5cm，空气层厚 5cm，其他同上	0.35	0.27	0.20	0.15	0.25	0.39

薄板共振吸声结构的吸声带宽较窄，吸声系数不是很高。为了改善这种结构的吸声性能，

可在薄板结构的边缘上(即板与龙骨交接处)放置一些能增加结构阻尼特性的软材料，如海绵条、毛毡等，或在空腔中适当挂些多孔的吸声材料，如矿棉或玻璃棉毡等，或采用不同单元大小的薄板及不同腔深的吸声结构来展宽吸声频带的宽度。

2) 穿孔板共振吸声结构

穿孔板共振吸声结构是在钢板、铝板或胶合板、塑料板、草纸板等薄板上穿以一定孔径和穿孔率的小孔，并在板后设置一定厚度空腔构成，如图 6-13 所示。穿孔板上的每个孔都有对应的空腔，可视为许多亥姆霍兹共振器的并联。当入射声波的频率和系统的共振频率一致时，就激起共振。此时，穿孔板孔颈处空气柱往复振动的速度、幅值均达到最大值，摩擦和阻尼也最大，使声能转变的热能最多，即吸声系数最高。声学共振频率 f_0 可由式(6-16)计算：

$$f_0=\frac{c}{2\pi}\sqrt{\frac{p}{hl_k}}\quad (\text{Hz}) \tag{6-16}$$

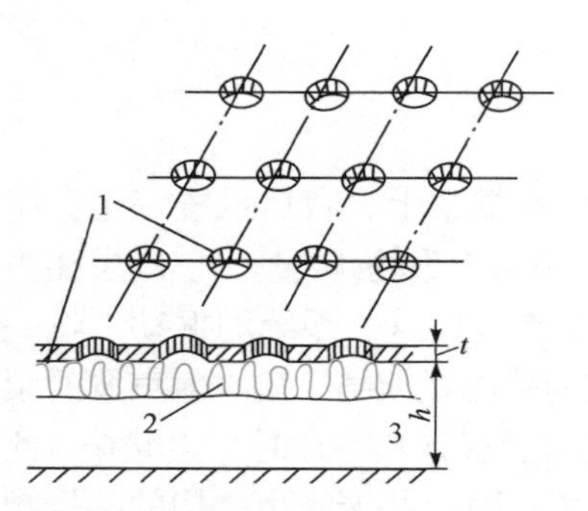

图 6-13 穿孔板共振吸声结构示意图
1. 穿孔板；2. 吸声材料；3. 空气层

式中，p 为穿孔率；c 为声速，m/s；h 为空腔深度(安装面到穿孔板的距离)，m；l_k 为小孔的有效颈长，$l_k=t+0.8d$，t 为板厚，d 为孔径，单位均为 m。

穿孔板共振吸声结构的缺点是吸声频带很窄，吸声峰值处的吸声系数一般也不高，为 0.4～0.7。为提高结构的吸声性能，可将穿孔板的孔径设计得偏小一些，或在穿孔板后面的空腔中填放一薄层多孔吸声材料，紧紧贴近穿孔板(图 6-13)，或在穿孔板后蒙一层薄布或玻璃布,可提高结构的声阻，从而提高吸声系数；若同时设计几种不同尺寸的共振吸声结构，分别吸收一段频带的声音，则可展宽吸声频带宽度。

在工程设计中，板厚一般取 1.5～10mm，孔径为 2～15mm，穿孔率为 0.5%～5%，甚至可达 15%，腔深为 50～300mm。

3) 管束式穿孔板共振吸声结构

管束式穿孔板共振吸声结构由穿孔板、背板和侧板构成的封闭空腔以及置于空腔内的管子排列成的管束构成，每根管子的一端连通穿孔板上的孔洞，管的另一端置于空腔内。管束的长度不受腔深的限制，其长度可远大于腔深，并且管长可设计成长短不一，以调谐共振频率和改变不同频率下的吸声系数。管束式穿孔板共振吸声结构及其变化形式如图 6-14 所示。

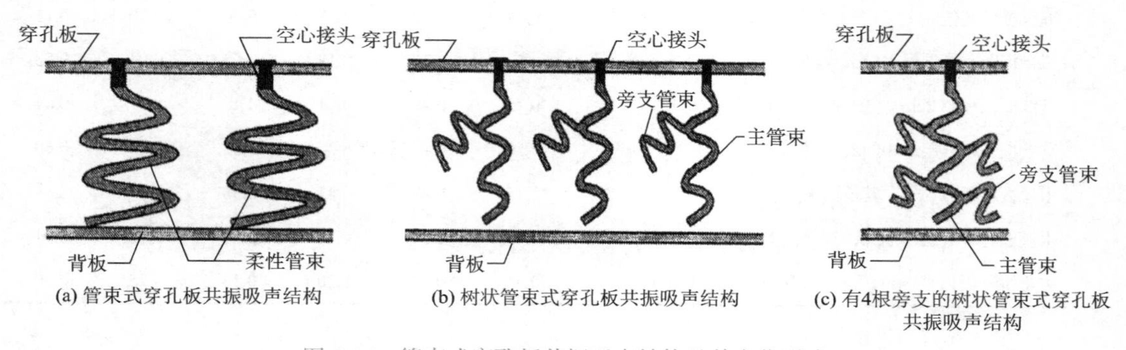

图 6-14 管束式穿孔板共振吸声结构及其变化形式

管束式穿孔板共振吸声结构的吸声性能突出反映在吸声频带宽，特别在中、低频段的吸声系数可以大幅度提高，而且是属于无纤维的环保吸声结构，抗老化、耐腐蚀，适用于高温、高速、潮湿和要求卫生清洁的场合。目前该结构已应用于离心风机、制冷压缩机和变电站的降噪中。

图 6-15 给出部分吸声材料和结构的典型的吸声频率特性曲线。多孔吸声材料在高频部分有较高的吸声系数；空腔共振(穿孔板)吸声结构在低频有一个尖而窄的吸声峰；薄板共振吸声结构在低频也有吸声峰，但比空腔共振吸声结构的吸声峰要稍宽些；管束式穿孔板共振吸声结构在低频段有一个很高的吸声峰，在中高频还有不少高低不一的小吸声峰。

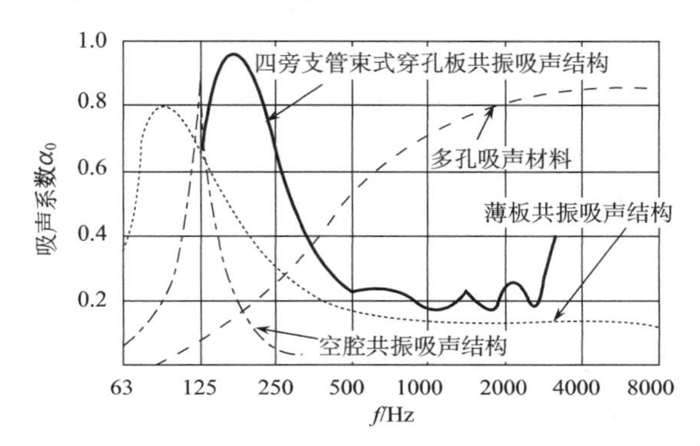

图 6-15 部分吸声材料和结构的典型的吸声频率特性曲线

4) 薄型塑料盒式吸声体

薄型塑料盒式吸声体也称“硬质塑料薄膜吸声体”，由改性聚氯乙烯塑料经真空成型，外形像个塑料盒扣在塑料基片上，如图 6-16 所示。当声波入射时，盒体的各个表面受迫做弯曲振动，由于盒体各壁面尺寸不同，边界条件也不同，薄片将产生许多振动模式，薄片在振动过程中由于自身的阻尼作用将部分声能转换为热能，从而起到吸声作用。因此，薄型塑料盒式吸声体有时也称“无规共振吸声结构”。

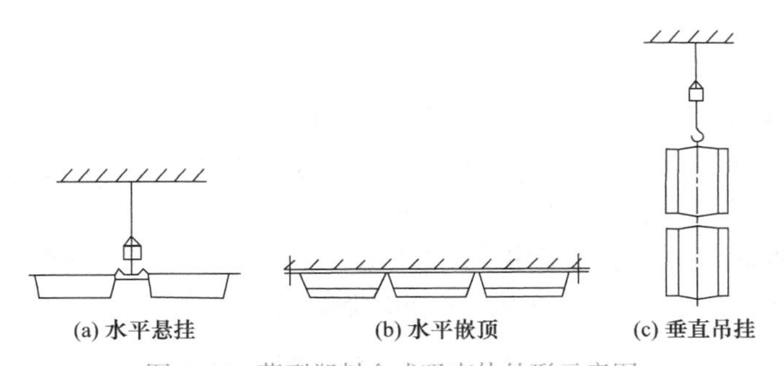

图 6-16 薄型塑料盒式吸声体外形示意图

这种结构设计时面层薄片以薄为宜，有利于高频吸收，适当增加基片厚度并在背后留有空气层，可以改善低频吸声效果；其断面形式可以是单腔、双腔和多腔结构，在一块基片上设置多个单元结构的组合，使各单元的共振频率无规分开，可以在相当宽的频率范围内达到较高的吸声系数。

薄型塑料盒式吸声体具有性能稳定、结构轻、阻燃耐腐蚀、施工方便、易冲洗等优点，特别适用于仪表、食品、医疗、电子等洁净要求较高的场所。

3. 微穿孔板吸声结构

微穿孔板吸声结构是由板厚和孔径均在1mm以下、穿孔率为1%～3%金属微穿孔板和空腔组成的复合结构。微穿孔板的孔细而密，与普通穿孔板相比具有声质量小、声阻大的特点，因而吸声系数和吸声频带宽度都比穿孔板吸声结构好得多，板后腔深可以控制吸声峰的位置，深度越大，共振频率越低。

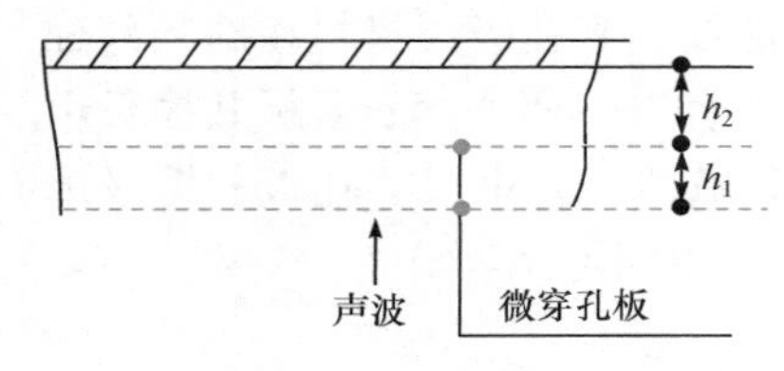

图 6-17 双层微穿孔板吸声结构

在实际应用中，常使用两层不同穿孔率的微穿孔板做成前后两个不同深度的空腔(一般前腔深 h_1 = 80mm，后腔深 h_2 = 120mm)。双层微穿孔板吸声结构的示意图如图 6-17所示。单层和双层微穿孔板吸声结构的吸声系数如图 6-18所示，可以看出，双层微穿孔板吸声结构具有宽频带、高吸收的特点。微穿孔板吸声结构特别适用于高温、潮湿以及有冲击和腐蚀的环境。

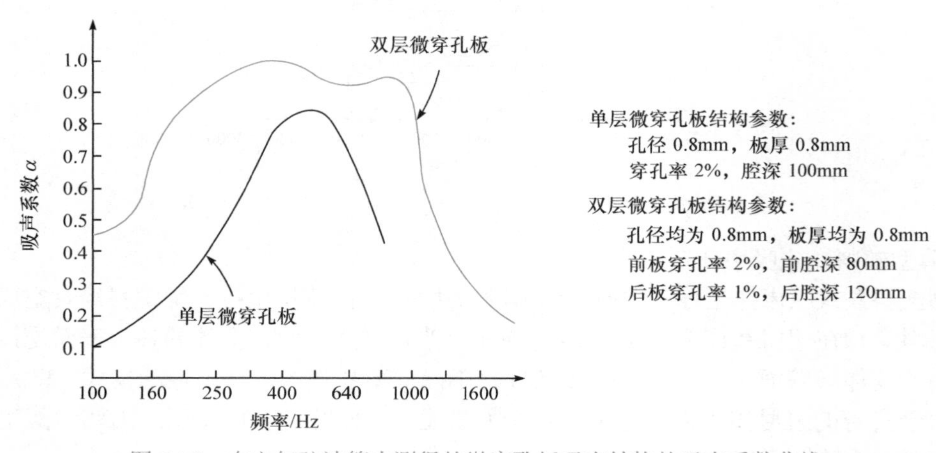

图 6-18 在空气驻波管内测得的微穿孔板吸声结构的吸声系数曲线

4. 吸声降噪措施应用范围

由于吸声技术对从声源来的直达声不起作用，它仅仅减弱反射声强度，也就是可降低室内由反射声形成的混响声场的强度。在离声源很近的以直达声为主的区域和自由场一般不采用吸声降噪措施。吸声降噪技术常用于下列场合。

(1) 在混响严重的大房间中宜采用吸声处理降噪，要注意其吸声面积的大小。实践经验证明，当房间容积小于3000m^3 时，采用吸声饰面降低噪声的效果较好。

(2) 当原房间内壁面平均吸声系数较小时，如壁面由坚硬而光滑的混凝土抹面(吸声系数较低)，采用吸声降噪措施能收到良好效果。

(3) 在噪声源多且分散的室内，当对每一噪声源都采取噪声控制措施(如隔声罩等)有困难时，可以将吸声措施和隔声屏配合使用，会收到良好的降噪效果。

6.3.3 隔声技术

1. 隔声的基本原理和隔声量

隔声是噪声控制工程中常用的一种技术措施，它利用墙体、各种板材及构件作为屏蔽物或利用围护结构把噪声控制在一定范围之内，使噪声在空气中的传播受阻而不能顺利通过，从而达到降低噪声的目的。

声音在空气中传播遇到障碍物(如墙面)后，由于界面处特性阻抗的改变，部分声能被反射，部分声能为墙面所吸收，另一部分透过墙体传到墙的另一面，称为“透射声”，如图 6-19 所示。透声系数 τ 定义为

$$\tau = E_{透}/E_{入} \quad (6\text{-}17)$$

式中，$E_{入}$ 为入射声波的能量；$E_{透}$ 为透过墙体的声能量。

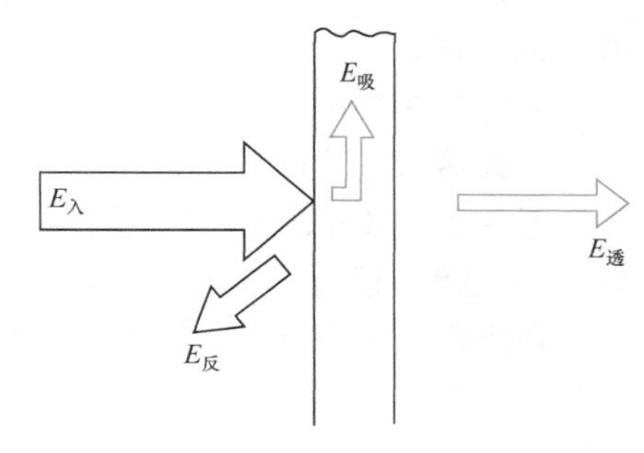

图 6-19　隔声原理示意图

在工程实际中，常采用透声系数 τ 的倒数的对数来表示透声损失的大小，称为“传声损失”，或“透声损失”，或“隔声量”，用 TL 表示，单位是 dB。其数学表达式为

$$\mathrm{TL} = 10\lg\frac{1}{\tau} \quad (\mathrm{dB}) \quad (6\text{-}18)$$

由式(6-18)可见，τ 值越小，TL 值越大，说明隔声性越好。例如，一个隔墙的透声系数为 0.01，则其隔声量为 20dB。

2. 单层密实均匀构件的隔声性能

单层密实均匀构件(工程上常简称为“隔墙”)的隔声材料要求密实而厚重，如砖墙、钢筋混凝土、钢板、木板等都是较理想的隔声材料，它们的隔声性能与材料的刚性、阻尼、面密度有关，也与频率有关。图 6-20 给出均匀密实、边缘固定的长方形单层隔墙的隔声量频率特性曲线。随着频率的升高，该曲线可分为以下 4 个区域。

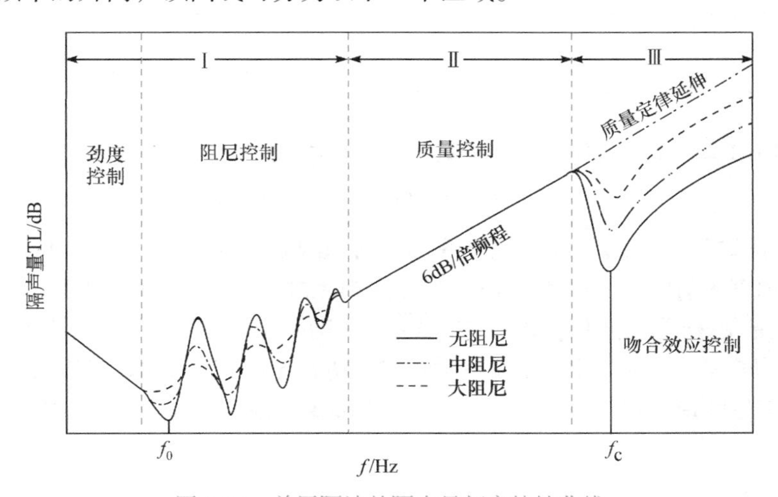

图 6-20　单层隔墙的隔声量频率特性曲线

1) 劲度控制区

在很低的频率范围，即低于隔墙最低共振频率时，隔声量主要取决于隔墙的劲度[①]，劲度

① 劲度全称劲度系数，定义为构件抵抗弹性位移的能力，用产生单位位移(或单位角位移)所需的力(或力矩)来量度，用 K 表示，单位是 N/m。在工程力学、工程结构、建筑材料学科中常采用。

越大，隔声量也越高。

2) 阻尼控制区

随着频率的增加，进入了隔墙的共振频率及谐波的控制频域。在这一区域，隔声量下降。第一共振频率处，隔声量最小。增加结构的阻尼可以提高隔声量并缩小共振区的范围，所以有时也称它为阻尼控制区。

3) 质量控制区

在此区域内是隔墙的质量起主要控制作用。声波作用到墙体结构上时，如同一个力作用于质量块上，质量(隔墙的面密度)越大，其惯性阻力越大，墙体的振动速度越小，即隔声量越大，而且频率越高，隔声量越大。

在隔声室内测到的不同结构的单层密实均匀构件的隔声量如表 6-10 所示。

表 6-10 单层密实均匀构件的隔声量 (单位：dB)

类别	结构	倍频程中心频率/Hz					
		125	250	500	1000	2000	4000
砖墙	1/4 砖墙	26	30	30	34	41	40
	1/2 砖墙	33	37	38	46	52	53
	1 砖墙	40	45	40	53	54	54
木板	9mm 木板，三夹板	12	17	22	25	26	20
玻璃板	6mm	20	24	29	33	25	30
	9mm	20	26	30	30	32	39
钢板	3mm	22	28	34	40	45	32
	6mm	28	34	40	45	37	42
铝板	3mm	14	19	25	31	36	29
	6mm	19	25	30	36	30	32

单层密实均匀构件(隔墙)对声的隔声量可用式(6-19)计算(隔墙两边均为空气)：

$$\mathrm{TL} = 20\lg f + 20\lg m - A \quad (\mathrm{dB}) \tag{6-19}$$

式中，f 为入射声波频率，Hz；m 为隔墙的单位面积的质量(面密度，ρd)，$\mathrm{kg/m^2}$；A 为修正常数，当声波为垂直入射时，A 取 42.7dB，当声波为无规入射时，A 取 48dB。

式(6-19)就是关于隔声的质量定律表达式。它表明，单层隔墙的面密度每增加一倍，隔声量就增加 6dB；同样，入射声波频率每升高一倍，隔声量也增加 6dB。实际上，由于隔墙本身存在弹性，隔声量的增加仅为 4～6dB。本区域内隔墙的隔声量符合质量定律，故称为质量控制区。

4) 吻合效应控制区

频率上升到一定数值以后，质量效应与板的弯曲刚度效应抵消，隔声量显著下降的现象称为“吻合效应”。产生吻合效应的最低频率 f_c 称为“临界频率”，它的大小与隔墙材料的面密度、厚度和弹性模量有关。厚重墙体的临界频率多发生在低频，人耳一般感受不到；薄板墙的临界频率多发生在可听声频率范围，如 5mm 薄板的临界频率在 4000Hz 以上。在高于吻合临界频率的高频段，隔墙的隔声量仍遵循质量定律，故此区也称为“质量定律延伸区”。

在隔声设计中必须使所隔绝的声波频段避开低频共振频率与吻合频率，从而可以利用质量定律来提高隔声量。

3. 双层结构的隔声性能

双层结构是指两个单层结构中间夹有一定厚度的空气或多孔材料的复合结构。双层结构的隔声效果要比同样质量的单层结构好，这是因为中间的空气层(或填有多孔材料的空气层)对第一层结构的振动具有弹性缓冲作用和吸收作用，使声能得到一定衰减后再传到第二层，能突破质量定律的限制，提高整体的隔声量。一般可比同样质量的单层结构的隔声量高 5～10dB。

图 6-21 比较了单双层结构隔声量的实验室测试结果①。单层板隔声量(曲线 3)在 125～1000Hz 的质量控制区内，入射声波频率升高一倍，隔声量增加 5～6dB；双层结构的隔声量(曲线 2)平均比单层结构高约 10dB；当中间填了矿渣棉毡后隔声量又提高了近 10dB，尤其是吻合效应的影响变小了。

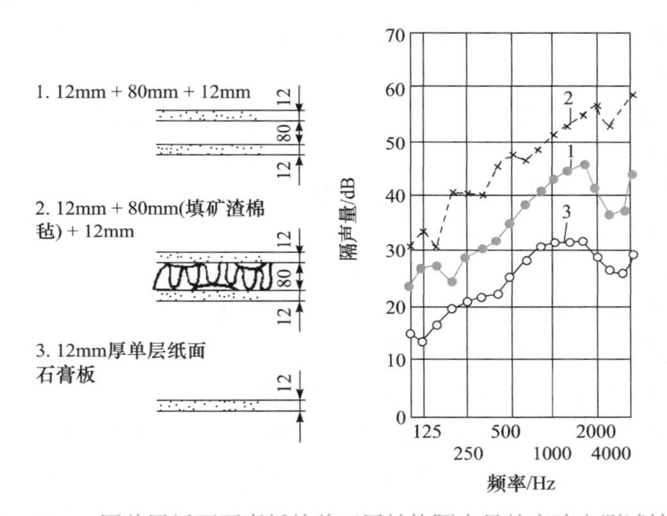

图 6-21 12mm 厚单层纸面石膏板的单双层结构隔声量的实验室测试结果比较

1. 双层结构，中空 80mm，木龙骨；2. 双层结构，中填 80mm 矿渣棉毡，木龙骨；3. 单层纸面石膏板

尺寸单位为 mm

双层结构的隔声量与空气层厚度有关，厚度增加，隔声增量也增加。实际工程中一般取空气层厚度为 8～10cm。双层间若有刚性连接，则会存在“声桥”，使前一层的部分声能通过声桥直接传给后一层，显著降低隔声量，因此要求双层结构边缘与基础之间为弹性联结，空气层中填有多孔材料。

4. 隔声罩和隔声间

对体积较小的噪声源(小设备或设备的某些噪声部件)，直接用隔声结构罩起来，可以获得显著的降噪效果，这就是隔声罩，是目前控制机械噪声的重要方法之一。

评价隔声罩的综合降噪效果一般采用插入损失 IL 来表示。插入损失 IL 定义为罩外同一点

① 图 6-21 摘自：吕玉恒. 1999. 噪声与振动控制设备及材料选用手册. 北京：机械工业出版社。由于是在隔声室内测试，已排除了声桥的影响，测试值与理论值很接近。

在安装隔声罩前后的声压级之差，即

$$IL = L_{p1} - L_{p2} \quad (dB) \tag{6-20}$$

式中，L_{p1}、L_{p2}分别为罩外同一点测得的安装隔声罩前、后的声压级，dB。

对于全封闭的隔声罩，插入损失 IL 的计算公式为

$$IL = 10\lg\left(\frac{\alpha_1 + \tau_1}{\tau_1}\right) = TL + 10\lg(\alpha_1 + \tau_1) \tag{6-21}$$

式中，$TL = 10\lg(1/\tau_1)$，为隔声罩构件的隔声量，dB；τ_1为隔声罩构件的透射系数；α_1为隔声罩内表面的吸声系数。

式(6-21)右边第二项为负值，因此隔声罩的插入损失 IL 总是小于隔声罩构件的隔声量 TL，这是因为罩内的狭小空间中存在高声强混响声场。隔声罩内表面敷设吸声层，可以降低罩内混响场的声压级，从而提高隔声罩的插入损失。

隔声罩由板状隔声构件组成，一般用厚 1.5～3mm 的钢板作面板，用穿孔率大于 20%的穿孔板作内壁板(面向噪声源)，中间填充用纤维布等包覆的多孔吸声材料。这种由单层隔声构件构成的隔声罩的插入损失一般为 20～40dB。

为了获得较为理想的隔声降噪效果，在设计隔声罩时应考虑以下几点。

(1) 尽量选用隔声性能好的轻质复合材料，最好在板的内侧涂敷阻尼材料。

(2) 罩板面尽量不与设备表面平行，以防止驻波效应存在，降低隔声量。遇到这种情况时，可以在夹缝内填充吸声材料加以改善。

(3) 避免隔声罩与声源之间的刚性连接，隔声罩与地面间应设隔振措施。

(4) 隔声罩应尽量密封和避免开孔，否则会使隔声量大大下降。试验表明，只要开孔面积占隔声罩总面积的 1/100，其隔声量就会下降 20dB 以上。故在罩上开孔时需进行必要的处理，如传动轴在罩上穿过的开孔处加一套管，管内衬以泡沫塑料、毛毡等吸声材料；在通风散热口处加装消声器；在门、窗、盖子的接缝处垫以软橡胶之类的材料等。

(5) 要考虑罩内的通风散热问题，并要方便设备的检修、操作和监视。

当一个车间内有很多分散的噪声源时，可考虑建立一个小空间使之与噪声源隔离开来，形成较安静的小空间，这就是隔声间，它还可以作为操作控制室或休息室。隔声间的隔声原理与隔声罩相同，只是变换了声源和受声点的相对位置。隔声间可用金属板或土木结构建造，并要考虑通风、照明和温度的要求，特别是要采用特制的隔声门窗。

5. 隔声屏

隔声屏是放在噪声源和受声点之间的用隔声结构制成的一种隔声装置。合理设计隔声屏的位置、高度、长度，可使接受点的噪声衰减 7～24dB。隔声屏降噪原理如图 6-22 所示，原理详情可参阅 6.3.1 节“交通噪声的传播途径及控制方法”部分。

隔声屏的降噪效果与声波频率、屏障尺寸有关。由于低频声波的波长长，绕射能力强，隔声屏对低频噪声的降噪效果较差。隔声屏具有灵活方便、可拆装的优点，可作为不易安装隔声罩时的补救降噪措施。隔声屏现已广泛应用于穿越城市的高架路、高速公路和铁路的两侧。

隔声屏一般用砖、砌块、木板、钢板、塑料板、玻璃等厚重材料制成，面向声源的一侧最好加吸声材料，在设计使用时应注意以下几点。

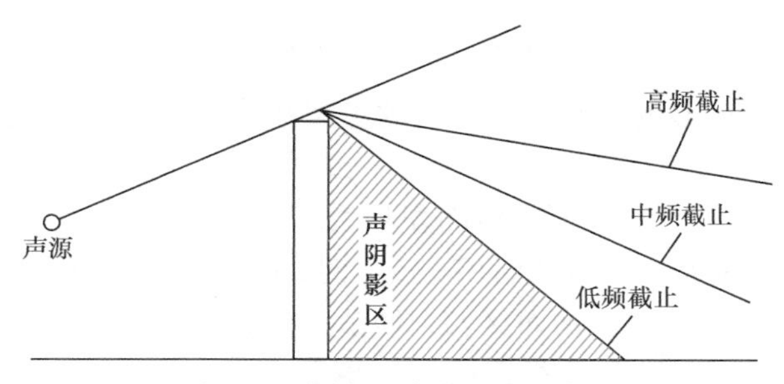

图 6-22　隔声屏降噪原理示意图

(1) 隔声屏主要用于阻挡直达声，应尽量靠近声源；活动隔声屏与地面间的缝隙应减到最小。

(2) 为了形成有效的“声阴影区”，隔声屏要有足够的高度和长度，特别是有足够的高度。有效高度越高，降噪效果越好，宽度一般为高度的 3～5 倍。

(3) 隔声屏选材要考虑本身的隔声性能。一般要求其本身的隔声量比声阴影区所需的声级衰减量至少大 10dB，才能排除透射声的影响。

(4) 室内设置的隔声屏最好作双面吸声处理，有利于减弱混响声场，提高其降噪作用。

6.3.4　消声器

许多机械设备的进气管道、排气管道和通风管道都会产生强烈的空气动力性噪声，而消声器是防治这种噪声的主要装置，它既阻止声音向外传播，又允许气流通过，装在设备的气流通道上，可使该设备本身发出的噪声和管道中的空气动力噪声降低。

评价消声性能的指标有两种：“插入损失”与“传递损失”。插入损失 IL 定义为系统中接入消声器前后，在系统外某点测得的声压级之差。传递损失 TL 是消声器入口处和出口处的声功率级之差，通常称为“消声量”，常用于理论分析，工程中也用ΔL 表示。传递损失的定义为

$$\mathrm{TL}=10\lg\left(\frac{W_1}{W_2}\right)=L_{W1}-L_{W2}\quad(\mathrm{dB})\tag{6-22}$$

式中，L_{W1}、L_{W2} 分别为消声器入口、出口处的声功率级，dB；W_1、W_2 分别为消声器入口、出口处的声功率，W。

根据消声机理，消声器主要分成两大类，即阻性消声器和抗性消声器。另外，还发展了阻抗复合型消声器、微穿孔板消声器和喷注耗散型消声器。

1. 阻性消声器

阻性消声器是靠管内壁上吸声材料的吸收噪声能量的作用使管内传播的噪声衰减，从而达到消声的目的。它具有结构简单和良好地吸收中高频噪声的优点，在实际工程中得到广泛的应用。但不适合在高温、高湿的环境中使用，多用于风机的进、排气消声。

阻性消声器的消声量ΔL 可按式(6-23)估计：

$$\Delta L=\mathrm{TL}=\varphi(\alpha)\frac{Pl}{s}\quad(\mathrm{dB})\tag{6-23}$$

其中，

$$\varphi(\alpha)=4.34(1-\sqrt{1-\alpha})/(1+\sqrt{1-\alpha})$$

式中，α 为在通道内壁上敷设的多孔吸声材料的吸声系数；s 为气流通道横截面积，m^2；P 为气流通道断面周长，m；l 为消声器的有效长度，m。

可见消声器的长度越大，内饰面吸声面积越大，吸声系数越高，消声效率越好，能在较宽的中高频范围内消声。然而，当通道面积 s 较大时，高频声波将以窄束的形式沿通道中央穿过，不与或很少与周边的吸声材料饰面接触，使消声量急剧下降，这称为“高频失效现象”。消声量明显下降时的频率称为“消声器高频失效频率” $f_{高}$：

$$f_{高}=1.8\frac{c}{D}\quad(\text{Hz}) \tag{6-24}$$

式中，c 为气体声速，m/s；D 为通道断面当量直径(矩形通道为 4 条边长的平均值，圆形通道即为直径)，m。

为克服高频失效或提高失效频率，可在消声器通道中加装消声片组成片式消声器，还可设计成片式、折板式、蜂窝式、声流式、迷宫式、弯头式等，如图 6-23 所示。

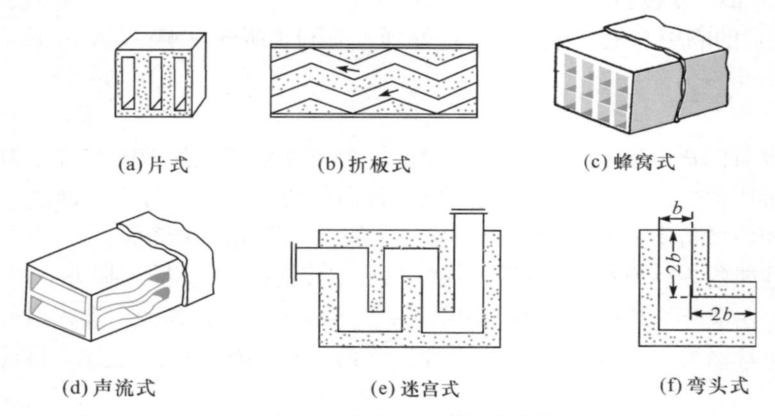

图 6-23　几种典型的阻性消声器

2. 抗性消声器

抗性消声器不直接吸收声能。它借助于管道截面的突变或旁接共振腔的方法使部分声波反射后不能沿管道继续传播而达到消声目的。抗性消声器的基本形式为扩张室式和共振腔式，适用于消除低中频噪声，构造简单，耐高温，耐气体腐蚀和冲击，其缺点是消声频带窄、对高频噪声消声效果较差。

1) 扩张室消声器

扩张室消声器是利用管道截面的突然扩大或缩小，造成通道内阻抗的突变，使某些频率的声波因反射或干扰而不能通过，达到消声的目的。

图 6-24(a)给出一种最简单的单节扩张室消声器，它的消声量ΔL 为

$$\Delta L=10\lg\left[1+\frac{1}{4}\left(m-\frac{1}{m}\right)^2\cdot\sin^2 kl\right]\quad(\text{dB}) \tag{6-25}$$

式中，m 为扩张比，$m=s/s_1$，其中，s 为扩张室截面积，m^2，s_1 为主通道截面积，m^2；l 为扩张室消声器长度，m；k 为波数，$k=2\pi/\lambda$，rad/m，其中，λ 为波长，m。

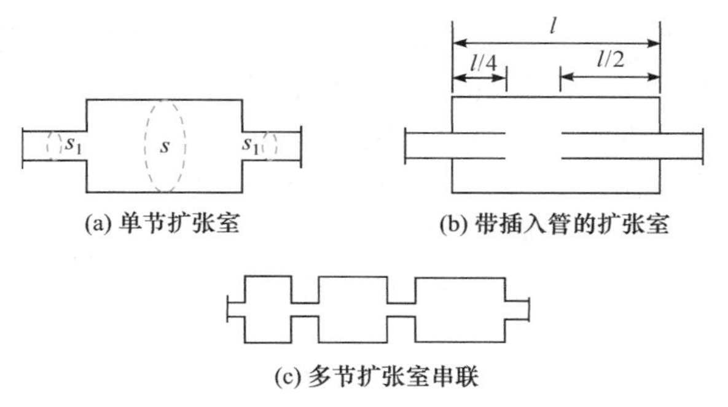

(a) 单节扩张室　(b) 带插入管的扩张室

(c) 多节扩张室串联

图 6-24　扩张室消声器示意图

由式(6-25)可知，扩张室消声器的消声量ΔL是kl的周期性函数，随着频率的变化，ΔL在0和极大值之间变化。当$l=(1/4)\lambda$或其奇数倍时，$\sin^2 kl=1$，ΔL有极大值$\Delta L_{\max}$；当$l=(1/2)\lambda$或其整数倍时，$\sin^2 kl=0$，ΔL有极小值0，此时相应的声波可以无衰减地通过，不起消声作用，该频率称为“通过频率”f_n。通过频率为

$$f_n=\frac{nc}{2l}\quad (\text{Hz})\quad (n=1,2,3,\cdots) \tag{6-26}$$

改善扩张室消声器性能、消除通过频率的方法有以下几种：①在扩张室的进、出口管分别插入内接管，如图 6-24(b)所示。当插入的内接管长度为扩张室长度的 1/4 时，可消除式(6-26)中n为偶数的通过频率；当插入的内接管长度为扩张室长度的 1/2 时，可消除式(6-26)中n为奇数的通过频率。②用多节扩张室消声器串联，各节长度不等[图 6-24(c)]，使通过频率互相错开。由于各节扩张室消声器声场之间存在相互影响，总消声量总是小于各扩张室消声器消声量之和。

同样，扩张室消声器也存在有效消声的高频失效频率，计算公式为

$$f_{高}=1.22\frac{c}{D}\quad (\text{Hz}) \tag{6-27}$$

式中，c为声速，m/s；D为扩张室断面当量直径，m。

因此，扩张室截面越大，消声高频失效频率就越低，使消声器的有效消声频率范围变小；但是D越小，扩张比m就小，整个消声量降低。因此，提高高频失效频率与增加消声量是矛盾的。扩张室不是越大越好，需合理选择，多方兼顾。

2) 共振腔消声器

共振腔消声器实际上是共振吸声结构的一种应用，它由一段在管道壁上开小孔的气流管道和管外的一个密闭空腔组成，主要有同心式和旁支式两种，如图 6-25 所示。

共振腔消声器的消声原理与共振吸声结构相同。当声波频率和消声器共振腔的固有频率一致时产生共振，小孔孔颈的空气柱的振动速度达到最大值，消耗的声能也最大，因此达到了消声的目的。

同样也可采用多节具有不同共振频率的共振腔串联的形式来拓宽消声频带。

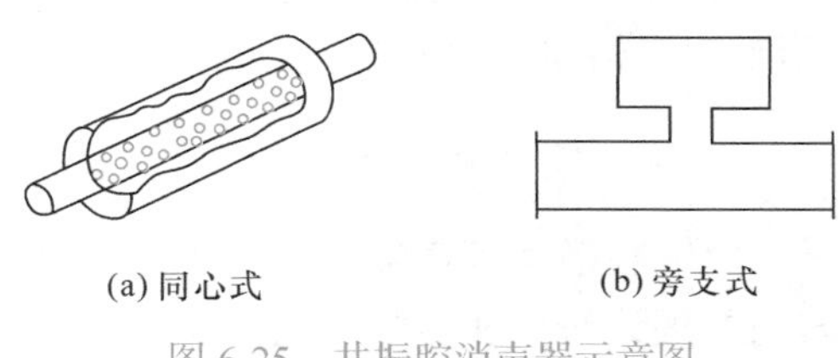

(a) 同心式　(b) 旁支式

图 6-25　共振腔消声器示意图

3. 阻抗复合型消声器

由于阻性消声器对中高频噪声有较好的消声效果，抗性消声器对中低频噪声有良好的消

声效果，把两者结合起来组成阻抗复合型消声器，便可获得在宽的频率范围内的良好的消声效果。实际应用的阻抗复合型消声器如图 6-26 所示，其中图 6-26(a)复合型消声器适合气流通道直径不大于 250mm，以消除中高频噪声为主；图 6-26(b)复合型消声器也是以消除中高频噪声为主，但适合气流通道直径介于 250～500mm，单位长度上具有较高的消声量，也可在气流通道内加装吸声片以提高高频失效频率，吸声片两端做成尖劈状以减少阻力损失；图 6-26(c)和图 6-26(d)的复合型消声器具有低中高频消声特性，适用于低中高频都较高的宽带噪声消声，同时又需要较大的消声量的场合。

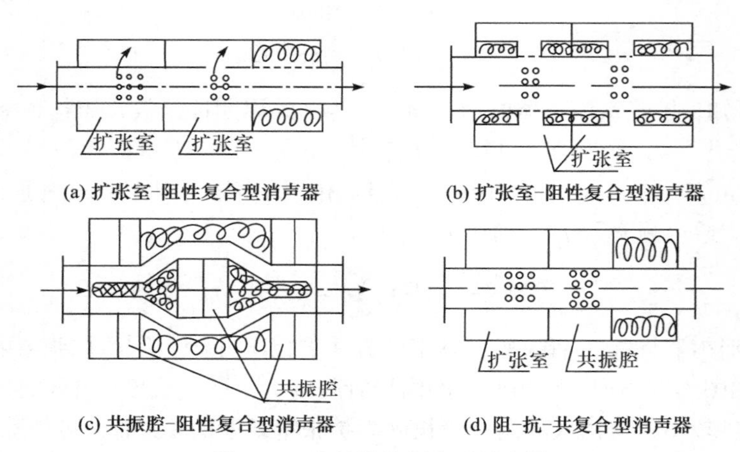

图 6-26 几种阻抗复合型消声器

由于声波在传播过程中具有反射、绕射、折射、干涉等特性，因此阻抗复合型消声器消声量并不能近似地认为是阻性与抗性在同一频带的消声量的叠加，最好通过具体结构类型的实际测试取得。

4. 微穿孔板消声器

用金属微穿孔板通过适当的组合做成的微穿孔板消声器，具有阻性和抗性消声器的特点，在很宽的频率范围内具有良好的消声效果。微穿孔板消声器根据流量、消声量和阻力等要求，可以设计成管式、片式、声流式、室式等多种类型。双层微穿孔板消声器有可能在 500～8000Hz 的宽频带范围达到 20～30dB 的消声量。

微穿孔板消声器大多用薄金属板材制作，特点是阻力损失小，再生噪声低，耐高温、耐潮湿、耐腐蚀，适用于高速气流的场合(最大流速可达 80m/s)，遇粉尘、油污也易于清洗，所以广泛地应用于大型燃气轮机和内燃机的进排气管道、柴油机的排气管道、通风空调系统、高温高压蒸汽放空口等处。

5. 喷注耗散型消声器

喷注耗散型消声器主要用于降低高压高速排气放空的空气动力性噪声，它是从喷气噪声辐射的理论研究和实验研究中开发出的新型消声器。

1) 节流降压消声器

排气放空噪声声功率或声压级与压力降的高次方成正比，如果设法把原来高压直接排空的一次大的压降突变分散成多次小的渐变压降，便可以降低排气放空噪声的声功率。这个过程是由节流孔板完成的。根据节流降压原理，当高压气体通过具有一定流通面积的节流孔板时，压力得到降低。

节流降压消声器便是依据此原理设计而成的，典型结构如图 6-27 所示。它由多级节流板串联而成，其相邻的孔板间夹有均压的腔室。这种压力渐变排空的消声器的消声量可达 23dB。

2) 小孔喷注消声器

喷注噪声是宽带噪声，其中心频率与喷注口直径成反比。因此，如果喷注口直径变得很小(几毫米或几丝米[①])，可使噪声能量从可听声范围移向人耳不敏感的超高频范围，这样在保持相同排气管条件下可听声得到降低。小孔喷注消声器结构如图 6-28 所示。

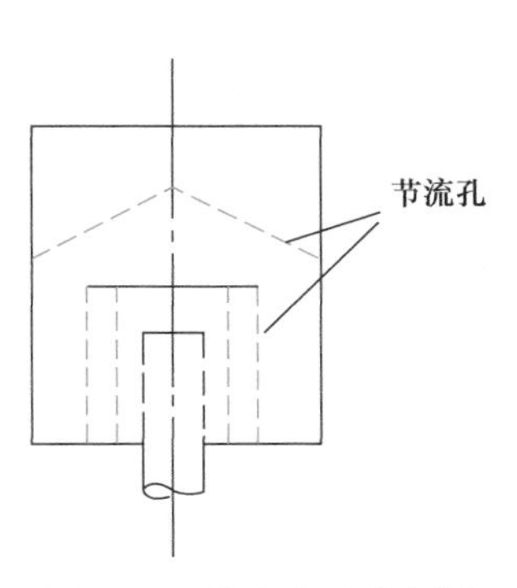

图 6-27　节流降压消声器

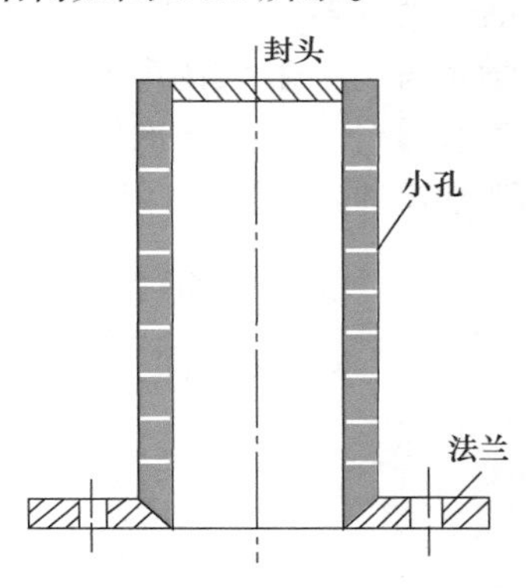

图 6-28　小孔喷注消声器

在设计小孔喷注消声器时，应注意以下 3 点：①小孔间距应大于小孔直径的 7 倍，以免小喷注很快汇合到一起成为大喷注；②小孔总面积要比管口面积大 50%以上，保证小孔消声器对气流无影响；③在消声器前加装除尘装置，防止炭粒、杂物等堵塞小孔。

3) 多孔扩散消声器

多孔扩散消声器的消声原理是当排放气流通过多孔装置扩散后被滤成无数个小的气流，气体压力减小，流速被扩散降低，使辐射的噪声强度大大减弱。多孔装置常使用烧结金属、多孔陶瓷、多层金属丝网等材料制成。多孔扩散消声器的具体结构如图 6-29 所示。

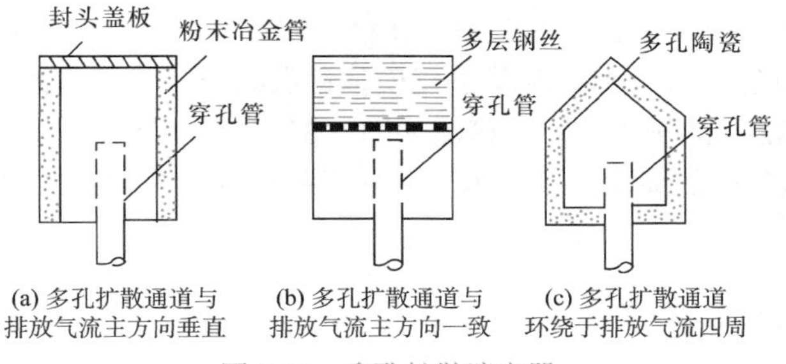

图 6-29　多孔扩散消声器

这类消声器与小孔喷注消声器不同之处在于多孔扩散消声器中的各小孔间的中心距与孔径之比比较小，不能忽略孔后气流混合后产生的噪声。设计这种消声器的有效出流面积要大于排气管道的横截面积。如果扩散面积足够大，它可比小孔喷注消声器的降噪效果还要好，可取得 30～50dB(A)的消声效果。

---

① 1dnm(丝米) = 10^{-4}m。

6.3.5 有源噪声控制

有源噪声控制又称“噪声主动控制技术”，是根据声波相消干涉[①]的原理实施的。利用一个“次级源”(也称“控制源”)对系统产生一个“次级干扰声波”以抵消原入射场的初级噪声，使最初的噪声得到衰减，次级干扰声波是通过初级噪声和电子技术来实现的。

有源控制系统的基本结构如图 6-30 所示。①“初级信号拾取传感器”用于采集原有的待控制对象，即初级噪声的强弱和频率特征；②“监测传感器”(又称“误差传感器”)用于监视控制的效果，即次级干扰声波引入后的残余场中声波的强弱和频率特征，并将测得的误差信号反馈给信号处理器，以组成闭环的有源噪声控制系统；③“次级源”，把次级干扰声波引进结构或声学系统，一般为扬声器；④“信号处理器”是系统核心，根据两个传感器送来的信号进行修正和综合，然后向次级源发出指令，使次级源输出的次级信号和初级信号相互作用的结果(即监测传感器的输出)满足一定的要求，以达到预定的控制目的。

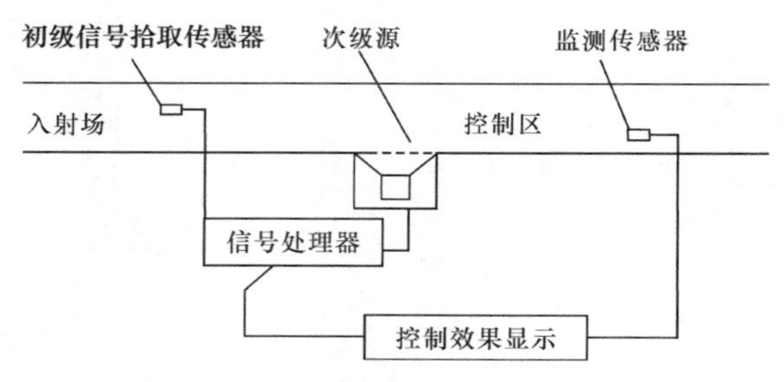

图 6-30 有源控制系统的基本结构示意图

有源控制要求采用收敛性良好的自适应算法(如 LMS 算法——最小均方算法)，要求信号处理器有足够高的运算速度，才能对随机变化的声场实时跟踪。随着信号处理技术的发展，有源噪声控制已逐渐成为一种可实施的技术，它在低频控制方面具有独特的优越性。

图 6-31 是用于重型载货汽车排气噪声的单通道有源消声器系统，该有源消声器与一个简化结构的无源消声器串联使用。作为次级源的扬声器装在封闭声腔内；误差传感器位于管道出口处，并带有风罩作保护；初级信号拾取由粘贴在发动机圆筒外的加速度计完成；需要控制的噪声设定在 500Hz 以下，恰好在管道截止频率以下，所以初级噪声属于平面波。控制系统利用自适应离线建模方法，用 LMS 算法建模估计次级通路传递函数。

有源消声器启动前后的排气噪声频谱图如图 6-32 所示，可见，有源消声器启动后在 300Hz 以下频段能增加 2～10dB 的降噪量，基本上消除了原排气噪声的二次和四次谐波。

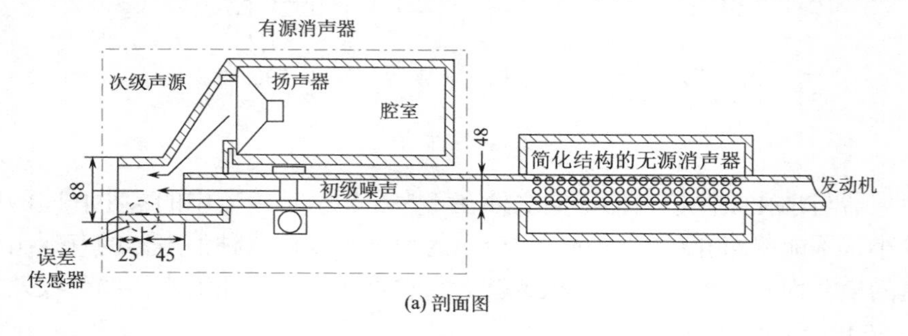

(a) 剖面图

① 当两列频率相同的声波在声场中同一个点以固定的相位差相遇,这两列波就称为“相干波”。如果这两列波在该点产生的振动特性是反相的，则在这个点介质的振动就会相互作用而减弱甚至消除，这种现象即为“相消干涉”。

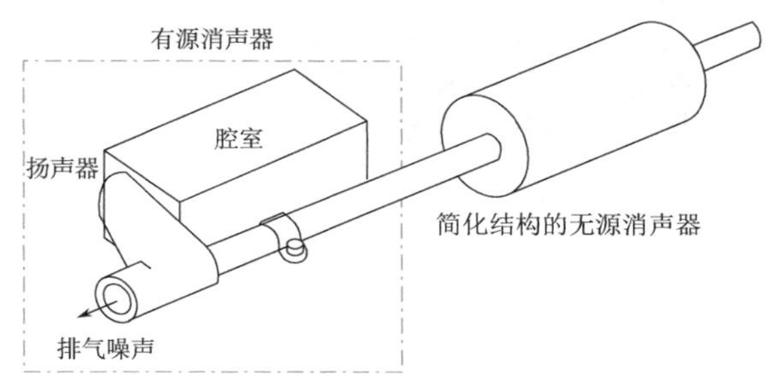

(b) 总体示意图

图 6-31 用于重型载货汽车排气噪声的单通道有源消声器系统
尺寸单位为 mm

图 6-33 为空间有源噪声控制系统示意图。图 6-33(a)为噪声源控制。被控噪声源被包围在封闭曲面 Σ 内，各个次级声源分布在曲面上，单向向外发射与被控声源反向的次级声波，使之相消。该装置仅能在一定立体角内起作用，因而必须装置足够多的次级声源。图 6-33(b)为声场控制，在待控制区域内布置若干个检测点，通过伺服控制系统调节次级声波各频段的声能强弱和相位，使检测点的声级达到控制目标值。由于有源噪声控制对次级声波的幅值和相位均有严格要求，因此宽频带噪声较难实现有源控制。

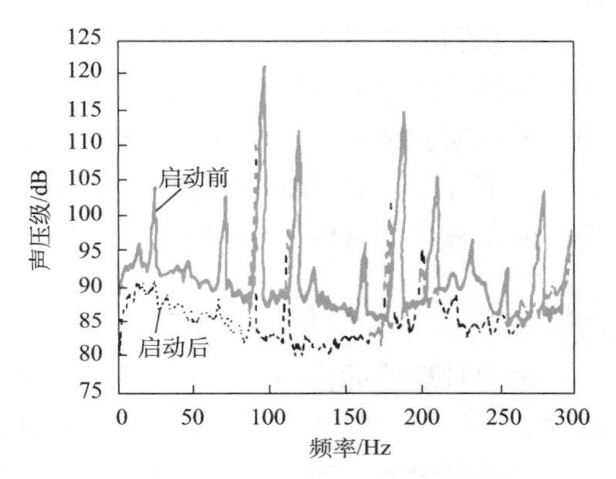

图 6-32 有源消声器启动前后的排气噪声频谱图

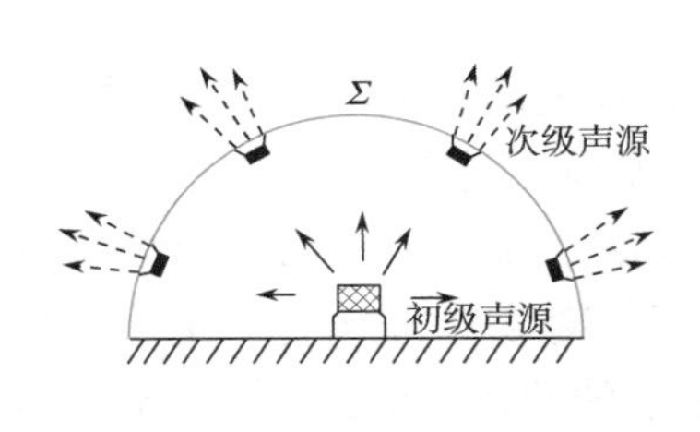

(a) 噪声源控制

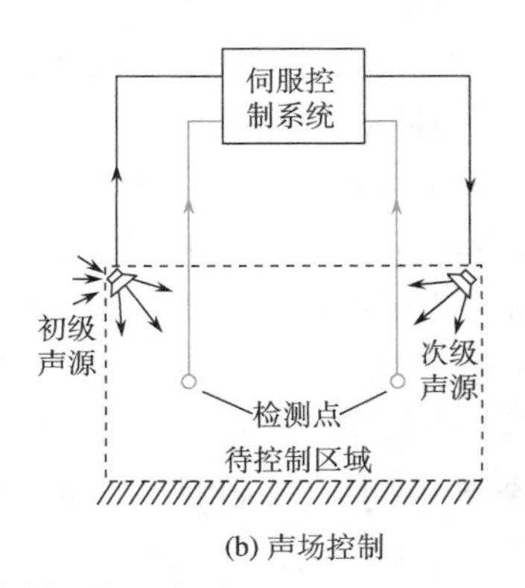

(b) 声场控制

图 6-33 空间有源噪声控制系统示意图

有源噪声控制近年来的进展主要在 5 个方向：控制结构、控制算法、换能器、虚拟声环境和各种不同的实际应用。系统的稳定性和鲁棒性①是目前对控制系统与控制算法研究的重点。主被动结合的控制方法，由于其可靠、作用频段宽、可模块化组装、便于安装和维修等，已越来越得到重视。

① 鲁棒性(robustness)就是系统的健壮性，是指控制系统在一定(结构、大小)的参数摄动下，能维持某些性能的特性。它是在异常和危险情况下系统生存的关键。例如，计算机软件在输入错误、磁盘故障、网络过载或有意攻击的情况下，能不死机、不崩溃，就是该软件的鲁棒性。根据对性能的不同定义，可分为稳定鲁棒性和性能鲁棒性。以闭环系统的鲁棒性为目标设计得到的固定控制器称为鲁棒控制器。

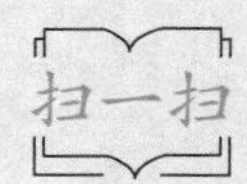

链接 6-4　汽车噪声及其控制

链接 6-5　机场航空噪声及其控制

6.4　振动控制基础

振动是指一个物体在其平衡位置附近做一种周期性的往复运动，任何一种机械都会产生振动。引起机械振动的原因主要是旋转或往复运动部件的不平衡、磁力不平衡和部件的互相碰撞。

振动和噪声有着十分密切的联系。声波就是由发声物体的振动产生的。当振动的频率在20～20000Hz 的声频范围时，振源同时也就是噪声源。因此，降噪问题实质上也是一个减振问题。振动控制和噪声控制两者是密切相关的。

本节介绍的振动控制主要针对隔绝振动在固体构件中的传递和改变固体界面声辐射效率。前者称为“隔振”，后者称为“阻尼”。

6.4.1　振动对环境的污染和危害

振动对环境的污染，首先是振动会引起强烈的空气噪声，其次是振动引起的结构噪声通过基础、楼板、墙壁，可以迅速传递到很远处，造成较大范围内的振动和噪声的环境污染。

振动对设备、建筑物会产生很多不良后果。振动作用于仪器和设备，会影响仪器设备的精度、功能和正常使用寿命，严重时还会直接损坏仪器设备；振动作用于建筑物，会使建筑物发生开裂、变形。当振级超过 140dB 时，振动有可能使建筑物倒塌；飞机的发动机和机翼的异常振动，还会造成严重的飞行事故。

针对人体的振动阈值，ISO 2631 规定了人对振动的敏感极限。大量不同产业的工人在工作过程中承受着全身或者部分身体的振动。全身的振动可能是由支撑身体的部件(如直升机座位)传递的。部分身体的振动可能是由工作过程造成的，如冲压、钻削和切割作业。当振动的频率接近人体某一器官的固有频率时，会引起共振，对该器官产生严重影响和危害。例如，人的胸腔和腹腔系统对频率为 4～8Hz 的振动有明显的共振效应，人体若承受频率 4～8 Hz 的振动，将会受到严重的损伤。此外，不同的振动频率对人体伤害的表现也不同。视觉模糊为 2～20Hz，语言障碍为 1～20Hz，工作障碍为 0.5～20Hz，过度疲劳为 0.2～15Hz。

因此，振动也是环境物理污染的因素之一。振动的控制不仅是防治噪声的重要方法，还是减少振动的不利影响和危害必不可少的措施。

6.4.2　振动控制的基本技术

控制振动可以从振源、传递途径和接受体三方面着手。概括起来，振动控制的方法有：①振源振动控制；②隔振；③阻尼减振和动力吸振；④有源振动控制和半主动振动控制。

1. 振源振动控制

振源振动控制是减少和消除振动源振级的最彻底、最有效的方法，可从两方面入手。首先是减少机器扰动。例如，通过改造机械的结构，改善机器的平衡性能；提高设备制造精度，减少振动结构的装配公差；改变干扰力方向等。其次是控制共振，可以通过改变机械结构的固有频率、改变机器转速避免共振；或将振源安装在非刚性基础上、管道和传动轴采用隔离固定、在仪表柜等薄壳体上采用阻尼减振技术等，可大大减少共振的影响。

2. 隔振技术

1) 隔振原理

隔振就是在振源和需要防振的设备之间安置隔振装置，使振源产生的大部分振动能量为隔振装置所吸收，减少振源对设备的干扰，从而达到减少振动的目的。

根据振动传递方向的不同，隔振可分为两类："积极隔振"和"消极隔振"。

积极隔振是隔离机械设备本身的振动通过其机脚、支座传到基础或基座，以减少振源对周围环境或建筑结构的影响，也就是隔离振源。一般的动力机器、回转机械、锻冲压设备均需要积极隔振。因此，积极隔振也称为"动力隔振"。

消极隔振是防止周围环境的振动通过地基(或支撑)传到需要保护的仪表、器械。电子仪表、精密仪器、贵重设备、消声室、车载运输物品等均需进行隔振。因此，也把消极隔振称为"运动隔振"或"防护隔振"。

一般来讲，积极隔振的频率范围在 3～1000Hz，消极隔振的频率范围在 3～30Hz。

2) 隔振装置

隔振装置可分为两大类：隔振器和隔振垫。隔振器是经专门设计制造的具有确定的形状和稳定的性能的弹性元件，使用时可作为机械零件进行装配。隔振垫是利用弹性材料本身的自然特性，一般没有确定的形状尺寸，可根据实际需要拼排或裁剪。

(1) 隔振器。

一是金属弹簧隔振器。金属弹簧隔振器是一种用途广泛的低频隔振装置，从轻巧的精密仪器到重型的工业设备都可应用。其优点是具有很高的弹性，可承受较大的负荷，可从数牛到十多万牛[①]，静态变形位移大，可达 10～100mm；耐油、水、溶剂等的侵蚀，抗高温；固有频率低，为 2～4Hz；低频隔振性能好；设计计算方法较成熟。缺点是本身阻尼小，共振时传递率可能很大，高频隔振性能差。

常用的金属弹簧隔振器有圆柱形螺旋弹簧隔振器、板条式隔振器、不锈钢钢丝绳弹簧隔振器以及碟形弹簧隔振器、螺旋锥簧隔振器等，如图 6-34 所示。

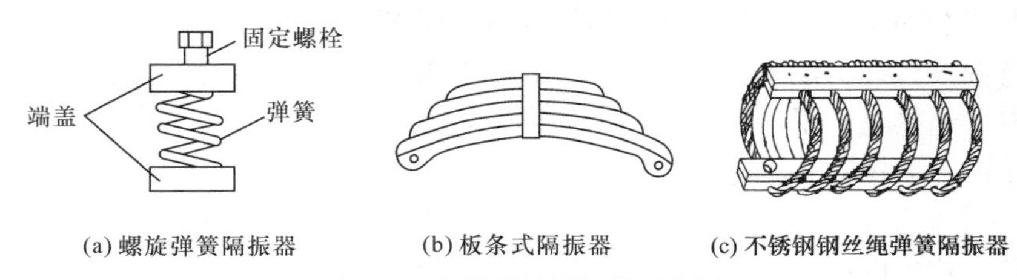

图 6-34　金属弹簧隔振器示意图

二是橡胶隔振器。橡胶隔振器是一种适合于中小型设备和仪器隔振的装置。它具有良好的隔振缓冲和隔声性能；可承受压缩、剪切或剪切-压缩力，但不能承受拉力；阻尼大，有良

---

① "牛"是力的国际单位制单位"牛顿"的简称，1 牛顿 ＝1N＝1(kg · m)/s^2。

好的抑制共振峰作用，不会产生共振激增现象；能大量吸收高频振动能量，高频隔振性能好，因此在降低噪声方面比金属隔振器有利。其缺点是易老化，不耐油污，不适宜在高温或低温条件下使用。

常用的橡胶隔振器有 3 种，如图 6-35 所示。其中，剪切型橡胶隔振器固有频率最低，接近 5Hz，压缩型橡胶隔振器在 10～30Hz。

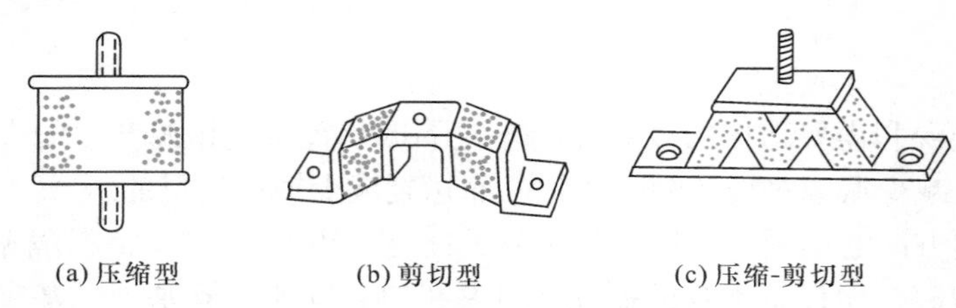

图 6-35 橡胶隔振器示意图

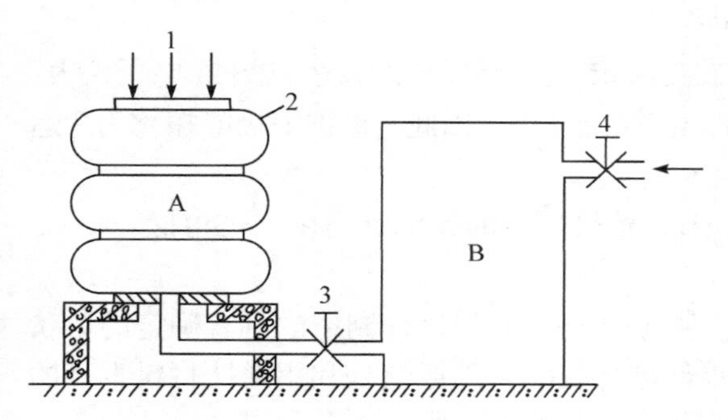

图 6-36 空气弹簧构造原理

1. 载荷；2. 橡皮；3. 节流阀；4. 进压缩空气阀；A. 空气室；B. 储气室

三是空气弹簧。空气弹簧又称“气垫”，它的隔振效率高，固有频率低(1Hz 以下)，具有阻尼性，也能隔绝高频振动。它的组成原理如图 6-36 所示。在可挠的橡胶空腔内充填压缩空气，利用其体积弹性达到隔振要求。当负荷振动时，空气在 A 和 B 间流动，可通过阀门调节压力。

空气弹簧的优点是水平稳定性好，承受载荷能力范围大，即使在不同载荷下也能保持固有频率不变。其缺点是需要压缩气源和一套复杂的辅助系统，并且荷重只限于一个方向，在工程上较少采用，常用于高要求的火车、汽车和一些消极隔振的场合。

(2) 隔振垫。橡胶隔振垫的性能与橡胶隔振器相似，但它在受压时容积压缩量小，仅在横向凸出时才能压缩，故常做成带有凹凸形、槽形的结构，以增加其压缩量和各个方向上的变形。图 6-37 给出使用最广泛的 WJ 型圆凸台橡胶隔振垫。在橡胶隔振垫的两面有纵横交错排列的圆凸台，并有四种不同的直径和高度。在载荷作用下，较高的圆凸台受压变形，较低的圆凸台尚未受压时，中间部分便因受载而弯成波浪形，振动能量通过交叉圆凸台和中间弯曲波传递，能较好地分散和吸收任意方向的振动。同时，还具有防滑功能。圆凸面斜向地被压缩时起到制动作用，承载越大，越不易滑动。

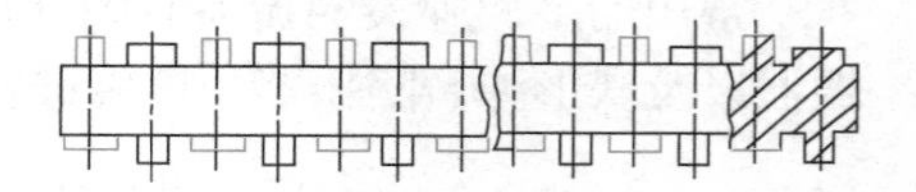

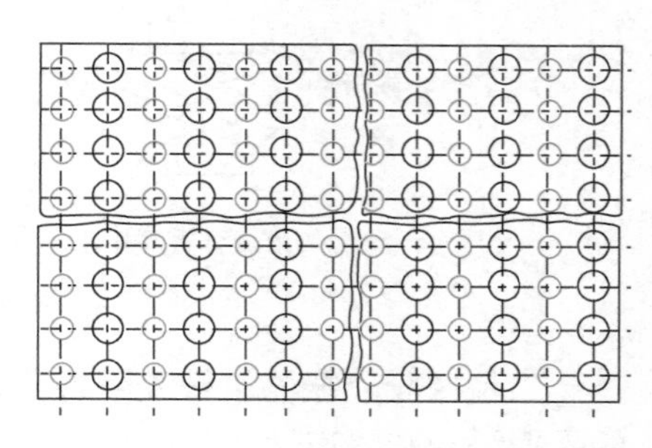

图 6-37 WJ 型圆凸台橡胶隔振垫

软木隔振垫是将软木粒加上黏合剂在高压下压成软木板，再切成均匀的小块。它质轻，耐腐蚀，保温性能好，加工方便，对高频振动和冲击振动有一定的隔振效果。

毛毡(玻璃纤维毡、矿渣棉毡等)是良好的隔振材料，可用在设备的基础上，也可作为管子穿墙的减振材料。用酚醛树脂胶结的玻璃纤维板具有阻尼性能好、弹性大、耐化学腐蚀、不怕潮湿、耐高温等优点，适用于机器或建筑物基础的隔振，是一种新型的隔振材料。

3. 阻尼减振

1) 阻尼减振原理

阻尼是降低振动共振响应的最有效的方法。阻尼的作用是将振动能量转换成热能耗散掉，以此来抑制结构振动，达到降低噪声的目的。这种处理方法称为阻尼减振。

阻尼减振主要是通过减弱金属板弯曲振动的强度来实现的。在金属薄板上涂敷一层阻尼材料，当金属薄板发生弯曲振动时，振动能量就迅速传给涂贴在薄板上的阻尼材料，并引起薄板和阻尼材料之间以及阻尼材料内部的摩擦。阻尼材料内损耗、内摩擦大，使得相当一部分的金属振动能量被损耗而变成热能，减弱薄板的弯曲振动强度，并能缩短薄板被激振后的振动时间，从而降低金属板辐射噪声的能量。这就是阻尼减振的原理。

链接 6-6　阻尼机理和阻尼基本结构

2) 阻尼材料

阻尼材料通常指沥青、软橡胶和各种高分子涂料。阻尼材料的特性可用材料的损耗因子 η 来衡量[①](包括杨氏模量损耗因子 η_E 和剪切模量损耗因子 η_μ)，η 值越大，阻尼性能越好。表 6-11 给出了工程上常用材料的损耗因子数值。

表 6-11　常温下声频范围内几种材料的 η_E 值

材料名称	铝	钢铁	砖	木	软橡皮	软木	干沙	沥青
η_E	$(0.3\sim10)\times10^{-5}$	$(1\sim6)\times10^{-4}$	$(1\sim2)\times10^{-2}$	$(0.8\sim1)\times10^{-2}$	$10^{-2}\sim10^{-1}$	0.13～0.17	0.12～0.6	～0.38

3) 阻尼结构

阻尼材料的模量很低，不宜用作工程材料，只能与金属组成复合结构，由金属承受强度，阻尼材料提供阻尼。根据阻尼材料与金属板结合的形式，有两种基本的阻尼结构：自由阻尼层结构和约束阻尼层结构。

(1) 自由阻尼层结构。将阻尼材料直接粘贴或涂敷在需要减振的金属板的一面或两面就构成自由阻尼层结构，如图 6-38(a)所示。当板振动和弯曲时，自由阻尼层产生交变的拉压变形。阻尼材料损耗因子大，可消耗大部分机械能量，从而降低整体的振动。

要提高自由阻尼层结构的减振效果，除要求阻尼材料具有较高的杨氏模量值和较大的损耗因子外(此类阻尼材料一般比较硬)，还和阻尼层的厚度与金属板的厚度之比有关，比值一般取 2～4 为宜。比值过小，减振效果差；比值过大，减振效果增加不明显，造成材料的浪费。自由阻尼层结构的损耗因子一般只有 0.1 左右。

自由阻尼层结构多用于管道包扎，以及消声器、隔声设备等易振动的护板结构上。

① 阻尼损耗因子 η 用以定量描述阻尼特性，它定义为在振动构件振动一周内所消耗的能量与输入的总机械能之比。一般材料的阻尼很小，而高分子黏弹性材料的阻尼较大，可作为专门的阻尼材料使用。

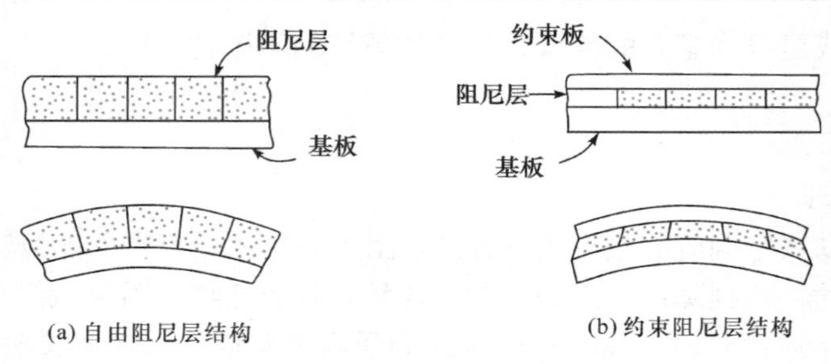

图 6-38　阻尼结构示意图

(2) 约束阻尼层结构。将阻尼材料涂在两层金属板之间便组成了约束阻尼层结构，如图 6-38(b)所示。两层金属板分别称为基板和约束板，统称为结构层。

当金属基板振动和弯曲时，阻尼层受约束板的约束不能伸缩变形，内部产生剪切变形，利用剪切损耗可耗散更多的振动能，比自由阻尼结构有更好的减振效果。约束阻尼层结构损耗因子一般达 0.1～0.5，最高可接近 0.8。

约束阻尼层结构利用阻尼材料的剪切模量损耗因子大的特点，通常选用较软的阻尼材料，结构中间的阻尼层一般比较薄，它的施工复杂，造价高，只用在减振要求较高的场合。现在已有用两块金属板之间夹一层非常薄的黏弹性材料预制成型的复合阻尼金属板，可用于制造柴油机油底壳、气缸头盖及各种机器罩壳。

4. 动力吸振技术

动力吸振技术是在振动物体上附加一个小的共振系统来吸收该物体的振动能量以减小物体振动的技术，所附加的共振系统称为“动力吸振器”(dynamic vibration absorber，DVA)，又称“调谐质量阻尼器”(tuned mass damper，TMD)。动力吸振器原理如图 6-39 所示，图中主系统和吸振器均为单自由度系统，m_1 和 K_1 分别为主系统的质量和刚度[①]，m_2 和 K_2 分别为吸振器的质量和刚度，P 为作用于主系统的振动力源，x_1 和 x_2 分别为两个系统的振动位移大小。

动力吸振器的特点是在较窄的频率范围内起作用。吸振基本原理是：在主系统上附加一个弹簧质量(阻尼)子系统，适当选择子系统的结构形式、动力参数及与主系统的耦合关系，可以使主系统受迫振动的能量被子系统的共振吸收，从而减小主系统的受迫振动响应，因此吸振能力的大小主要取决于吸振器共振频率与主系统受迫振动频率同步性的优劣及吸振器阻尼 C_0 的大小。如图 6-40 所示，阻尼动力吸振器与隔振器联合使用时能有效抑制主系统低频区受迫振动的响应。

目前动力吸振器有单自由度(用于抑制主系统单个振动模态)、多自由度、离散分布式、连续参数型、非线性型等多种形式。吸振器中弹性元件的实现方式有机械式、压电分流式、电磁式等多种途径。

动力吸振器结构简单，易于实施，能有效抑制频率变化范围较小的设备振动，因此广泛应用于交通运输、工业机械、建筑桥梁的各种机械设备上。

① 刚度定义为作用在弹性元件上的力或力矩的增量与相应的位移或角位移的增量之比，用 K 表示，单位是 N/m。在弹性范围内，刚度可理解为引起单位位移所需的力。刚度的物理意义与前述的“劲度”相同，它们的英文名称均为“stiffness”，因在不同学科中译成了不同的名称。在机械工程、振动与冲击学科中采用“刚度”这个名称。

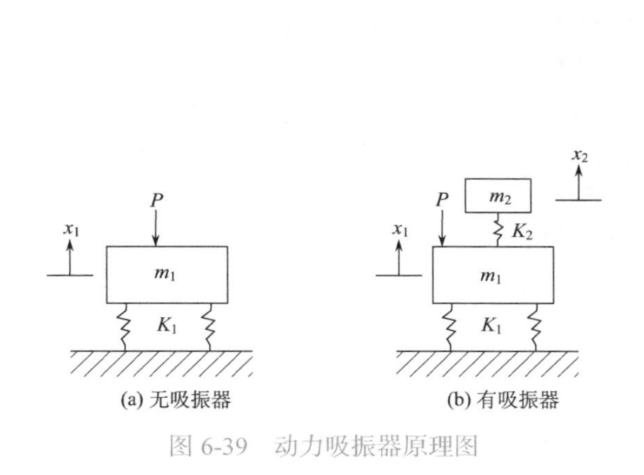

图 6-39　动力吸振器原理图

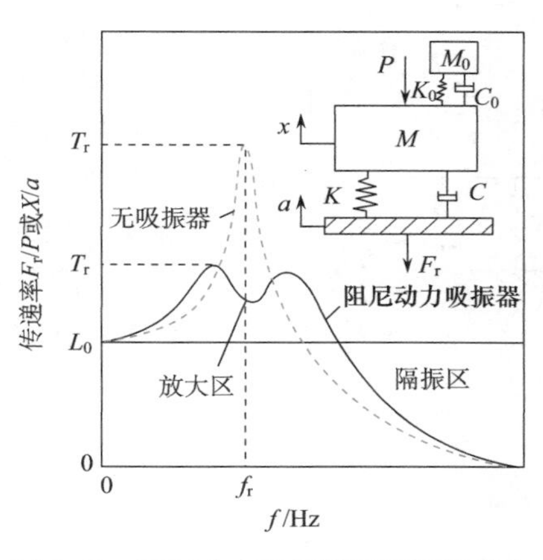

图 6-40　阻尼动力吸振器和隔振器联合使用时的低频减振效果

5. 有源振动控制

以上介绍的振动控制技术在振动控制过程中没有需要消耗能量的“作动机构”，称为“无源(被动)控制”。而有源振动控制技术称“振动主动控制”，这种控制通过作动机构产生控制力，需要消耗能量。有源振动控制框图如图 6-41 所示，实际上是一套伺服机械装置，由传感器、信号处理器(又称控制器)和作动机构组成。与有源噪声控制系统相比，区别在于控制目标不同。有源振动控制的对象是结构振动参量——加速度、速度或位移的时间积分，或压力差、作用力等；有源噪声控制的对象是声学参量——局部空间声压(如管道中)、全空间声功率、辐射/透射声总功率等。因此两个系统所需的次级源和传感器的类型是不相同的，从控制的角度看，控制器结构和算法有很多相似之处。

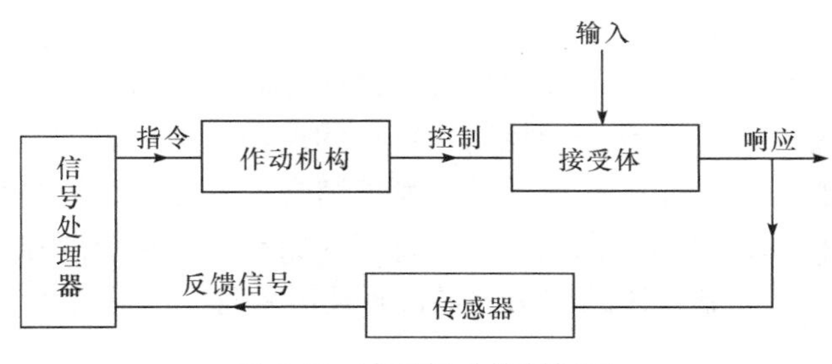

图 6-41　有源振动控制框图

有源振动控制系统所需的作动机构是实施振动主动控制的关键部件，是主动控制系统的重要环节。作动机构的作用是按照确定的控制律对控制对象施加控制力。随着振动主动控制技术的发展，对作动机构的要求越来越高。

作动机构的类型很多，大致可分 3 类：①机械型，如丝杆螺母、齿条齿轮机构等；②流体型，如液压或气动的缸筒；③可变弹性元件，如导电或磁性的液体、电流变流体以及压电和电磁的力发生器等。因此，不同的传感器、信号处理器和作动机构的组合可形成各种类型的有源控制系统，如机电的、流体的、机械流体的、电气流体的、电磁的、压电的以及电液的等。

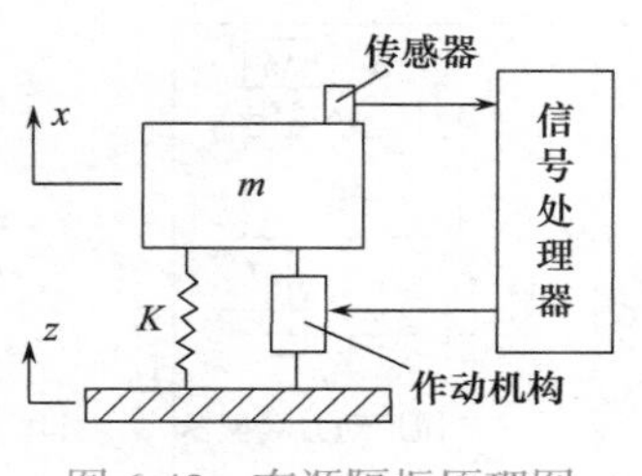

图 6-42　有源隔振原理图

对应于振动控制中的隔振、阻尼和吸振，都有与之对应的有源控制技术。图 6-42 的有源隔振是用于抑制航空器的颤动对精密仪器的影响，属消极隔振；图 6-43 的有源阻振中，作动机构用于改变被控对象的阻尼力 C'，其能耗小，常用于一些小型的运动机械上，如摩托车坐垫的减振；图 6-44 是有源吸振原理，作动机构用来调整吸振器的参数 m' 和 K'，在国外已用于高耸建筑物上，以减小风载激励和地震引起的振动。

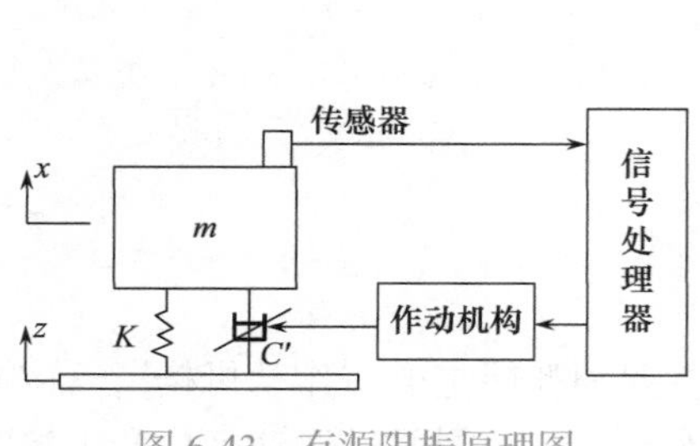

图 6-43　有源阻振原理图

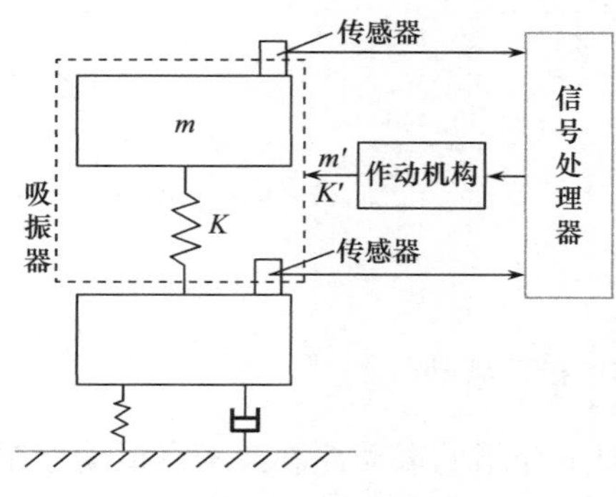

图 6-44　有源吸振原理图

6. 半主动振动控制

半主动振动控制的原理与有源振动控制的原理基本相同，施加控制力的作动机构只需要少量的能量调节，使其主动地或巧妙地利用结构振动的往复相对变形或相对速度，来实现有源振动最优控制力。因此，半主动振动控制通常是被动的刚度或阻尼装置与机械式主动调节器复合的控制系统，如主动变刚度系统、主动变阻尼系统以及频率可调式动力吸振器、阻尼可调式动力吸振器等。

半主动振动控制系统力求尽可能地实现主动最优控制力，因此主动控制算法也是半主动控制的基础，需要建立反映半主动振动控制力特点的控制算法来驱动半主动控制装置尽可能地实现有源振动最优控制力。半主动振动控制系统结合了有源振动控制系统与被动控制系统的优点，既具有被动控制系统的可靠性，又具有有源振动控制系统的强适应性，通过一定的控制力可以达到有源振动控制系统的控制效果，而且构造简单，不会使结构系统发生不稳定。

习题与思考题

1. 什么是噪声？ 美妙的音乐能称为噪声吗？
2. 噪声污染的特征是什么？ 有哪些危害？
3. 污染城市声环境的噪声源有几类？你所在的城市哪类是主要的噪声源？如何控制？
4. 噪声强度为什么用“级”来量度？
5. 什么是 A 声级？为什么在噪声控制中常用 A 声级作为衡量的指标？
6. 60dB 声压级、60 方响度级、60dB(A)计权声级三者有何区别？
7. 在进行噪声控制时，为什么要对噪声作频谱分析？

8. 多孔性吸声材料和共振吸声结构在吸声原理上有什么区别?

9. 设计一个扩张式消声器，已知主管道直径 $d = 50$mm，扩张室直径 $D = 200$mm，为消除 250Hz 的噪声，扩张室的长度 L 应是多少？ 这时最大的消声量是多少分贝？

10. 求 1.3mm 厚的钢板对 1000Hz 无规入射的空气声的隔声量是多少分贝？

11. 为什么在薄壁金属机罩上涂上阻尼材料后便可以降低噪声强度？

12. 在铁路噪声控制方面，对轮轨噪声、地面噪声与振动的控制已进行了多年的研究，取得了丰硕的成果，如浮置道床、减振扣件、阻尼钢轨、阻尼环等新技术已用于实际工程中。但随着高速铁路的修建和电气化，将产生新的铁路噪声源(如空气动力噪声和受电弓噪声等)。请组织调研并讨论新的噪声源及其控制措施。

第 7 章　其他物理污染与防护

物理污染除了噪声污染外还包括辐射污染(电磁辐射和放射性辐射)、热污染和光污染。

7.1　电磁辐射污染与防护

在物理学上，辐射被认为是带能量的粒子或波动[①]在空间传播的一种过程。由于辐射本身能量不同，其与物质相互作用的机理也不同，可把辐射划分为“电磁波辐射”和“电离辐射”两种类型。电磁波辐射简称电磁辐射，电离辐射通常称为放射性辐射。随着电磁波技术和核技术的应用日益广泛，电磁辐射和放射性辐射的污染与防护问题已为世人所瞩目和关注。

电磁辐射是“非电离辐射”，就是不会产生电离作用的电磁波辐射现象。具体地，按照频率从高到低有可见光、红外线、微波、无线电波、低频电磁波等。紫外线也是一种常被提及的电磁波，它的频率比可见光要高，但是要低于 X 射线。紫外线可以认为是一种介于电磁辐射和电离辐射之间的电磁波。

电磁辐射既可以造福人类，又会给环境带来不利影响，起着“电子烟雾”的作用。在环境保护研究中发现，当射频电磁场达到足够强度时，会对人体机能产生一定的破坏作用。因此，涉及各行各业的电磁辐射已经成为继空气污染、水污染、土壤污染、固体废物污染和噪声污染后的又一重要污染。

链接 7–1　我国电磁和放射性辐射污染防护法律法规和主要标准规范

7.1.1　电磁辐射污染概述

电磁辐射污染是指各种天然的和人为的电磁波干扰和对人体有害的电磁辐射。

1. 电磁污染源分类

电磁污染源可分为天然污染源和人为污染源两种。

1) 天然污染源

天然的电磁污染源是某些自然现象引起的。最常见的有雷电，以及火山喷发、地震、太阳黑子活动引起的磁暴等。

---

① “波动”指“电磁波”，是电场和磁场周期性变化产生波动，并通过空间传播的一种能量流。

2) 人为污染源

人为污染源来自人类开发和利用以电为能源的活动，如广播、电视、移动通信、卫星通信、微波通信、雷达、工医科射频设备、电气化交通、家用电器及汽车点火系统等，在营运和使用过程中会向周围环境发射电磁辐射。另外，送变电设备、送电线也会向周围环境产生工频电场和磁场。

目前，环境中的电磁辐射主要来自人为辐射，天然电磁辐射水平较人为电磁辐射的贡献可忽略不计。19 世纪中叶前，人类生活在低电磁辐射水平的环境中(仅有天然电磁辐射)。自人类步入电的世界，所受到的电磁辐射水平逐步升高，但它不会无限制地上升，预计随着科学技术的进步，环境中的电磁辐射水平到达一定程度后会下降。

人们所关心的人为污染源的电磁辐射频段可粗略地划分为工频、射频和微波 3 个频段，各自的频率或波长和用途如下。

(1) 工频电场、磁场。我国使用的交流电频率是 50Hz。发电机产电后，由送电线输入变压器，经几级变压后进入用户。在此过程中，送电线路、变压器及电器均会产生工频电场、磁场。工频电场、磁场较强的地方通常是在高压送电线路的附近，尤其是在其下方。家用电器产生的工频电场、磁场远低于高压送变电系统，但是人与它接触距离近得多，并且接触时间相对也要长得多。

(2) 射频电磁场。射频①是指 0.1～300MHz 频段，主要包括 100m 波(中波)、10m 波(短波)、米波(超短波)。属于该频段的有广播、电视、集群通信、手机通信及工医科射频设备等。

(3) 微波电磁场。微波是指 0.3～300GHz 频段，主要包括分米波、厘米波、毫米波及亚毫米波。属于该频段的有移动通信、卫星通信、微波通信、微波炉②、雷达等。

2. 电磁辐射的传播途径

电磁辐射所造成的环境污染，主要通过 3 个途径进行传播，如图 7-1 所示。

1) 空间辐射

电子设备或电气装置在工作时，相当于一个多向发射天线不断地向空间辐射电磁能量。这些发射出来的电磁能，在距场源不同距离的范围内以不同的方式传播并作用于受体。近场区(距场源一个波长范围内)传播的电磁能以电磁感应的方式作用于受体，如其可使日光灯自动发光；在远场区(距场源一个波长范围之外)，电磁能以空间辐射方式传播并作用于受体。

2) 导线传播

当射频设备与其他设备共用一个电源时，或它们之间有电气连接时，通过电磁耦合，电磁能便通过导线传播；另外，信号的输出输入电路和控制电路也会在强电磁场中“拾取”信号，并将所拾取的信号进行再传播。

3) 复合传播

空间辐射和导线传播所造成的电磁辐射污染同时存在时称为复合传播。

---

① 在电磁波频率低于 100kHz 时，电磁波会被地表吸收，不能形成有效的传输，一旦电磁波频率高于 100kHz，电磁波就可以在空气中传播，并经大气层外缘的电离层反射，形成远距离传输能力。把具有远距离传输能力的高频电磁波称为“射频”(radio frequency，RF)。

② 例如，家庭中常用的微波炉使用的频率范围在 2.4～2.5GHz，中心波长为 12.25cm，属分米波。我国的 5G 移动通信系统使用的两个频段分别为 3.3～3.6GHz(中心波长 8.57cm)和 4.8～5GHz(中心波长 6.12cm)，属厘米波，微波的中频频段，能够兼顾系统覆盖和大容量的基本需求。

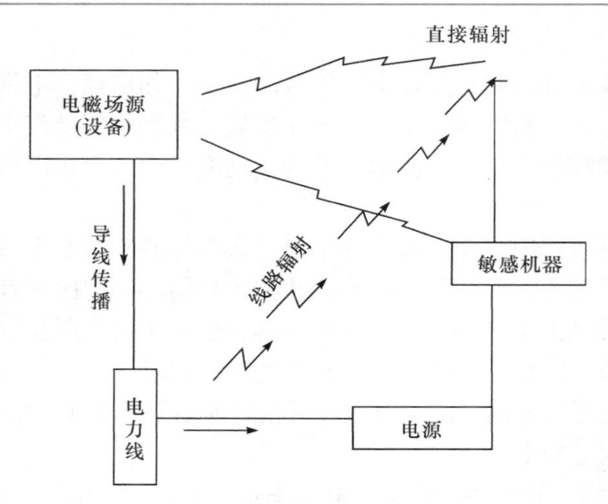

图 7-1 电磁辐射污染的传播途径

3. 电磁辐射的危害

电磁辐射污染是一种看不见的能量流污染，它不仅直接危害人类健康，还不断地“滋生”电磁辐射干扰事端，进而威胁人类生命。

1) 导致电气设备运行异常

(1) 引燃引爆。极高频辐射场可使导弹系统控制失灵，造成电爆管效应的提前或滞后。更为严重的是，高频电磁的振荡可使金属器件之间相互碰撞而打火，引起火药、可燃油或气体燃烧，甚至爆炸。

(2) 干扰信号。电磁辐射可直接影响电子设备、仪器仪表的正常工作，干扰通信、天文观测等，造成信息失真、控制失灵，以致酿成大祸。例如，会引起火车、飞机、导弹或人造卫星的失控，干扰医院的脑电图、心电图和血倍图信号，使之无法正常工作。这些已引起各国政府及制造商的重视。目前，我国要求移动电话或业余无线电台的工作频率必须严格符合《中华人民共和国无线电频率划分规定》。

2) 危害人类健康

当生物体暴露在电磁场中时，大部分电磁能量可穿透肌体，少部分能量被肌体吸收。生物肌体内有导电体液，能与电磁场相互作用，产生电磁场生物效应。

(1) 电磁场的生物效应。电磁场的生物效应分为热效应和非热效应。其热效应是由高频电磁波直接对生物肌体细胞产生加热作用引起的。电磁波穿透生物表层直接对内部组织“加热”，而生物体内部组织散热困难，所以往往肌体表面看似正常，而内部组织已严重“烧伤”。不同的人或同一人的不同器官，对热效应的承受能力不一样。老人、儿童、孕妇属于敏感人群，心脏、眼睛和生殖系统属于敏感器官。非热效应是电磁辐射长期作用而导致人体某些体征的改变。例如，出现中枢神经系统功能障碍的症状、头疼头晕、失眠多梦、记忆力衰退等。非热效应还会影响心血管系统，影响人体的循环系统、免疫功能、生殖和代谢功能，严重的甚至会诱发癌症。

(2) 电磁辐射对人体危害程度与电磁波波长有关。按对人体危害程度由大到小排列，依次是微波、超短波、短波、中波、长波。波长越短，危害越大，而且微波对肌体的危害具有积累性，使伤害不易恢复。微波会伤及胎儿，极易引起胎儿畸形、弱智、免疫功能低下等；会引起眼睛的白内障和角膜损害；微波还会破坏脑细胞，使大脑皮质细胞活动能力减弱。因此，科学家呼吁尽量减少手机的使用率。

(3) 工频电场、磁场对人体健康的影响。已有许多调查报告，但仍存在许多争议。例如，有报道称神经衰弱、记忆力衰退是高压、超高压送电线和变电站作业人员最常见的症状，但缺乏客观检查结果；还有的调查发现，工频电场、磁场的职业暴露虽然可能增加肿瘤的发生风险，但这种风险程度并不高，没有统计学意义。因此，到目前为止还没有科学证据证明供电线路和变电设备所产生的工频电磁场对人类身体具有危害性，但有一点已经引起人们的关注，那就是电热毯对人体健康的影响问题。流行病学调查表明，由于电热毯是胚胎或胎儿可能受到的一种电磁场强度最大、作用时间最长的辐射源，孕早期(妊娠 12 周以内)使用电热毯已成为发生流产的危险因素之一。

7.1.2　电磁环境限值和现状

1. 电磁环境限值

2014 年 9 月环境保护部发布的《电磁环境控制限值》(GB 8702—2014)是参考了国际上相关标准[①]后制定的，于 2015 年 1 月 1 日起实施。该标准规定了电磁环境中控制公众暴露的电场、磁场、电磁场($1\sim3\times10^{11}$Hz)[②]的场量限值、评价方法和相关设施(设备)的豁免范围。

1) 工频电磁场

工频电场强度在空间中衰变很快，通常与距离成反比。图 7-2 为 500kV 工频电场强度随距线路中心距离不同的变化曲线，曲线上标注的数据为导线高度。可知，在导线水平布置方式下，导线高度增加到 18m 时，在距边导线地面投影外 8m 左右，电场强度已降至 4kV/m。

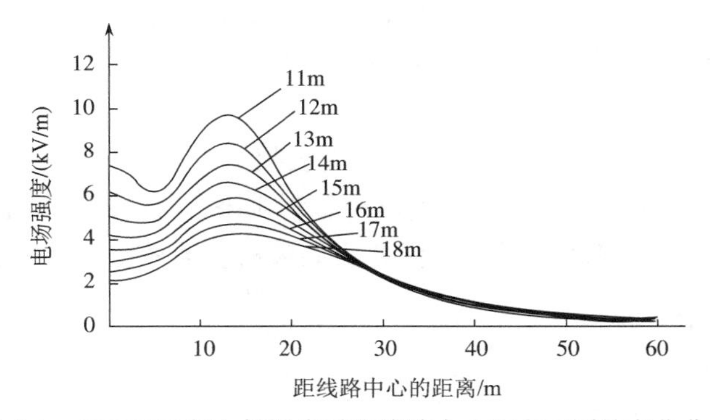

图 7-2　500kV 工频电场强度随距线路中心距离不同的变化曲线

《电磁环境控制限值》中的表 1 下注 4 中提出：“架空输电线路线下的耕地、园地、牧草地、畜禽饲养地、养殖水面、道路等场所，其频率 50Hz 的电场强度控制限值为 10kV/m,且应给出警示和防护指示标志。”新国家标准的控制限值已与国际接轨[③]。

---

① 主要参考了国际非电离辐射防护委员会(ICNIRP)《限制时变电场、磁场和电磁场(300GHz 及以下)暴露导则，1998》和电气与电子工程师学会(IEEE)《关于人体暴露到 0～3kHz 电磁场安全水平的 IEEE 标准》。

② 《电磁环境控制限值》(GB 8702—2014)增加了 $1\sim10^5$Hz 频段电场和磁场的公众暴露控制限值，删除了职业暴露限值。

③ 国际非电离辐射防护委员会的规定为：“在电力线走廊内，公众的工频电场最大允许暴露水平在正常负荷工况下为 10kV/m，一般公众环境下为 5kV/m”。评价范围为：“送电线路走廊两侧 30m 带状区域、变电所址为中心的半径 500m 范围内区域的工频电场和磁场。”

2) 射频和微波电磁辐射

电磁场的生物效应如果控制得好，可对人体产生良好的作用，如用理疗机治病。但当它超过一定范围时，就会破坏人体的热平衡，对人体产生危害。

《电磁环境控制限值》中的表1还详细规定了射频和微波(0.1M～300GHz)电磁环境中控制公众暴露的电场、磁场、电磁场的场量限值①，并规定场量参数是任意连续6min内的方均根值。特别提出，对于脉冲电磁波，还要求其功率密度的瞬时峰值不得超过表1中所列限值的1000倍，或场强的瞬时峰值不得超过表1中所列限值的32倍。

2. 电磁辐射现状

现在，由于无线电广播、电视及微波技术、微波通信等应用迅速普及，射频设备的功率成倍提高，地面上的电磁波密度大幅度增加，已直接威胁到人的身心健康。因此，对电磁辐射所造成的环境污染必须予以重视并加强防护技术的研究和应用，处理好经济发展与环境保护，做到可持续发展。

我国目前的电磁辐射环境污染情况，虽然已有苗头出现，但远未到严重的地步。1998年初，我国开始全国电磁辐射污染源的调查，历时一年四个月，摸清了全国电磁辐射污染源的基本情况。“北京中央广播电视塔”“上海东方明珠塔”“天津广播电视塔”这3个高度超过400m、规划设计功率超过200kW的大型广播电视塔辐射环境验收达标。

2013年完成了对全国31个省(区、市)的辐射环境监测能力评估工作，指导各省级环保机构开展辐射环境监测能力建设。2014年组织了全国省级辐射监测机构质量考核与技能比赛，加强持证上岗考核，还开展饮用水放射性水平试点调查工作。2015年加强辐射环境监测制度的设计，优化完善国家辐射环境监测网，国控辐射环境质量监测点由890个增加到987个，实现实时发布辐射环境自动监测站空气吸收剂量率数据。为全国环境电磁辐射质量监测常态化打下坚实基础。

根据2014年以来历年的《中国生态环境状况公报》，全国环境电磁辐射质量总体良好。31个省(区、市)环境电磁辐射国控监测点的电磁辐射水平，监测的广播电视发射设施、输变电设施、移动通信基站周围电磁辐射敏感目标处的电磁辐射水平总体低于《电磁环境控制限值》规定的公众暴露控制限值。

7.1.3 电磁辐射污染的防护

电磁辐射污染的防护需采取综合防护的办法，才能取得更好的效果。防护原则：首先是减少电磁泄漏，这是解决污染源的问题。其次是通过合理的工业布局，使电磁污染源远离居民稠密区，尽量减少受体遭受污染危害的可能。对于已经进入环境的电磁辐射，采取一定的技术防护手段(包括个人防护)，以减少对人及环境的危害。

对变电站、高压线等与生活密切的常见电磁辐射源的防护，最重要的是保持安全间距，只要能保证一定距离，就能安全有效避免电磁辐射危害的影响。具体的电磁辐射污染防护方法如下。

---

① “公众曝露”指公众所受的全部电场、磁场、电磁场照射，不包括职业照射和医疗照射；“限值”指在规定的活动中或情况下所使用的某个量不得超过的值。

1) 区域控制与绿化

区域控制大体分四类：自然干净区、轻度污染区、广播辐射区和工业干扰区。依据这样的区域划分标准，合理进行城市、工业等布局，可以减少电磁辐射对环境的污染。同时，由于绿色植物对电磁辐射能具有较好的吸收作用，因此加强绿化是防治电磁污染的有效措施之一。

2) 屏蔽防护

(1) 屏蔽防护的作用与原理。采用某种能抑制电磁辐射能扩散的材料——屏蔽材料，将电磁场源与其环境隔离开来，使辐射能被限制在某一范围内，达到防止电磁污染的目的，这种技术称为屏蔽防护。

当电磁辐射作用于屏蔽体时，因电磁感应，屏蔽体产生与场源电流方向相反的感应电流而生成反向磁力线，可以与场源磁力线相抵消，达到屏蔽效果。若使屏蔽体接地，还可达到对电场的屏蔽。

(2) 屏蔽的分类。根据场源与屏蔽体的相对位置，屏蔽方式分为两类：①主动场屏蔽(有源场屏蔽)。主动场屏蔽是将场源置于屏蔽体内部，作用是将电磁场限定在某一范围内，使其不对此范围以外的生物机体或仪器设备产生影响。主动场屏蔽时场源与屏蔽体间距小，结构严密，可以屏蔽电磁辐射强度很大的辐射源。屏蔽壳必须接地良好。②被动场屏蔽(无源场屏蔽)。被动场屏蔽是将场源放置于屏蔽体之外，使场源对限定范围内的生物体及仪器设备不产生影响。其特点是屏蔽体与场源间距大，屏蔽体可以不接地。

(3) 屏蔽材料与结构。屏蔽材料可选用 Cu、Fe 和 Al，涂有导电涂料或金属镀层的绝缘材料。电场屏蔽选用铜材为好，磁场屏蔽选用铁材。

屏蔽体的结构形式有板结构和网结构两种，网结构的屏蔽效率一般高于板结构。对于板结构，在高频段，由于趋肤效应，厚度不需过多增加也能获得良好的屏蔽效果。对于网结构，网孔大小(目数)的选择要根据电磁场性质及频段确定。对于中短波，屏蔽网目数小些(网孔大)就可保证足够的屏蔽效果；对于超短波、微波，屏蔽网目数要大些(网孔小)，尤其对于磁场屏蔽，要求目数越大越好。网层数的选择，双层金属网的屏蔽效果一般大于单层网。当网与网的间距在 5～10cm 时，双层的衰减量约为单层的两倍。

总的要求是保证整个屏蔽体的整体性，对壳体上的孔洞、缝隙要进行屏蔽处理，用焊接、弹簧片接触、蒙金属网等方法实现。屏蔽体的几何形状最好为圆柱结构，以避免产生尖端效应。

3) 接地防护

将辐射源的屏蔽部分或屏蔽体通过感应产生的高频电流导入大地，以免屏蔽体本身再成为二次辐射源。

高频设备进行屏蔽体接地处理时，由于高频电流的集肤效应，它的接地要求与普通电气设备安全接地不同。接地线的表面积应大些，一般多选用宽 10cm、厚 0.15cm 的扁铜带；接地线的长度力求缩短，最好小于波长的 1/20，以降低接地的高频感抗。接地极多采用面积约 $1m^2$、有一定厚度的铜板埋于地下 1.5～2m 深的土壤中。

接地防护的效果与接地极的电阻有关，接地极的电阻越低，其导电效果越好。

4) 吸收防护

采用对某种辐射能量具有强烈吸收作用的材料，敷设于场源外围，使辐射场强度大幅度衰减下来，达到防护目的。吸收防护主要用于微波防护。

常用的吸收材料有谐振型吸收材料和匹配型吸收材料。前者利用某些材料的谐振特性制成吸收材料，特点是材料厚度小，只对频率范围很窄的微波辐射具有良好的吸收。后者利用某些材料和自由空间的阻抗匹配特性吸收微波辐射能(又称吸波材料)，其特点是适用于吸收频率范围很宽的微波辐射。实际应用的吸波材料可通过在塑料、胶木、橡胶、陶瓷等材料中加入铁粉、石墨、木材和水等制成，如泡沫吸收材料、涂层吸收材料和塑料板吸收材料等。

5) 个人防护

个人防护的对象是个体的微波作业人员。当工作需要，操作人员必须进入微波辐射源的近场区作业时，或因某些原因不能对辐射源采取有效的屏蔽或吸收等措施时，必须采用个人防护措施以保护作业人员的安全。

个人防护措施主要有穿防护服、戴防护头盔和防护眼镜等。这些个人防护装备同样也应用了屏蔽、吸收等原理，是用相应的材料制成的。

表 7-1 列出了射频波和微波防护措施的方案，可供参考。

表 7-1 射频波和微波防护措施方案一览表

<table>
<tr><th rowspan="2">分类</th><th colspan="5">射频波</th><th colspan="3">微波</th></tr>
<tr><th>长波</th><th>中波</th><th>中短波</th><th>短波</th><th>超短波</th><th>分米波</th><th>厘米波</th><th>毫米波</th></tr>
<tr><td>波长</td><td>>3000m</td><td>200～3000m</td><td>50～200m</td><td>10～50m</td><td>1～10m</td><td>0.1～1m</td><td>1～10cm</td><td>1～10mm</td></tr>
<tr><td>频率</td><td><100kHz</td><td>0.1～3MHz</td><td>3～6MHz</td><td>6～30MHz</td><td>30～300MHz</td><td>0.3～3GHz</td><td>3～30GHz</td><td>>30GHz</td></tr>
<tr><td>技术应用</td><td colspan="3">1. 感应加热(淬火、焊接等)
2. 介质加热(木材、茶叶等)
3. 无线电通信、广播
4. 物理治疗</td><td colspan="2">1. 无线电广播电视
2. 无线电通信
3. 射频工业应用
4. 医用理疗</td><td colspan="3">1. 无线电定位(雷达等)
2. 无线电导航
3. 无线电天文学、气象学
4. 无线电通信</td></tr>
<tr><td>辐射场源</td><td colspan="3">1. 高频变压器
2. 馈电线
3. 感应器或工作容器
4. 耦合电容器</td><td colspan="2">1. 馈线
2. 天线
3. 振荡回路
4. 工作电路</td><td colspan="3">1. 天线
2. 辐射体</td></tr>
<tr><td>度量单位</td><td colspan="3">电场强度 E(V/m)
磁场强度 H(A/m)</td><td colspan="2">电场强度 E(V/m)
磁场强度 H(A/m)</td><td colspan="3">能量通量密度(mV/cm，μW/cm)</td></tr>
<tr><td>参考标准</td><td colspan="3">$E = 20$V/m
$H = 5$A/m</td><td colspan="2">$E = 20$V/m
$H = 5$A/m</td><td colspan="3">$\leqslant 50$μW/cm</td></tr>
<tr><td>防护方案</td><td colspan="3">1. 屏蔽(单元屏蔽与全系统屏蔽)
2. 远距离控制
3. 屏蔽室</td><td colspan="2">1. 屏蔽(单元屏蔽与全系统屏蔽)
2. 远距离控制
3. 屏蔽室</td><td colspan="3">1. 屏蔽室
2. 波能吸收装置
3. 吸收
4. 屏蔽-吸收
5. 远距离控制与自动化
6. 个人防护</td></tr>
</table>

在日常生活注意：使用电热毯不要在通电的状态下睡在上面；不要把长期运行的电器(如电线、插座、冰箱、充电器等)靠近自己的床头；收看电视应保持电视屏幕对角线 3 倍以上距离；使用计算机应保持头部与之间隔 30cm 距离；微波炉启动后应与之相距 1m 以上，更不要将眼睛直接对着观测窗；最好不要让婴幼儿使用手机、对讲机、无线电话、遥控玩具；使用手机应长话短说。

电磁辐射既不神秘，也不可怕，人们只要正确对待，就是可以与其和平共处的。

7.2　放射性辐射污染与防护

物理电离是指不带电的粒子在高压电弧或者高能射线等的作用下，变成带电粒子的过程[①]。“电离辐射”实质上就是具有足够大能量的各种高速运动粒子(又称“射线”)使被作用生物物质直接或间接地发生电离作用的辐射。由于宇宙射线和放射性核素在核转变过程中自发地放出射线，所以物理性“电离辐射”又称为“放射性辐射”，以免与“化学电离”混淆。

高速的带电粒子，如 α 粒子、β 粒子、质子等，能通过碰撞作用直接引起物质电离，属于直接电离辐射；X 射线、γ 射线等高能量电磁波和中子辐射等不带电粒子是通过与物质作用时产生的次级带电粒子来引起物质电离的，属于间接电离辐射。无论直接的或间接的电离粒子，或由两者混合而成的任何辐射，均称为“电离辐射”(或“放射性辐射”)。

链接 7-2　有关放射性辐射的术语解释

7.2.1　放射性辐射概述

1. 人工放射性辐射源的种类

通过发射电离辐射或释放放射性物质而引起辐射照射的一切物质或实体称为“电离辐射源”，简称“辐射源”。作用于人类的电离辐射源可分为天然电离辐射源和人工电离辐射源两种。本节讨论的重点是由人类活动而引入环境的人工电离辐射源。

人工电离辐射源是指生产、研究和使用放射性物质的单位所排放出的放射性废物与核武器试验所产生的放射性物质，是地球上对环境造成放射性污染的主要来源。

1) 核爆炸的沉降物

核武器试验是全球性放射性污染的主要来源。核爆炸的一瞬间能产生穿透性很强的核辐射，主要是中子和 γ 射线。爆炸后还会留下很多继续发射 α 射线、β 射线和 γ 射线的放射性污染物，通常称为“放射性沉降物”，又称“落下灰”。排入大气中的放射性污染物与大气中的飘尘结合，甚至可到达平流层并随大气环流流动，经很长时间(可达数年)才落回对流层。放射性沉降物播散的范围很大，往往可以沉降到整个地球表面。这些放射性物质中对人体危害大、半衰期又相当长的有锶(Sr)、铯(Cs)、碘(I)和碳(C)。联合国原子辐射影响科学委员会估计，核武器试验引起全球性放射性污染而对全世界人口的平均照射剂量，比试验场附近居民的剂量小得多，因而人们无需对核武器试验污染过分恐惧。

2) 核工业过程的排放物

核能应用于动力工业，构成了核工业的主体。核污染涉及核燃料的循环过程。它包括核燃料的制备与加工过程、核反应堆的运行过程和辐射后的燃料后处理过程。正常运行时核电

① 电离有化学电离和物理电离之分。化学电离是指电解质在水溶液或熔融状态下离解成带相反电荷并自由移动离子的一种过程。物理电离是指不带电的粒子在高压电弧或者高能射线等的作用下，变成带电粒子的过程。

站对环境排放的气态和液态放射性废物很少，固态放射性废物又被严格地封装在巨大的钢罐中，不渗入生物链，因此核电站对人类的照射仅为天然放射性照射对人类剂量当量负担的0.035%。在放射性废物的处理设施不断完善的情况下，设施正常运行时不会对环境造成污染。严重的污染往往都是由事故造成的①。

3) 医疗照射的射线

随着现代医学的发展，辐照作为诊断、治疗的手段越来越广泛应用。辐照方式除外照射外，还发展了内照射，如诊治肺癌等疾病，就采用内照射方式，使射线集中照射病灶，但同时增加了操作人员和病人受到的辐照。因此，医用射线也成为环境中的主要人工污染源之一。

4) 其他方面的污染源

某些用于控制、分析、测试的设备使用了放射性物质，对职业操作人员会产生辐射危害。某些生活消费品中使用了放射性物质，如夜光表、彩色电视机等，某些建筑材料如含铀、镭量高的花岗岩和钢渣砖等，它们的使用也会增加室内的辐照强度。

链接 7-3　天然电离辐射源

2. 放射性辐射污染的特点

(1) 放射性核素是无色无味的有害物质，只能靠放射性测试仪才能探测到。

(2) 每一种放射性核素均具有一定的半衰期。

(3) 放射性污染物所造成的危害往往需要经过一段潜伏期后才显现出来。

(4) 放射性污染物主要通过射线的照射危害人体和其他生物体。

3. 放射性辐射对人体的危害

1) 放射性物质进入人体的途径

环境中的放射性物质和宇宙射线不断照射人体，为外照射。这些物质也可进入人体，使人受到内照射。放射性物质主要通过食物链经消化道进入人体，其次是放射性尘埃经呼吸道进入人体；通过皮肤吸收的可能性很小。放射性物质进入人体的途径如图 7-3 所示。

2) 放射性辐射损伤机理

放射性实际是一种能量形式。这种能量被人体组织吸收时，吸收体的原子就发生电离作用，将能量转变为另一种形式，而这种能量在一定阶段又要释放出来并在吸收体内引起其他反应。具体讲有两类损伤作用：一是直接损伤，即辐射直接将肌体物质的原子或分子电离，从而破坏肌体内某些大分子结构，如蛋白质分子、脱氧核糖核酸(DNA)分子、核糖核酸(RNA)分子等；二是间接损伤，即射线先将体内的水分子电离，使之生成具有很强活性的自由基，并通过它们的作用影响肌体的组成。由此可见，放射性不仅可干扰、破坏肌体细胞和组织的正常代谢活动，而且能直接破坏它们的结构，从而对人体造成危害。

---

① 例如，1979 年 3 月美国三哩岛核电站事故和 1986 年 4 月苏联切尔诺贝利核电站事故。2011 年 3 月 11 日，日本发生里氏 9.0 级强震，造成该国福岛的两座核电站的 5 个机组停转，其中第一核电站 2 号反应堆建筑外壳出现“裂缝”，造成含有大量放射性污水泄漏，大批居民被疏散。

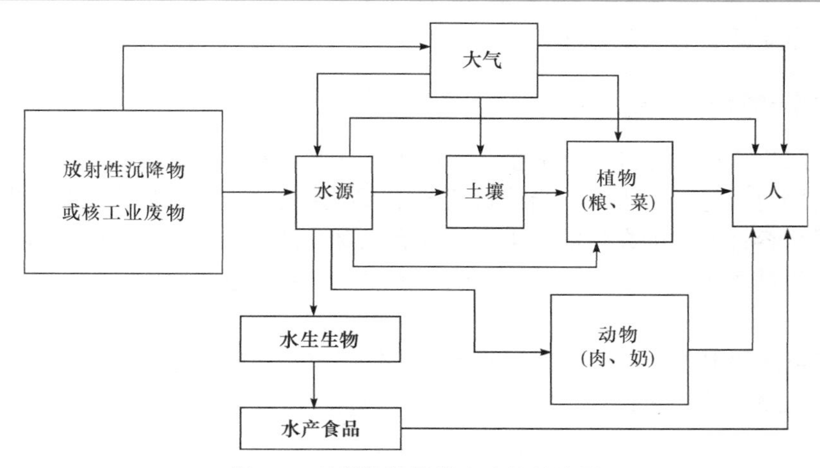

图 7-3　放射性物质进入人体的途径

3) 放射性辐射对人体的损伤特性

放射性辐射对人体所造成的损伤，在有些情况下并不立即显示出来，而是经过一段潜伏期后才显现出来。放射性辐射对人体的损伤程度主要取决于所受辐射剂量[①]的大小。

一次或短期内受到大剂量照射时，会产生放射损伤的急性效应，使人出现恶心、呕吐、脱发、食欲减退、腹泻、喉炎、体温升高、睡眠障碍等神经系统和消化系统的症状，严重时会造成死亡。例如，吸收剂量数千拉德(rad)高剂量照射可以在几分钟或几小时内将人致死，人类受到 600rad 以上的照射时，在两周内的死亡率可达 100%，受照射量在 300～500rad 时，在四周内死亡率为 50%。

在急性放射病恢复以后，经一段时间或在低剂量照射后的数月、数年甚至数代后还会产生辐射损伤的远期效应，如致癌、白血病、白内障、寿命缩短、影响生长发育等，甚至对遗传基因产生影响，使后代出现某种程度的遗传性疾病。

4. 我国环境放射性辐射现状

为了确保公众健康和辐射环境安全，2007 年国家环境保护总局建立了国家辐射环境监测网，开展的监测覆盖了辐射环境质量监测、国家重点监管的核与辐射设施周围环境监督性监测、核与辐射事故应急监测。每年的《全国辐射环境质量报告》以国家辐射环境监测网数据为基础，对全国辐射环境质量监测结果进行分析和总结，为核与辐射安全监管提供科学依据和技术支撑。

综合 2014～2022 年的《中国生态环境状况公报》，全国环境电离辐射水平处于本底涨落范围内。全国核与辐射安全态势总体平稳，未发生国际核与放射事件分级表 2 级及以上事件事故，放射源辐射事故年发生率稳定在每万枚 1 起以下。全国辐射环境质量和重点核与辐射设施周围辐射环境状况总体良好，核与辐射安全得到有效保障。

7.2.2　放射性辐射防护标准和防护方法

放射性物质的管理、处理和最终处置必须严格科学地按国际标准和国家标准进行，以期

① 最常用的辐射剂量有 3 种：吸收剂量、当量剂量和有效剂量。详见链接 7-4“放射性辐射防护中辐射量的术语和单位”。

把其对人类的危害降低到最低水平。

1. 放射性辐射防护标准

目前我国采用“最大容许当量剂量”，用不允许接受的剂量范围的下限来限制从事放射性工作人员的照射剂量。其含义：当放射性工作人员接受这样的剂量照射时，肌体受到的损伤被认为是可以容许的，即在他的一生中及其后代身上都不会发生明显的危害，或有某些效应，其发生率极其微小，只能用统计学方法才能察觉。对邻近居民的限制当量剂量为职业照射的 1/10。

现行版《电离辐射防护与辐射源安全基本标准》[①](GB 18871—2002)中 B1.1 节和 B1.2 节分别规定了职业照射和公众照射剂量限值，如表 7-2 所示。

表 7-2 我国电离辐射防护有关当量剂量的规定

类别		当量剂量限值分类	年有效剂量值[a]/mSv
职业照射	辐照工作人员	由审管部门决定的连续 5 年年平均	20
		任何一年中	50
		眼晶体	150
		四肢(手和足)或皮肤	500
	16～18 岁学生、学徒工	任何一年中	6
		眼晶体	50
		四肢(手和足)或皮肤	150
公众照射	公众人员	一年	1
		特殊情况：连续 5 年的年平均剂量不超过 1mSv，则某一单一年份可提高到	5
		眼晶体	15
		皮肤	50
	慰问者和探视人员(在患者诊断或治疗期间)	成人	5
		儿童	1

注：a. 不包括天然本底照射和医疗照射。

为保障人体健康，在国家标准《生活饮用水卫生标准》(GB 5749—2022)和《海水水质标准》(GB 3097—1997)中还对影响人类健康的放射性核素活度浓度限值作了规定。

2. 放射性辐射防护方法

放射性辐射防护的目的主要是减少射线对人体的照射，具体方法如下。

1) 时间防护

人体受照的时间越长，则受照量也越多。因此，要求工作人员操作准确敏捷以减少受照

① 国标《电离辐射防护与辐射源安全基本标准》(GB 18871—2002)篇幅很长，计有 208 页，与电离辐射防护有关的规定已全部归纳到表 7-2 中了。

时间，也可以增配人员轮流操作以减少每个人的受照时间。

2) 距离防护

人距辐射源越近，则受照量越大。因此，须远距离操作以减少受照量。

3) 屏蔽防护

为了尽量减少射线对人体的照射，可在辐射源与人之间放置一种合适的屏蔽材料，利用屏蔽材料对射线的吸收来降低外照射剂量。

(1) α 射线的防护。α 射线射程短，穿透能力弱，在空气中易被吸收，用几张纸或薄的铝膜即可将其屏蔽，但其电离能力强，进入人体后会因内照射造成较大的伤害。

(2) β 射线的防护。β 射线是带负电的电子流，穿透能力较强，因此屏蔽 β 射线的材料可采用有机玻璃、烯基塑料、普通玻璃和铝板等。

(3) γ 射线的防护。γ 射线是波长很短的电磁波，穿透能力很强，危害也最大，常用具有足够厚度的铅、铁、钢、混凝土等屏蔽材料屏蔽 γ 射线。

另外，为防止人们受到不必要的照射，在有放射性物质和射线的地方应设置明显的危险标记。

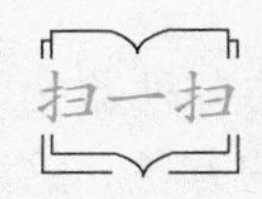

链接 7–4　放射性辐射防护中辐射量的术语和单位

7.2.3　放射性废物的处理处置

1. 处理处置技术的特点

(1) 放射性废物所含的放射性核素不能用化学或生化方法来消除，只能依靠放射性核素自身的衰变消除。

(2) 处理时的操作需要在严密的防护和屏蔽条件下进行，所用设备的材质应为耐腐蚀、耐辐射的合金材质。

(3) 对大多数放射性废物应做深度处理，尽量复用，减少排放；在处理过程中所产生的二次废物应纳入后续处理系统进一步处理或处置。

2. 放射性废气的处理

放射性废气又称放射性气载废物，可分为低放废气(浓度小于或等于 4×10^7Bq/m^3)和高放废气(浓度大于 4×10^7Bq/m^3)。根据放射性废气的存在形态的不同采用不同的处理方法。

挥发性放射性废气用吸附法和扩散稀释法处理。例如，放射性碘可用活性炭吸附达到净化目的。浓度较低的放射性废气也可由高烟囱稀释排放。

以放射性气溶胶形式存在的废气可通过除尘技术达到净化。先经过机械除尘器、湿式洗涤除尘器进行预处理，除去气溶胶中粒径较大的固态或液态颗粒；然后进入中效过滤，除去大部分中等粒径的颗粒，最后是高效过滤，几乎可以全部滤去粒径大于 0.3μm 的微粒，使气溶胶废气得到完全净化。但中效和高效过滤器使用过的滤料应作为放射性固体废物加以处理。

3. 放射性废液的处理处置

放射性废液的处理处置基本方法是稀释排放、浓缩储存和回收利用。不同浓度放射性废液的处理方法不同。

(1) 低放废液(浓度小于或等于 4×10^6Bq/L)。清洁的低放废液可直接采用离子交换、蒸发和膜分离法处理，处理后清水可回用，浓缩液送至中放废液处理系统再处理。浑浊性放射废液可用化学混凝沉淀—过滤—离子交换处理工艺。沉渣和废过滤料、废交换树脂作为放射性废物进一步处置。上述处理过程除对设备的材质要求较高外，与常规的污水处理相同。

(2) 中放废液(浓度为 4×10^6～4×10^{10}Bq/L)。中放废液的处理手段是蒸发浓缩，减少其体积，使之达到高放废液的水平，然后进一步处置。蒸发过程所产生的二次废液可按低放废液的处理方法进一步处理。

(3) 高放废液(浓度大于 4×10^{10}Bq/L)。多数国家采用固化技术进行最终安全处置。常用的方法有水泥固化、水玻璃固化、沥青固化、人工合成树脂固化等。固化处理后的固化体最终还需送入统一管理的安全储存库处置。

4. 放射性固体废物的处理处置

放射性固体废物指铀矿石提取铀后的废矿渣，被放射性物质沾污而不能用的各种器物和废液处理过程中的残渣、滤渣的固化体。铀矿渣一般采用土地堆放或回填矿井的方法，这不能解决污染的根本问题，但目前也无更有效的方法。可燃性放射性固体废物最好用焚烧法，焚烧产生的废气和气溶胶物质需严加控制，灰烬要收集并掺入固化物中。不可燃性放射性固体废物主要以受污染的设备、部件为主，因此应先进行拆卸和破碎处理，再煅烧熔融处理[①]，使核废料玻璃固化，减少其体积，以利于最终包封储存；或采用去污法，如溶剂洗涤、机械刮削、喷镀、熔化等手段，降低污染程度，达到可接受的水平。

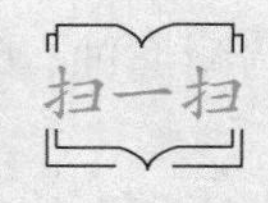

链接 7-5　放射性废物的分类与处置方式

5. 最终处置

放射性废物的最终处置是为确保废物中的有害物质对人类环境不产生危害。基本方法是埋入能与生物圈有效隔离的最终储存库中。

最终储存库的选址及地质条件应比有毒有害废物处置地的选择更加严格，并远离人类活动区，如选择在沙漠或谷地中。需要最终储存的废物应封装于不锈钢容器中，然后再放到储存库中。储存库应设立 3 道屏障：内层的储存库采用不锈钢覆面的钢筋混凝土结构；中间的工程屏障为一整套地下水抽提系统，以维持库外区域有较低的地下水位，有时为了加固深层地质，还要设置混凝土墙或金属板结构；外层为天然屏障，主要指地质介质，地质介质有多种，如盐矿层中的盐具有塑性变形和再结晶性质，导热性好，热容量高，机械性能好，且矿

① 该处理有两种方法，分别是在熔融前煅烧或不煅烧，简称两步法和一步法。两步法在法国和英国使用，一步法在俄罗斯、美国、德国、比利时、日本、印度和韩国使用。2014 年我国在四川建设第一座放射性废料的玻璃固化处理厂，采用的是德国一步法处理技术。

床常位于低地震区，床层内无循环地下水，有不透水层与地下水隔绝，是理想的储存库选择地，能保证有可靠的安全性。

俄罗斯科学家经过数十年研究，试验成功了一种新的低中放射性核废液处理方法——等离子法。其技术原理是在 1800℃的浓缩盐溶液中处理液体废料，然后将盐溶液在高温熔融状态下注入金属桶，冷却后变成玻璃状单体浇铸物。经处理后，1000t 放射性废液可浓缩装进一个包装桶，体积大大缩小，容易长期安全储存。冷却的浓缩盐溶液可以在玻璃化状态下储存 300 年，之后大部分放射性同位素将不再具有危险性。因此，新技术的最大优点是对人和环境的安全性，并且装置的使用成本较低。

7.3　热污染和光污染

7.3.1　热污染及其防治

热环境又称“环境热特性”，是提供给人类生产、生活及生命活动的生存空间的温度环境。热环境分为自然热环境和人工热环境。自然热环境热特性取决于环境接收太阳辐射的情况，与环境中大气同地表间的热交换有关，受气象条件的影响。人工热环境是人类为防御、缓和外界环境剧烈的热特性变化而创造的更适于生存的热环境。

1. 热污染概述

1) 热污染的含义

在能源消耗和能量转换过程中有大量化学物质(如 CO_2 等)及热量(设备散热、化学放热、人群辐射等)排入环境，使局部环境或全球环境发生增温，并可能对人类和生态系统产生直接或间接、即时或潜在的危害，这种现象称为“热污染”或“环境热污染”。

当前，随着世界能源消费的不断增加，热污染问题也日趋严重，人们必须加以重视。

2) 热污染的类型

(1) 水体热污染。向水体中排放含热污水、冷却水，导致水体在局部范围内水温升高，水质恶化，影响水生物圈和人类的生产、生活活动时，称为水体热污染。

(2) 大气热污染。向大气排放含热废气和蒸气，导致大气温度升高而影响气象条件时，称为大气热污染。目前，关于大气热污染的研究主要集中在城市热岛效应和温室效应。

3) 形成原因

(1) 热直接向环境排放，特别是向水体排放。发电、冶金、化工和其他的工业生产通过燃料燃烧和化学反应等过程产生的热量，一部分转化为产品形式，另一部分以废热形式直接排入环境。转化为产品形式的热量，在消费过程中最终通过不同的途径(如加热、燃烧等方式)释放到环境中。各种生产和生活过程排放的废热大部分转入水中，使水升温，形成对水体的热污染。电力工业是排放温热水最多的行业。据统计，排进水体的热量，有 80%来自发电厂。

(2) 空气组成的改变。人类的生产和生活活动向空气大量排放温室气体，温室气体抑制废热向地球大气层外扩散，加剧大气的升温过程，造成全球气候变暖。同时，消耗臭氧层物质的排放，破坏大气臭氧层，导致太阳辐射的增强。

(3) 地表状态的改变。它主要是改变了地面反射率，影响地表和空气间的换热等，如城市中的热岛效应。另外，由于农牧业的发展，森林变成农田、草场，很多地区更由于开垦不当而形成沙漠，这样就大面积地改变了地面反射率，改变了环境的热平衡，形成热污染。

2. 热污染的危害

热污染主要表现在对全球性的或区域性的自然环境热平衡的影响，使热平衡遭到破坏。目前尚不能定量地指出热污染所造成的环境破坏和长远影响，但已证实热污染使大气和水体产生增温效应，对生命界会产生危害。

1) 大气热污染的危害

大气热污染会给人类带来各种不良影响，如城市热岛效应的存在，会加重工业区或城镇的环境污染，会带来异常天气现象，如暴雨、飓风、酷热、暖冬等；局部大气增温也将影响大气循环过程，容易形成干旱。这些都将直接或间接危害人类。

2) 水体热污染的危害

(1) 水质变坏。水温上升，黏度下降，水中溶解氧减少。当淡水温度从10℃升至30℃时，溶解氧会从11mg/L降至8mg/L左右。同时，水体的生物化学反应加快，水中原有的氰化物、重金属离子等污染物毒性将随之增加。

(2) 影响水生生物的生长。水温升高，鱼发育受阻，严重时将死亡；在水温较高的条件下，鱼及水中动物代谢率增高，需要更多的溶解氧，此时溶解氧减少，而重金属污染物毒性增加，势必对鱼类生存造成更大的威胁。

(3) 引起藻类及湖草的大量繁殖。水温增高会增加水体中N、P含量，促使藻类与湖草的大量繁殖，进一步消耗水中溶解氧，影响鱼类生存。另外，水温较高时产生的一些藻类，如蓝藻，可引起水的味道异常，并可使人畜中毒。

(4) 引发流行性疾病。水体升温给致病微生物滋生繁衍提供温床，引发流行性疾病。澳大利亚曾流行的一种脑膜炎就是由于电厂排放的冷却水使水温增高，变形虫大量滋生繁衍，污染水源，经人类饮水、烹饪或洗涤等途径进入人体，导致发病。

(5) 增强温室效应。水温升高会加快水体的蒸发速度，使大气中的水蒸气和CO_2含量增加，从而增强温室效应，引起地表和大气下层温度上升，影响大气循环，甚至导致气候异常。

3) 车间热污染的危害

高温对人体的影响主要有以下两方面。

(1) 高温烫伤。高温使皮肤温度达41～44℃时，人会感到灼痛，倘若高温继续上升，皮肤基础组织便会受到伤害。

(2) 高温直接引起疾病。在高温条件下，高温直接引起的疾病包括中暑和精神性神经障碍。“中暑”是高温环境下热平衡和水盐代谢紊乱引起的一种中枢神经系统与心血管系统障碍为主要表现的急性热致疾病。精神性神经障碍又名“热疲劳”，是指高温环境对人情绪、工作能力和技术效能产生的不良影响。

3. 热污染的防治

1) 提高热能利用率，减少热量的排出

(1) 改进热能利用技术，提高热能利用率，这样既节约能源，又减少废热的排放。

(2) 加强废热的综合利用。充分利用工业余热是防治热污染的主要措施。生产过程中产生的余热种类繁多，有高温烟气余热、高温产品余热、冷却介质余热和污水废气余热等。这些余热都是可利用的二次能源。我国每年可利用的工业余热相当于 5000 万 t 标煤发热量。可利用高温废气来预热冷的原料气，或利用废热把冷水或冷空气加热，用于淋浴或取暖。至于温热的冷却水，可用于水产养殖、冬季灌溉农田，或用于调节港口水域的水温以防止港口冻结。

2) 优化能源结构，减少热量的排出

严格限制发展热电项目，开发无污染或少污染的清洁能源，减少开发和能量转换过程中排出的热量，减少碳排放。

3) 植树绿化，扩大森林面积，降低地面热反射率

森林对环境有重要的调节和控制作用。研究证明，夏季林区气温比无林区低 1.4～2℃，林地比林外相对湿度高 4%～6%，林带年平均风速比无林区低 0.2～0.85m/s，并且林区水分蒸发量比无林区低，而降水量比无林区高，这些均能明显地减弱大气热污染。

4) 采用遮热与隔热技术，改善工作环境，减少热污染

“遮热”可以防止高温热源对人体或精密仪器的热辐射，改善工作环境。

当辐射热能照射到物体表面时，其中一部分被物体吸收，还有一部分被反射，其他则穿透物体；对大部分工程材料来说，热透射率几乎为 0。但是物体都有热辐射能力，它与物体的绝对温度、黑度[①]有关。可在热源与受体之间插入一块遮热板，那么受体接收到的热量就是遮热板的热辐射部分，适当设计的遮热板可使受体接收到的热量大大减少。遮热板应用很广泛。例如，夏季人们用伞来遮挡阳光；在炼钢厂，工人们在与高温热源隔开的房间内操作等。

“隔热”既可用于保温、节省能源，又可防止和减少热污染。

实验证明，当物体内有温度差存在时，物体内就有热量传递。反映材料导热能力的系数称为“导热系数λ”[单位：W/(m · K)][②]。导热系数越大，表示物体内热量传递速度越快。对于两表面平行、厚度为l的平壁，定义平壁的热阻R为

$$R=\frac{l}{\lambda}$$

因此，加大平壁的厚度和选用导热系数小的材料均可以提高隔热效果。工程上常用隔热材料的导热系数一般小于 0.23W/(m · K)，如石棉的导热系数约为 0.15W/(m · K)。但是在−50～1000℃时，干空气的导热系数仅为 0.02～0.08W/(m · K)，所以工程上常将隔热层设计成带有空气夹层的结构，以达到节省材料、提高隔热效果的目的。例如，火车空调车厢安装的中空双层玻璃窗保温性能很好，可使车厢内温度不受车厢外气温影响而保持恒定[③]。在工业生产中要加强隔热保温。例如，水泥窑洞体用硅酸铝毡、珍珠岩等高效保温材料，既减少热损失，又降低水泥熟料热耗。

① 能把照射的热量全部吸收的物体称为“黑体”，“黑度”表示实际物体与黑体的接近程度。物体表面的黑度与物体表面的状况有关，可由实验确定。常用工程材料的黑度可从有关手册中查取。

② K 为国际单位制中的温度单位，定义在 1 个标准大气压下水的冰点为 273K，热力学零度为 0K，即−273℃。

③ 一般人们认为中空双层玻璃的隔声性能也不错，其实这是一种误解，因为常用的中空玻璃由两块 3～6mm 厚的玻璃相距 5～12mm 组成。这么小的间距使得空气层起不到“空气弹簧”作用。另外，双层结构中间的空腔存在共振，使中低频隔声有所下降。而用作固定的铝条或玻璃条的“声桥”作用也使隔声量下降。隔声量较好的玻璃结构是叠合玻璃和夹层玻璃。前者是不同厚度的玻璃叠合在一起，隔声性能要比同样厚度的单层玻璃好，且可把厚玻璃的较低的吻合频率提至较高频率；后者是以透明薄胶片将 2～3 片玻璃黏合在一起组成厚重玻璃，由于胶片的阻尼作用，吻合谷变得很浅。这两种玻璃结构常用于制作隔声窗。

5) 加强管理，降低热污染及其危害

尽快制定水温排放标准，将热污染纳入建设项目的环境影响评价中。各地方部门需加强对受纳水体的管理。

人类对热污染的研究还属初级阶段，许多问题还在探索，人们对有些问题的看法也有分歧。例如，电厂排放的温水废热利用问题，不仅仅是一个单纯的技术问题，还涉及土地使用、生态环境保护、农业生产，只有把经济、社会和环境三方面的效益统一起来，才能达成共识，做出符合当地实际情况的决定。

7.3.2 光污染及其防护

人类活动造成的过量光辐射对人类生活和生产环境形成不良影响的现象称为“光污染”。

光对人类的居住环境、生产和生活至关重要。然而，光污染是伴随着社会和经济的进步产生的一种新污染，它对人类健康的影响不容忽视。

链接 7-6 光污染的主要防护法规

1. 光污染性质和危害

科学上认为，光污染主要体现在波长为 100nm～1mm 的光辐射污染，即紫外光污染、可见光污染和红外光污染。

1) 可见光污染

可见光是电磁波谱中人眼可以感知的部分。一般人的眼睛可以感知的电磁波的波长在 400～760nm。

(1) 强光污染。电焊时产生的强烈眩光，在无防护情况下会对人眼造成伤害；汽车头灯的强烈灯光，会使人视物极度不清，造成事故；人长期工作在强光条件下，视觉受损。

(2) 灯光污染。城市夜间灯光不加控制，使夜空亮度增加，影响天文观测；城市泛光照明、霓虹灯、广告照明等产生的溢散光、路灯控制不当或工地聚光灯照进住宅，影响居民休息；闪烁的光源，如闪动的信号灯、电视中快速切换的画面、歌舞厅的彩色闪光灯，会使人们眼睛感到疲劳，还会引起偏头疼及心动过速等。另外，室内每天用的人工光源——灯，也会损伤眼睛。普通白炽灯红外光谱多，易使眼睛中晶状体内晶液浑浊，导致白内障；日光灯紫外光成分多，易引起角膜炎，加上日光灯是低频闪光源，容易造成屈光不正常，引起近视。

(3) 视觉污染。它是指杂乱的、无组织、无内涵的或超量的不能产生美感的建筑、涂鸦或景观等，减弱了人的审美情趣，可能引发厌恶心理和影响人的身心健康。从广义上讲，它是指不合理的城乡格局、杂乱的建筑形式和色彩规划等，这些给人们心理及生活造成了不良影响。

(4) 激光污染。激光具有指向性好、能量集中、颜色纯正的特点，在科学研究各领域得到广泛应用。当激光通过人眼晶状体聚焦到达眼底时，其光强度可增大数百至数万倍，对眼睛产生较大伤害。大功率的激光能危害人体深层组织和神经系统。因此，激光污染已越来越受到重视。

(5) 玻璃幕墙光污染。随着城市建设的发展，大面积的建筑物玻璃幕墙造成了一种新的光污染，它对人类的危害是多方面的。详见链接 7-7“玻璃幕墙的光污染及其防治措施”。

扫一扫 链接 7-7 玻璃幕墙的光污染及其防治措施

(6) 对生态环境的危害。由于很多动植物的生长同光照有直接的关系，夜景照明灯光的光点可以传到数千米以外。不少动植物虽然远离光源，但也受光的作用。夜景光照破坏了它们的生物周期和生活习惯，也影响了它们的新陈代谢。城市街道两侧树木落叶期推迟；对于习惯在黑暗中交配的蟾蜍，某些品种已经濒临灭绝；由于地面上的光超过了月亮和星星，新孵出的小海龟误把陆地当成海洋，因缺水而丧命；城市里的鸟因灯光四季不分；人工光还使鸟类在迁徙时迷失方向。

2) 红外光污染

红外光是波长介于微波与可见光之间的电磁波，波长在 760nm～1mm，比红色光波长长的非可见光。

红外光辐射又称“热辐射”。自然界中以太阳的红外辐射最强。红外光穿透大气和云雾的能力比可见光强，因此在军事、科研、工业、卫生及安全防盗装置等方面的应用日益广泛，尤其用于通信连接方面，如红外线鼠标、红外线打印机等。另外，在电焊、弧光灯、氧乙炔焊操作中也辐射红外光。

红外光通过高温灼伤人的皮肤，还可透过眼睛角膜对视网膜造成伤害；波长较长的红外光还能伤害人眼的角膜；长期的红外照射可以引起白内障。

3) 紫外光污染

紫外光是频率介于可见光和 X 射线之间的电磁波，其频率高于可见光线，可分为 UVA(A 射线，低频长波)、UVB(B 射线，中频中波)、UVC(C 射线，高频短波)和 EUV[①](超高频)4 种。波长范围分别为 400～320nm、320～280nm、280～100nm 和 100～10nm。紫外光具有杀菌、鉴定与透视、健康与医疗、紫外光刻、为昆虫指路等用途。

自然界中的紫外光来自太阳辐射，人工紫外光是由电弧和气体放电产生的。其中，波长为 250～320nm 的紫外光对人具有伤害作用，轻者引起红斑反应，重者引发角膜损伤、皮肤癌，以及伤害晶状体、视网膜和脉络膜等。

当紫外光作用于排入空气的污染物 NO_x 和碳氢化合物等时，会发生光化学反应形成具有毒性的光化学烟雾，这方面的知识已在第 3 章中讨论过。

此外，核爆炸、电弧等发出的强光辐射也是一种严重的光污染。

2. 光污染的防护措施

1) 红外污染和紫外污染的防护措施

在行业标准中对红外污染和紫外污染都制定了严格的防护措施。在有红外光及紫外光产生的工作场所，应采用可移动屏障将操作区围住，防止非操作者受到有害光源的直接照射；对于操作人员的个人防护，最有效的措施是佩戴护目镜和防护面罩以保护眼部和裸露皮肤不受光辐射的影响。

---

① 超高频紫外线 EUV，又称极紫外线，其频率极高，波长极短，分辨率高，可用于光刻机，生产极短制程的 CPU 和各种电子芯片。紫外光刻是电子工业的重要生产技术之一。

2) 夜景照明光污染的防护措施

(1) 根据城市的性质和特征，从宏观上按点、线、面相结合的原则，认真做好整个城市的夜景照明总体规划。

(2) 设计人员要精心设计，合理选择光源、灯具和布灯方案，尽量采用光束发散较小的灯，不要任意提高照度，随意增加照明设备。

(3) 加强对防治光污染的科研和灯具产品的开发，做到在发展夜景照明、美化城市夜景的同时，保护生态环境，把光污染降到最低程度。

(4) 加快制定我国防治光环境污染的标准和规范，建议在国家或地区性环境保护法规中增加光环境污染的内容。我国在目前没有这方面的标准和规范的情况下，可参照国际照明委员会(CIE)与发达国家有关的规定和标准来防治光环境的污染。

3) 视觉污染的防护措施

(1) 加强政府和群众的视觉景观环境保护意识。

(2) 规范专业层面的评价体系、设计标准和规范建设。

(3) 加强制度层面城乡视觉环境管理体系建设。

(4) 加强对视觉污染行为的处罚措施。

4) 室内环境光污染的防护措施

室内环境的光污染也日益引起人们的关注。要求对室内灯光进行科学合理的布置，注意色彩协调，避免灯光直射人眼，避免眩光；同时要大力提倡和开发绿色照明，即对眼睛没有伤害的光照，它具有以下 4 点要求。

(1) 要求是全色光。光谱成分均匀，无明显色差，光谱连续分布在人眼可见范围内，视觉不易疲劳。

(2) 光谱成分中应没有紫外光和红外光。

(3) 光色温贴近自然光。在自然光下视觉灵敏度比人工光高 20%以上。

(4) 必须是无频闪光。

详见链接 7-8“绿色照明与 LED 灯”。

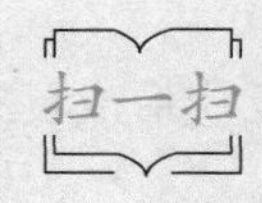

链接 7–8　绿色照明与 LED 灯

习题与思考题

1. 什么是电磁辐射污染？对环境和人类有什么危害？
2. 简述电磁辐射的防护技术。
3. 什么是放射性污染？有哪些主要的放射性污染源？
4. 如何处理和处置放射性废物？
5. 什么是热污染？它对环境有哪些危害？
6. 在你居住区周围存在哪些光污染？应采取什么措施加以防护？
7. 综述植树造林、绿化环境在环境污染控制中的作用。

第 8 章　城乡环境综合整治与建设

建设“美丽中国”，不仅需要“美丽城市”，更加需要“美丽乡村”。环境整治不能重城市轻乡村，城乡人居环境综合整治是完善城乡基本功能，城乡协同发展，全民共享改革开放和经济社会发展成果的民心工程。

8.1　城乡的功能与环境问题

8.1.1　城市化概念与功能

城市的本质是人类为满足自身生存和发展需要而创造的人工环境。

1. 城市化概念

城市是人类主要的聚居地，城市集人类物质文明和精神文明之大成，是经济、政治、科技和文化的中心。据记载，世界城市发展已有五千年历史。城市的产生是社会分工的产物，是由手工业和商业的产生和发展而从一般的村落居民中分化出来的。城市形成后居民点也产生了分化，在人口的空间分布上呈现两种主要形态：人口集中的城市和人口分散的乡村。这两种主要形态伴随着人类文明进步的悠久历史一直延续到现在。

城市化也称城镇化，是指居住在城镇地区的人口占总人口比例增长的过程。这一过程表现为城市数目增多，城市人口和用地规模扩大，城市人口在总人口中所占比例不断提高。城市人口的增加一方面是原有城市人口本身的自然增长，另一方面是乡村人口的转化，包括乡村人口向城市的迁移以及在原有乡村地区发展起城镇而使乡村人口转变为城镇人口等。城镇化是伴随工业化发展，非农产业在城镇集聚、乡村人口向城镇集中的自然历史过程，是人类社会发展的客观趋势，是国家现代化的重要标志。1949 年我国常住人口城镇化率为 10.64%；标准时点为 2020 年 11 月 1 日零时的第七次全国人口普查显示，我国城镇化率已达到 63.89%。

城市化的发展为人类创造了巨大的物质财富。2004 年，全球居住在城市的 50%左右的人口，创造了世界 70%以上的产值。同时，城市面貌直接反映了社会进步的水平，是人民生活水准提高的象征。

2. 城市的功能

城市功能又称城市职能。城市的主要功能表现为政治功能、经济功能、文化功能和社会功能。例如，城市的政治功能，指首都、省会城市；城市的经济功能是核心功能，如金融、工业、商贸、交通等，包括生产、交换、分配、消费、运输等；城市的文化功能包括科学技术研究、信息情报、教育等；城市的社会功能指城市是人们社会活动的集中场所，社会的各种实体，特别是政府部门、经济管理部门、社会团体首脑部门均设在城市，使城市的社会功能十分明显。

随着社会生产力不断发展，社会分工日益扩大，城市功能经历了由单一到多种、由低级到高级、由简单到复杂的发展过程。由于城市的发展历史与区域特点及发展重点的不同，城市的功能也不尽相同。例如，北京是我国的政治与文化中心，上海是经济中心，一部分是以某种特别原因(如钢铁业、汽车业)而兴起的专业化程度很高的城市(常称为“钢都”“汽车城”等)，多数城市具有综合功能。

随着我国新型城市化进程的加速推进，对现代城市应具有的功能需求不断升级。

1) 城市生态功能

现代城市的生态功能是指城市在一个国家或地区所承担的满足人类(包括当代和后代)自身生存和发展需要而在资源利用、环境保护等方面所承担的任务与所起的作用，以及由于这种作用的发挥而产生的效能。它是城市生态系统在满足城市居民的生产、生活、游憩、交通及服务等活动中所发挥的作用，衡量城市生态功能的标准就是衡量城市的资源使用效率、废弃物的处理效率及城市环境质量状况等。

链接 8-1 城市生态系统的结构与功能

链接 8-2 生态城市的特征

2) 城市社会功能

社会功能包含的内容是多方面的，如改善贫困状态、提供医疗设施、提供教育和就业机会、提高工资、追求社会公平等。总之，希望改善生活质量，在追求物质文明的同时，极大地提高精神文明，提升社会和人的整体素质。

3) 城市经济功能

现代城市经济功能要求人们改变以往的经济观念、生产模式和消费模式，强调节能和无污染生产，提倡崇俭消费，尽量使经济发展处于生态的可承受范围之内，达到经济效益、生态效益与社会效益的统一。

4) 城市服务功能

在21世纪的信息社会，对中心城市而言，经济、文化、科技、教育、交通运输、医疗与保健等中心地位的作用，不再仅仅取决于其在这些方面的雄厚实力，而要看能否凭借自身雄厚实力，特别是在信息资源方面的优势，实现对上述领域各类活动流程的有效调控和组织，使得城市能够有效调动城市所聚集的各类要素，为城市居民提供消费性服务，为城市企业提供生产性服务。

5) 城市创新功能

现代城市是各类科研机构和各类人才的汇聚之地，是研究与开发新技术、试制新产品的主要基地。在一些经济发达国家，一些新建的城市，如美国的硅谷和日本的筑波，规模不大但能量极大，不仅是国家的科技中心，甚至还是世界性的科技中心。城市的这种科技中心作用是推动市场经济发展的主要力量。

3. 城市的功能特征

1) 整体性

城市功能是各种功能相互联系、相互作用而形成的有机结合的整体，而不是各种功能的简单相加。

2) 结构性

城市的整体功能是由其内在结构决定的，这种城市的内在结构是指城市系统的经济、政治、社会、文化等各要素之间，各要素与系统整体之间互相联系、互相作用的方式。

3) 层次性

城市功能具有明显的层次性，城市功能是由不同层次的子系统构成的大系统，其中城市功能的子系统相对于它的下一个层次的小系统而言又是母系统。

4) 开放性

城市的各种功能都是相对于一定的外围区域而言的。伴随着经济发展，一定区域内的物流、人流、资金流、信息流通过各种方式汇集于城市，经过城市的优化组合产生了能量聚集效应和放大效应，从而形成了城市的各种功能。而城市功能的发挥过程，实质上是城市与外部环境发生物质、能量和信息交换的过程。因此，城市功能的形成和发挥作用的过程，是全方位开放的过程。

8.1.2　乡村的概念与功能

1. 乡村的概念

乡村又称农村，是村民以农业生产为经济活动基本内容，人口分布较城镇分散的一类聚落的总称，“具有一定自然、社会、经济特征和职能的地区综合体，兼具生产、生活、生态、文化等多重功能，与城镇互促互进，共生共存，共同构成人类活动的主要空间。乡村兴则国家兴，乡村衰则国家衰。”①

按照乡村的经济活动内容，可分为以一业为主的农业村(种植业)、林业村、牧村和渔村，也有农林、农牧、农渔等兼业村落。根据乡村是否具有行政含义，可分为自然村和行政村。自然村是村落实体，行政村是行政实体。一个大自然村可设几个行政村，一个行政村也可以包含几个小自然村。在我国，乡村指县城以下的广大地区。

乡村的产业结构以农业为中心，其他行业或部门都直接或间接地为农业服务或与农业生产有关，故认为乡村就是从事农业生产和村民聚居的地方，把乡村经济和农业相等同。20 世纪 80 年代以来，乡村产业结构已发生深刻变化，乡村已从单纯经营农业发展到经营乡村工业、交通运输业、建筑业、商业、服务业、旅游业、采矿业等多种产业。

2. 乡村的功能

乡村的功能有以下三方面。

1) 保障粮食安全和提供重要农产品

手中有粮，心中不慌，大家对粮食安全问题要有危机感。数量方面，生产结构要适应消费结构；质量方面，要提高农产品的品质。

中国杂交水稻之父——袁隆平院士在论坛上说的话振聋发聩，“乡村振兴要守住粮食安全底线，从事农业科研的人，要勇于把确保粮食安全这副担子挑起来”②。

---

① 摘自《乡村振兴战略规划(2018-2022 年)》中第一章“重大意义”。

② 共和国勋章获得者袁隆平院士(1930—2021)有两个梦。第一个梦是“禾下乘凉梦”。追求水稻高产，高产，更高产，是袁隆平团队永恒的目标。自 20 世纪 90 年代中后期起，其开始超级杂交稻攻关。2020 年 11 月 2 日，袁隆平团队的第三代杂交水稻双季稻在衡阳市衡南县实现了双季稻“亩产 1500kg”的新目标，再次刷新了杂交水稻的亩产纪录。第二个梦是“杂交水稻覆盖全球梦”。袁隆平团队从 20 世纪 80 年代至今，坚持开办杂交水稻技术国际培训班，迄今已为 80 多个发展中国家培训了 15000 多名杂交水稻技术人才。目前，杂交水稻已在印度、越南、菲律宾、孟加拉国、巴基斯坦、印度尼西亚、美国、巴西等国实现大面积种植。如果全球有一半的稻田种上杂交水稻，按 $1hm^2$ 比常规水稻增产 2t 计算，增产的粮食可以多养活近 5 亿人口。

2) 提供良好的生态屏障和生态产品

要关注乡村污染问题，坚持绿水青山就是金山银山的发展理念。

3) 传承国家优秀文化传统

城市是陌生人社会，而乡村是熟人社会，很多好的观念、知识、文化仍保留在乡村，具有生态、文化、社会的价值优势。如今，要唤醒乡村潜能、均衡配置资源，把乡村优美环境、人文风俗、历史文化、特色资源等在空间上进行集中和集聚，优化城乡空间布局，提高乡村基础条件。

3. 乡村功能区域划分

为更好地规划和指导乡村经济的发展，需要按乡村的资源条件和产业发展方向，划分不同功能的乡村区域，为乡村总体规划提供科学依据。

世界上对乡村功能分区的研究处于开始阶段，其中以波兰研究较多，可作参考。

1979 年，波兰科学院地理研究所农业地理和乡村区域室在波兰东北部苏瓦乌省进行了乡村地区功能分类的尝试，并选用以下 8 项指标：①农用地占土地总面积的比例；②每百公顷农用地就业人数；③林地占土地总面积的比例；④每平方千米内旅游和休养中心的床位数；⑤非农业人口占总人口的比例；⑥从事工业和建筑业人口占总人口的比例；⑦每千名村民中从事服务业的人数；⑧每千名就业人口中外出工作的人数。以此为依据，将该省的 38 个乡村划分为 8 个功能类型区：①农业；②农业、林业；③农业、林业、旅游业；④农业、旅游业、工业；⑤旅游业、林业；⑥工业、旅游业；⑦旅游业、休养业；⑧工业、服务业。

8.1.3 城市发展的环境问题

随着社会经济的迅速发展，生活水平的日益提高，城市居民对环境质量的要求越来越高，城市环境成为城市现代化进程中最富有挑战性的课题。

城市环境问题必须同时关注两方面：一是社会环境；二是通常的环境污染。

社会环境是指在自然环境基础上，人类通过长期有意识的社会劳动，加工和改造自然物质创造出的新环境，是人与人之间各种社会联系及联系方式的总和，包括物质生产体系、生活服务体系和物质文化体系等。这里，仅讨论城市物质性的环境污染问题。

城市物质性环境污染包括了几乎所有的常见环境污染，可概括为以下几方面。

(1) 空气污染。城市人口密集，工业和交通发达，导致城市内污染源过于集中，每天消耗大量的化石燃料，产生烟尘和各种有害气体，污染量大而又复杂，排出的污染物质相互作用、相互影响，容易产生多种有害污染物的协同作用和形成二次污染物，对人体造成更大的危害。

城市的特殊环境形成了城市气候，其特征是城市“五岛效应”——热岛、干岛、雨岛、烟霾岛和雾岛。当然，相对周围乡村而言，城市是一个高浓度空气污染岛。

(2) 水体污染。详见 2.3.2 节“地表水污染的来源”部分。

(3) 噪声污染。城市噪声主要由交通、工业与建筑施工、闹市区大喇叭音响产生，详见 6.1.3 节“噪声的来源和现状”。

(4) 固体废物污染。目前我国垃圾围城现象严重，白色污染、电子垃圾问题突出，城市生活垃圾分类处理、处置和回收利用系统尚未建成。20 世纪八九十年代多数建筑寿命只有 25～30 年，建筑垃圾泛滥。

(5) 电磁污染。城市电磁波污染几乎 24h 连续不断，并且日益严重，详见 7.1.2 节“电磁辐射现状”部分。

(6) 热污染。城市热污染主要反映在城市热岛效应(3.2.2 节“热力效应”部分)和对水体的热污染(7.3.1 节“热污染概述”部分)。

(7) 光污染。城市中的光污染随着城市建设的现代化越来越严重，详见 7.3.2 节“光污染性质和危害”部分。有关专家把城市光污染的主要载体——玻璃幕墙视为“城市隐患”“光明杀手”，绝非危言耸听。

(8) 食品等日用品安全问题。例如，被污染的各类食品、化妆品，有问题的药品、保健品等。

(9) 交通事故。一方面，连续不断的汽车和拥挤的道路交通，使行人处于高度的不安全感中。另一方面，地面塌陷，步步惊心。平坦、宽敞的路面将人活活吞噬，这似乎是灾难片中才有的景象。然而近年来，中国城市地面发生塌陷的新闻不时见诸报端，引发各地公众的恐慌情绪。

(10) 人口密度大，生活空间狭小。多数城市缺少居民自由活动的安全空间和宜人的绿色环境，使城市居民精神处于高度压力之下。有些城市在“造楼经济”思维下，填湖造楼，生态系统遭到破坏，使生活空间狭小的问题进一步加剧。

(11) 城市内涝。城市内涝是强降水或连续性降水超过城市排水能力致使城市内产生积水灾害的现象。城市看海、城市内涝及洪涝灾害损失越来越严重。

由此可见，我国城市环境污染形势仍然相当严峻。垃圾围城、噪声扰民等环境问题日益突出；有害细微颗粒物污染、电子垃圾污染、城市生态破坏等环境问题接踵而来。因此，在城市化加快发展的进程中，如何有效地保护环境、治理污染、保持生态平衡、坚持可持续发展，已经迫在眉睫。

《水十条》和《大气十条》的实施，使城市水污染和空气污染得到有效的治理。机动车排放标准的不断提升，也使得城市尾气污染大幅度降低。但城市内涝、食品不安全、热污染等问题仍不断涌现出来。

8.1.4　乡村发展的环境问题

在我国城市环境日益改善的同时，乡村污染问题却越来越严重，在工业化、城镇化程度较高的东部发达地区的乡村尤为突出。环境污染不仅威胁到乡村人口的健康，甚至通过水污染、大气污染和食品污染等渠道最终影响到城市人口。我国乡村环境污染主要表现在以下几方面。

1) 乡村生活垃圾

乡村生活垃圾指村民日常生活产生的废弃物和排泄物，包括废弃的生活物品，厨房炊事产生的厨余垃圾，炉灶、锅炉产生的炉渣，人粪尿以及家庭圈养畜禽产生的畜禽粪便等。随着村民生活水平逐步提高，乡村生活所产生的不可降解垃圾不断增多，如塑料、废电池、废旧电器、装饰材料、建筑垃圾等，加大了乡村生活垃圾处理难度。有些村民或商户直接将生活垃圾扔向路边或河流之中，增加了生活垃圾的危害。

2016 年不同区域乡村生活垃圾产生量如表 8-1 所示。

表 8-1　2016 年不同区域乡村生活垃圾产生量

地区名称	人均生活垃圾日产生量/kg	生活垃圾年产生量*/万 t
全国	0.86	23950.81
东部地区	0.96	8004.82

续表

地区名称	人均生活垃圾日产生量/kg	生活垃圾年产生量*/万 t
中部地区	0.88	7467.71
西部地区	0.77	7118.70
东北地区	0.81	1423.01

*《2017 年中国统计年鉴》中的数据。

2) 乡村生活污水

乡村生活污水指村民日常生活排放的废弃水。其中，水冲式厕所产生的冲厕水，以及家庭圈养畜禽产生的圈舍粪尿冲洗水(即粪便污水)，俗称为“黑水”；厨房炊事、洗衣和洗浴等排水，以及黑水经化粪池或沼气池处理后的上清液，俗称为“灰水”。

现阶段，乡村生活污水处理还没有形成完善的体系。未经治理的污水对乡村水环境造成了严重污染，也是疾病传播的渠道，极易造成地区人畜共患病以及地方病的流行与传播。

3) 畜禽养殖业环境污染

畜禽养殖业环境污染主要体现在以下三方面。

(1) 畜禽养殖业发展迅猛。大规模专业养殖户为主要模式，该模式下的喂养原料很少采用过去的青菜绿草，几乎都是清一色的富含添加剂的饲料，导致动物粪便明显增多。

(2) 畜禽养殖场所布局缺乏合理性。多数畜牧禽养殖与农作物种植场地分离，使得动物的排泄物肆意囤积，不能有效地用于农田，反而引起环境的污染。

(3) 养殖场环保基础设施薄弱。另外，乡村地区环境保护监管不够完善，使得养殖场的大量粪污不经过任何处理，直接排放到周边环境，导致环境破坏。

4) 种植业污染

农药、化肥和地膜等的使用对促进农作物生长起到了十分显著的作用，但这些现代农资产品在帮助人们杀死害虫、提高产量的同时，也对水体、土壤造成了不可避免的破坏，详见 4.2.1 节“农用化学品的施用”部分。

5) 工业污染

乡镇企业的生产设备比较落后，生产技术水平低，废气、污水、固体废弃物不断产生，排放物治理能力无法与城市同类企业相提并论，以致对乡村的大气、水体、土壤形成了难以估量的伤害。现在城市中污染严重的企业开始搬迁至乡村或者郊区，进一步加剧了乡村环境污染的恶化。

6) 空气污染

空气污染主要来源于乡村焚烧秸秆和生活垃圾释放出大量的有害气体，还伴有少量的工业排气，严重影响人们的生活。

8.2 城乡环境综合整治

城市环境状况既是城市外观形象的表现，又是城市内在质量的反映。环境管理水平代表着城市管理水平，环境质量是衡量城市现代化程度的重要标志。保护环境就是保护生产力，改善环境就是发展生产力。

2005 年国务院副总理曾培炎指出[①]："保护环境是城市市长义不容辞的责任，市长是城市环境的第一责任人……我们的市长都应该成为热爱环境、重视环境的环保市长。"

链接 8-3　有关城乡环境整治与建设的法规和标准

8.2.1　城乡环保原则与城乡环境工程

1. 城市环保原则与城市环境工程

城市环境综合整治是一个系统工程，也是促进城市的可持续发展的重要措施之一。总的来说，城市环境保护的原则有以下四方面。

(1) 要以资源承载力和环境容量为基础，科学地规划城市发展，合理地调整城市产业结构和布局，使城市更加适宜居住，更有利于经济社会和人的全面发展。

(2) 要进一步加强环境基础设施建设，继续加大各级政府对城市环境保护的投入，同时积极推进污水、垃圾处理等市政设施的市场化运营。

(3) 要大力发展循环经济，加快推行清洁生产，加强资源的有效利用和综合利用，严格控制主要污染物排放量。

(4) 要积极推广以资源节约、物质循环利用和减少废物排放为核心的绿色消费理念，引导居民形成科学环保的生活习惯和消费行为。

具体落实到城市环境工程，也就是指控制城市污染、美化城市环境的基础工程设施。

主要的城市环境工程有污水下水管网系统的建设与改造工程、各种污水处理厂和各种污水处理工程[②]、各种消烟除尘工程、工业废渣的综合回收利用工程、城市垃圾的资源化无害化处理工程、区域绿化工程、噪声防治工程、汽车尾气治理工程等。

城市环境工程的原则是最大限度地减少流入环境的污染物种类和数量，进行无害化处理，化害为利，变废为宝，综合利用，达到环境效益、经济效益和社会效益三丰收。

一般城市环境工程的规模大，投资大，涉及面广，建设周期长，见效时间长，需要进行多方案的技术经济比较，更要综合考虑基建投资、运转成本、环境效益、社会影响等诸多方面，一般均采取综合整治的措施。

2. 乡村环保原则与乡村环境整治工程

1) 乡村环保原则

(1) 利用优先。立足乡村生产生活实际，生活污水、垃圾、畜禽粪污等，优先采取资源化利用措施，降低治污成本。已消除黑臭且水质满足农田灌溉水质要求的水体，可进行资源化利用，满足农业用水、用肥要求。

(2) 垃圾治理。尽量做到无害化。

---

① 2005 年国家环境保护模范城市市长峰会上国务院副总理曾培炎的报告。

② 国家发展和改革委员会、住房和城乡建设部印发的《"十四五"城镇污水处理及资源化利用发展规划》提出，"十四五"时期着力推进城镇污水处理基础设施建设，补短板强弱项。①补齐城镇污水管网短板，提升收集效能。新增和改造污水收集管网 8 万 km。②强化城镇污水处理设施弱项，提升处理能力。新增污水处理能力 2000 万 m^3/d。

(3) 绿色安全。审慎采取投加化学药剂和生物制剂等治理技术，强化技术安全性评估，避免对水环境和水生态造成不利影响和二次污染。

(4) 长效机制。保障稳定经费来源，乡村人居环境整治是中央财政农业投资的重点领域。

(5) 宜居宜业宜游。建设美丽乡村，是乡村人居环境整治的最高形态。

2) 乡村环境整治工程

乡村环境整治工程是一项长期的、系统的民生工程，是生态恢复和美丽乡村建设的前提。建设美丽乡村，必须大力治理乡村“六大环境”[①]，还乡村干净、整洁、生态、乡韵、和谐之本来面貌。最终目标是建立生态美、风貌美、环境美、风尚美、生活美的美丽乡村。现今，美丽乡村建设已经成为我国一个重要的发展目标，建设美丽乡村必须治理好乡村环境。

8.2.2 城市环境综合整治

1. 概述

城市环境综合整治，就是把城市环境作为一个系统、一个整体，运用系统工程的理论和方法，采取多功能、多目标、多层次的综合战略、手段和措施，对城市环境进行综合规划、综合管理、综合控制，以最小的投入换取城市质量优化，做到经济建设、城市建设、环境建设同步规划、同步实施、同步发展，从而使复杂的城市环境问题得以解决。这既是营造良好发展环境的需要，又是广大群众对改善生产、生活环境的迫切愿望。

1) 城市环境综合整治的内容

城市环境综合整治的内容主要有：城市的布局、功能区划分和产业结构的合理规划与调整；对环境污染与环境破坏的综合防治；对环境基础设施的配套与完善；对城市的绿化、美化和市容整顿；城市环境卫生等。参见链接 1-17“城市环境综合整治定量考核指标”。

2) 我国城市环境管理的基本制度

我国的环境管理体制由环境立法、环境监测和环境保护管理 3 部分组成。目前我国已制定三大环境管理基本政策和八项环境管理制度，形成了一套完善的体系。详见 1.7.2 节“我国的环境管理政策和制度”。

2. 国家环境保护模范城市

国家环境保护模范城市是遵循和实施可持续发展战略并在城市综合整治方面取得成效的典型，是我国城市 21 世纪初期发展的方向和奋斗目标，也是我国环境保护的最高荣誉。

为了进一步加强城市环境保护，规范国家环境保护模范城市创建与管理工作，2011 年环境保护部组织制定了《国家环境保护模范城市创建与管理工作办法》，自 2011 年 1 月 27 日发布之日起施行，主要内容如下。

1) 考核指标和标志

考核指标为社会经济、环境质量、环境建设、环境管理四方面；其主要标志是社会文明昌盛，经济快速发展，生态良性循环，资源合理利用，环境质量良好，城市优美洁净，生活舒适便捷，居民健康长寿。

---

① 乡村环境整治六大工程是：①乡村生活垃圾治理工程；②乡村污水治理工程；③村容村貌整治工程；④农房整治工程；⑤“厕所革命”工程；⑥农业生产废弃物资源化利用工程。

2) 有效期

国家环境保护模范城市称号有效期为 5 年，不搞终身制。对国家环境保护模范城市的管理制度是 3 年一复查，对出现严重问题的城市进行约谈或给予黄牌警告，促使城市整改解决问题。今后，我国创建国家环境保护模范城市的工作将适当控制数量，保证创建质量，强化监督管理，严格退出机制。一旦发生重大、特大环境污染事故或生态破坏事件，或出现由生态环境部通报的重大违反环境保护法律法规的案件，或者上年度主要污染物总量减排指标未完成的，将被立即取消国家环保模范城市称号，其申报资格也将被暂停两年。

3) 创建方法

紧密围绕改善环境质量这一中心，全力确保饮用水安全，加强城市水环境综合整治，积极改善城乡区域环境空气质量；建立高效的创模工作机制和严格的监督管理机制，建立多元化的环保投资机制；将主要污染物减排作为环境保护的中心工作；建立起持续改进环境质量的长效机制，通过创模解决一些长期难以解决的问题，并坚持因地制宜，探索富有地方特色的创模道路；着力提高环保地位、环保能力、环保水平、环保意识和环保形象。

8.2.3　农村人居环境综合整治

农村人居环境综合整治是一项涉及面广、内容多、任务重的系统工程，不仅是一场攻坚战，更是一场持久战。全面提升农村人居环境质量，是实施乡村振兴战略的重要任务，为加快农业农村现代化、建设美丽中国提供有力支撑。近年来，我国政府发布了一系列相关的政策文件①。归纳起来，有六项主要任务。

1. 农村饮用水水源地保护

农村的饮用水源经常受到农业面源产生的化肥和农药、畜禽养殖所产生的粪便、生活垃圾或者厕所渗透等污染。

对农村饮用水水源地的保护措施包括：在饮用水水源周边设立警示标志、建设防护带和截污设施，依法拆除排污口，开展水源地生态修复等保护措施。同时开展水源地环境整治，消除影响水源水质的污染隐患。

2. 农村生活垃圾综合整治

农村生活垃圾治理的难点在于：①随着城乡人口数量的增长，乡镇企业发展迅速，产生的生产、生活和建筑垃圾日益增多，又缺少清理机械设备及封闭式垃圾桶；②现有的运输设施相对落后，转运效率低，收集的垃圾在待运点滞留时间长，随意就地堆积多；③农村分散式委托运营，造成标准无法统一，调度效率不高等。

农村生活垃圾综合整治途径是建立生活垃圾“户分类、村收集、镇转运、县处理”体系，不断增强生活垃圾处理能力。但在实践中也要避免两种情况。一种情况是，避免把所有垃圾都运到城市里。我国农村生活垃圾总量与城市大体相当，如果都运到城市处理，城市的处理

---

① 主要文件有《全国农村环境综合整治“十三五”规划》(2016 年)、《农村人居环境整治村庄清洁行动方案》(2018 年)、《农村人居环境整治三年行动方案》(又称《三年行动方案》，2018 年)和《农村人居环境整治提升五年行动方案(2021—2025 年)》(又称《五年行动方案》，2021 年)。(详见链接 8-1 中“农村人居环境整治和美丽乡村建设”、本书第 45 页脚注和 8.1.2 节“乡村的概念和功能”。)

设施根本无法承受。另一种情况是，避免“一刀切”。对于一些偏远分散、交通不便的农村，可以就近就地减量处理，做到垃圾不出村，处理时尽量做到无害化。与城市不同，农村有自身特点，餐厨垃圾、果皮果渣、枯枝烂叶等有机废弃物，可以通过堆肥发酵等无害化处理变成有机肥用于农业生产。

3. 农村生活污水治理

农村生活污水的特点是“水量小，水质水量变化大，基本无法形成连续流”。

实践表明，过严的农村污水排放标准不现实[①]，应以完成有机物污染物降解、消除黑臭并同时完成硝化为目标制定标准：$COD_{cr} \leqslant 50mg/L$；$SS \leqslant 20mg/L$；$NH_4^+\text{-}N \leqslant 5mg/L$。因此，中国农村污水处理技术的研究开发和工艺选择，必须遵循“一切以运行为中心”的原则。只有能简单地天天运行着的，才是农村污水处理的主流技术[②]。

农村水环境治理也是一个综合性和系统性的工程，应该从综合治理角度考虑农村水环境，包括所涉及的垃圾、卫生、畜禽养殖、农业、面源等，同时水、土、气、固体废弃物协同治理，所涉及的排放、中间处置、转化、各种来源也应该多过程和多来源循环调控。

农村污水处理模式包括分户处理、自然村落就地处理及纳管式集中处理等，最适合的还是因地制宜，经济实用。在农村一定要强调“回用优先”。如果农村的污水能自用而不排掉，就没必要把其中的 N、P 处理到某个标准，能循环到农田里进行 N 和 P 就地综合利用就是最佳方法。

在农村污水治理中，按技术可以分为三大类：生物膜法、活性污泥法及自然生态法，农村适宜的技术方向应该是这三大类方法的结合，但可能更多偏重于生物膜法工艺，然后根据不同的用途和排放标准，与活性污泥法和自然生态法结合使用。因此，生物膜法未来会有更大的发挥空间，活性污泥法似难以成为主流技术。

4. 畜禽养殖废弃物资源化利用和污染防治

坚持政府支持、企业主体、市场化运作的方针，以沼气和生物天然气为主要处理方向，以就地就近用于农村能源和农用有机肥为主要使用方向，在畜禽养殖量大、环境问题突出的地区，开展区域或县域畜禽养殖废弃物资源化利用和污染治理。畜禽粪污的科学灭菌和资源化利用见链接 5-3“畜禽粪污的科学处理和资源化利用”。

5. 农村环境卫生治理

针对当前影响农村环境卫生的突出问题，2018 年中央 18 个部委联合发布的《农村人居环境整治村庄清洁行动方案》提出要重点做好“三清一改”。

(1) 清理农村生活垃圾。清理村庄农户房前屋后和村巷道柴草杂物、积存垃圾、塑料袋等白色垃圾、河岸垃圾、沿村公路和村道沿线散落垃圾等，解决生活垃圾乱堆乱放的污染问题。

---

① 在 2018 年第十三届城镇水务发展国际研讨会上，中国人民大学环境学院副院长、中国人民大学低碳水环境技术研究中心主任王洪臣表示：生态环境部、住房和城乡建设部联合印发《关于加快制定地方农村生活污水处理排放标准的通知》(以下简称《通知》)传达了两个信号：一是可能在相当长的时间里，在农村污水处理方面，国家不会再出台统一的标准。二是地方要加快制定适应自己环境管理需求和实际情况的地方标准。

② 在 2018 年(第四届)环境施治论坛现场，王洪臣提出，目前中国农村污水治理还没有主流技术。他强调，这个问题还需要不断探讨，不断创新，但必须坚持一个原则，即能简单地天天正常运行着的，才是农村污水处理的主流技术。

(2) 清理村内塘沟。推动农户节约用水，引导农户规范排放生活污水，宣传农村生活污水治理常识，提高生活污水综合利用和处理能力。以房前屋后河塘沟渠、排水沟等为重点，清理水域漂浮物。有条件的地方实施清淤疏浚，采取综合措施恢复水生态，逐步消除农村黑臭水体。

(3) 清理畜禽养殖粪污等农业生产废弃物。清理随意丢弃的病死畜禽尸体、农业投入品包装物、废旧农膜等农业生产废弃物，严格按照规定处置，积极推进资源化利用。规范农村畜禽散养行为，减少养殖粪污影响农村环境。

(4) 改变影响农村人居环境的不良习惯。加强健康教育工作，广泛宣传卫生习惯带来的好处和不卫生习惯带来的危害，提高村民清洁卫生意识。建立文明村规民约，强化社会舆论监督，引导村民自觉形成良好的生活习惯，从源头减少垃圾乱丢乱扔、柴草乱堆乱积、农机具乱停乱放、污水乱泼乱倒、墙壁乱涂乱画、“小广告”乱贴乱写、畜禽乱撒乱跑、粪污随地排放等影响农村人居环境的现象和不文明行为。

6. 农村卫生设施建设

农村推动改厕是一场革命，把推进“厕所革命”作为农村人居环境治理的硬任务，改变的是村民千百年来的传统习惯和生活方式，主要有 3 项具体任务。

(1) 推进农村户用卫生厕所改造。科学确定农村厕所建设改造标准，推广适应地域特点、村民能够接受的改厕模式，让村民既用得好又用得起。

(2) 加强农村公共厕所建设。在人口规模较大农村配套建设公共厕所。

(3) 厕所粪污处理。“厕所革命”的核心是粪污处理，推进粪污的无害化处理和资源化利用。

实施农村人居环境综合整治以来，针对整治中出现的短板，在《五年行动方案》中聚焦以农村厕所革命、生活污水垃圾治理和村容村貌提升这三大重点开展整治行动。

8.3 城乡建设

8.3.1 人民城市

“以人为本”的城市，也可称为“人性化城市”，即城市是为人而建的，城市的建设发展应该“以人为中心”，是“人民城市”“公民城市”，听起来这似乎是一个浅显明确的理念，然而城市在追求现代化建设的过程中，以快速交通和汽车为中心，以高楼大厦和标志性公共建筑为中心，以美化城市的绿地公园、超尺度的广场为形象，这些实质上并不是以人为中心的城市建设，却成为很多建设者追求的目标。

2019 年 11 月 2～3 日，习近平总书记在上海考察期间首次提出了以“人民城市人民建，人民城市为人民”为核心的重要论断与城市建设治理理念，深刻揭示了“以人民为中心”建设理念指导下的属民、靠民、为民的人民性，阐明了中国特色社会主义人民城市建设价值理念、建设主体、路径导向以及目标要求。

人民城市建设有两方面的理论内涵，一方面是公众能全过程全方位地参与城市建设、运营与管理，另一方面是建设人性化城市。公众参与城市建设，包括参与咨询、可行性研究、策划规划、设计建造、运营管理以及评价反馈的全过程。注重城市发展成果的普惠性、共享性，使人民成为城市发展的受益者，从而切实体现人民城市为人民的价值导向，充分彰显社会主义城市的道义比较优势。

为贯彻落实国家中期规划《国家新型城镇化规划(2021-2035)》中提出的重大举措，国家发展和改革委员会印发的《“十四五”新型城镇化实施方案》(本节中简称《实施方案》)第五章“推进新型城市建设”中作出专门部署，强调要坚持人民城市人民建、人民城市为人民，加快转变发展方式，建设宜居、韧性、创新、智慧、绿色、人文城市。

1. 舒适便利的宜居城市

宜居城市集中体现了城市居民对美好生活的需要。《实施方案》牢牢抓住人民群众最关心最直接最现实的民生问题，提出了以下四项重点任务。

(1) 扩大教育、医疗、养老、育幼、社区服务供给，优化社区综合服务设施，促进公共服务均衡普惠发展，打造城市一刻钟便民生活圈。

(2) 补齐市政公用设施短板，提升城市运行保障能力。完善“三行系统”①、停车设施、公共充换电设施、水电气热信等地下管网，优化公交地铁站点线网布局，完善“最后一公里”公共交通网络。这是城市安全的命脉。

(3) 建立多主体供给、多渠道保障、租购并举的住房制度。加快住房租赁法规、住房保障基础性制度和支持政策、住房公积金制度等建设，完善城市住房体系。

(4) 有序推进城市更新改造。注重改造活化既有建筑，防止大拆大建，防止随意拆除老建筑、搬迁居民、砍伐老树。

2. 安全灵敏的韧性城市

人口和经济高度集聚加剧了城市的运行风险和脆弱性。近年来部分城市因特大暴雨等灾害事件出现“城市看海”现象，造成严重的生命财产损失，暴露出我国城市在生命线设施、避难场所等方面的突出短板。建设安全灵敏的韧性城市要做到以下几点。

(1) 完善防灾减灾的体制机制和设施体系，增强防灾减灾能力。

(2) 构建公共卫生防控救治体系，提升疫情监测预警处置能力；新建改建大型公共设施具备快速转化为救治与隔离场所的条件，提升平疫结合能力。

(3) 加大内涝治理力度。坚持防御外洪与治理内涝并重、工程措施与生态措施并举，因地制宜基本形成源头减排、管网排放、蓄排并举、超标应急的排水防涝工程体系。

(4) 推进城市管网更新改造和地下管廊建设，在城市老旧管网更新改造等工作中因地制宜协同推进管廊建设。健全市政公用设施常态化管护机制，确保设施运行稳定安全。

通过合理友好的交通系统、健全的基础设施和防灾体系建设，城市能够凭自身的能力抵御灾害，减轻灾害损失，并合理调配资源以从灾害中快速恢复起来，以提升对灾害的适应能力，增强城市的韧性。

3. 富有活力的创新城市

城市是集聚创新要素、策源创新成果的核心载体。创新型城市是指主要依靠科技、知识、人力、文化、体制等创新要素驱动发展的城市，对其他区域具有高端辐射与引领作用。创新

---

① “三行系统”是指城市中的机动车道系统、非机动车道系统和人行道系统组成的道路交通出行系统。

型城市的内涵一般体现在思想观念创新、发展模式创新、机制体制创新、对外开放创新、企业管理创新和城市管理创新等方面。详见链接 8-4“创新型城市的要求和类型”。

链接 8–4　创新型城市的要求和类型

4. 运行高效的智慧城市

智慧城市建设是同步推进城镇化和信息化的重要结合点，其本质是全心全意为人民服务的具体措施与体现。

新型智慧城市以为民服务全程全时、城市治理高效有序、数据开放共融共享、经济发展绿色开源、网络空间安全清朗为主要目标。例如，丰富数字技术应用场景，发展远程办公、远程教育、远程医疗、智慧出行、智慧街区、智慧社区、智慧楼宇、智慧商圈、智慧安防和智慧应急等。详见链接 8-5“新型智慧城市的建设重点”。

链接 8–5　新型智慧城市的建设重点

5. 清洁低碳的绿色城市

清洁低碳的绿色城市是推进形成绿色低碳循环的城市生产生活方式和建设运营模式，是建设美丽中国、实现碳达峰碳中和的必然选择。绿色城市建设的重点要求有以下三条。

(1) 修护城市生态空间。因地制宜建设城市绿色廊道，打造街心绿地、湿地和郊野公园，加强河道、湖泊、滨海地带等城市湿地生态和水环境修护，塑造蓝绿交织的生态网络。

(2) 加强城市环境保护。强化多污染物协同控制和区域协同治理，加强城市大气质量达标管理，推进生活污水治理厂网配套、泥水并重，基本消除劣 V 类国控断面和城市黑臭水体，地级及以上城市因地制宜基本建立生活垃圾分类和处理系统。

(3) 推进生产生活低碳化。紧抓能源结构转型这个降碳“牛鼻子”，发展屋顶光伏等分布式能源，有序引导以电代煤、以气代煤，因地制宜推广热电联产等多种清洁供暖方式。鼓励建设超低能耗和近零能耗建筑，推动公共服务车辆电动化替代，开展绿色生活创建行动。

6. 魅力彰显的人文城市

文化是城市的灵魂。加强人文城市建设、丰富居民精神文化生活、延续城市历史文脉要注重以下几点。

(1) 传承弘扬优秀传统文化。保护历史文化名城名镇和历史文化街区的历史肌理、空间尺度、景观环境，推动非物质文化遗产融入城市规划建设，做好文化资源和文化遗产保护工作。

(2) 促进文化旅游融合发展。发展红色旅游、文化遗产旅游和旅游演艺。

(3) 提升基层文化服务，构建公共文化体系。完善公共图书馆等文化场馆功能，建设智慧广电平台和融媒体中心，加强全民健身场地设施建设。

8.3.2 海绵城市

2012 年我国推出“海绵城市”概念，它是将城市下垫面比作海绵体，在适应环境变化和应对自然灾害方面具有良好的“弹性”。以“建设自然积存、自然渗透、自然净化的海绵城市”为指导思想，2014 年我国住房和城乡建设部发布的《海绵城市建设技术指南——低影响开发雨水系统构建(试行)》提出，海绵城市应遵循“渗、滞、蓄、净、用、排”的六字方针以实现雨水的渗透、滞留、集蓄、净化、循环使用；并和排水密切结合，统筹考虑内涝防治、径流污染控制、雨水资源化利用和水生态修复等多个目标。

海绵城市建设的工作目标是通过工程/非工程措施，最大限度地减少城市开发建设对生态环境的影响，将城市化减少的年雨水土壤入渗量、塘堰雨水滞蓄量、河湖调蓄水量、湿地蓄水量这四部分水量尽可能等价恢复到低城市化以前的状态。

海绵城市建设的基本原理是控制地表径流，避免径流汇集造成的径流量增加。

1. 海绵城市的功能

1) 减少城市内涝的发生

减少内涝的主要方针为“渗”和“滞”。其中，“渗”主要通过减少建筑屋面、公路路面及地面的硬质铺装，充分利用土壤的渗透能力和草地植被等的作用，以减少地表径流的形成；“滞”是通过一系列的绿色设施，增加雨水的滞留时间，从而减缓雨水汇集的速度，尽量避免径流量突增的情况，增强排水能力，缓解降雨时的排水压力。通过降低对城市原生态的破坏或增加人为绿色生态建设来控制地表径流量，达到减少城市内涝的目的。

2) 减少城市水污染

城市面源污染是引起水体污染的主要原因之一，主要是由于降雨过后形成的地表径流，通常具有很强的冲刷力，可以带走城市地表和未及时清理而沉积在下水道管网的污染物，特别是在强降雨过后，短时间内突发性的雨水冲刷力更强，所以在暴雨初期城市周边水体污染物浓度明显超过降雨前水污染的浓度。

海绵城市建设的方针中，减少城市水污染的主要方针是“净”，“净”是指通过建设人工湿地和生态滤池等净化一部分雨水冲刷带来的污染物，达到减少城市水污染的目的。而“渗”和“滞”的过程也能做到截留较大的污染物，所以“渗”和“滞”也起到一定的作用。

3) 缓解水资源短缺

传统的城市开发建设会导致降雨形成地表径流外排，减少水资源的数量，而地表径流冲刷造成的水体污染也降低水资源的质量，这些都会加重水资源的紧缺。海绵城市的建设方针中，缓解水资源短缺的主要方针为“蓄”，而“净”也具有一定的作用。“蓄”是通过建设和保护天然地表蓄水池和地下蓄水池来收集雨水，再通过建设净化设施处理雨水，将处理达标的雨水通过管路输送到适用场所，这种措施不仅节省了大量的自来水，而且降低了处理成本和时效周期，并能做到及时供给。“净”是由于其减少了水资源的污染，使部分水变为可利用水，且其处理相对容易，所以也具有缓解水资源短缺的作用。

2. 海绵城市雨水管理系统的组成

海绵城市建设包括渗、滞、蓄、净、用、排等多种技术措施，涵盖源头减排系统、排水管渠系统和排涝除险系统。

(1) 源头减排系统。它又称低影响开发(low impact development，LID)雨水系统，通过对雨水的渗透、储存、调节、转输与截污净化等功能，有效控制径流总量、径流峰值和径流污染。其相关技术措施包括建筑与小区、绿地、道路和水务系统中可应用的绿色屋顶、透水铺装、生态树池、生物滞留设施、生态护岸等低影响开发技术。详见链接 8-6。

链接 8–6　低影响开发(LID)雨水系统

(2) 排水管渠系统。即传统排水系统，应与源头减排系统共同组织径流雨水的收集、转输与排放。

(3) 排涝除险系统。它用来应对超过雨水管渠系统设计标准的雨水径流，一般通过综合选择自然水体、多功能调蓄水体、行泄通道、调蓄池、深层隧道等自然途径或人工设施构建。

这 3 个系统并不是孤立的，也没有严格的界限，三者相互补充、相互依存，是海绵城市建设的重要组成部分。

3. 典型的海绵设施

利用海绵设施对雨水径流的截留作用来控制径流污染负荷，并将年径流总量控制率[①]作为控制径流污染物的重要指标，而年径流总量控制与地块的海绵化程度——海绵设施的类型、数量与布局等密切相关。

海绵城市建设规划设计之前需要对建设区域的不同地块土壤渗透能力进行调查研究。对土壤渗透能力强的区域优先采用以“渗”为主的 LID 设施。对于土壤渗透能力弱的区域可采用以“蓄”为主的 LID 设施。

1) 屋顶雨水收集池

屋顶雨水是城市雨水收集中的很大一部分来源，雨水收集池通过管道与屋顶相连，雨水经过管道流入收集池，收集池中自上而下含有粒径逐渐减小的椭圆状石子，起到过滤和净化雨水的作用。经过雨水收集池过滤的雨水通过管道进一步进入下沉式绿地或雨水花园进行下渗过滤，通过层层海绵体结构后的雨水可以实现二次利用。

2) 下沉式绿地

(1) 住宅区下沉绿地。城市住宅区中一般含有大面积的人行道和车行道，在道路两侧可以设置植草沟和下沉式绿地，地表径流通过植草沟进入下沉式绿地，起到净化雨水的作用。人行道可以铺设透水地坪，有效调控地表径流的流速和水量，最终汇入道路两侧设置的下沉式绿地，实现对道路雨水的拦截和净化。

(2) 城市下沉式绿地景观修建。海绵城市在建设过程中，需要将城市中的道路及绿地公园设置成下沉式绿地，可以及时进行排水，形成一个庞大的排水系统。在设计时要保证路面的雨水可以流入地下，从地下排出，因此需要采用透水性强的材料进行铺路，并且水流方向要有一定程度的向下倾斜，雨水可以更好地汇入下沉式绿地。路牙的高度还要与周边路面高度

① 年径流总量控制率指的是通过自然和人工强化的入渗、滞蓄、调蓄和收集回用，场地内累计一年得到控制的降水量占全年总降水量的比例。

一致，使路面的雨水可以及时地流入下沉式绿地。除此之外，还要对下沉式绿地的土壤进行夯实处理，以保证植物可以吸收充足的水分。

3) 雨水生物滞留池设施

雨水生物滞留池又称生物滤池、雨水花园或生态树池，是通过植物(包括树木)、土壤和微生物系统滞留、渗滤、净化雨水径流的设施。雨水花园对生态循环的要求比较低，场地比较容易选择，设计灵活、管理简单、运行维护成本低，这些优势使得雨水花园成为城市建设中比较好的选择。不仅如此，雨水花园还可以与城市园林景观相结合，促进生态环境的平衡，提升城市生态效益。详见链接 8-7。

链接 8–7　雨水生物滞留池设施

4) 道路的海绵设计

透水铺装是可渗透、滞留和排放雨水并满足荷载要求与结构强度的铺装结构。

(1) 透水路面。设计时，采取独特的空隙结构，确保雨水快速地透过路面进入地下，科学地避免水分的自然流失与蒸发，实现地下生态系统的平衡。

(2) 透水慢行道路。用透水地坪铺设的城市慢行道路，不仅实现了对道路雨水的收集，防止出现城市“看海”现象，而且给市民提供了健身场所。

5) 河道附近建设滞留池

依据河道天然的地势特点，建设滞留池，既可以维护河道原有的生态环境不受破坏，又能够提升河道的自净能力。结合河道周边合理配植水草等措施，进一步发挥河道滞留池的生态作用，改善河道生态环境。

6) 植草沟

用来收集、输送和净化雨水的表面覆盖植被的明渠，可用于衔接其他海绵城市建设单项设施、城市雨水管渠和超标雨水径流排放系统。主要类型有转输型植草沟、渗透型干式植草沟和经常有水的湿式植草沟。

8.3.3 美丽乡村

“美丽乡村”建设是新形势下兼顾乡村地区经济发展、乡村环境生态保护和乡村文化传承的民生工程，是村民心里的中国梦。而“乡村建设”是美丽乡村建设的第一步，旨在逐步缩小城乡发展差距，提升村民的生活水平，增强村民的获得感、幸福感和安全感。

1. 乡村建设行动的实施方案

2022 年 5 月，中办、国办印发了《乡村建设行动实施方案》，本节简称《实施方案》。

1) 乡村建设行动的总体要求

《实施方案》指出乡村建设是实施乡村振兴战略的重要任务，必须把乡村建设摆在社会主义现代化建设的重要位置。

实施乡村建设行动，必须坚持数量服从质量、进度服从实效，求好不求快，以普惠性、基础性、兜底性民生建设为重点，既尽力而为又量力而行，逐步使乡村基本具备现代生活条件。确保到 2025 年乡村建设取得实质性进展。

2) 乡村建设行动的重点任务

《实施方案》围绕加强农村基础设施和公共服务体系建设，既聚焦“硬件”又突出“软件”，提出了 12 项重点任务。概括起来就是“183”行动。

“1”是制定一个规划，即“加强乡村规划建设管理”，确保一张蓝图绘到底。

“8”是实施八大工程：①道路方面，重点实施乡村道路畅通工程。②供水方面，重点强化乡村防汛抗旱和供水保障。③能源方面，重点实施乡村清洁能源建设工程，巩固提升乡村电力保障水平。④物流方面，重点实施农产品仓储保鲜冷链物流设施建设工程。⑤信息化方面，推进实施数字乡村建设发展工程。⑥综合服务方面，重点实施村级综合服务设施提升工程。⑦农房方面，重点实施农房质量安全提升工程，加强历史文化名镇名村、传统村落、传统民居保护与利用。⑧农村人居环境方面，重点实施农村人居环境整治提升五年行动，统筹农村改厕和生活污水、黑臭水体治理，健全农村生活垃圾收运处置体系。

“3”是健全三个体系。实施农村基本公共服务提升行动，加强农村基层组织建设和深入推进农村精神文明建设。

2. 美丽乡村建设的内涵与规划原则[①]

1) 美丽乡村建设的内涵

国家标准《美丽乡村建设指南》(GB/T 32000—2015)将美丽乡村定义为“经济、政治、文化、社会和生态文明协调发展，规划科学、生产发展、生活宽裕、乡风文明、村容整洁、管理民主，宜居、宜业的可持续发展乡村(包括建制村和自然村)”。

美丽乡村应该以良好的社会环境、整洁的自然环境[②]和优越的人文环境[③]为特色；以科学发展观、生态自然观作为指导理念，坚持绿色、低碳、循环、可持续、低能耗、低排放、无污染的建设核心。美丽乡村外在美指山水美、田野美、民居美等，内在美指村民生态文明素质的提高和文化素质的提升，外在美的创造和维护主要靠内在美。

2) 美丽乡村建设规划原则

(1) 因地制宜。根据乡村资源禀赋，因地制宜编制乡村规划，注重传统文化的保护和传承，维护乡村风貌，突出地域特色。历史文化名村和传统村落应编制历史文化名村保护规划和传统村落保护发展规划。

(2) 村民参与。乡村规划编制应深入农户实地调查，充分征求意见，并宣讲规划意图和规划内容。乡村规划应经村民会议或村民代表会议讨论通过，规划总平面图及相关内容应在乡村显著位置公示，经批准后公布、实施。

(3) 合理布局。乡村规划应符合土地利用总体规划，做好与镇域规划、经济社会发展规划和各项专业规划的协调衔接，科学区分生产生活区域，功能布局合理、安全、宜居、美观、和谐，配套完善。结合本地的自然环境条件，处理好山形、水体、道路、建筑的关系。

(4) 节约用地。乡村规划应科学、合理、统筹配置土地，依法使用土地，不得占用基本农田，慎用山坡地。公共活动场所的规划与布局应充分利用闲置土地、现有建筑及设施等。

---

① 本节内容选自《美丽乡村建设指南》(GB/T32000—2015)第 5 章和第 6 章。

② 自然环境：生态自然环境保护分为三个方面，村庄地貌保护、植被群落保护和水岸生态系统修复。

③ 人文环境：保护传统乡土文化之魂，能够保证美丽乡村建设的持久生命力。把历史文化底蕴深厚的传统村落打造成特色文化村，将传统文明与现代文明相结合，发掘和保护古民居、古建筑、古树木和各种民俗文化等历史文化遗产，同时优化村庄人居环境，使传统农耕文化、人居文化、山水文化成为特色文化村建设的基础。

3. 美丽乡村建设的实践

国家于2013年正式启动“美丽乡村”创建活动，并在2014年2月正式发布了美丽乡村建设十大发展模式，它们是产业发展型、生态保护型、城郊集约型、社会综治型、文化传承型、渔业开发型、草原牧场型、环境整治型、休闲旅游型和高效农业型。不同的美丽乡村创建和发展模式各有侧重，但是总体上突出“和谐、友好”的基本特点和内在特征，强调“与社会、与自然、与产业”的和谐、友好发展思路和建设模式，特别是坚持生态优先，已成为诸多模式实践过程中必须遵循的首要原则和基本要求，也成为乡村更美的重要保障。

链接8-8 美丽乡村建设基本原则和实践(1)
链接8-9 美丽乡村建设基本原则和实践(2)

8.3.4 绿色建筑

传统的建筑业除了是国民经济的支柱产业，还是三大能源消耗产业之一，其高排放、高投入、高污染问题一直十分严重。据统计，大约有50%自然界的原料被用来建造各类建筑，同时在建设过程和运营中还会消耗全球近30%的能源①。

自20世纪80年代以来，欧美、日本等地区和国家纷纷提出了绿色建筑、可持续建筑、生态建筑、零碳建筑等概念，寻求可以降低环境负荷且有利于使用者健康的建筑。“绿色建筑”是指在建筑的全生命周期内，最大限度地节约资源(节能、节地、节水、节材)、保护环境和减少污染，为人们提供健康、适用和高效的使用空间，与自然和谐共生的建筑。

1. 绿色建筑设计的基本原则

绿色建筑的设计要求除传统建筑的设计要求外，更加注重对功能、环境和经济文化的要求。下面主要介绍绿色建筑设计的基本原则。

1) 协调发展原则

绿色建筑主要强调人与自然和谐相处。为了更加高效、可持续、最优化的实施和运营，需要绿色建筑与外界环境各相关要素的关联并协同作用来实现其目的，建筑设计实际上就是将人类系统、环境系统和建筑系统相协调的一个过程。

2) 资源利用效率最大化原则

在整个规划设计中，设计师必须实事求是，具体情况具体分析，根据项目的特点采取相应的技术措施，充分地利用各种自然资源，力求在建筑的全生命周期内，完成最大程度的资源的节约，对环境产生最小的污染。

---

① 例如，所用建筑材料的生产能耗占比16.7%，所用水量占城市用水总量的47%，水泥与钢材用量分别占全国水泥量和钢材用量的25%与30%，单位建筑面积所耗用的资源为发达国家的2～3倍。另外，建筑也是引起环境问题的重要原因之一，在全球环境污染总量中，与建筑有关的空气污染、噪声污染、光污染等占到了34%，通过粗略统计框架结构、全现浇结构等施工损耗情况发现，10000m^{2}建筑物施工会形成500～600t建筑垃圾，拆除10000m^{2}旧建筑物，可形成建筑垃圾7000～12000t，建筑垃圾占社会垃圾总量的40%左右，CO_2等温室气体排放量占全球温室气体排放总量的30%左右，有些发展中国家甚至出现了严重的侵占土地现象。

3) 技术最优选择原则

俗语说得好："适合自己的才是最好的"，这句话同样适用于绿色建筑的设计上。设计师应该根据项目的具体情况选择与建筑物匹配度相适应的技术方案。绿色建筑应当将环境收益、文化收益和经济收益三者整合。

4) 地域性原则

加强地方性原则并非强调"标新立异"，而是尊重地方特色，选择能够适应当地的自然地理气候和人文属性，资源经济状况的建筑形式。在某种意义上，这种原则也响应了"人和自然融洽相处""天人归一"的理念。

5) "0"破坏原则

在建筑施工的时候，特别对建筑外的环境做到生态保护，避免破坏其原本面貌。对那些受损的植物，要积极采取修复和重建。在建筑内部的环境中，在合适的背景下完成对自然因素的引入。

6) 节约性原则

在建筑的全生命周期内，其运行所产生的费用要进行方案的讨论，尽量找出最低的成本和最经济的运营模式。这对技术的引入十分重要，在技术的运用上，要将主动式技术与被动式技术达成一个有机结合的目的。

7) 健康性原则

在对绿色建筑的设计中，要根据当地的实际情况，对建筑进行最合适的设计，构成有益于人类健康舒适的环境，营造出舒服的氛围。

8) 可持续原则

在对绿色建筑的设计中，要充分考虑技术的更新和材料的进化，并用一种可操控的体系，对未来的发展有更强的适应性，为后续的升级换代留有接口，达到同步的作用。

2. 绿色建筑与生态城市、低碳城市、绿色城市的关系

与绿色建筑相关的城市级别概念有生态城市、低碳城市和绿色城市等。"生态城市"详见链接 8-2"生态城市的特征"；"低碳城市"是指在经济高速发展的前提下，能源消耗与 CO_2 排放仍保持在较低水平的城市，追求通过更高的能源利用率，以更少的能源消耗和环境污染获得更多的经济产出，实现更高的生活标准和更好的生活质量；"绿色城市"是指社会经济、生态环境健康发展，城乡环境优美宜居，人民生活富足安康的现代化城市，它将更高的生产力和创新能力与更低的成本及环境负面影响结合起来，兼具繁荣的绿色经济和绿色的人居环境两大特征的城市发展形态和模式，其核心内涵是生态文明与可持续发展。

由上述各类城市的定义可见，绿色建筑可有效节约资源与保护环境，实现生态城市及绿色城市的人与自然和谐发展目标，同时绿色建筑中清洁能源、可再生资源和更多适宜性高新技术的投入使用，可减少碳排放，提升环境质量，改善城市绿色空间，有利于创造更加健康舒适的人居环境，实现低碳城市应对气候变化和能源危机问题的建设目标。因此，绿色建筑的普及和推广是生态城市、低碳城市和绿色城市建设的重要组成部分。

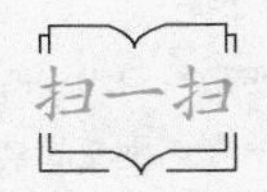

链接 8-10　我国的绿色建筑现状和评价标准

3. 绿色建筑设计发展趋势

1) 注重使用可持续建筑材料

建筑在建造的过程中消耗了大量的资源，如果我们所使用的建筑材料可降解、可回收，将会大大地减轻环境压力，节约大量的资源。因此，在绿色建筑设计中将会更注重对可持续建筑材料的使用。

可降解材料可以在不污染环境的情况下实现自然降解。例如，天然颜料可以避免传统颜料中含有的挥发性有机化合物对室内环境造成污染，使用起来更健康，更环保。绿色建筑材料将会更多地考虑替代自然资源耗竭型材料，减少对自然资源的消耗。例如，纯天然环保的贝壳粉，其原料来自可再生性的海洋生物资源贝壳，纯天然的环保性使其自带绿色光环，并且资源可再生，能有效替代传统壁材过度消耗的非再生资源，进而实现我国资源、环境的可持续性健康发展。

2) 关注空气对流设计

绿色建筑设计将会更加关注采用天然光和实现空气的自然流动。在一些项目中，只要对建筑的设计方案稍作调整，就可以很好地做到，不仅节省能源，还使居住者受益[①]。

3) 建筑实现零能耗

零能耗建筑将会成为今后绿色建筑设计的趋势。它主要依靠可再生能源，可以脱离电网实现独立运行。零能耗建筑不仅节省能源，还可以减少温室气体排放。零能耗建筑设计主要利用太阳能、风能、生物质能或其他可再生能源，为建筑提供电力和空调需求(详见 1.3.3 节“清洁能源”)。零能耗建筑的前期投入比较多，但其节能性及可持续性带来的长远利益在企业看来是一个明智的投资。

4) 水重用技术

建筑专家 Jerry Yudelso 提出在建筑中实现“零用水”，呼吁我们应该提高警觉意识，行动起来应对水危机。所有建筑消耗的饮用水占全世界用水的 13.6%，大概每年为 150000 亿加仑。绿色建筑利用水能效系统，将建筑用水量减少 15%。详见 2.1.7 节“建立健康社会水循环”和链接 2-3“建设节水型社会”。

5) 雨洪管理

雨洪管理主要是针对暴雨雪对乡村地区形成的侵蚀，以及在城市形成的洪水。雨洪管理通过景观系统进行管理。植物在雨洪管理系统中发挥了重要的作用。无论是生长在容器里，还是长条形的地带里(主要指绿化带)，或者是绿色的屋顶上的植物，都可以帮助吸收雨水，同时雨水在流经植物或者土壤渗透的过程中得到净化。除此之外，植物还具有净化空气，提高空气质量的作用。

6) 应用密封窗和智能玻璃等新型材料

作为传统材料的升级，密封窗和智能玻璃可以更好地解决自然环境的影响问题，更节能，更环保。绿色建筑使用的密封窗，通过在表面覆盖金属氧化物，在夏季阻挡太阳直射光线，在冬季保持室内温度，大大地降低空调成本[②]。

---

① 例如，在菲律宾的城市及商业区的建筑和公寓，Lumiventt 技术已经成为绿色建筑一大趋势。lumen 指自然光，ventus 指风。这种技术提倡在建筑两侧每五层设计一个三层高的花园中庭，按照气体流动的基本原则，将其设计成一个透气的建筑。

② 例如，现在已经商业化的智能玻璃，又称为“电致变色玻璃”，使用一点点的电，可以指控离子来控制玻璃反射光线的数量。在太阳热高峰时间变色，晚上则变回透明。又如，通风墙体，其特殊的结构可在夏天通过墙内间隙通风散热，冬天则变成具有密封空气层的保温墙。

7) 冷屋面技术

由特殊的砖和反射材料制成的冷屋面具有很高的太阳反射能力及散热能力，可以使建筑物内部更加凉爽，从而降低能耗，给居住者带来舒适的居住体验。从城市层面来讲，冷屋面可以帮助减轻城市的热岛效应，减少温室气体的排放量。

8) 绿色屋面

绿色屋面就是通过在屋顶种植植物(包括地被植物、灌木及小型乔木)覆盖屋面，达到屋顶绿化的效果。绿色屋面能够实现温度调节的作用，夏季户外温度高达 35℃时，绿色屋面的户内温度仅为 25℃，减轻城市局部热岛效应，起到降温的作用；而在冬季时，绿色屋面又可以实现保温的效果。

9) 垂直绿化

垂直绿化墙增加城市绿化的分布范围，对墙体进行绿化后可以起到保温和隔热的作用，节约电力能源。另外，在高架桥和过街天桥的围栏上使用摆花也属于垂直绿化，实现城市空间的合理利用。

随着绿色建筑需求量的不断增加及绿色建筑技术的不断提高，这些技术将会获得更为广泛的应用，其成本也会变得更加容易让人接受。绿色建筑带来的效益也是企业所不能忽略的。

绿色建筑需要绿色建筑材料，详见链接 8-11“绿色建筑材料”。

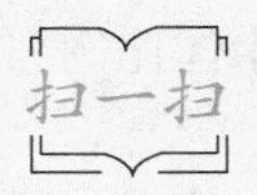

链接 8–11　绿色建筑材料

8.3.5　建设美丽中国

2012 年 11 月 8 日，党的十八大提出：“把生态文明建设放在突出地位，融入经济建设、政治建设、文化建设、社会建设各方面和全过程，努力建设美丽中国，实现中华民族永续发展。”这是美丽中国首次作为执政理念被提出，也是中国建设“五位一体”总体布局形成的重要依据。

1. 建设美丽中国的根本要求

《习近平新时代中国特色社会主义思想学习纲要》(中共中央宣传部编写)，本节中简称《纲要》，在第十三部分提出了建设美丽中国的 5 点根本要求。

(1) 坚持人与自然和谐共生的基本方略，处理好人与自然的关系。《纲要》强调，坚持人与自然和谐共生。建设人与自然和谐共生的现代化，建设望得见山、看得见水、记得住乡愁的美丽中国。这深刻指明了人与自然和谐共生关系，为建设美丽中国提供了重要思想指引。

(2) 树立绿水青山就是金山银山的发展理念，处理好发展与保护的关系。《纲要》提出，绿水青山就是金山银山。要坚定不移保护绿水青山这个“金饭碗”，利用自然优势发展特色产业，因地制宜壮大“美丽经济”。这深刻指明了实现经济发展与生态环境保护协同共生的新路径，为建设美丽中国提供了新思路。

(3) 加快推动形成绿色发展方式和生活方式，处理好生产与生活的关系。《纲要》提出，绿色是生命的象征、大自然的底色。要通过生活方式绿色革命，倒逼生产方式绿色转型，把建设美丽中国转化为全体人民自觉行动。这深刻指明了实现发展方式与生活方式绿色转型的重大意义，为建设美丽中国提供了强大动力。

(4) 统筹山水林田湖草系统治理和实行最严格的生态环境保护制度，处理好方法和路径的关系。《纲要》提出，要按照生态系统的整体性、系统性及其内在规律，统筹考虑自然生态各要素、山上山下、地上地下、陆地海洋以及流域上下游，进行整体保护、系统修复、综合治理，增强生态系统循环能力，维护生态平衡。《纲要》强调，保护生态环境必须依靠制度、依靠法治。必须把制度建设作为推进生态文明建设的重中之重，深化生态文明体制改革，把生态文明建设纳入制度化、法治化轨道。这深刻指明了开展生态环境治理的客观规律和保护生态环境的制度保障，为建设美丽中国提供了重要方法路径。

(5) 实行最严格的生态环境保护制度。习近平总书记指出："只有实行最严格的制度、最严密的法治，才能为生态文明建设提供可靠保障。"必须把制度建设作为推进生态文明建设的重中之重，深化生态文明体制改革，把生态文明建设纳入制度化、法治化轨道。制度的生命力在于执行。生态环境保护能否落到实处，关键在领导干部。

2. 美丽中国建设评估指标体系

美丽中国建设包括下述5类指标，其具体内涵如下。

(1) 空气清新。包括地级及以上城市细颗粒物($PM_{2.5}$)浓度、地级及以上城市可吸入颗粒物(PM_{10})浓度和地级及以上城市空气质量优良天数比例3个指标。

(2) 水体洁净。包括地表水水质优良(达到或好于Ⅲ类)比例、地表水劣Ⅴ类水体比例和地级及以上城市集中式饮用水水源地水质达标率3个指标。

(3) 土壤安全。包括受污染耕地安全利用率、污染地块安全利用率、农膜回收率、化肥利用率和农药利用率5个指标。

(4) 生态良好。包括森林覆盖率、湿地保护率、水土保持率、自然保护地面积占陆域国土面积的比例和重点生物物种种数保护率5个指标。

(5) 人居整洁。包括城镇生活污水集中收集率、城镇生活垃圾无害化处理率、农村生活污水处理和综合利用率、农村生活垃圾无害化处理率、城市公园绿地500m服务半径覆盖率、农村卫生厕所普及率6个指标。

链接 8-12　美丽中国建设评估指标体系及实施方案

2017年10月18日，习近平总书记在十九大报告中再次指出，"加快生态文明体制改革，建设美丽中国"。

建设美丽中国，核心就是按照新时代中国特色社会主义生态文明要求，通过生态、经济、政治、文化及社会"五位一体"的建设，实现人民对"美好生活"的追求，实现中华民族伟大复兴的"中国梦"。

习题与思考题

1. 简述我国在城市化发展过程中出现的物质性环境污染问题。
2. 关注你所在城市或地区的环境综合整治工程。例如，国家文明或卫生城市建设工程，或乡村环境综合整治工程。

3. 随着水泥、汽车以及空调的普及，城市热岛效应变得更为显著。目前控制城市气候的研究仍处于起步阶段，行之有效的方法非常有限。组织讨论为城市降温支招。例如，采用特殊材料铺设路面，让它们反射热量，或直接利用吸收的热量；大面积绿化以及绿色建筑等。

4. 雾霾和热岛是城市气候的两大顽症，现在我国正在规划设计“城市通风廊道”以缓解城市的雾霾影响和热岛效应。请探讨城市风道的除霾降温机理以及设计关键。

5. 在我们生活的城市，尤其是在人口高度密集、工业集中的城市，人类日常生活、建筑物、工厂、汽车排放的热量是惊人的。这些被废弃的余热可能会进入大气环流，甚至影响数千米以外的气温。如果能充分利用这些余热，不仅可以节约能源，还可以减少对环境的影响。请选择几个专题进行讨论。例如，城市余热有哪些来源(除了传统的工业，生活中还有空调、地铁隧道、下水道及数据处理中心等)，有哪些新技术可以用于余热利用(如热管技术、热泵技术等)，工厂里的高温余热如何就地利用，大量分散的低温余热又如何利用，整个城市能否组建一个类似电网和水网的热网系统等。

6. 随着我国城市化水平的快速提高，城市正日益成为自然资源消耗的主体、生态足迹占用的主体、污染物和废弃物排放的主体。在当前生态文明建设的起步阶段，讨论一下城市理应肩负起的责任和义务(可从培育生态文化、打造生态内涵、优化产业系统和革新消费方式四方面入手)。

7. 早在《全国生态环境建设规划》中就提出，力争到 21 世纪中叶，森林覆盖率达到并稳定在 26%以上；在八项环境管理制度之一的《城市环境综合整治定量考核制度》中也做出了定量化的规定，建成区绿化覆盖率 10%～40%；在创建国家环境保护模范城市的指标中要求建成区绿化覆盖率≥35%(西部城市可选择人均公共绿地面积≥全国平均水平)。可见在“美丽中国”的建设中，植树造林是非常重要的工程措施之一。试论城市森林在“海绵城市”建设中的作用。(提示：城市森林可减少城市水灾、优化水质并净化空气；在蓄水功能上，森林优于灌木群落和草地，枝叶粗糙的针叶林优于树叶表面太光滑的阔叶林，而枯枝落叶形成的“枯叶层”则具有极强的蓄水性等。)

8. 从 2012 年到 2021 年我国城市建成区绿化覆盖率由 39.59%提高到 42.42%，人均公园绿地面积由 12.26m^2 提高到 14.87m^2，成绩喜人。但是，在绿化过程中出现的一些现象也不容忽视，如急功近利、重栽轻管、喜锦上添花等。组织同学讨论如何能最大程度减少城市绿化的死角和盲区，使得城市绿化不仅“看上去很美”，更要用起来舒适便捷；不仅要高大上，更得接地气，让更多市民感受到家门口的美好(建议从顶层设计、实施细则、监管处罚、市民参与等方面入手)。

9. 2019 年 1 月中央农办等 8 部门联合印发了《关于推进农村“厕所革命”专项行动的指导意见》，提出了“厕所革命”的最终要求是做到“厕所粪污得到有效处理或资源化利用”。粪尿具有资源属性和污染属性，是两个极端。请同学们调查自己所在城市或乡村粪尿的处置方式，讨论其优缺点，同时查阅国内外城乡粪尿资源化的先进技术，设计适合我国某城市或某乡村的粪尿资源化的可行性方案。

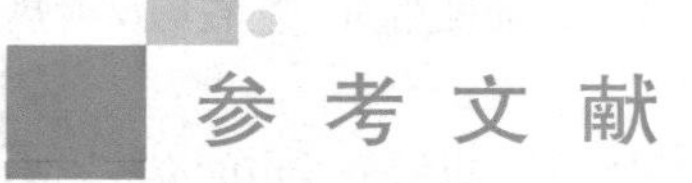

参考文献

安延军, 付作财. 2017. 浅析现有MTO烃分离技术的特点和发展趋势[J]. 科学管理, (4): 163, 217.

白霜, 潘玮, 刘娟, 等. 2016. 机场航空噪声控制方法的研究进展[C]//中国环保产业协会噪声与振动控制专业委员会等八个专业委员会. 2016年全国声学设计与演艺建筑工程学术会议论文集. 苏州, 159-161.

蔡玮玮, 汪群慧. 2012. 废塑料资源化技术及其研究进展[J]. 环境保护与循环经济, 32(8): 8-10.

陈石义, 李乐忠, 崔景云, 等. 2014. 煤炭地下气化(UCG)技术现状及产业发展分析[J]. 资源与产业, 16(5): 1-7.

丁聚庆, 刘志云, 卞晓艳. 2004. 气化及高温等离子体技术在废物处理中的应用[J]. 科技纵横, (5): 36-37.

丁珏, 刘丽颖. 2009. 雾霾天气颗粒污染物的特性及吸收气态污染物过程的分析[J]. 上海环境科学, 28(1): 11-14.

杜文娟. 2019. 探讨干旱区盐碱地生态治理关键技术[J]. 农家参谋, (18): 174.

樊霆, 叶文玲, 陈海燕, 等. 2013. 农田土壤重金属污染状况及修复技术研究[J]. 生态环境学报, 2(10): 1727-1736.

方玉莹. 2011. 我国地下水污染现状与地下水污染防治法的完善[D]. 青岛: 中国海洋大学.

冯瑀正. 1987. 轻结构隔声原理与应用技术[M]. 北京: 科学出版社.

傅健宇. 2014. 我国城市地下水污染现状和防治措施[J]. 湖南工业职业技术学院学报, 14(2): 15-17.

高磊. 2017. 上海老港再生能源利用中心(“詹天佑奖工程巡礼”栏目)[J]. 城乡建设, (20): 76-77.

龚培雷. 2017. 室内空气质量与污染治理刍议[J]. 现代盐化工, 44(1):5-8.

管培云, 吉日根, 赵婧. 2015. 高炉喷吹废塑料技术[J]. 环球市场, (12): 123-126, 128.

郝吉明. 2018-06-08. 能源结构调整已显著削减大气污染[N]. 中国能源报.

洪坚平. 2011. 土壤污染与防治[M]. 3版. 北京: 中国农业出版社.

黄承梁. 2019. 中国共产党领导新中国70年生态文明建设历程[OL]. 人民网-理论频道, [2019-09-30].

黄耕. 2010. 等离子气化技术在固体废物处理中的应用[J]. 中国环保产业, (6): 43-45.

黄山. 2021-02-03. 国家林草局发布《中国国际重要湿地生态状况》白皮书[N]. 中国绿色时报.

江璐, 潘沪湘, 袁海霞. 2013. 我国海洋船舶污染现状及防治措施[J]. 化工管理, (1): 46-47.

姜安玺. 2010. 空气污染控制[M]. 2版. 北京: 化学工业出版社.

蒋伟康, 吴海军, 黄煜, 等. 2020. 机械振动与噪声学[M]. 北京: 科学出版社.

蒋展鹏. 2003. 环境工程学[M]. 2版. 北京: 高等教育出版社.

李博知. 2006. 高炉喷吹废塑料技术的研究现状和综合效益分析[J]. 节能技术, 24(3): 240-242.

李金惠, 温雪峰, 刘彤宙, 等. 2005. 我国电子电器废物处理处置政策、技术及设施[J]. 家电科技, (1): 31-34.

李俊生. 2020. 玻璃幕墙光污染防治进展及技术措施[J]. 环境保护与循环经济, 40(5): 19-21.

李雯香, 巫炜宁, 范秀娟, 等. 2018. 论“三线一单”的重要性[J]. 资源节约与环保, (9): 144, 147.

李永峰, 陈红. 2012. 现代环境工程原理[M]. 北京: 机械工业出版社.

李永峰, 陈红, 韩伟, 等. 2009. 固体废物污染控制工程教程[M]. 上海: 上海交通大学出版社.

李永峰, 李巧燕, 程国岭, 等. 2015. 基础环境科学[M]. 哈尔滨: 哈尔滨工业大学出版社.

李兆军, 程明昆. 2009. 多孔水泥基复合吸声材料的研制[J]. 噪声与振动控制, 12(S2): 292-294.

林大卫. 2019. 生活垃圾焚烧发电厂的建筑设计新探索——以上海老港再生能源利用中心二期为例[J]. 设计与研究, (6): 118-120.

林培英, 杨国栋, 潘淑敏. 2002. 环境问题案例教程[M]. 北京: 中国环境科学出版社.

刘国才, 庞云杉, 徐婷婷. 2010. 论城市垃圾分类处理和资源化[J]. 中国城市经济, (9): 284-287.

刘梦洋，夏家帅. 2014. 石油污染现状及防治[J]. 科技向导, (6): 46.
刘少康. 2002. 环境与环境保护导论[M]. 北京：清华大学出版社.
刘文庆，祝方，马少云. 2015. 重金属污染土壤电动学修复技术研究进展[J]. 安全与环境工程, 22(2): 55-60.
刘震炎，张维竞. 2005. 环境与能源科学导论[M]. 北京：科学出版社.
柳少波，洪峰，梁杰. 2005. 煤炭地下气化技术及其应用前景[J]. 天然气工业, 25(8): 119-122.
陆加琪. 2014. 结构传播低频噪声的控制方法[J]. 环球人文地理, (8): 9-13.
吕书君. 2009. 我国地下水污染分析[J]. 地下水, 30(1): 1-5.
吕亚东，魏文，朱永波，等. 2000. 管束式穿孔板共振吸声结构[P]: 中国, CN00100641.X.
吕玉恒，丁福楣，王庭佛. 1988. 噪声与振动控制设备选用手册[M]. 北京：机械工业出版社.
马光. 2006. 环境与可持续发展导论[M]. 2 版. 北京：科学出版社.
孟跃辉，倪文，张玉燕. 2010. 我国尾矿综合利用发展现状及前景[J]. 中国矿山工程, 39(5): 4-9.
聂剑文. 2018. 老港固体废弃物综合利用基地的建设和规划[J]. 上海建设科技, (1): 1-5.
乔思伟. 2019-08-27. 农村土地制度实现重大突破[N]. 中国自然资源报.
前瞻产业研究院. 2018. 2018 年生活垃圾处理行业现状分析[R].
前瞻产业研究院. 2020. 2020 年中国固体废物处理现状、固废处理政策及固废格局发展分析[R].
秦文新，程熙，叶霭云. 1999. 汽车排气净化与噪声控制[M]. 北京：人民交通出版社.
戎喆慈. 2008. 混合动力汽车现状与发展[J]. 农业装备与车辆工程, (7): 5-8.
史长营，王峰，秦娜，等. 2014. 我国页岩气资源及影响因素[J]. 山东国土资源, 30(4): 58-61.
史瑞君，陈静，金泽康，等. 2019. 底泥洗脱原位修复污染河道的治理效果[J]. 北京水务, (7): 10-14.
石林，任小荣，张洪波，等. 2018. 甲醇裂解制氢方法的研究进展[J]. 山东化工, 47(1): 37-38.
世界环境与发展委员会. 1997. 我们共同的未来[M]. 长春：吉林人民出版社.
宋伟，陈百明，刘琳. 2013. 中国耕地土壤重金属污染概况[J]. 水土保持研究, 20(2): 293-298.
苏海兰，史立杰，高珠，等. 2019. 甲醇水蒸气催整制氢研究进展[J]. 工业催化, 27(4): 28-31.
孙畅. 2015. 海洋垃圾污染治理与国际法[M]. 哈尔滨：哈尔滨工业大学出版社.
孙洁. 2019. 城市黑臭河道治理协同海绵城市建设管理探讨[J]. 经营与管理, 26(3): 184-185, 187.
孙英杰，孙晓杰，赵由才. 2008. 冶金企业污染土壤和地下水整治与修复[M]. 北京：冶金工业出版社.
唐建设，黄显怀，陈良杰. 2011. 水体中污染底泥重金属淋洗技术[J]. 安徽建筑工业学院学报(自然科学版), 19(3): 62-66.
陶良虎. 2019-10-13. 深刻把握习近平生态文明思想的内涵[N]. 湖北日报.
万洪富，俞仁培，王遵亲. 1983. 黄淮海平原土壤碱化分级的初步研究[J]. 土壤学报, 20(2): 129-139.
王功鹏，孟浪，刘国康，等. 1998. 世界环境节日[M]. 北京：中国环境科学出版社.
王皓，王建军. 2011. MTO 烯烃分离回收技术与烯烃转化技术[J]. 煤化工, 4(2): 5-8.
王凯. 2022. 推进新型城市建设 让城市更加宜居宜业[J]. 中国经贸导刊, (8): 16-18.
王哮江，刘鹏，李荣春，等. 2022. "双碳"目标下先进发电技术研究进展及展望[J]. 热力发电, 51(1): 52-59.
王占英. 2015. 土壤重金属污染及其修复技术[J]. 资源节约与环保, (1): 160-161.
翁焕新. 2009. 污泥无害化、减量化、资源化处理新技术[M]. 北京：科学出版社.
吴建强，姚建杰，王敏. 2009. 2 种人工湿地污水净化效果及其耐污染负荷冲击能力研究[J]. 上海环境科学, 28(4): 157-161.
夏琼琼，郑兴灿，王雅雄. 2020. 主流工艺厌氧氨氧化系统模式与工艺路线研究[J]. 水处理技术, 46(11): 11-15.
肖波，汪莹莹，苏琼. 2006. 垃圾气化处理新技术研究[J]. 中国资源综合利用, 24(10): 18-20.
谢丽凤，吴卫飞. 2019. 海洋环境现状及生物修复技术研究[J]. 环境与发展, (4): 93, 95.
徐建刚. 2010. 燃煤电厂固体废弃物综合利用研究[J]. 上海环境科学, 29(2): 62-65.
徐建刚. 2010. 燃煤电厂烟气脱硫石膏资源化综合利用研究进展[J]. 上海环境科学, 29(3): 127-131.
徐庆海. 2018. 解析 MTO 烯烃分离技术的自主创新之路[J]. 清洁煤与能源, 6(3): 21-25.
徐新华，吴忠标，陈红. 2010. 环境保护与可持续发展[M]. 北京：化学工业出版社.
许天福，张延军，曾昭发，等. 2012. 增强型地热系统(干热岩)开发技术进展[J]. 科技导报, 30(32): 42-45.

闫志强，石杰．2019．有机污染土壤修复技术及二次污染防治分析[R]．广州：广州市节能环保技术应用交流促进会．
杨德宇，俞建荣．2014．等离子体熔融气化技术处理废弃物的研究[J]．新技术工艺，(2)：106-108.
杨军军，毕岭，林仙慧，等．2020．生物、物理措施协同作用下的盐碱地改良[J]．咸阳师范学院学报，35(4)：54-59.
杨梅，费宇红．2008．地下水污染修复技术的研究综述[J]．勘察科学技术，(4)：12-16, 48.
杨伟，宋震宇，袁珊珊，等．2014．污染地下水修复技术研究[J]．环境科学与管理，39(5)：104-105.
杨文晓，张丽，毕学，等．2020．六价铬污染场地土壤稳定化修复材料研究进展[J]．环境工程，38(6)：16-23.
姚辉超，侯建国，王秀林，等．2018．催化甲烷化固碳技术浅析[J]．广州化工，46(7)：28-30, 33.
易志坚．2016．沙漠“土壤化”生态恢复理论与实践[J]．重庆交通大学学报(自然科学版)，35(0z1)：27-32.
殷小琳．2012．滨海盐碱地改良及造林技术研究[D]．北京：北京林业大学博士学位论文，2-3.
张成均，郭平，蒙春，等．2014．页岩气开发利用及其前景分析[J]．石油科技论坛，(2)：40-46.
张川．2019．城市资源循环利用基地建设——以上海老港固体废弃物综合利用基地为例[J]．环境卫生工程，27(1)：33-36.
张春飞，王希，谢斐．2014．城市生活垃圾气化技术研究进展[J]．东方电子评论，28(2)：14-19.
张化天，等．2000．室内空气污染的研究现状和展望[G]//北京大学环境科学中心，等．面向21世纪的环境科学与可持续发展——北京大学百年校庆国际研讨会论文集．北京：科学出版社．
张平，徐景明，石磊，等．2019．中国高温气冷堆制氢发展战略研究[J]．中国工程科学，21(1)：20-28.
张田浩，王飞．2014．海洋环境污染现状及对渔业的影响[J]．安徽农业科学，42(12)：3654-3655, 3666.
张新钰，辛宝东，王晓红，等．2011．我国地下水污染研究进展[J]．地球与环境，39(3)：415-422.
章建华．2019-08-13．推动新时代能源事业高质量发展(深入学习贯彻习近平新时代中国特色社会主义思想)[N]．人民日报．
赵勇胜．2015．地下水污染场地的控制与修复[M]．北京：科学出版社．
赵云云．2008．玻璃幕墙的光污染与防治措施[J]．门窗，(3)：9-13.
郑宁来．2007．废旧塑料的新应用[J]．国外塑料，(7)：78.
中国煤控研究项目“中国煤炭消费总量控制方案和政策研究”执行报告．2018．中国大气污染防治回顾与展望报告2018[R]．自然资源保护协会．
中国中央宣传部，生态环境部．2022．习近平生态文明思想学习纲要[M]．北京：学习出版社．
周启星，宋玉芳．2004．污染土壤修复原理与方法[M]．北京：科学出版社．
周文广，阮榕业．2014．微藻生物固碳进展和发展趋势[J]．中国科学·化学，44(1)：63-78.
褚莲清，徐长法，杨卫英，等．2001．垃圾固形燃料(RDF)技术及其应用[J]．环境卫生工程，9(2)：79-81.
朱颖．2005．环境友善的垃圾处理技术——气化熔融技术[J]．中国资源综合利用，(8)：9-13.
朱永青，林卫青．2009．苏州河梦清园人工湿地净化效果模拟研究[J]．上海环境科学，28(1)：33-36.
庄迎春．2004．论绿色建筑与地源热泵系统[J]．建筑技术，(3)：48-50.
Braga B, Chartres C, Cosgrove W J, et al. 2014. Water and the Future of Humanity: Revisiting Water Security[M]. New York: Springer.
Cai T, Sun H, Qiao J, et al. 2021. Cell-free chemoenzymatic starch synthesis from carbon dioxide[J]. Science, 373: 1523-1527.
Yi Z J, Zhao C. 2016. Desert “soilization”: An eco-mechanical solution to desertification[J]. Engineering, 2(3): 270-273.

附　录

附录1　环 境 节 日

世界湿地日——2 月 2 日
世界野生动植物日——3 月 3 日
世界森林日(又名“世界林业日”)——3 月 21 日
世界水日——3 月 22 日
植树节——我国为 3 月 12 日
世界气象日——3 月 23 日
地球一小时——每年 3 月最后一个周六 20:30～21:30 熄灯并关闭电器
世界噪声日——4 月 16 日
世界地球日——4 月 22 日
国际生物多样性日——5 月 22 日[①]
世界无烟日——5 月 31 日
世界环境日——6 月 5 日
世界海洋日——6 月 8 日
世界防治荒漠化和干旱日——6 月 17 日
中国土地日——6 月 25 日
国际禁毒日——6 月 26 日
世界人口日——7 月 11 日
全国生态日——8 月 15 日[②]
国际清洁空气蓝天日——9 月 7 日[③]
国际臭氧层保护日——9 月 16 日
世界粮食日——10 月 16 日
世界城市日——10 月 31 日
世界土壤日——12 月 5 日
地球透支日——每年日期不确定
爱鸟周——我国部分省(市、区)陆续在 2～5 月举行，具体日期如附表 1 所示。

---

① 1994 年 12 月，联合国大会通过决议，将每年的 12 月 29 日定为“国际生物多样性日”。2001 年将每年 12 月 29 日改为 5 月 22 日。

② 参见链接 1-6“从‘生态环境’到‘习近平生态文明思想’”。

③ 2019 年 12 月 19 日第 74 届联合国大会通过决议，将每年 9 月 7 日定为“国际清洁空气蓝天日”。

附表 1　我国部分省(市、区)爱鸟周时间

省(市、区)	时间	省(市、区)	时间
北京	4 月 1～7 日	广西	2 月 22～28 日
河北	5 月 1～7 日	云南	4 月 1～7 日
上海	4 月 4～10 日	四川	4 月 2～8 日
浙江	4 月 4～10 日	陕西	4 月 11～17 日
福建	4 月 11～17 日	青海	5 月 1～7 日
山东	4 月 23～29 日	新疆	5 月 3～8 日
湖北	4 月 1～7 日	天津	4 月 12～18 日
广东	4 月 20～26 日	山西	清明节后的第一周
辽宁	4 月 22～28 日	江苏	4 月 20～26 日
黑龙江	4 月 24～30 日	河南	4 月 23～27 日
安徽	5 月 1～7 日	内蒙古	5 月 1～7 日
江西	4 月 1～7 日	贵州	3 月 1～7 日
湖南	4 月 1～7 日	甘肃	4 月 24～30 日
吉林	4 月 22～28 日	宁夏	4 月 1～7 日

附录 2　“世界环境日”主题

从 1974 年开始，联合国环境规划署每年年初提出当年世界环境日的主题，以便围绕主题开展活动。世界各国人民已经纪念过的世界环境日主题如下。

1974 年　只有一个地球
1975 年　人类居住
1976年　水，生命的重要源泉
1977年　关注臭氧层破坏、水土流失、土壤退化和滥伐森林
1978年　没有破坏的发展
1979年　为了儿童的未来——没有破坏的发展
1980年　新的十年，新的挑战——没有破坏的发展
1981年　保护地下水和人类食物链，防治有毒化学品污染
1982年　纪念斯德哥尔摩人类环境会议十周年——提高环境意识
1983年　管理和处置有害废弃物、防止酸雨破坏和提高能源利用率
1984年　沙漠化
1985年　青年 · 人口 · 环境
1986年　环境与和平
1987年　环境与居住
1988年　保护环境、持续发展、公众参与
1989年　警惕，全球变暖
1990年　儿童与环境

1991年　气候变化——需要全球合作
1992年　只有一个地球——关心与共享
1993年　贫穷与环境——摆脱恶性循环
1994年　一个地球，一个家庭
1995年　各国人民联合起来，创造更加美好的世界
1996年　我们的地球、居住地、家园
1997年　为了地球上的生命
1998年　为了地球上的生命——拯救我们的海洋
1999年　拯救地球就是拯救未来
2000年　环境千年——行动起来吧！
2001年　世间万物，生命之网
2002年　让地球充满生机
2003年　水——20 亿人生命之所系
2004年　海洋存亡，匹夫有责
2005年　营造绿色城市，呵护地球家园(中国主题：人人参与，创建绿色家园)
2006年　沙漠和荒漠化(中国主题：生态安全与环境友好型社会)
2007年　冰川消融，后果堪忧(中国主题：污染减排与环境友好型社会)
2008年　促进低碳经济(中国主题：绿色奥运与环境友好型社会)
2009年　你的星球需要你，联合起来应对气候变化(中国主题：减少污染，行动起来)
2010年　多样的物种，唯一的地球，共同的未来(中国主题：低碳减排，绿色生活)
2011年　森林：大自然为您效劳(中国主题：共建生态文明，共享绿色未来)
2012 年　绿色经济：你参与了吗？(中国主题：绿色消费，你行动了吗？)
2013 年　思前，食后，厉行节约，减少你的耗粮足迹(中国主题：同呼吸，共奋斗)
2014 年　提高你的呼声而不是海平面 (中国主题：向污染宣战)
2015 年　可持续消费和生产 (中国主题：践行绿色生活)
2016 年　为生命呐喊——打击非法野生动物贸易(中国主题：改善环境质量，推动绿色发展)
2017 年　人人参与　创建绿色家园(中国主题：绿水青山就是金山银山)
2018 年　塑战速决(中国主题：美丽中国，我是行动者)
2019 年　空气污染(中国主题：蓝天保卫战，我是行动者)
2020 年　关爱自然，刻不容缓(中国主题：美丽中国，我是行动者)
2021 年　生态系统恢复(中国主题：人与自然和谐共生)
2022 年　只有一个地球[①](中国主题：共建清洁美丽世界)
2023 年　Beat Plastic Pollution[②](中国主题：建设人与自然和谐共生的现代化)
2024 年　土地修复、荒漠化和抗旱能力(中国主题：全面推进美丽中国建设)

---

① 2022 年是 1972 年斯德哥尔摩会议提出“只有一个地球”50 周年，为此，主办国瑞典政府主持召开“斯德哥尔摩 + 50”国际会议，致力于加快实施和兑现《2030 年可持续发展议程》，推动全球尽快从 2019 新型冠状病毒(2019-nCoV)危机中解脱出来，实现可持续的复苏。

② 联合国环境规划署确定的 2023 年世界环境日主题为“Beat Plastic Pollution”，在我国媒体宣传上出现了多种翻译版本：“塑料污染的解决方案”“减塑捡塑”“塑战速决”等，我们照实记录，见仁见智。